浙江工业大学
浙江大学
中国美术学院
宁波大学
浙江师范大学
浙江农林大学
浙江理工大学
浙江科技学院
浙江树人大学
2018“乡建教学联盟”
联合课程设计

和合天台

RURAL DEVELOPMENT

浙江省第四届天台杯大学生
“乡村规划与创意设计”教学竞赛作品集

张善峰　陈玉娟　主　编
陈前虎　周　骏　龚　强　副主编

中国建筑工业出版社

图书在版编目（CIP）数据

和合天台：浙江省第四届天台杯大学生“乡村规划与创意设计”教学竞赛作品集／张善峰，陈玉娟主编．—北京：中国建筑工业出版社，2019.11
ISBN 978-7-112-21683-3

Ⅰ.①和…　Ⅱ.①张…②陈…　Ⅲ.①乡村规划－作品集－中国－现代　Ⅳ.①TU982.29

中国版本图书馆CIP数据核字（2019）第283772号

责任编辑：杨　虹　周　觅
责任校对：芦欣甜

和合天台
浙江省第四届天台杯大学生“乡村规划与创意设计”教学竞赛作品集
张善峰　陈玉娟　主　编
陈前虎　周　骏　龚　强　副主编
*
中国建筑工业出版社出版、发行（北京海淀三里河路9号）
各地新华书店、建筑书店经销
北京雅盈中佳图文设计公司制版
天津图文方嘉印刷有限公司印刷
*
开本：880毫米×1230毫米　1/16　印张：14¼　字数：300千字
2020年12月第一版　2020年12月第一次印刷
定价：**136.00**元
ISBN 978-7-112-21683-3
（35058）

本书编委会

主　编：张善峰　陈玉娟

副主编：陈前虎　周骏　龚强

编委会成员（按姓氏笔画排序）：

马永俊　马国斌　王侃　王洁　王娟　王媛　王艺彭

王丝申　王聿丽　王丽娴　王纯彬　王建正　王雪如　王碧峰

文旭涛　石坚韧　叶俊　刘虹　刘良勇　刘艳丽　齐益明

江俊浩　汤燕　汤坚立　杨言生　吴涌　吴亚琪　沈实现

沈珊珊　宋扬　张艳明　陈芳　陈怡　陈志文　陈益龙

邵锋　周红燕　周启定　孟志广　赵小龙　姚安海　贺文敏

袁继倩　钱奇霞　徐清　徐斌　徐丽华　陶涛　梅千秋

麻欣瑶　章旭健　斯震　蒋尚卫　童磊　潘钰　戴洁

序　言

Preface

浙江省大学生“乡村规划与创意设计”竞赛于2015年创办，至今已连续举办了四届。竞赛得到浙江省内相关院校的大力支持与积极参与，成为省内人居环境类专业（城乡规划、风景园林、建筑学、景观设计、环境艺术等）进行乡村规划设计以及相关课程教学的成果展示、交流与学习的重要平台。

2018年浙江省大学生“乡村规划与创意设计”大赛由浙江省城市规划学会、浙江工业大学和台州市天台县人民政府共同主办；由浙江工业大学建筑工程学院、天台县住房和城乡建设规划局、浙江工业大学小城镇城市化协同中心共同承办。

本次赛事于2018年3月正式启动，竞赛继续采用众高校联盟、多专业协同参与的形式，以天台县特色乡村为基地，围绕“美丽乡村”建设的主题，邀请了浙江大学、中国美术学院、浙江工业大学、浙江师范大学、浙江农林大学、浙江理工大学、浙江树人大学、浙江科技学院与宁波大学等9所高校的19支队伍参赛，走进了天台县的9个传统特色村落开展乡村规划与创意设计。

本次大赛以“和合天台”为题。再次为浙江省内高校人居环境类专业学生提供了一次“真刀真枪”演练专业知识与技能的机会；乡村规划设计课程教学、课程设计再次深入乡村、深入田园，不只是“理想国”式设计。所有参赛队伍的规划设计成果都是基于学生深入乡村实地调研、关注倾听村民愿意、深入思考的结果。最后，所有成果还要接受乡村规划设计领域专家、学者以及地方相关规划部门专业人士的共同评判。这种学习、设计经历将是这些未来规划设计师的成长、成才的宝贵一课，并将终生获益。

浙江省自然资源厅总规划师

2018年12月

目录 Contents

1 竞赛组织及成果点评 /COMPETITION ORGANIZATION AND WORK COMMENTS

2 学生作品集 /STUDENT WORK

COMPETITION ORGANIZATION AND WORK COMMENTS

竞赛组织及成果点评

浙江省第四届天台杯大学生“乡村规划与创意设计”竞赛（2018）组织过程
浙江省第四届天台杯大学生“乡村规划与创意设计”竞赛（2018）成果评审方式
浙江省第四届天台杯大学生“乡村规划与创意设计”竞赛（2018）任务书
浙江省第四届天台杯大学生“乡村规划与创意设计”竞赛（2018）作品评优会

浙江省第四届天台杯
大学生“乡村规划与创意设计”竞赛（2018）组织过程

浙江省第四届“和合天台”大学生“乡村规划与创意设计”竞赛由浙江省城市规划学会、浙江工业大学和台州市天台县人民政府联合主办，由浙江工业大学建筑工程学院、天台县住房和城乡建设规划局和浙江工业大学小城镇城市化协同中心共同承办。

本项竞赛继续采用众高校联盟，多专业协同参与的形式，以天台县特色乡村为基地，围绕“美丽乡村”建设的主题，邀请了浙江大学、中国美术学院、浙江工业大学、浙江师范大学、浙江农林大学、浙江理工大学、浙江树人大学、浙江科技学院与宁波大学等 9 所高校的 19 支队伍参赛，走进了天台县的 9 个传统特色村落开展乡村规划与创意设计。

本次大赛于 2017 年 12 月初开始筹备，2018 年 2 月会同天台县相关负责人员通过多次协商、实地踏查选定规划设计村庄，3~4 月拟定竞赛任务书、组织并完成参赛高校队伍的报名工作；5 月竞赛的主办方、承办方与参赛队伍在浙江工业大学共聚一堂完成了竞赛的启动工作。2018 年暑期，在天台县平桥镇、洪畴镇、街头镇、三合镇、龙溪乡、南屏乡政府的支持下，19 支由城乡规划、建筑学、风景园林、环境艺术等人居环境设计类专业大学生组成的参赛队伍赴各设计现场展开调研，最终于 2018 年 8 月 30 日提交了 19 份参赛作品。

2018 年 10 月 28 日，在浙江工业大学朝晖校区举行了竞赛成果评优答辩会。评优专家组成员包括同济大学建筑与城市规划学院院长助理、中国城市规划学会乡村规划与建设学术委员会秘书长栾峰副教授、苏州科技大学建筑与城市规划学院范凌云教授、浙江省城市规划学会秘书长张勇先生、浙江省城乡规划设计研究院副院长余建忠教授、浙江大学城乡规划设计研究院副院长厉华笑女士、浙江省建筑设计研究院柴镇硕先生、天台县住房和城乡建设规划局副局长蒋尚卫先生。其中，栾峰副教授为评优专家组组长。同时，出席评优答辩会的还有浙江工业大学建筑工程学院院长、浙江省城市规划学会理事长陈前虎先生，浙江工业大学建筑工程学院城市规划系系主任陈玉娟女士以及各参赛队伍的师生代表。

浙江省第四届天台杯
大学生“乡村规划与创意设计”竞赛（2018）成果评审方式

一、奖项设置

本次大赛共收到19份作品，组委会经讨论决定设一等奖2名（不大于参赛作品的10%，可空缺），二等奖4名（不大于参赛作品总数的20%），三等奖若干名。另外，在所有参赛作品中评出最佳创意奖、最佳表现奖和最佳风采奖各1名。

二、评奖方式

首先，逆序淘汰。由专家组投票选择相对较差方案，并按照得票多少，淘汰不多于30%的有效评奖方案，产生获奖方案。对于有争议方案，由专家组即时讨论确定，无明显倾向共识情况下可以投票确定；对于有明显踩设计或政策红线的作品采取专家一票否决制。

其次，优选投票。由专家组在入围方案中投票选择更好方案，并按照得票多少选出不多于6个的优选方案。对于有争议方案，由专家组即时讨论确定，无明显倾向共识情况下可以投票确定。

再次，以依序淘汰方式在前六名方案中选出二等奖和一等奖。对于有争议方案，由专家组即时讨论确定，无明显倾向共识情况下可以投票确定。

最终，在入围方案中专家组集体讨论产生最佳创意奖、最佳表现奖和最佳风采奖各1名，可空缺。

对于获奖目录，应将详细信息（单位、学生姓名、教师姓名、方案名称、获奖等级）整理好后当天发给组委会，由组委会统一汇总后提交学会，以便制作证书。

三、获奖名单

一等奖：

浙江工业大学，《十里丹青　八景画境——浙江省台州市天台县张家桐村乡村规划与创意设计》

宁波大学，《多解·众联·和合寒岩——龙溪乡寒岩村乡村规划与设计》

二等奖：

浙江大学，《乐活山头，书画民国——自下而上的村民参与式乡村改造规划设计方案》

浙江理工大学，《摩登乡村 · 智慧隐居——和合文化指导下的寒岩村现代乡村隐居规划与设计》

浙江工业大学，《拾古黄水，筑影龙潭——天台县龙溪乡黄水村乡村规划与设计》

浙江工业大学，《砩探南北，无问西东——天台县张思村乡村规划与设计》

三等奖：

浙江师范大学，《南山雅韵　民国风情——文旅结合下的山头郑村村庄规划设计》

浙江农林大学，《路尽水生——天台县龙溪乡黄水村乡村规划与创意设计》

浙江大学，《刹那古今——游曳于张思画境》

浙江师范大学，《霜叶红于二月花——基于独特旅游资源的村庄振兴规划》

浙江农林大学，《桐园点卷，画境合人——天台县张家桐村乡村规划与创意设计》

浙江理工大学，《春秋两合——天台县平桥镇张思村乡村规划与设计》

浙江科技学院，《村 · 居余存游——天台县泳溪村乡村规划与设计》

最佳创意奖：

宁波大学，《多解 · 众联 · 和合寒岩——龙溪乡寒岩村乡村规划与设计》

最佳表现奖：

浙江工业大学，《十里丹青　八景画境——浙江省台州市天台县张家桐村乡村规划与创意设计》

最佳风采奖：

浙江农林大学，《桐园点卷，画境合人——天台县张家桐村乡村规划与创意设计》

浙江省第四届天台杯
大学生“乡村规划与创意设计”竞赛（2018）任务书

一、背景

为进一步响应国家乡村振兴战略及浙江省美丽大花园建设需求，推进浙江省高等学校人居环境类专业（城乡规划、风景园林、建筑学、景观设计、环境艺术等）的发展，尤其是乡村规划与设计以及相关课程教学的改革与发展，推动浙江省高等院校间乡村规划与设计教学研究及交流，引导人居环境相关专业学生关注乡村、关注规划设计与建设；经浙江省城市规划学会同意，在天台县人民政府的鼎力支持下，浙江省第四届大学生“乡村规划与创意设计”竞赛即将开赛，诚邀省内各高校参与支持。

二、竞赛组织方

1. 主办方

（1）浙江省城市规划学会

（2）浙江工业大学

2. 支持方

台州市天台县人民政府

3. 承办方

（1）浙江工业大学建筑工程学院

（2）台州市天台县住房和城乡建设规划局

（3）浙江工业大学小城镇城市化协同创新中心

4. 协办方

（1）天台县建筑设计所

（2）天台县城乡建设规划测绘室

（3）天台县平桥镇、街头镇、坦头镇、三合镇、龙溪乡、南屏乡人民政府

三、报名方式及参赛要求

采取自由报名和定点特邀相结合的方式，分阶段开展该项活动。拟参加单位可以填写附件报名表，并在规定时间内提交报名表。

（1）竞赛承办单位将根据各个参赛团队以及待规划设计乡村（地块）的特点为各个参赛团队指定其具体的规划设计乡村（地块）；

（2）参赛团队成员必须为在校学生，本科生与硕士研究生不限（以本科生为主体），每个参赛团队成员不超过 6 人；

（3）参赛团队指导老师不超过 4 人；

（4）参赛方案不得包含任何透露参赛团队及其所在学校的直接或间接信息；

（5）参赛方案的核心内容必须为原创，不得包含任何侵犯第三方知识产权的行为；

（6）所有参赛团队提交的材料在评审后不退回，竞赛承办单位有权无偿使用所有参赛成果，包括进行任何形式的出版、展示和评价。

四、竞赛选题及任务要求

1. 竞赛选题

浙江省第四届天台杯大学生“乡村规划与创意设计”教学竞赛拟选村庄名单 表1-1

序号	乡镇	村名
1	平桥镇	张思村
2	街头镇	街一村
3	街头镇	张家桐村
4	龙溪乡	黄水村
5	龙溪乡	寒岩村
6	龙溪乡	大祥村

续表

序号	乡镇	村名
7	南屏乡	山头郑村
8	南屏乡	前杨村
9	泳溪乡	泳溪村

2. 总体要求

根据竞赛承办方提供的相关基础资料，结合实地调研；在符合国家和地方有关政策、法律、法规和规划指引的前提下，充分利用和挖掘村庄的资源禀赋，探讨村庄的未来发展可能，并以此为出发点，提出村庄的未来发展定位和发展策略，在村域层面编制村庄规划，进行居民点规划与设计，并选择重要节点（含入口空间、公共活动空间）、重要轴线、重要景观界面进行详细设计。

3. 具体任务

本次方案竞赛重在鼓励各参赛队伍的创新思维，因此规划内容包括但不限于以下部分：

（1）调研分析

对于规划对象，从区域和本地等多个层面，以及经济、社会、生态、建设等多个维度，进行较为深入的调研，挖掘发展资源，剖析主要问题。

（2）发展策划

根据地方发展资源和所面临的主要问题，提出较具可行性的规划对策。

（3）村域规划

根据地形图或卫星影像图，对于村域现状及发展规划绘制必要图纸，并重点从村域发展和统筹的角度，提出有关空间规划方案，至少包括用地、交通、景观风貌等主要图纸。允许根据发展策划创新图文编制的形式及方法。

（4）居民点设计及节点设计

根据上述有关发展策划和规划，选择重要居民点或重要节点，探索乡村意象设计思路，编制能够体现乡村设计意图的规划设计方案。原则上设计深度应达到 1 ∶ 1000~1 ∶ 2000，成果包括反映乡村意象的入口、界面、节点、区域、路径等设计方案和必要的文字说明。

五、成果形式

规划设计方案要求紧扣竞赛主题：和合天台，扎根实际、立意明确、构思适宜、表达规范；鼓励具有创新性的技术、分析方法与表现手法的应用；成果要求图文并茂，并适应后期出版需要。主要成果形式与要求如下：

（1）每份成果，应有统一规格的图版文件 4 幅（图幅设定为 A0 图纸，应保证出图精度，分辨率不低于 300DPI。勿留边，勿加框），包括 PSD、JPG 格式的电子文件，或者 INDD 打包文件夹，该成果将用于出版。具体要求：规划设计方案中的所有说明和注解均必须采用中文表达（可采用中英文对照形式）；图纸中不得出现中国地图以及国家领导照片等信息；成果方案的核心内容必须为原创，不得包含任何侵犯第三方知识产权的行为。

（2）每份成果，还应另行按照统一规格，制作两幅竖版展板 PSD、JPG 格式电子文件，或者 INDD 打包文件夹。该成果将统一打印，用于作品展览。

（3）每份成果还应含有基地调研报告一份，图文并茂。

（4）能够展示主要成果内容的 PPT 等演示文件一份，一般不超过 30 张页面。

六、竞赛时间安排

（1）2018 年 3 月 16 号：竞赛通知。

（2）2018 年 4 月 12 日：报名截止，参赛报名表提交至指定电子邮箱。

（3）2018 年 4 月 28 日：启动仪式，发放技术文件。

（4）2018 年 5 月 20 日前：完成基地现场调研。

（5）2018 年 6 月 20 日前：完成初步方案与村民意见交流。

（6）2018 年 8 月 30 日：提交成果，光盘邮寄或送达。

（7）2018年9月30日前：完成成果评优，举办乡村发展论坛。

（8）2018年12月30日前：完成作品集出版。

七、评优方式

原则上在收集各参赛队伍竞赛成果后，由主办方与承办方邀请各参加单位任课教师以及规划设计专家、学者，以及省、市、县相关规划主管部门领导共同组成评优工作小组，完成竞赛成果的评优工作。

具体安排如下：

（1）评优时间：2018年9月30日前完成评优；具体时间另行通知；

（2）评奖形式：展板展示+PPT汇报（每参赛队伍不超过15分钟）；

（3）奖项评定：评优工作小组通过现场评审，投票或打分评出参赛方案获奖奖项；

（4）审核公布：主办方对获奖方案及所有获奖名单复审、核定，确认后正式宣布竞赛结果。

八、其他事宜

（1）各参赛队伍所提交成果的知识产权将由各参赛队伍（单位）和竞赛组织方共同所有，组织方有权适当修改并统一出版，各参赛队伍（单位）拥有提交成果的署名权。

（2）所有参赛队伍均被视为已阅读本通知并接受本通知的所有要求。

（3）本次竞赛的最终解释权归竞赛组织方所有。

浙江省第四届天台杯大学生“乡村规划与创意设计”竞赛组委会

2018年3月16日

浙江省第四届天台杯
大学生“乡村规划与创意设计”竞赛（2018）作品评优会

评优专家组组长：栾峰副教授
同济大学建筑与城市规划学院院长助理
中国城市规划学会乡村规划与建设学术委员会秘书长

上午评优专家听了各参赛队伍的PPT汇报，然后又认真审阅了图纸；经过专家的认真讨论与多轮投票，得到最终的评优结果。我先来做一个简单的点评，一方面总结评委的一些意见，另一方面也谈谈我个人的一些想法。

首先，我认为有几点可以肯定：

（1）大家已经真正地在统筹考虑一个乡村的发展；

（2）大家的图纸表达与现场汇报准备充分；

（3）大部分方案的整体逻辑思考、分析过程较好。

但是，同样存在一些不足、需要完善的方面：

（1）方案对村民的基础性需求关注不足；

（2）规划设计理念（或题目）被过度突出，创意也要有底线思维、专业思维；

（3）必须遵守规划设计相关法规、规范，图纸绘制的规范性有待加强；

（4）方案可行性措施的设置与规划需要加强；

（5）方案的全面性与系统性思考需要进一步提升。

专家组成员：张勇副总规划师
浙江省城乡规划设计研究院
浙江省城市规划学会秘书长

我第一次受邀参加这个活动，非常高兴，非常荣幸。这么多年轻的同学认真地做村庄规划设计，大家在一个平台上比拼、评优，我觉得这个活动非常好。整体来说，大家都非常有创意。大家都在想着村庄怎么发展，尤其是特色旅游产业怎么发展？我想这可能跟我们提供的几个规划设计样本有关系，样本都是交通条件好、风景资源优秀、历史文化遗产比较多的村庄。但是，农村的情况是非常复杂的，借此机会我简单讲下我对于乡村规划几方面的理解。

我们首先要找到现状村庄的痛点是什么，然后直面痛点分析，试图去找到能解决或者能改善它的方式方法。比如，村庄中的老人与孩子，这里在村庄规划中要重点关注的，但在这次的评比中没有看到。我觉得村庄规划还要注意以下三个问题。

（1）村庄基础设施的问题。我们村庄的生活、生态和生产基础设施相比较城市标准欠账较多；我们需要改善它，提升它，给它发展机会。

（2）村庄发展的特色问题。村庄规划要找到它的特色，这是村庄规划非常核心的一个问题。这个特色可能是一种产业，也可能是一种环境；很多村庄规划做得很系统、很全面，各个方面都考虑到了，唯独没有找到特色，这个利于村庄的发展。

（3）成果编制方法上略显模式化、套路化。我希望，学生们在学习阶段要注重掌握扎实的空间分析、设计能力，掌握能够进行精致设计的能力，今天提交的竞赛成果里面较少有这种层面的东西。

专家组成员：厉华笑教授级高级工程师

浙江大学城乡规划设计研究院副院长

非常高兴参加这样一个评优会。我这里先讲三点体会。

（1）收获大。我就是天台县人，但是我从来没有这么系统地去了解过我们本地的一些村落，所以我今天上午听得特别认真、记录得也特别认真。

（2）现在的学生是幸福的。我觉得对大家来讲这可能是学习生涯中非常难忘的一次经历，成为你们四年或者五年学习生涯中非常重要的一个组成的部分。不管最后是不是拿奖，大家在这个过程中有付出、有感悟，相互间有交流，有启发，这个的收获是巨大的。

（3）后生可畏。今天19组汇报都非常精彩，有几组我觉得就是设计院里的技术人员都不一定能讲得这么好，在有限的十分钟之内表达得非常到位，言语得体、落落大方。

如果讲几点建议的话，我大致梳理了以下几点，这也是我今天对19个成果进行评判的一个标准。

（1）调研的深入程度，这是我判断方案的很重要的一点。我觉得作为学生来讲，去做一个项目，是应该把基础调研这部分工作做得非常扎实，重视基础调研的工作，重视调研结论应用。

（2）项目汇报过程、成果图板展现出的你们思考问题以及方案构思的系统性或者逻辑性的问题。比如，有的团队在调研基础分析之后有一个技术路线图；我觉得我们都应该试着去做这样一个工作，不要轻视技术路线图，它既是对自己思路的一个整理，也是告诉大家我们的思维方式、解决路径。

（3）图纸表达的一个创新性，或者叫原创性和规范性。我觉得对学生来讲，在图面表达方面应该更懂得应用各种新型的技术手段得出一些分析结果、结论。同时，要关注原创性，不要大量使用贴图、照片，或者是引用别人的效果图。最后，在强调原创性的时候要注意规范性，规范性才能够真正体现我们的专业性。

（4）规划策略的针对性。我们如何从城市规划的手法转向规划农村的手法。我想应该在乡村规划这门课的学习过程中、训练过程中，探讨怎么样把城市规划的思维方式转向乡村的规划方式？

专家组成员：柴镇硕建筑师

浙江省建筑设计研究院

这是我第一次参与到高校学生的乡村规划设计作品评优工作中，给我的感受还是比较震撼的。针对提交的方案，我归纳了4个特点。

（1）各个方案都建立了一个比较全面、深入的研究体系，并以此构建了一个规划逻辑。

（2）针对各个村庄都提出了一个有一定创新又务实的规划方案。

（3）对于传统村落的规划设计有一定的见解与思考。

（4）部分方案关注了乡建特点，强调其建造的过程性。

针对可能存在的一些问题，我简单归纳为以下5点。

（1）是不是所有的村庄都适合做文旅产业，能够做成文旅产业。

（2）乡建可以考虑做进一步的研究。乡建并不单单是建筑形态、建筑立面的改造，还涉及很多建筑内部设施的完善、改造。

（3）对当地村民的需求关注、考虑还是偏少。

（4）图纸表达、表现能力需要进一步提升；尤其总平面图设计、表现深度与规范程度。

（5）需要提高发现问题、深化问题以及解决问题的专业能力。

专家组成员：余建忠教授级高级工程师
浙江省城乡规划设计研究院副院长

非常荣幸连着几届参与我们浙江省大学生“乡村规划与创意设计”大赛。我觉得每次大赛的设计成果的水平都在不断提升，这是非常令人高兴的事情。总的来说，这些村庄的情况我比较熟悉，我们也一直在做，下面我就简单谈一下自己的理解。

（1）设计村庄严格来说可以分成两类。一类（如张思村）是国家级历史文化名村、是国家级的传统村落，格局形态保存得非常好，在天台县甚至在我们整个浙江省来说都是一个典型代表。另一类就是一般的村庄。这两类村庄的规划设计的要求是不一样的，我们必须要注意；作为规范性的东西，至少有些东西不能随意突破，必须要遵守。对于历史文化名村、传统村落都有它特殊的要求，要做好三篇文章。怎么样保护？前提条件是首先保护，保护什么东西？然后在这个基础上怎么利用？

（2）农村产业发展问题。不能一上来都是发展乡村旅游业。农业怎么发展还是首先要回答与解决的问题，是农村的最基本的、本源性问题。

（3）要关注村民的民生需求，这个是最基本、最根本的问题。

（4）注意乡村文化的挖掘。建筑文化、民俗文化、生活文化都需要挖掘利用。

（5）加强对乡村空间形态、空间结构、空间节点的设计，提升空间场地感。

专家组成员：范凌云教授
苏州科技大学建筑与城市规划学院

非常感谢陈院长和陈主任的邀请来参加浙江省第四届天台杯“乡村规划与创意设计”大赛评优，这对我也是一个很好的学习机会。前面各位专家的意见我非常赞同。下面我就结合自己的体会谈一下对乡村规划的理解与认识，与各位专家、我们年轻的朋友分享、交流。

（1）第一点就是认知乡村。认知乡村包括两块，一块是乡村是什么？跟城市相比是什么？这样你才不会用城市规划的一些手法去处理乡村问题，也不会想当然地把技术精英的一些想法作为村民的需求来表达。

（2）第二点就是理念生成。如果说认知乡村是一个乡村规划的基础和根本的话，那么概念生成就是它的灵魂，你要把它整个落下来。不要玩文字游戏，不要为了做理念而做理念。

（3）第三点就是规划落实。具体到一个点上，规划总平面图就是非常重要的；你要让人知道你的这些概念到底在总平面图上落在哪里，放在这合不合适，能不能落得下来。

（4）第四点就是村庄设计。设计是不是真的本土化？是不是真的很乡土化？要避免因为充满了热情、用力过猛的设计；也要避免可能会有的一些程式化设计。

专家组成员：蒋尚卫

天台县住房和城乡建设规划局副局长

受陈院长委托，我再占用几分钟时间结合在地方工作的体会讲几点自己的想法。

（1）做乡村规划，特别是做村庄规划，一定要从村民这个角度出发，因为我们整个村庄世世代代长久生活的都是村民。

（2）做乡村规划设计，必须考虑可实施性。好的创意，也必须要有可实施性。比如在很多提交的成果中，有的作品缺少规范的土地利用规划图、有的作品忽略了现状场地的高程、有的作品对建筑间距、建筑的面积缺少符合地方规定的响应……所以我觉得可实施性方面我们的很多方案还是需要提高的。

（3）必须要考虑各种配套设施的完整性与必要性。作为村庄来讲，村民生活在这里，他的生活离不开这些配套设施，这些东西是我们村庄设计中重要的、核心的一些内容。但是具体到不同条件的村庄，配套设施的供给水平还是需要具体分析、区别对待的。

（4）必须谨慎地考虑产业问题。乡村旅游要成功其实很难，它受到众多条件影响与制约。并不是所有的乡村都要搞乡村旅游，或者一开始就搞乡村旅游，这是很难成功的。做乡村规划要依据每个村庄的特点，各个方面的特点来选择、策划合适的产业发展。

（5）乡村特色表现不足。比如建筑形式，并没有看到把天台民居特色真实、恰当做出来的作品。比如景观设计，我们要关注景观的乡土化、本土化与低成本化。

2 STUDENT WORK

学生作品集

浙江工业大学

十里丹青　八景画境——浙江省台州市天台县张家桐村乡村规划与创意设计

一等奖

教师感言：

浙江省大学生“乡村规划与创意设计”竞赛已经是第四个年头了，同学们的作品也越来越成熟，非常高兴能有这样一个平台让省内各高校规划学生互相竞技，互相学习，让孩子们有一次深入实践的经历，在心里种下乡村振兴的种子，在未来生根发芽，许许多多年后，当年难忘的经历催生出一个个优秀乡村规划项目，孩子们逐渐成长为能够接手乡村规划这面大旗帜的领军人物，祝愿我们乡村规划竞赛能有越来越多的学生参与进来，也祝愿祖国的乡村振兴战略生生不息！

团队感言：

从美丽乡村建设到乡村振兴战略，“乡村是城市的蓄水池”观念被打破，而“乡村规划与创意设计”竞赛更让我们在实践中走出误区，走向真实。对现象层层剖析，发现问题并着眼实处，重新唤醒乡村活力，这一过程是此行最宝贵的收获。

农村不能成为荒芜的农村、留守的农村、记忆中的故园。城镇化在发展，农业现代化和新农村建设也要发展。通过本次乡村竞赛，我感受到乡村不同于城镇，我们既要保留它的韵味，也要改善村民生活。这更多的是要在实践中寻找答案。规划不能仅是空谈，而是要能真正去实现、去落地的美丽乡村。

一等奖

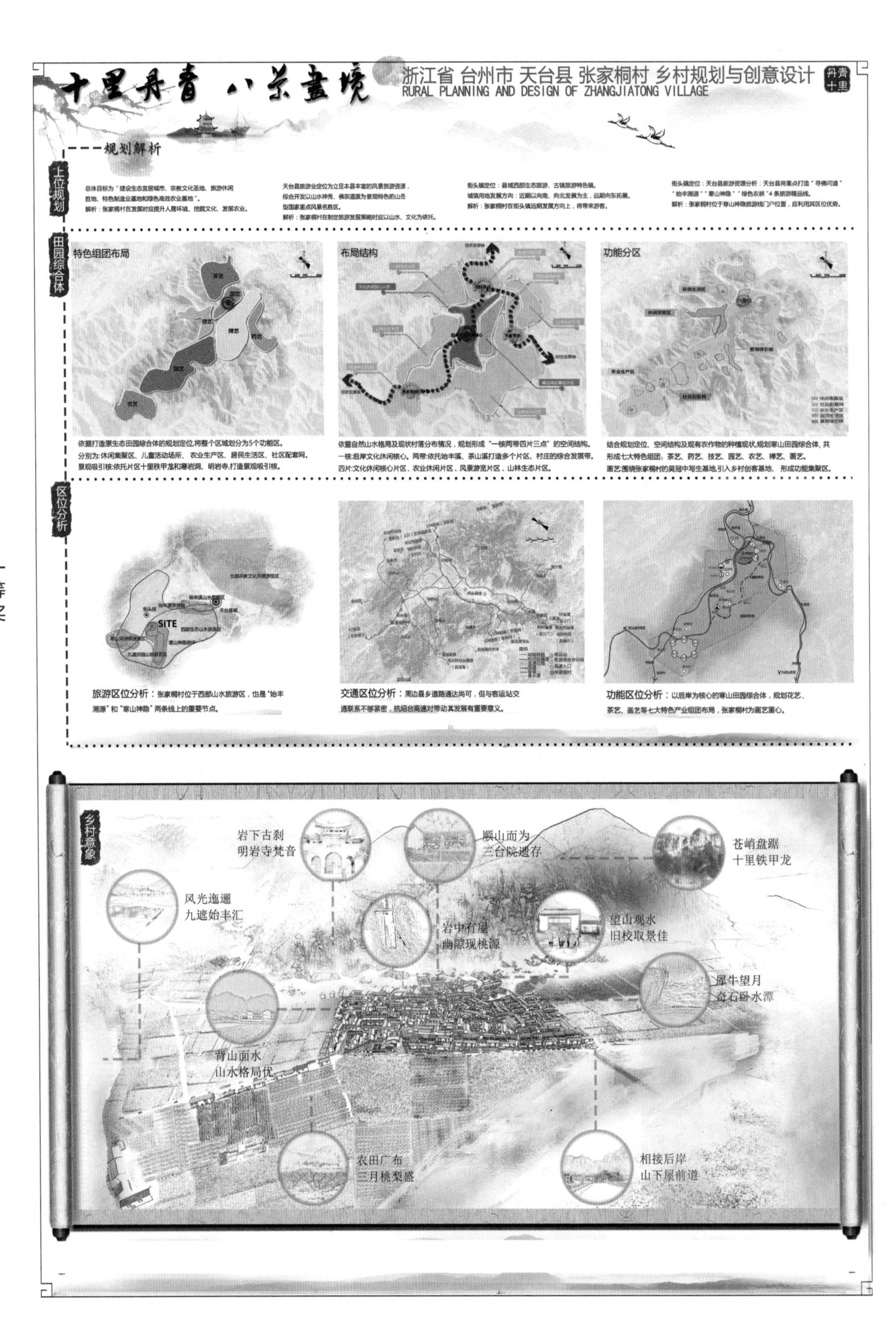

十里丹青 八荒画境
浙江省 台州市 天台县 张家桐村 乡村规划与创意设计
RURAL PLANNING AND DESIGN OF ZHANGJIATONG VILLAGE
丹青十里
规划解析
上位规划
总体目标为“建设生态宜居城市、宗教文化圣地、旅游休闲胜地、特色制造业基地和绿色高效农业基地”。
解析：张家桐村在发展时应提升人居环境、挖掘文化、发展农业。
天台县旅游业定位为立足本县丰富的风景旅游资源，综合开发以山水神秀、佛宗道源为景观特色的山岳型国家重点风景名胜区。
解析：张家桐村在制定旅游发展策略时应以山水、文化为依托。
街头镇定位：县域西部生态旅游、古镇旅游特色镇。
城镇用地发展方向：近期以向南、向北发展为主，远期向东拓展。
解析：张家桐村在街头镇远期发展方向上，将带来游客。
街头镇定位：天台县旅游资源分析：天台县将重点打造“寻佛问道”“始丰溯源”“寒山神隐”“绿色农耕”4条旅游精品线。
解析：张家桐村位于寒山神隐旅游线门户位置，应利用其区位优势。
田园综合体
特色组团布局
依据打造原生态田园综合体的规划定位,将整个区域划分为5个功能区。
分别为:休闲集聚区、儿童活动场所、农业生产区、居民生活区、社区配套网。
景观吸引核:依托片区十里秩甲龙和寒岩洞、明岩寺,打造景观吸引核。
布局结构
依据自然山水格局及现状村落分布情况，规划形成“一核两带四片三点”的空间结构。
一核:后岸文化休闲核心。两带:依托始丰溪、茶山溪打造多个片区、村庄的综合发展带。
四片:文化休闲核心片区、农业休闲片区、风景游览片区、山林生态片区。
功能分区
结合规划定位、空间结构及现有农作物的种植现状,规划寒山田园综合体, 共形成七大特色组团：茶艺、药艺、技艺、园艺、农艺、禅艺、画艺。
画艺:围绕张家桐村的吴冠中写生基地,引入乡村创客基地， 形成功能集聚区。
区位分析
SITE
旅游区位分析：张家桐村位于西部山水旅游区，也是“始丰溯源”和“寒山神隐”两条线上的重要节点。
交通区位分析：周边县乡道路通达尚可，但与客运站交通联系不够紧密，杭绍台高速对带动其发展有重要意义。
功能区位分析：以后岸为核心的寒山田园综合体，规划花艺、茶艺、画艺等七大特色产业组团布局，张家桐村为画艺重心。
乡村意象
岩下古刹
明岩寺梵音
顺山而为
三台院遗存
苍峭盘踞
十里铁甲龙
风光迤逦
九遮始丰汇
岩中有屋
幽隙现桃源
望山观水
旧校取景佳
犀牛望月
奇石卧水潭
背山面水
山水格局优
农田广布
三月桃梨盛
相接后岸
山下屋前道

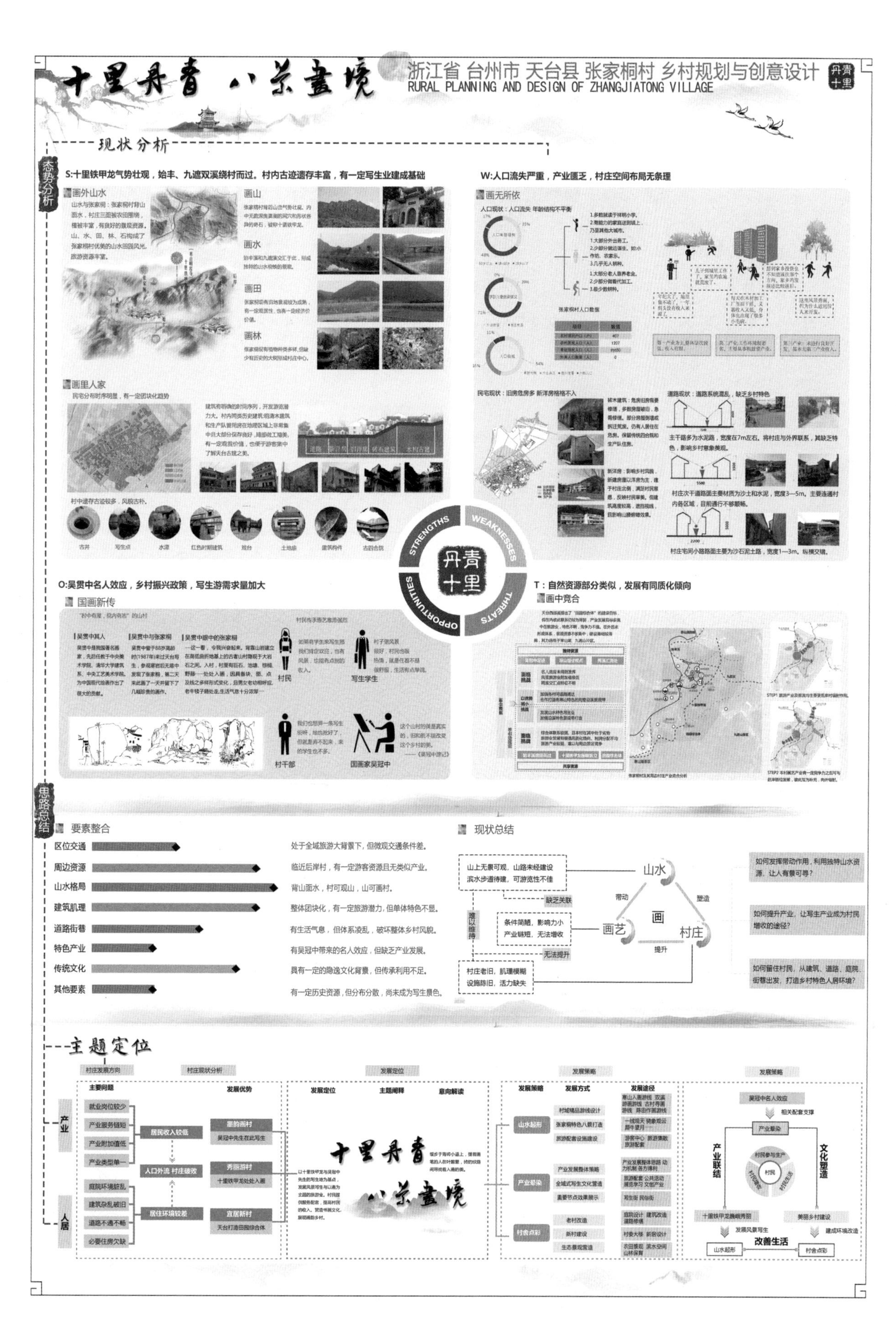
十里丹青 八景画境
浙江省 台州市 天台县 张家桐村 乡村规划与创意设计
RURAL PLANNING AND DESIGN OF ZHANGJIATONG VILLAGE
现状分析
态势分析
S:十里铁甲龙气势壮观，始丰、九遮双溪绕村而过。村内古迹遗存丰富，有一定写生业建成基础
W:人口流失严重，产业匮乏，村庄空间布局无条理
O:吴贯中名人效应，乡村振兴政策，写生游需求量加大
T：自然资源部分类似，发展有同质化倾向
画外山水
画山
画水
画田
画林
画里人家
画无所依
国画新传
画中竞合
STRENGTHS
WEAKNESSES
OPPORTUNITIES
THREATS
丹青十里
思路总结
要素整合
区位交通
周边资源
山水格局
建筑肌理
道路街巷
特色产业
传统文化
其他要素
处于全域旅游大背景下，但微观交通条件差。
临近后岸村，有一定游客资源且无类似产业。
背山面水，村可观山，山可画村。
整体团块化，有一定旅游潜力，但单体特色不显。
有生活气息，但体系凌乱，破坏整体乡村风貌。
有吴冠中带来的名人效应，但缺乏产业发展。
具有一定的隐逸文化背景，但传承利用不足。
有一定历史资源，但分布分散，尚未成为写生景色。
现状总结
山上无景可观，山路未经建设
滨水步道待建，可游览性不佳
缺乏关联
条件简陋，影响力小
产业链短，无法增收
无法提升
村庄老旧，肌理模糊
设施陈旧，活力缺失
山水
画
画艺
村庄
带动
塑造
提升
难以维持
如何发挥带动作用，利用独特山水资源，让人有景可寻？
如何提升产业，让写生产业成为村民增收的途径？
如何留住村民，从建筑、道路、庭院、街巷出发，打造乡村特色人居环境？
主题定位
村庄发展方向
村庄现状分析
发展定位
发展策略
主要问题
发展优势
产业
人居
就业岗位较少
产业服务链短
产业附加值低
产业类型单一
庭院环境脏乱
建筑杂乱破旧
道路不通不畅
必要住房欠缺
居民收入较低
人口外流 村庄破败
居住环境较差
墨韵画村
吴冠中先生在此写生
秀丽游村
十里铁甲龙处处入画
宜居新村
天台打造田园综合体
发展定位
主题阐释
意向解读
十里丹青 八景画境
发展方式
发展途径
山水起形
产业舞染
村舍点彩
吴冠中名人效应
相关配套支撑
产业舞染
产业联结
文化塑造
村民
十里铁甲龙旗概写
美丽乡村建设
发展风景写生
建成环境改造
改善生活
山水起形
村舍点彩

一等奖

一等奖

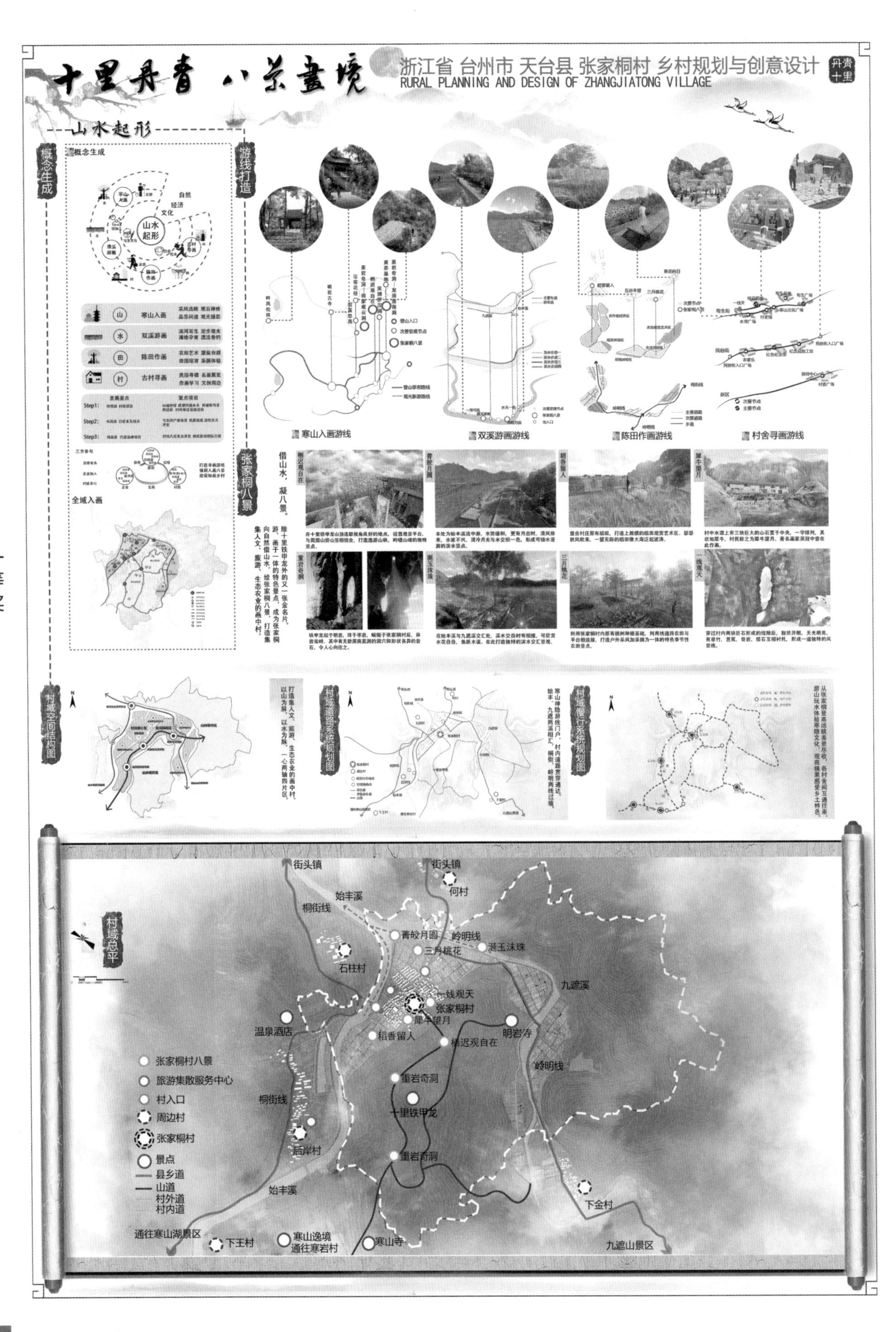
十里丹青 八景画境
浙江省 台州市 天台县 张家桐村 乡村规划与创意设计
RURAL PLANNING AND DESIGN OF ZHANGJIATONG VILLAGE
丹青十里
山水起形
概念生成
游线打造
寒山入画游线
双溪游画游线
陈田作画游线
村舍寻画游线
张家桐八景
借山水，凝八景。
全域入画
村域空间结构图
村域道路系统规划图
村域慢行系统规划图
村域总平
街头镇
何村
始丰溪
桐街线
青蛟月圆
岭明线
三月桃花
涎玉沫珠
石柱村
九遮溪
一线观天
张家桐村
犀牛望月
温泉酒店
稻香留人
桥迟观自在
明岩寺
张家桐村八景
旅游集散服务中心
村入口
周边村
张家桐村
景点
县乡道
山道
村外道
村内道
重岩奇洞
十里铁甲龙
后岸村
下金村
通往寒山湖景区
下王村
寒山逸境
通往寒岩村
寒山寺
九遮山景区

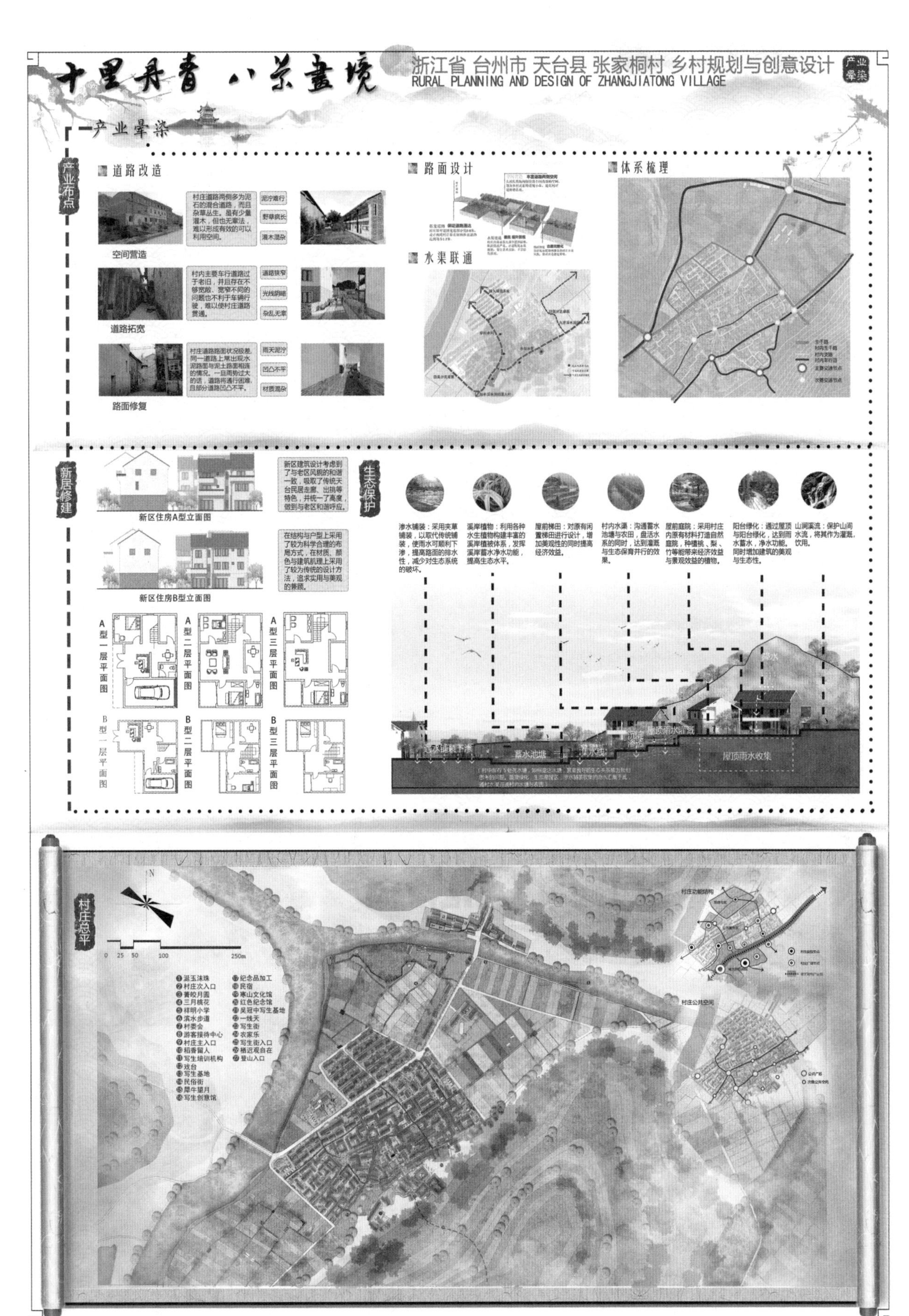

十里丹青 八景画境
浙江省 台州市 天台县 张家桐村 乡村规划与创意设计
RURAL PLANNING AND DESIGN OF ZHANGJIATONG VILLAGE
产业晕染
产业布点
道路改造
村庄道路两侧多为泥石的混合道路，而且杂草丛生。虽有少量灌木，但也无章法，难以形成有效的可以利用空间。
空间营造
村内主要车行道路过于老旧，并且存在不够宽敞、宽窄不同的问题也不利于车辆行驶，难以使村庄道路贯通。
道路拓宽
村庄道路路面状况较差，同一道路上常出现水泥路面与泥土路面相连的情况。一旦雨势过大的话，道路将通行困难，且部分道路凹凸不平。
路面修复
路面设计
水渠联通
体系梳理
新居修建
新区建筑设计考虑到了与老区风貌的和谐一致，吸取了传统天台民居主要特色，并统一了高度，做到与老区和谐呼应。
新区住房A型立面图
在结构与户型上采用了较为科学合理的布局方式，在材质、颜色与建筑肌理上采用了较为传统的设计方法，追求实用与美观的兼顾。
新区住房B型立面图
A型一层平面图
A型二层平面图
A型三层平面图
B型一层平面图
B型二层平面图
B型三层平面图
生态保护
渗水铺装：采用夹草铺装，以取代传统铺装，使雨水可顺利下渗，提高路面的排水性，减少对生态系统的破坏。
溪岸植物：利用各种水生植物构建丰富的溪岸植被体系，发挥溪岸蓄水净水功能，提高生态水平。
屋前梯田：对原有闲置梯田进行设计，增加美观性的同时提高经济效益。
村内水渠：沟通蓄水池塘与农田，盘活水系的同时，达到灌溉与生态保育并行的效果。
屋前庭院：采用村庄内原有材料打造自然庭院，种植桃、梨、竹等能带来经济效益与景观效益的植物。
阳台绿化：通过屋顶与阳台绿化，达到雨水蓄水，净水功能。同时增加建筑的美观与生态性。
山涧溪流：保护山间水流，将其作为灌溉、饮用。
蓄水池塘
屋顶雨水收集
村庄总平
0 25 50 100 250m
①涎玉沫珠
②村庄次入口
③菁蛟丹圆
④三月桃花
⑤祥明小学
⑥滨水步道
⑦村委会
⑧游客接待中心
⑨村庄主入口
⑩稻香留人
⑪写生培训机构
⑫戏台
⑬写生基地
⑭民俗街
⑮犀牛望月
⑯写生创意馆
⑰纪念品加工
⑱民宿
⑲寒山文化馆
⑳红色纪念馆
㉑吴冠中写生基地
㉒一线天
㉓写生街
㉔农家乐
㉕写生街入口
㉖栖迟观自在
㉗登山入口
村庄交通结构
村庄公共空间

一等奖

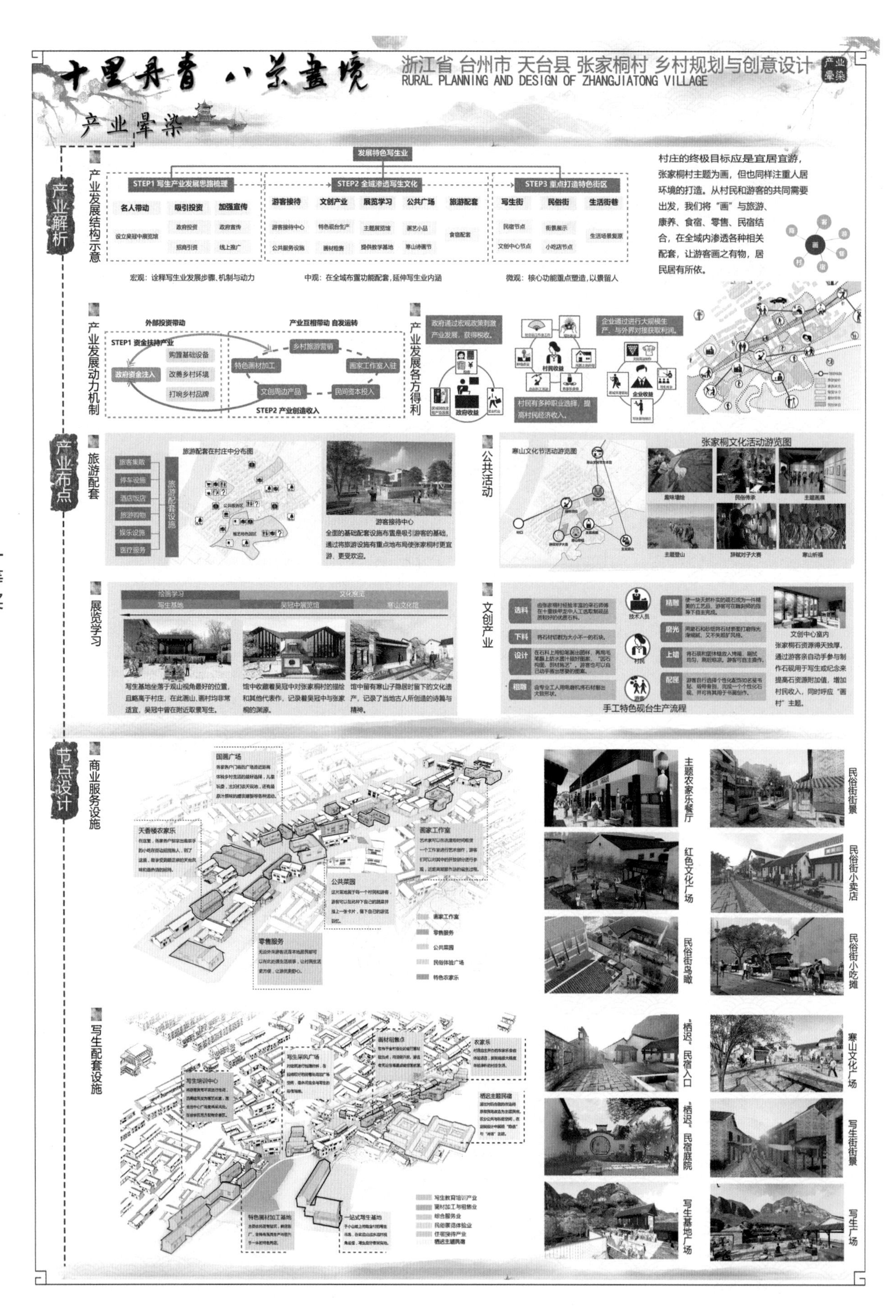

十里丹青 八景画境
浙江省 台州市 天台县 张家桐村 乡村规划与创意设计
RURAL PLANNING AND DESIGN OF ZHANGJIATONG VILLAGE
产业晕染
产业解析
产业发展结构示意
发展特色写生业
STEP1 写生产业发展思路梳理
STEP2 全域渗透写生文化
STEP3 重点打造特色街区
宏观：诠释写生业发展步骤、机制与动力
中观：在全域布置功能配套，延伸写生业内涵
微观：核心功能重点塑造，以景留人
村庄的终极目标应是宜居宜游，张家桐村主题为画，但也同样注重人居环境的打造。从村民和游客的共同需要出发，我们将“画”与旅游、康养、食宿、零售、民宿结合，在全域内渗透各种相关配套，让游客画之有物，居民居有所依。
产业发展动力机制
外部投资带动
产业互相带动 自发运转
STEP1 资金扶持产业
STEP2 产业创造收入
产业发展各方得利
政府收益
村民收益
企业收益
产业布点
旅游配套
公共活动
张家桐文化活动游览图
展览学习
文创产业
手工特色砚台生产流程
节点设计
商业服务设施
写生配套设施
主题农家乐餐厅
民俗街街景
红色文化广场
民俗街小卖店
民俗街鸟瞰
民俗街小吃摊
“栖迟”民宿入口
寒山文化广场
“栖迟”民宿庭院
写生街街景
写生基地广场
写生广场

一等奖

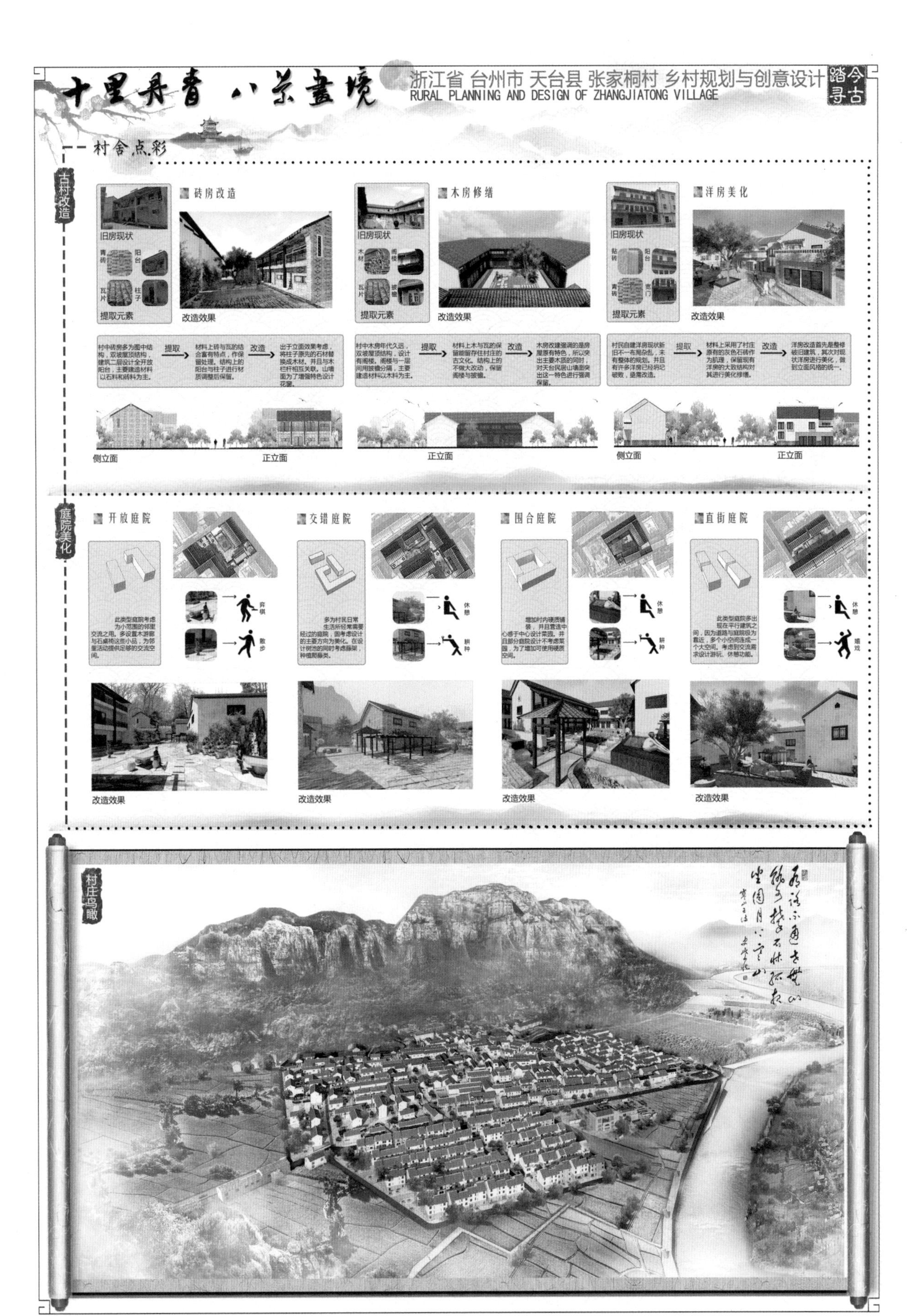

十里丹青 八景画境
浙江省 台州市 天台县 张家桐村 乡村规划与创意设计
RURAL PLANNING AND DESIGN OF ZHANGJIATONG VILLAGE
踏今寻古
村舍点彩
古村改造
砖房改造
木房修缮
洋房美化
旧房现状
提取元素
改造效果
提取
改造
侧立面
正立面
庭院美化
开放庭院
交错庭院
围合庭院
直街庭院
改造效果
村庄鸟瞰

一等奖

浙江工业大学

乡与市——基于天台县大样村探究城乡老人融合型生活方式

教师感言：

学生们从乡村实地调研开始，就对设计方案的逐步成形充满热情，他们希望在实际设计方案中融入局部概念方案，以获得方案与未来乡村发展需要的更多可能性，方案在使用功能与概念阐述之间形成统一。学生们马上会面临各种职业发展的选择——留学、考研或者工作，这次乡村设计竞赛的经历，会使他们的职业发展道路更完整、更充实。

团队感言：

从最初的实地调研，到方案前期头脑风暴讨论，再到后期的表达呈现，团队的合作协同能力一步步加强，我们也深刻意识到集体的力量不容小觑。同时，能够将自己的创意想法融入实际，并通过我们的语言展现出来，我们认为本次竞赛意义非凡。除此之外，对于存在即合理的想法，我们亦是深刻，“设计”与“生活”原来紧密相扣。我们想做有温度的设计，而不是炫技，设计应该首先考虑需求，其次是功能，然后才是美感，也因此让我们的设计变得刚需，也更加有意思。做设计要真诚，有好的创意，就要把这个创意做到极致。

鄉與市 基于天台县大样村探究城乡老人融合型生活方式

区位与场地 Location and site

嵊州市 Shengzhou 47.2km
三门县 Sanmen 62.2km
东阳市 Dongyang 58.8km
街头镇 Jietou 7.56km
仙居县 Xianju 29.8km
临海市 Linhai 43.8km

村委会门前大片空间闲置，可作为未来村落聚集的活动场所。

田中农作物种类单一，且竖向高度变化小，易产生视觉疲劳。

田中水渠纵横交错很有特点，但是很多荒废，有很大设计潜力。

村中没有停车场，外来车辆随意停放既不美观又不安全。

村中道路形式单一，路边没有停靠点和观景点。

村南侧河岸有明显的高差，对于大面积平地的村子来说具有极大开发前景。

村中水边的景观普通，有较大的开发空间。

村中老人活动单一，缺乏乐趣，缺少公共活动场所。

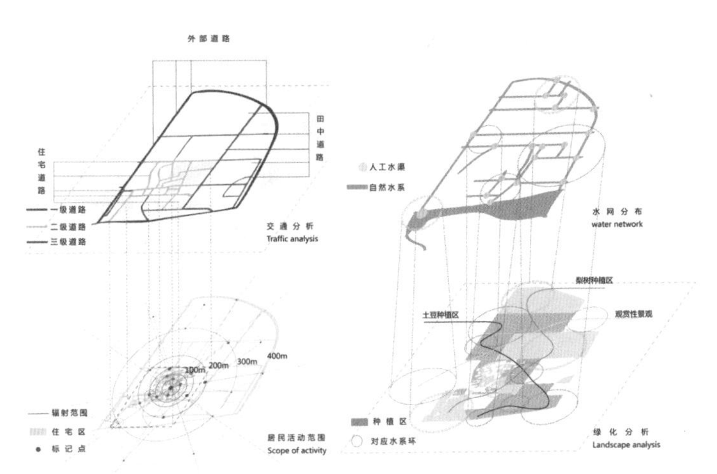

概念背景 Concept background

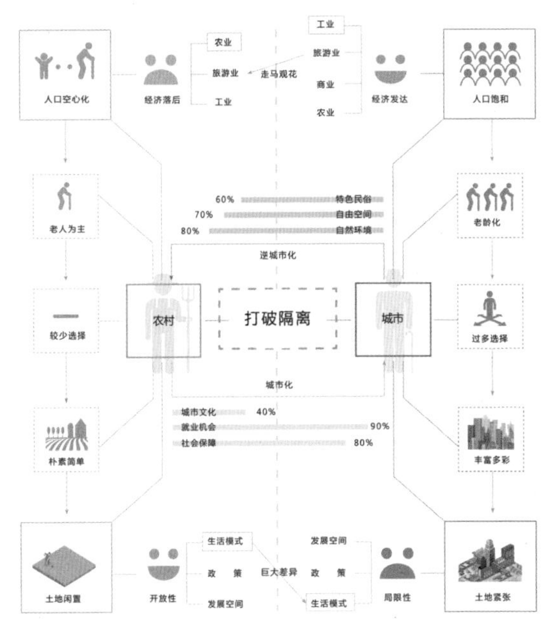

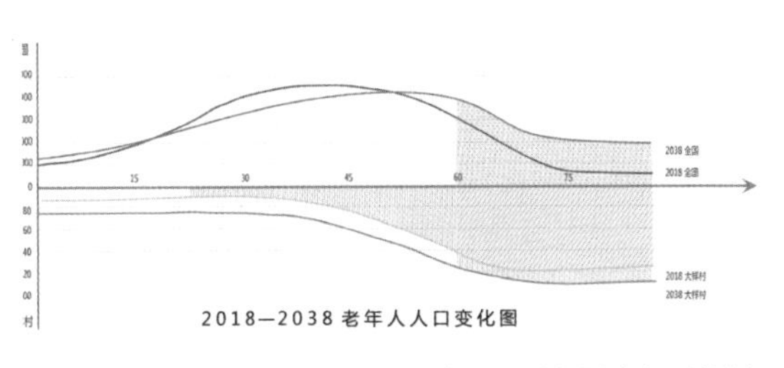

2018—2038 老年人人口变化图

中国大环境下老龄化趋势愈渐严重，大样村中80%以上都是老年人，农村养老是一大问题。大部分年轻人都外出打工，但是对村子仍有强烈的情感羁绊，因此我把目标人群设定为大样村现住老人、20年后可能归乡的老人，以及外来希望在村中体验生活的老人。

鄉與市 基于天台县大样村探究城乡老人融合型生活方式

人群 & 行为 Crowd and behaviour

我们从人群出发，分别针对城乡老人的行为展开研究，从城乡差异性、幸福感、时段氛围、时间，四重维度进行分析。试图寻找出两者之间的相同与相异，从中挑选出最具特色且在老人生活中占据重要比重的活动并为其搭建共同空间场所，以此串联两者关系，实现融合互补的设计目标。

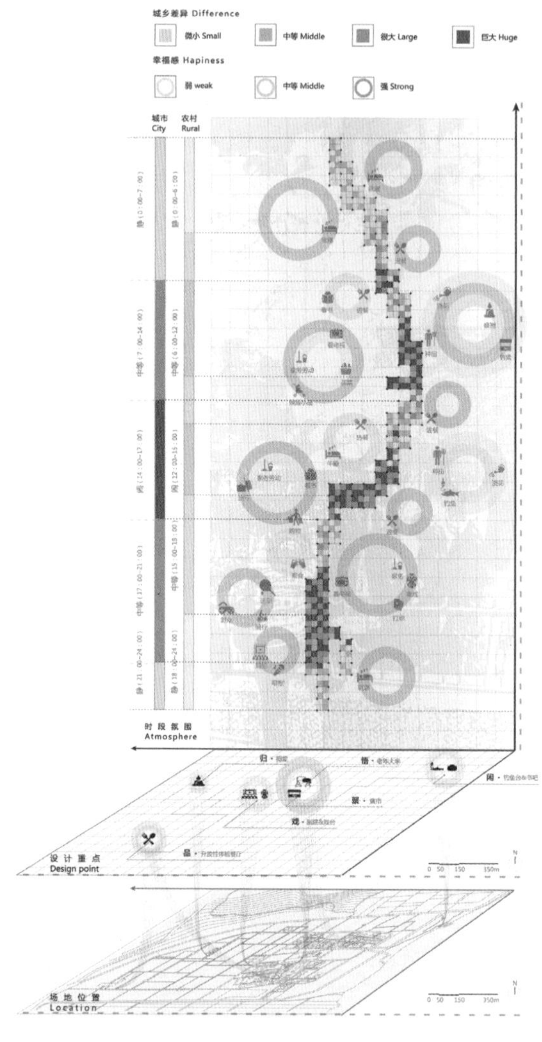

活跃时间分布 Active time distribution

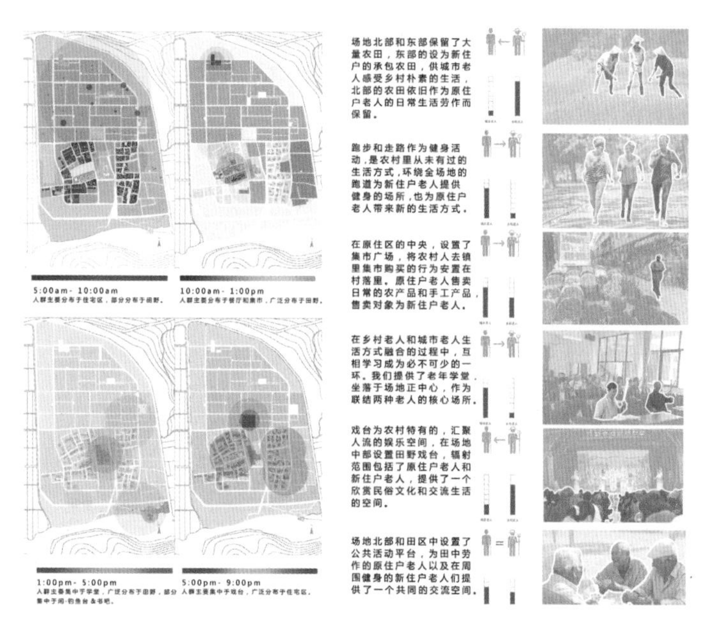

道路演变 Road evolution

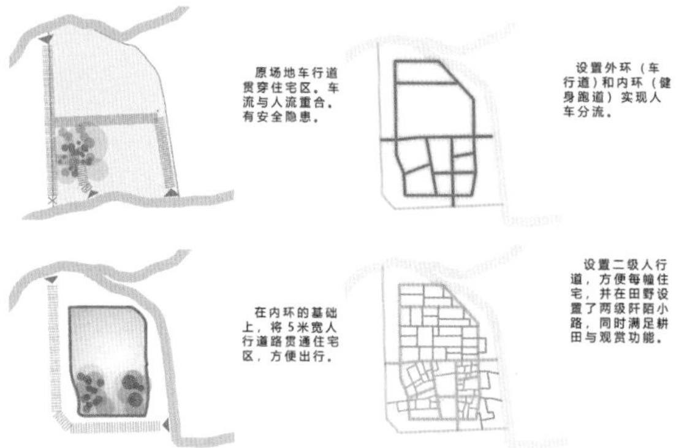

鄉與市 基于天台县大样村探究城乡老人融合型生活方式

住宅分析 Residential analysis

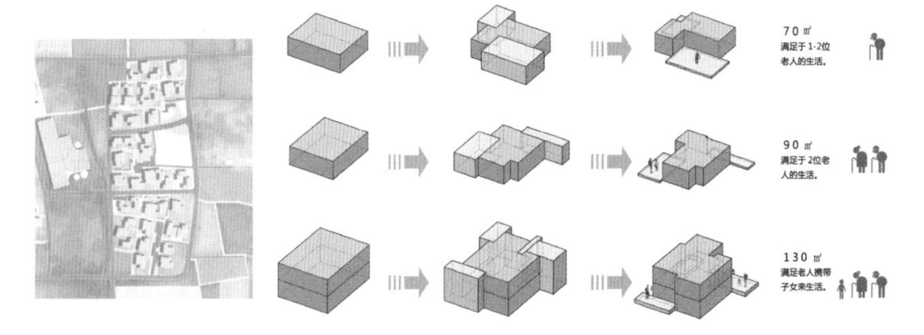

在整体平面布局上，我们重整道路，加入了环形跑道、阡陌小路等特色化道路，重整水渠，在保证浇灌功能的同时，加入了场所精神。在重整绿地的过程中，我们加入了高大乔木区、舒缓天际线并满足老人需求。同时，我们设计了服务于城市老人的住宅区（42户），对象是喜欢候鸟型养老的老人们。

绿地分析 Greenbelt analysis

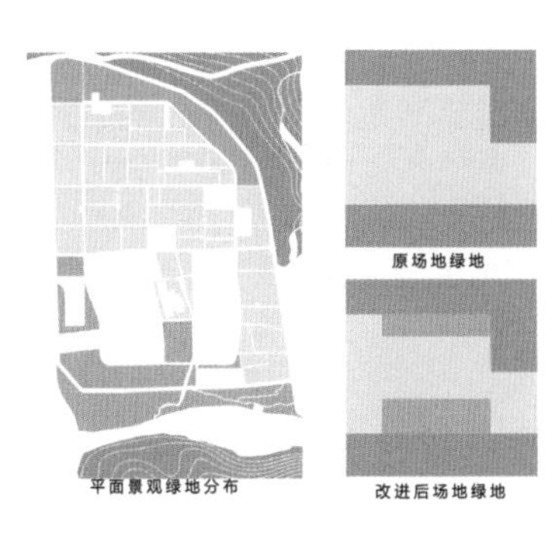
平面景观绿地分布

原场地绿地　原始场地剖面图

原场地山体与田野的天际线过渡地过于突兀。

改进后场地绿地　改进后场地效果图

设置了高大乔木绿化区·舒缓天际线的同时，也让老人们有一片在树荫下的活动区。

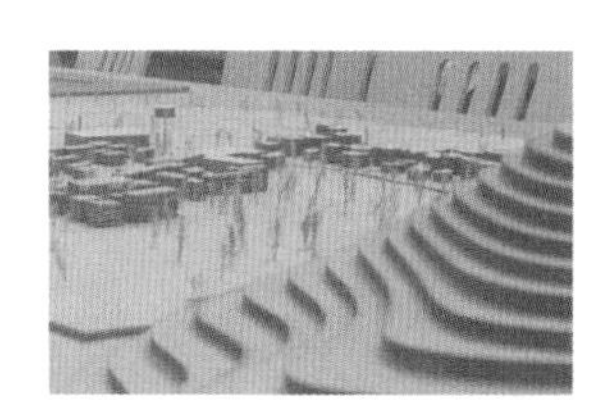

在综合场地的考虑上，我们提出一田三筑，4个大区块，分别为田野区块、悟·老年学堂区块、闲·钓鱼台书吧区块、聚·多功能集市区块。田野区块内包含品·餐厅、归·祠堂、戏·融合戏台。在每一个点，我们均致力于有机融合城市老人与乡村老人的生活方式，实现互相包容、互相学习的环境。

田·野 Field & Freedom

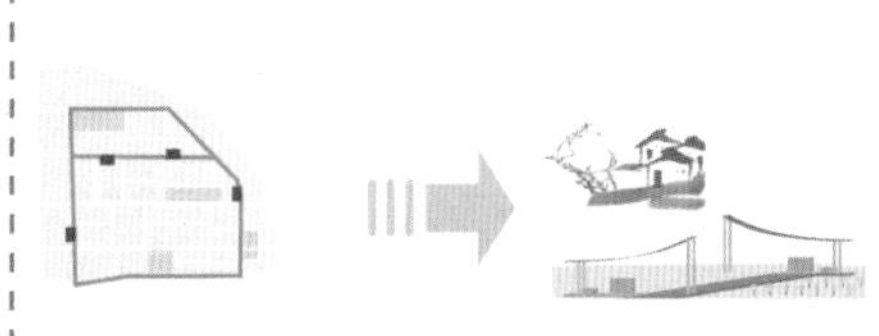

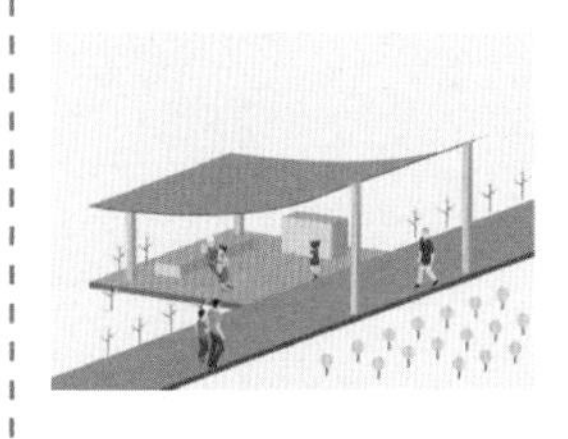

跑到休息点位于环形跑道附近，共设置四个站点，站点间隔100米。屋顶采用了传统水墨画中的坡屋顶，加以曲面处理，以增添柔美和自然之感。

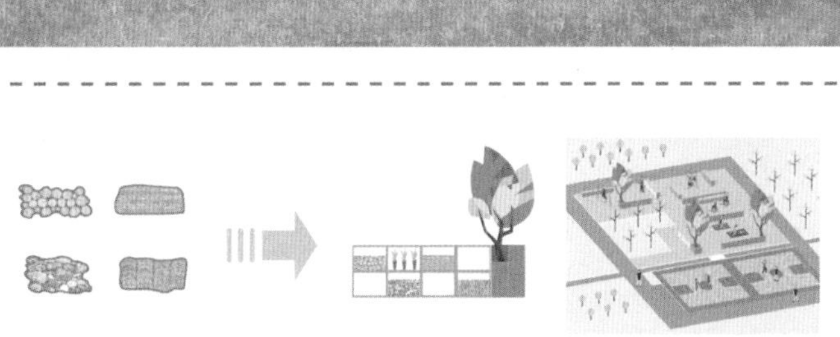

健身区的隔断上我们采用格子设计。结合传统材料：红杉、夯土、青瓦、砾石构成装饰隔断，同时在内容上这些面相对密实，而剩下的空出来的格子则为健身者提供放置水杯、毛巾等随身用品的空间。

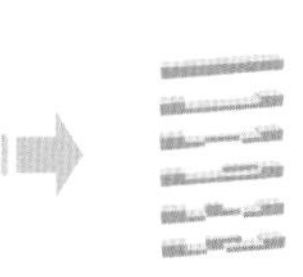

公共活动平台，我们从鲁班锁中汲取了灵感，以锁之意联结新旧老人。整个共可拆分为六份，分别构成六种形态的座椅，散布于田野之间，为老人休息聊天提供了场所。

郷與市 基于天台县大样村探究城乡老人融合型生活方式

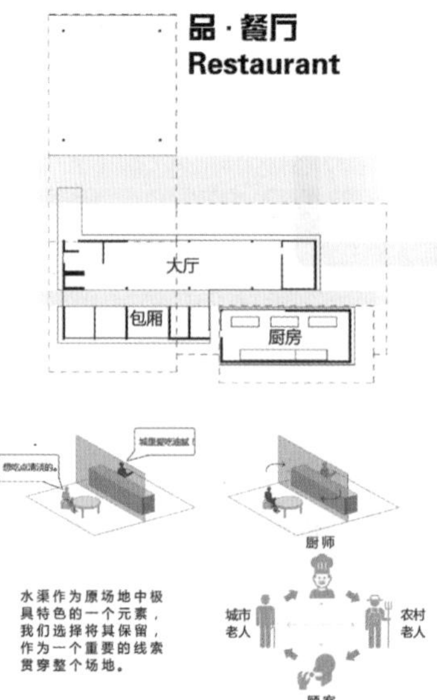

道路分析 Road analysis

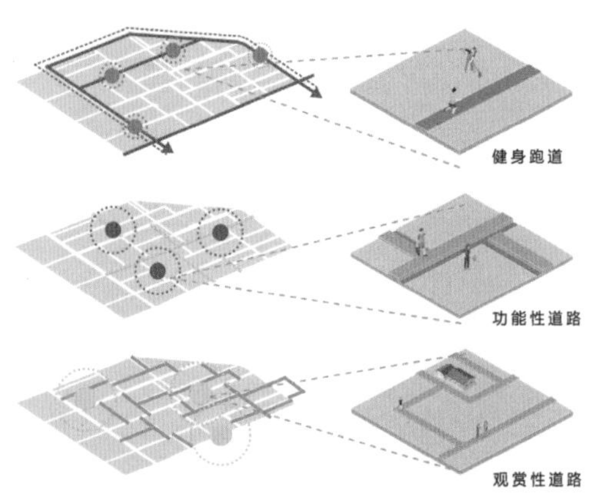

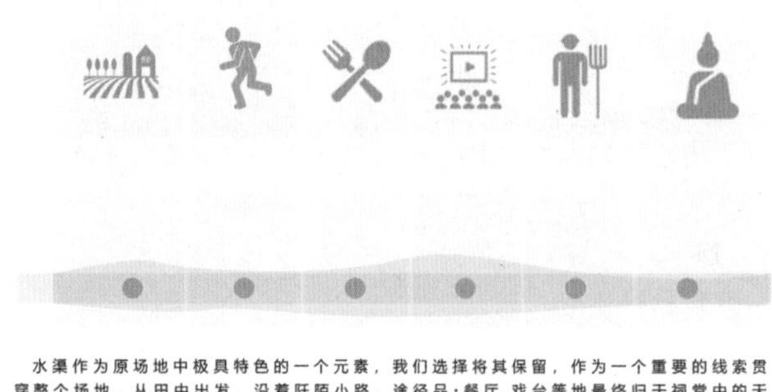

水渠作为原场地中极具特色的一个元素，我们选择将其保留，作为一个重要的线索贯穿整个场地，从田中出发，沿着阡陌小路，途径品·餐厅、戏台等地最终归于祠堂中的天井，我们不想限定水流的方式，我们只是在路径中增添一些有趣的节点，因此游客沿着水渠行走也会看到不同的景色，获得不同体验过程，这样的过程亦是探寻的过程，我们期待人们在这个过程中体验不同心境的变化，找到属于自己的独特记忆。

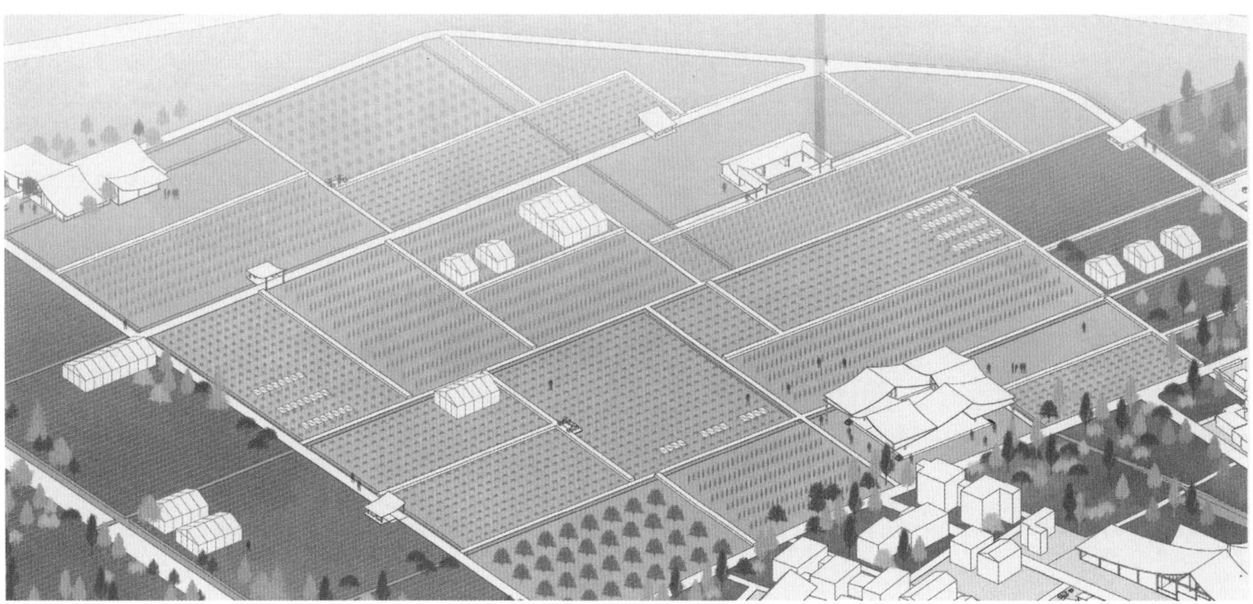

鄉與市 基于天台县大样村探究城乡老人融合型生活方式

在戏台的设计上我们采用了四面敞开的开放式舞台，为城中老人和农村老人打造了一个综合娱乐活动场地。舞台中间为后台区域，四周由可升降、可拆卸的幕布作为软隔断。当有大型活动，如乡村戏曲节（来自农村）或者大型音乐会（来自城市）可将幕布升起，充分利用整个场地，观众可以自由选择位置和角度；然而若只是小型的活动则可以只开放一面，此时幕布则可做为背景参与布景。每到旅游旺季，例如春节前后和国庆期间等，戏台会举办"融乐会"即由现代乐队伴奏传统戏剧或是传统民乐演奏现在歌舞剧，让观众在自然和谐的氛围中感受文化的碰撞带来的独特魅力。

代理田模式 Agent field mode

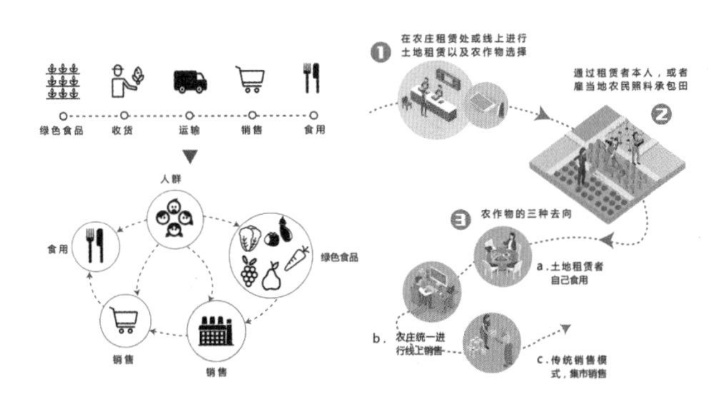

我们发现农村传统的农业链一般呈现出简单线性关系，从田间到餐桌非常固定，而城市中人们选择食物的渠道则更多样化，因此我们希望构建一个开放环形化系统，使生产链上每一个部分都能被重视，同时减少绿色食品到餐桌之间的工序，让城市老人能更直接吃到绿色食品。

考虑到城市中的老人有些不能长时间居住，我们引入代理田模式，老人们可以通过手机客户端线上预约和选择自己租用的田，并可以委任当地老人帮忙打理，等到作物成熟可以送货上门或者亲自去村中体验一把乡村野味。

悟 · 老年大学 University of old age

悟·老年学堂，坐落于场地正中心，作为联结两种老人的核心场所。建筑内部教室设计为圆形，为的是减弱方向性，任何人都可以成为学生和讲师。教室分割和建筑外墙均为落地玻璃，为的是欢迎所有路过的人加入到课堂中，包括游客、周围村庄的村民。

建筑在室外也设置了四个不同尺寸的露天教室，在满足各种课堂需要的基础上，将课堂与自然融为一体。

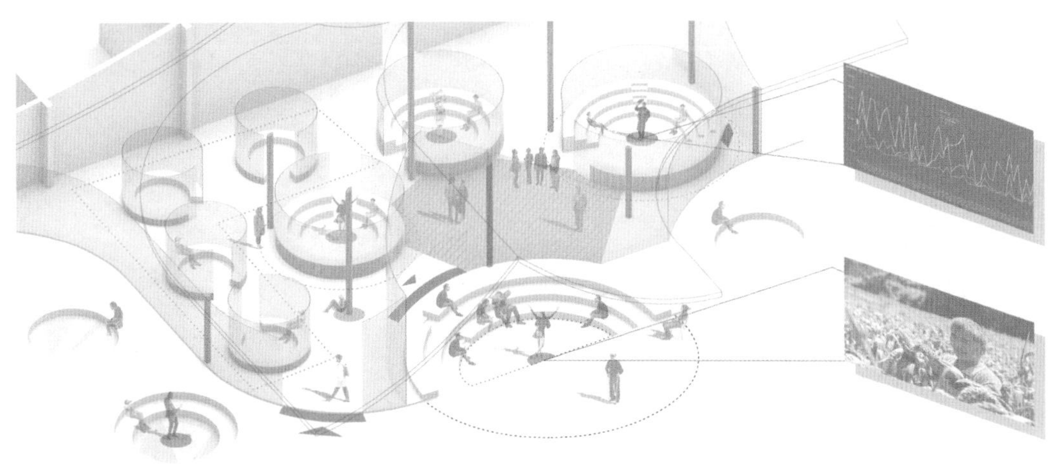

鄉與市 基于天台县大样村探究城乡老人融合型生活方式

闲 · 钓鱼台 & 书吧 Fishing and reading bar

在日常的生活娱乐过程中，我们将城市老人看书看报的行为与乡村老人的钓鱼抓鱼行为在同一个场所进行融合，两种行为同时影响两种人群，城市老人也可钓鱼下水抓鱼，感受乡野风情，农村老人也可静心看书，获取当代知识。我们希望在两种截然不同的行为中，实现一个有趣的融合。

聚 · 集市 Contry fair

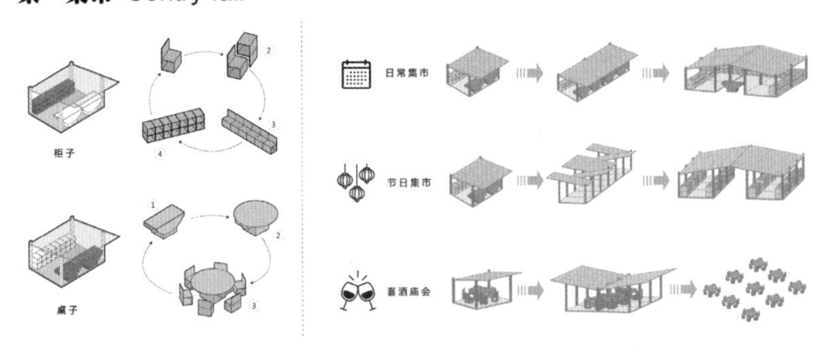

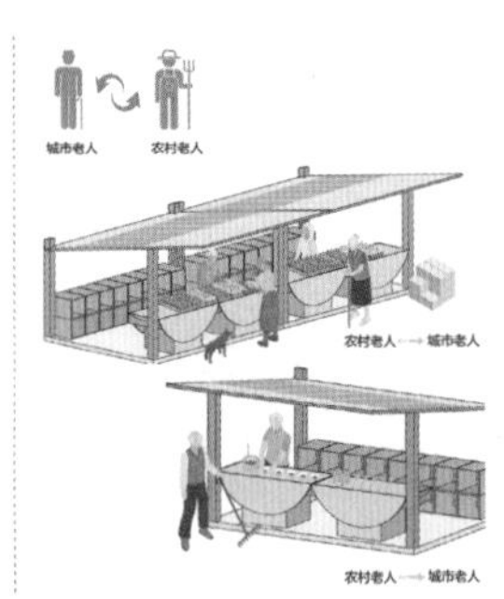

集市的设计上我们大量应用模块化设计，以便于组成不同的形态来适应不同的活动场景。最小单元为一个商铺，里面有可拆卸式柜椅（柜子可以拆分为若干椅子，可根据具体情况来选着形态和数量）以及可折叠式桌子。通过商铺之间相互互相组合，我们预设了三种情况：第一是普通集市，商铺并列组合达到用最小的单体空间创造最大化商铺数量，以满足每家每户都可以有属于自己的小商铺。强调卖房卖的需求。

第二是庆典假日，商铺交错排列中间留出走道，这种模式则更偏体验性，强调买房购买的需求；第三是大型宴会，这种模式不需要售卖，更多是大家一起吃饭喝酒，因此商铺相背组合，向外展开，以提供更多的桌椅摆放空间。

买方卖方的角色也并非固定，农村老人可以为城市老人提供地道的蔬菜水果，而城市老人也可以想农村老人出售现代艺术品，因此集市空间不仅是物质的交换，我们更期待文化之间的碰撞和融合。

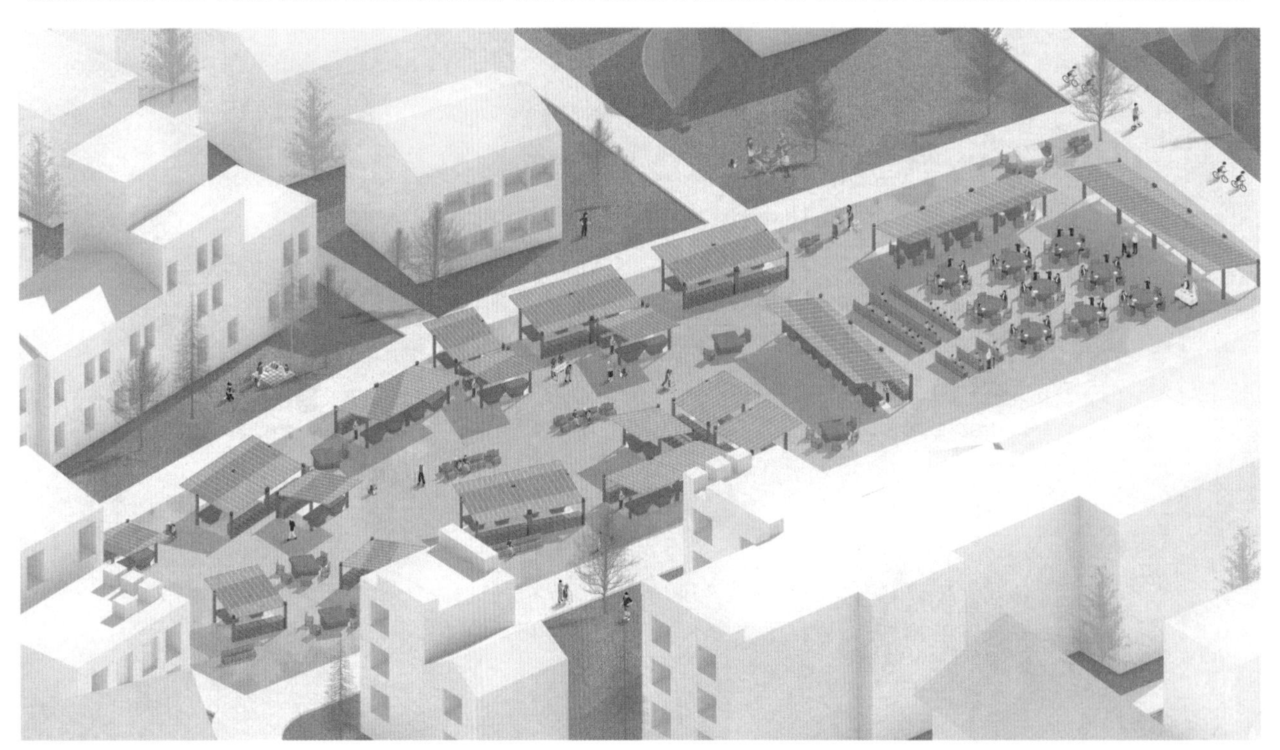

浙江工业大学

拾古黄水，筑影龙潭——天台县龙溪乡黄水村乡村规划与设计

二等奖

教师感言：

黄水村是一个依山傍水、山清水秀的村庄，地理位置优势显著，地域资源极为丰富。村庄内老村、新村相对分离，使老村有较好保存，肌理基本完整，历史遗存建筑群落较为完整，是这个村庄非常难得的条件。我相信通过规划对村庄文脉延承，对村庄风貌梳理，对村庄影视经济等特色产业引导，以及政府对村庄建设的投入，假以时日，黄水村必将迎来发展的辉煌。同学们通过此次设计，近距离地了解浙江乡村发展实际，为以后工作中设计更接地气、建设乡村打下了良好基础。

团队感言：

在黄水村调研的几天里，深深感受到乡村生活的怡然自得、恬静美好。“乡建”已成为当下热点的话题之一，而很多设计者面对不同的乡村规划与设计时，运用的设计策略和设计手法趋向雷同，忽视了对乡村生成与生活本质的关注。在本次竞赛中我们团队努力去挖掘村庄的特色产业、空间形态与文化形态，以乡村的“地域性”为主要出发点，希望能够达成“再造本土”的目标。虽然还有很多层面并未考虑到，但是这次对于乡村的探索对我们来说也是意义匪浅。

我们通过对现状的实地考察，结合现在都市人群对乡村生活的向往和追求，综合现状条件，通过对黄水村自然地理条件的挖掘，构建影视与文旅相结合的乡村振兴方式，创造一种湖光山色、河畔影游、老少有所乐、邻里乡情浓郁、热闹、繁华的乡村生活场景。此次改造规划设计不但使我们对黄水村的历史有了理解，对乡村的发展也有了一份期许，将原住村民生活、村落人文生态、游客游览休憩空间体验多重组合，促使农民增收致富，提升村庄环境品质，探索一条当代乡村发展之路。

拾古黄水

拾古黄水，筑影花潭

天台县龙溪乡黄水村乡村规划与设计

RURAL PLANNING AND DESIGN

二等奖

村庄概况

背景认知

黄水村，即龙溪乡政府所在地，距县城 39 公里。目前对外联系主要通过省道、国道和上三高速公路。已形成与杭州、宁波、温州等周边主要城市 2 小时交通圈，村庄沿山谷分布，东南侧依大雷山余脉，黄水溪自龙溪水库而下，自西南向东北依村而过，穿过天仙桥后汇入始丰溪。东部古村区块依山而建，内分布多处水塘，水流经水沟自东向西汇入溪流，保留较完整的排水系统。

历史文化

叶氏宗祠

黄水十八锣

村庄有一千三百多年历史，主要以“叶”姓为主。《台西潢水叶氏宗谱》中记载，仓梧太守叶俭于唐长庆二年（822）自缙云迁天台西 70 里东山之麓，曾孙温卿徙黄水。

当地特色民俗文化：“黄水十八锣”起始于清代，由东阳艺人传入黄水村，此后一直流传下来。当时称十番锣鼓，民间俗称叫“七十二翻身”，就是打 72 段不重样，也叫“十不闲”，因方言“十不”与“十八”同音，故后来传为“十八锣”。过去曾作为叶氏祭祀伴奏，以及民间求水、取水仪式的表演项目，现作为喜庆佳节的表演项目，至今已有上百年的历史。它主要用于民间逢年过节等喜庆活动、以及求神拜祖等祭祀活动。

区位条件

基地位于长三角南部地区，浙江中部地区。

距县城 39 公里，属于天台南部休闲旅游与生态保育片区。

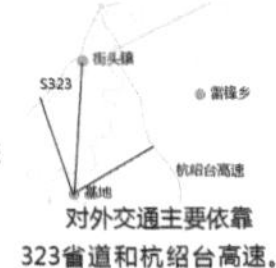

对外交通主要依靠 323省道和杭绍台高速。

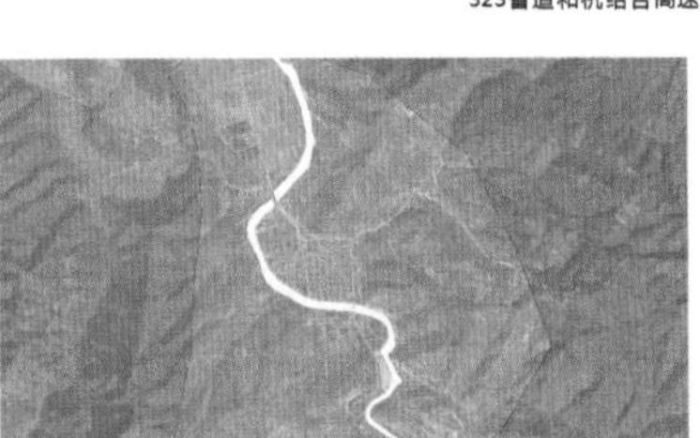

黄水村作为龙溪乡乡政府所在地，区位优势明显，是天台县的西部重要村庄之一，随着南部休闲旅游片区与生态保育片区的建设，旅游效应逐渐开始显现。

用地现状

场地以住宅用地和农林用地为主，前者位于东南侧，后者位于西侧，农田基本将村庄包围。部分村庄公共服务设施用地与住宅分隔，靠近西北侧为主要干道，水系环绕，场地内部引水系支流形成节点。

空间句法分析

选择度（choice）

整合度（intergration）

参考度（ref number）

深度（total depth）

根据空间句法分析，我们可以很直观地看到村庄的重心以及每条道路的重要程度，这对我们下一步的道路规划和空间规划都至关重要。

建筑分析

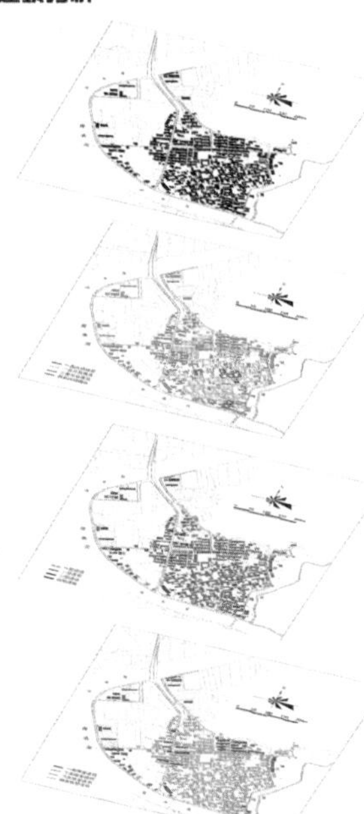

风貌总体分析：古村区域内，风貌较好的一类风貌建筑主要集中在基地东南侧的中心区域，沿着溪边与主要道路周边的建筑风貌参差不齐，与古村较不相协调。而且受到居民本身保护意识淡薄的影响，二类风貌建筑破坏严重。

一类风貌建筑

二类风貌建筑

三类风貌建筑

四类风貌建筑

高度总体分析：古村内的建筑高度与建造年代基本相对应，建造年代越近，建筑越高。古村内的传统建筑高度一般为一到两层，沿着主要道路两边以及滨水的新建成区域存在二层到四层的建筑。在该古村中，一层的建筑大多功能为辅助用房，分布在二层主体建筑周围。

一层建筑

二层建筑

三层建筑

四层建筑

质量总体分析：古村内的建筑中保存较好的很少，主要集中于20世纪80~90年代的砖木结构建筑与 2000 年以后新建的建筑，分布在沿黄水溪与北面背山的民居区域。古村中传统建筑均有不同程度的毁坏，居于东南侧腹地的古建群区域受到严重损坏，部分建筑丧失稳定和承载能力，需要进行大修。

一类质量建筑

二类质量建筑

三类质量建筑

四类质量建筑

交通分析

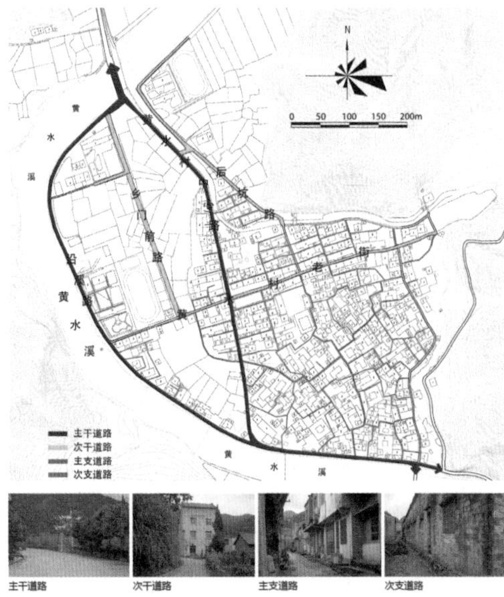

主干道路　次干道路　主支道路　次支道路

道路系统不完善，存在断头路，道路等级衔接不匹配。古村区块道路宽窄不一。缺少停车场、停车位，机动车随意停放，占用道路。主要通行道路缺少交通标识，存在安全隐患。

拾古黄水

拾古黄水，筑影龙潭

天台县龙溪乡黄水村乡村规划与设计

RURAL PLANNING AND DESIGN

村庄水系分析

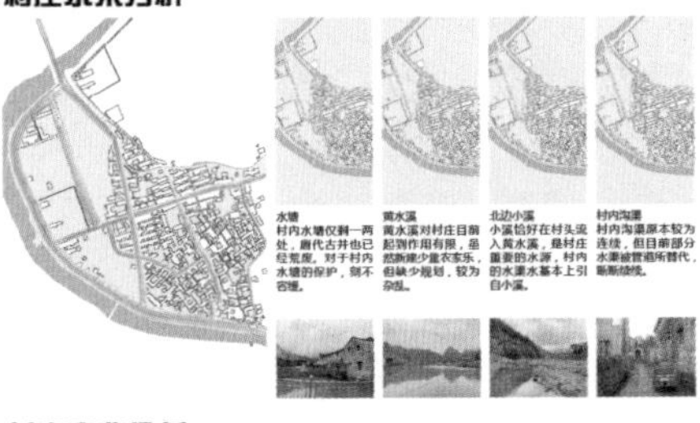

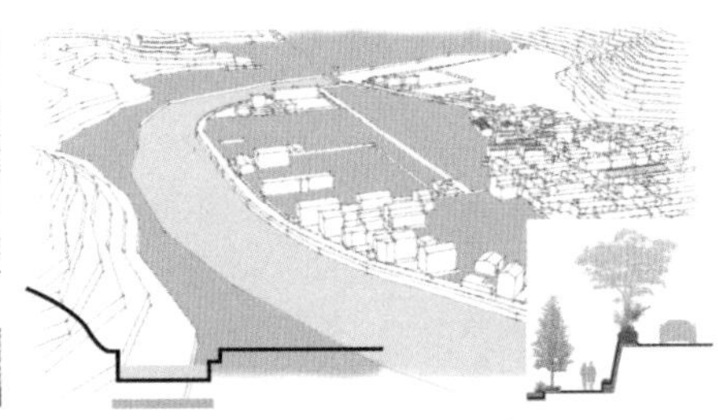

需求分析

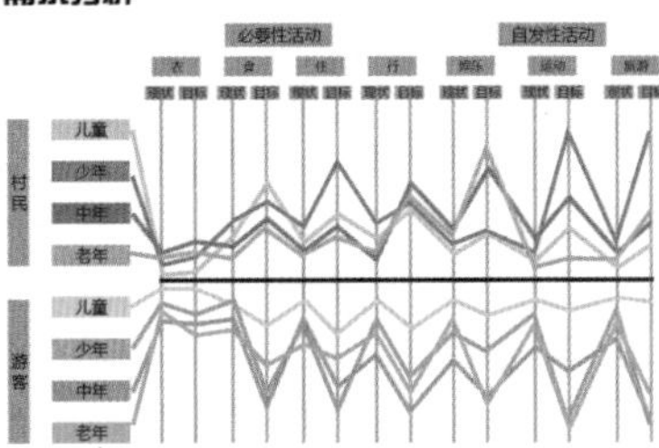

观山瞰水，游黄水古村 从影赋人，品江南往事

游南北山色 品江南村史

绕水湖畔欢唱袅袅 江南小镇观影匆匆

村庄产业分析

主要产业包括农业种植、淡水养殖、猪博园等。农业种类丰富，农产品众多。

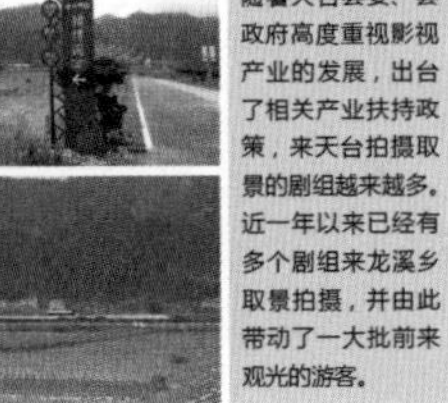

龙溪乡环境优美，山水奇特，加上当地民风淳朴，非常适合取景要求。随着天台县委、县政府高度重视影视产业的发展，出台了相关产业扶持政策，来天台拍摄取景的剧组越来越多。近一年以来已经有多个剧组来龙溪乡取景拍摄，并由此带动了一大批前来观光的游客。

2018年2月11日，电影《江湖麻辣烫》在天台县龙溪乡开机，葛优担任总监制。

2017年10月29日上午，在天台龙溪拍摄的《百花渡劫》微电影举行了隆重的首映礼。

2018年2月27日，《御宠娇妃2绝代僵师》在龙溪乡龙潭幽谷隆重开机并进行拍摄。

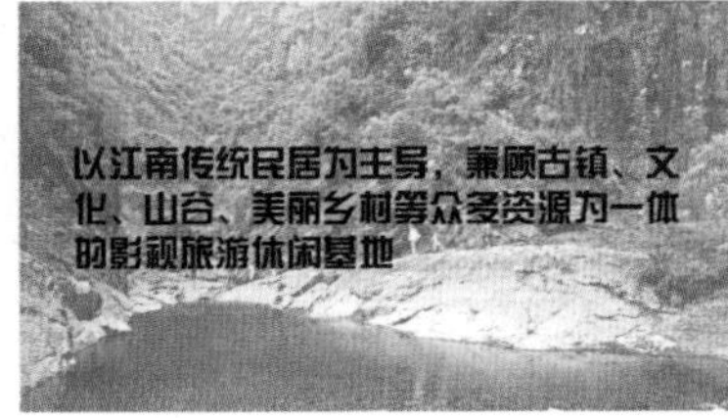

自然资源分析

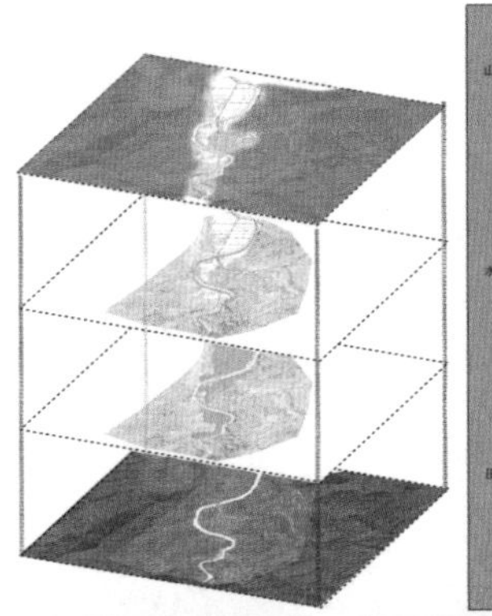

位于黄水谷底，周围都是山脉，坐拥自然风光。

背山面水，溪水荡漾。村内同样引入溪水，给村庄增添着风采。

村庄四边农田广袤，土地肥沃。门前就是土地，这就是"向往的生活"。

村庄总结

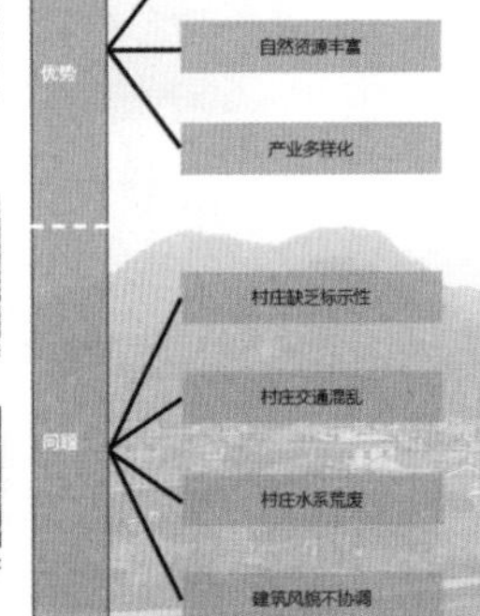

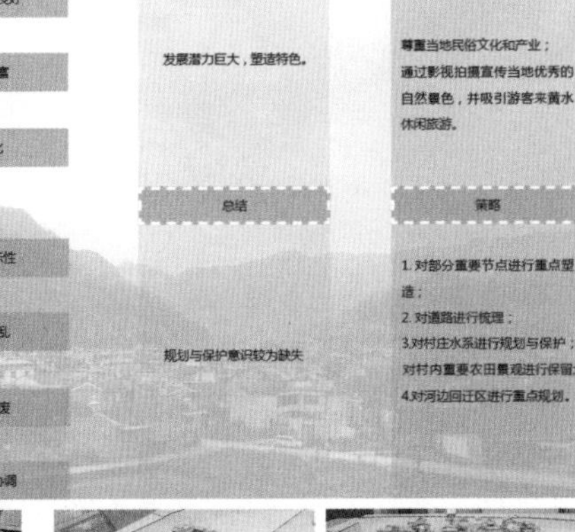

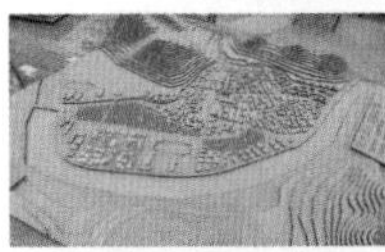

构建两大产业

影视产业

结合现状影视拍摄场景与本次规划新增的影视拍摄点以及影视服务中心共同形成具有一定规模的影视制作产业，并以此为基础和核心，逐步向产业上下游延伸，发展配套设施和进行地域文化输出。

文旅产业

文化旅游：

主要以黄水古村古建筑、各类名人轶事构成的感知型文化旅游产业。

风光旅游：

主要以龙潭幽谷景区、黄水十景、特色传统村落形成的观赏型风光旅游产业。

影视旅游：

主要以本次规划各影视拍摄点构成的体验型影视旅游产业。

综合服务接待中心 → 黄水古村拍摄基地；外景拍摄；内景拍摄

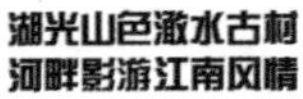

湖光山色漱水古村
河畔影游江南风情

二等奖

拾古黄水

拾古黄水，筑影龙潭

天台县龙溪乡黄水村乡村规划与设计

RURAL PLANNING AND DESIGN

二等奖

村庄总体规划

以叶氏古村为特色，以宗族文化、和合文化、祈雨文化、农耕文化为内涵，合理保护和开发影视资源，使黄水村发展成为龙溪乡“影视小镇·历史名镇”特色的乡村旅游地。

产业链发展规划

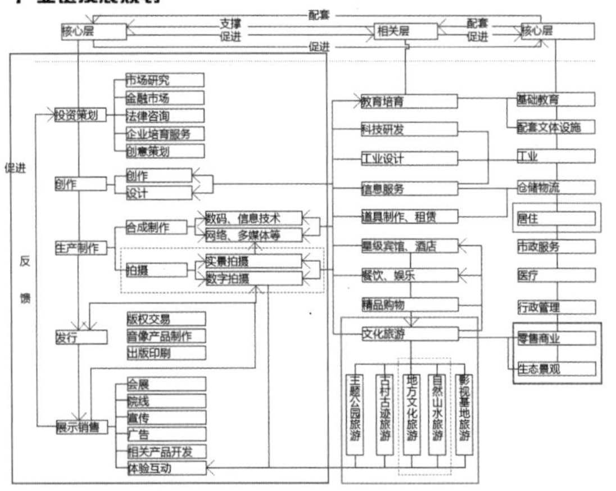

产业链对应 Industrial chain correspondence

影视与旅游结合是目前我国大部分影视基地的发展思路。黄水村村庄发展充分挖掘自然资源与人文特色，将影视基地作为发展基点辅以人文自然旅游。

影视：以拍摄为主，主要提供古镇村落和自然山水的影视场景，同时为剧组人员提供餐饮、住宿、道具、服饰等配套服务，而影视前期策划和后期技术处理、发行、宣传等方面基本不涉及。

旅游：将影视旅游相结合，发扬叶氏古村文化、和合文化、农耕文化、民俗文化、打造丰富的乡村风貌，塑造文化之旅。

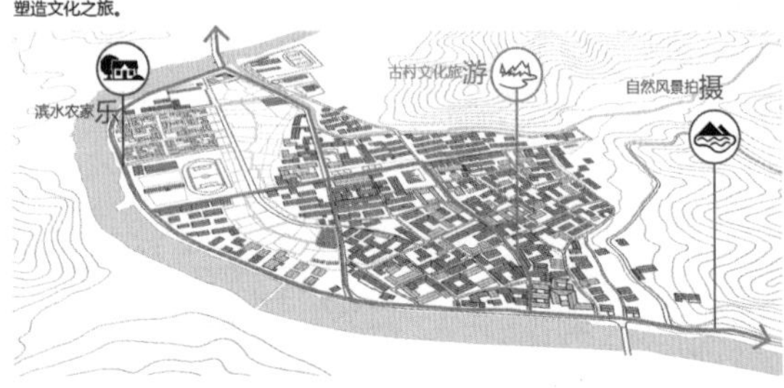

功能分区

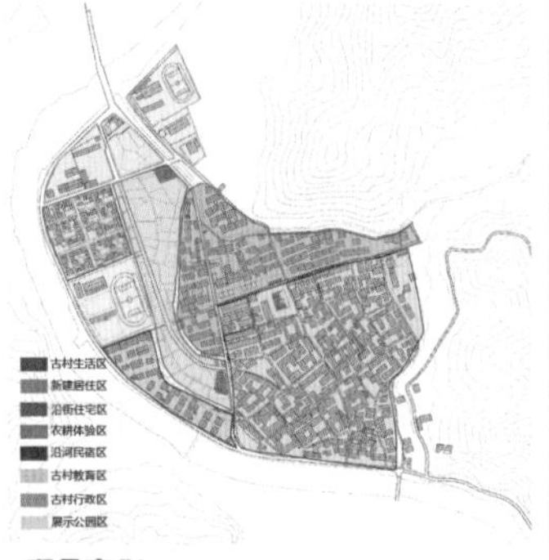

和合文化

黄水村为叶氏古村、和合文化发源地，有悠久的农耕文化、民俗文化传承，保留完整的传统风貌建筑，规划将这些文化进行梳理。形成符号融入公园景观设计、沿街风貌整治以及背街风貌的整治中。增强环境景观的文化特色，提升乡村文明建设。

建筑风貌

黄水村原有的建筑材料以青砖、木材、石材、夯土墙为主，色彩多为青灰色，新建建筑的色彩应延续该原则 控制整体色彩。建筑形式上，强调“檐头、门头、窗头”这三头的统一，以保持建筑特色的整体性。

空间布局

两轴三线多点

两轴：

以现状平坦用地为依托形成的“十”字形的空间发展带，一条是老村自北向南进入村庄的主干道，另一条是东西向与主干道相交的横向轴线。两条轴线相交的位置为十字街，村庄集贸的核心区域。沿两条轴线，为村庄的重点整治区域。

三线：

A、交织：中心道路相交，形成中心集市广场

B、衍生：中心道路向外扩展，形成不同景观道路

C、辐射：中心道路向外扩展，形成不同景观道路

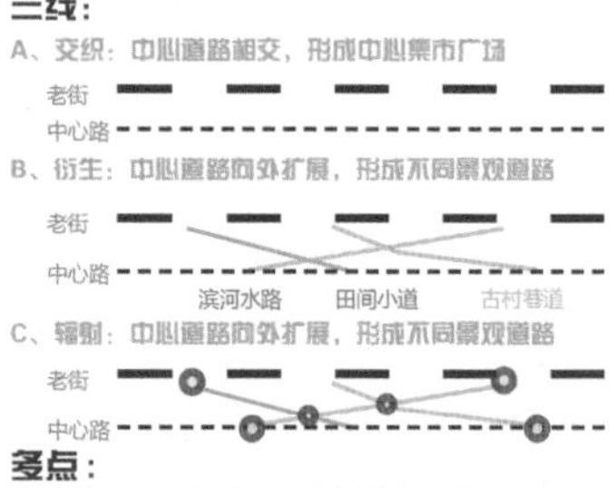

多点：

在轴线和景观步行道之间形成丰富的节点，在沿街及背街区域利用空地设置节点。包括乡镇府前的入口节点与文化公园、竹林小游园，以及村内集市的景观节点。

拾古黄水

拾古黄水，筑影龙潭

天台县龙溪乡黄水村乡村规划与设计
RURAL PLANNING AND DESIGN

规划理念 Planning concept

主题诠释 Theme interpretation

龙溪乡黄水村旨在通过深度挖掘村庄的历史人文特色，构筑生态自然景观，打造以影视基地为特色，以农业、旅游业为主要产业的江南休闲村。

设计定位 Design position

一、特色旅游

充分利用黄水村现有的自然风景优势，结合龙潭幽谷、大雷山、笔架山等风景区，与既有的影视资源相结合，开发配套的服务设施，并充分挖掘黄水古村的宗族、和合、祈雨、农耕文化内涵，丰富旅游的特色性，满足不同层次人群的旅游需求。

二、产居结合

开发特色民宿，将村民居住和旅游相结合，提高住宅的利用率。

将保留的农田开发为特色农业休闲区，既作为当地村民的种植用地，又可作为游客体会乡村生活的实践区域。

总体策略

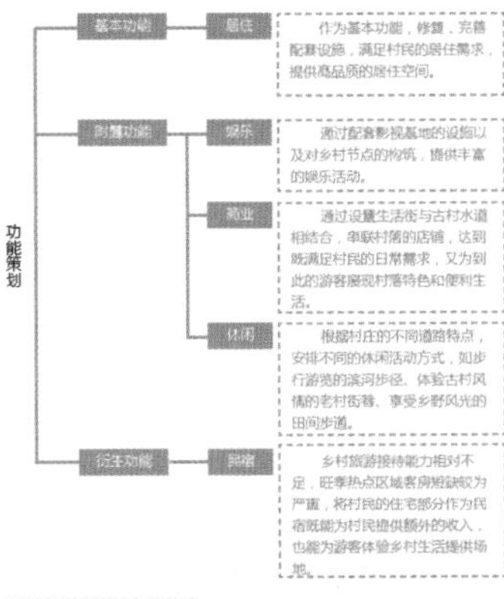

改建区设计策略

田野景观设计

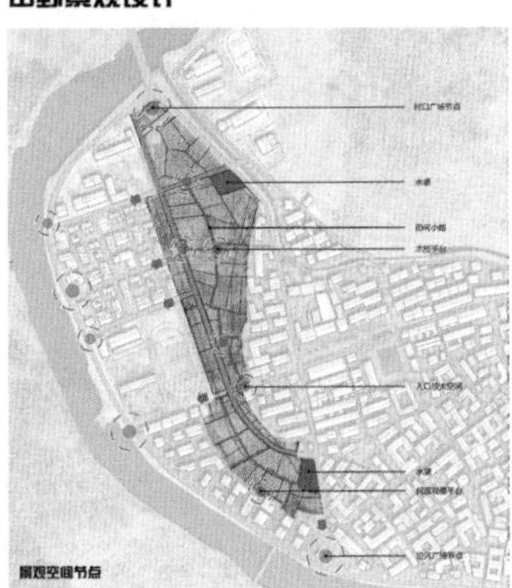

空间结构

路网组织

建筑策略

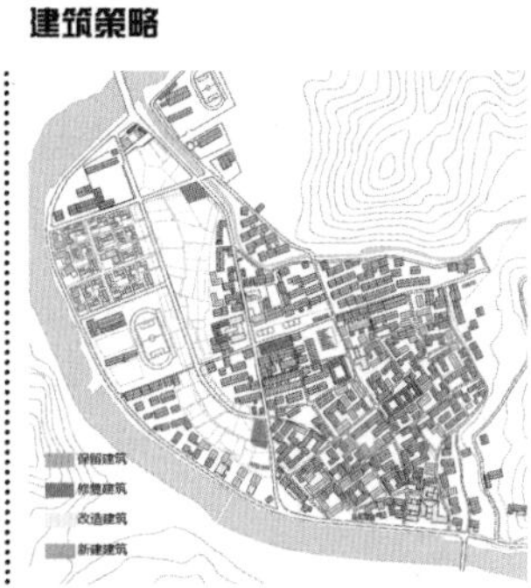

民宿生活街区与沿河景观设计

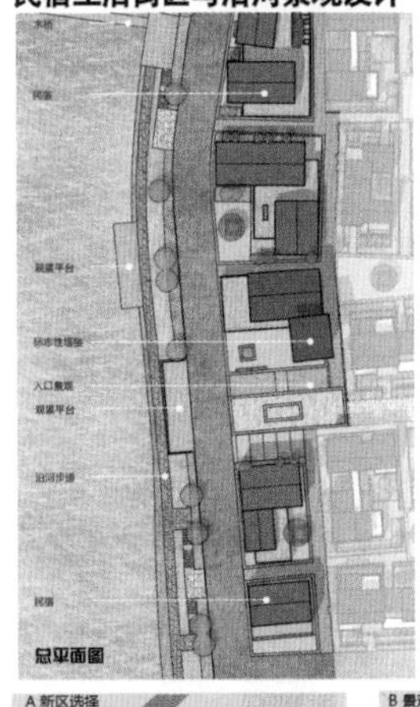

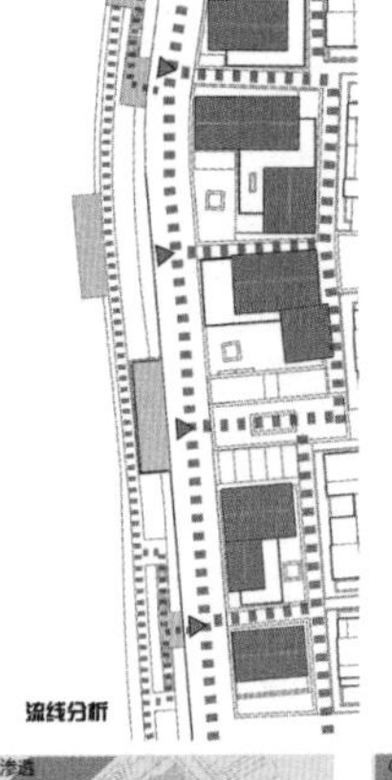

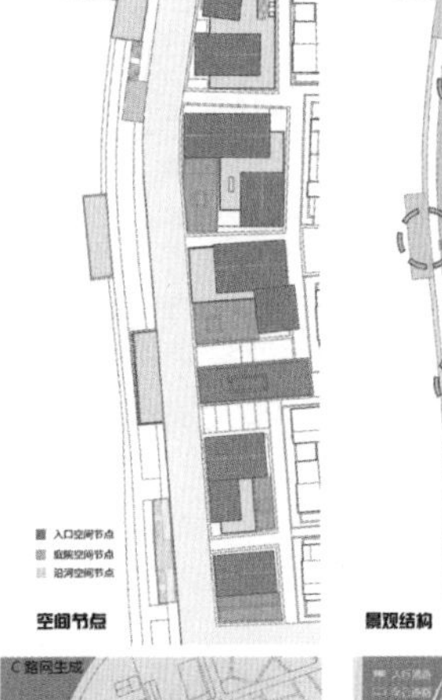

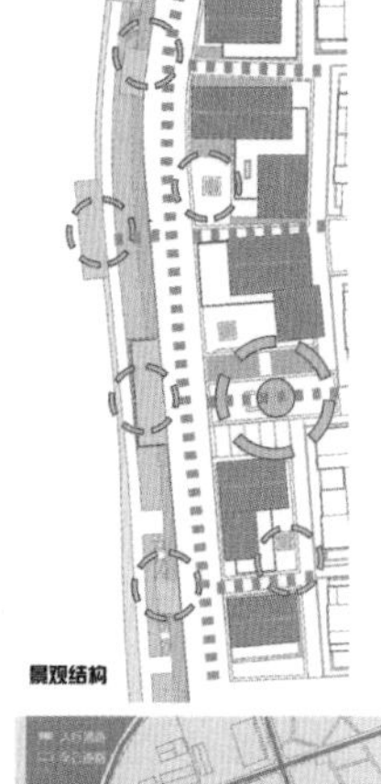

二等奖

二等奖

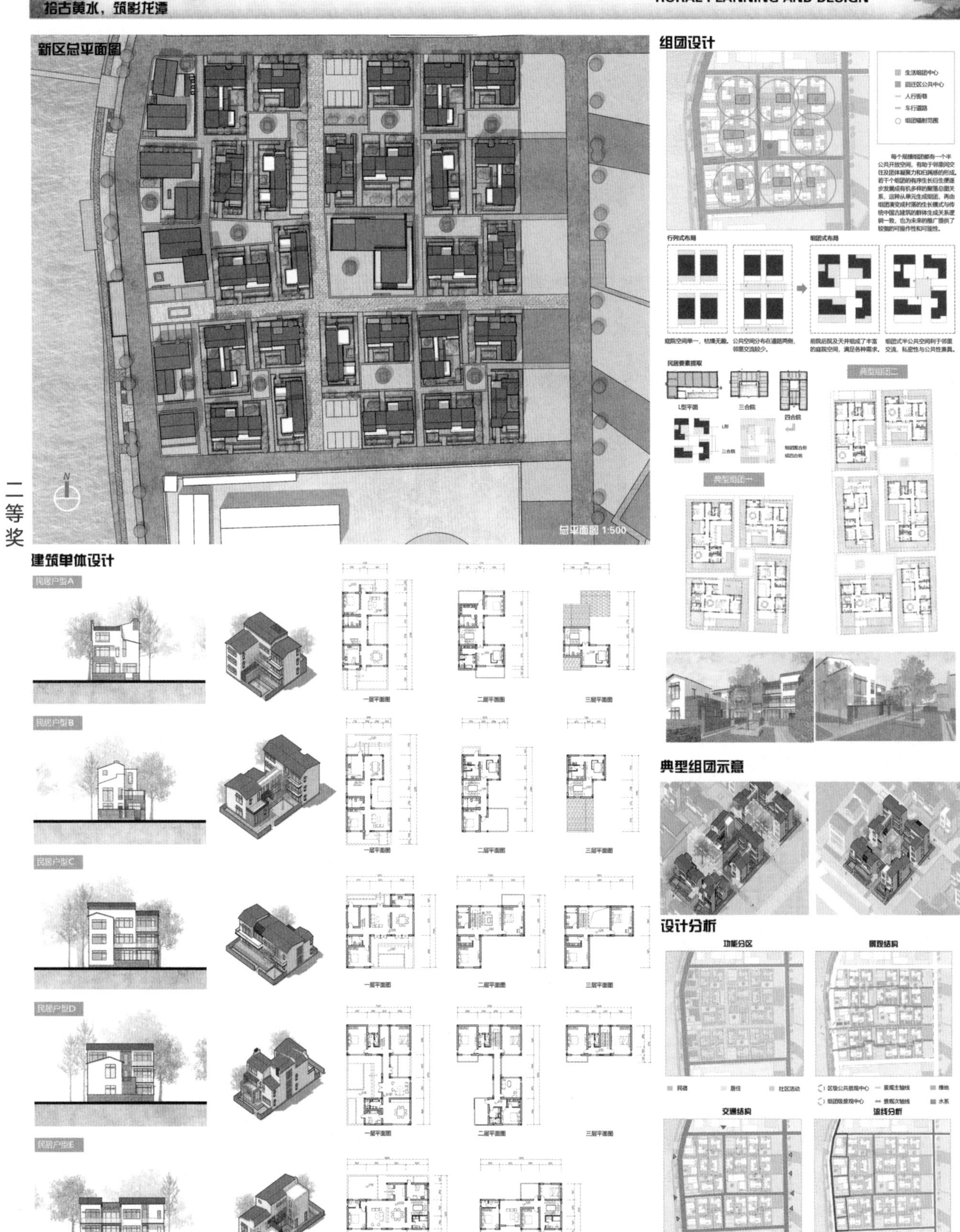
拾古黄水
拾古黄水，筑影龙潭
天台县龙溪乡黄水村乡村规划与设计
RURAL PLANNING AND DESIGN
新区总平面图
总平面图 1:500
组团设计
行列式布局
组团式布局
典型组团一
典型组团二
建筑单体设计
民居户型A
民居户型B
民居户型C
民居户型D
民居户型E
一层平面图
二层平面图
三层平面图
比例：1:300
典型组团示意
设计分析
功能分区
景观结构
交通结构
流线分析

拾古黄水

拾古黄水，筑影龙潭

天台县龙溪乡黄水村乡村规划与设计

RURAL PLANNING AND DESIGN

重点区域改造规划

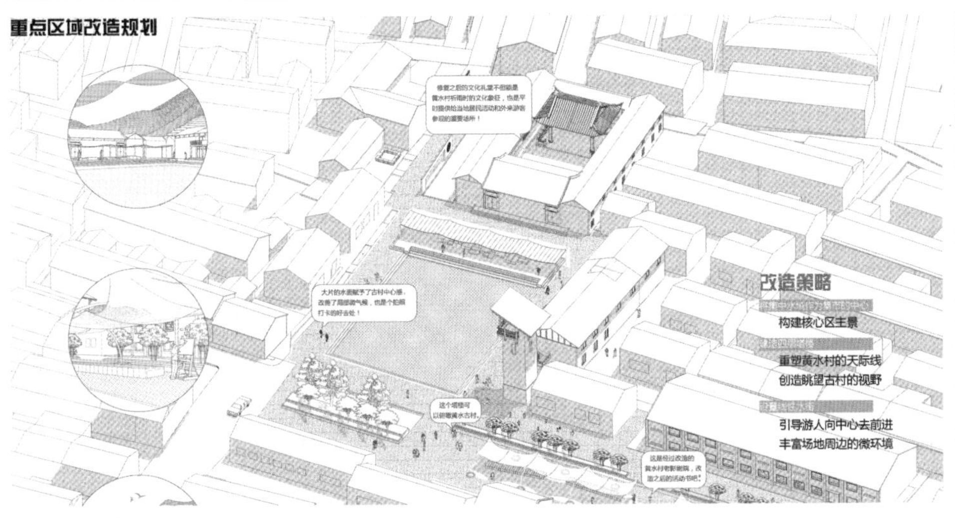

老村剧场改造

1

一层平面图

1 集市
2 展厅
3 阅读吧
4 书库
5 小活动室
6 大活动室
7 茶屋
8 原有建筑
9 休闲区
10 集体活动室

二层平面图

轴侧分解图

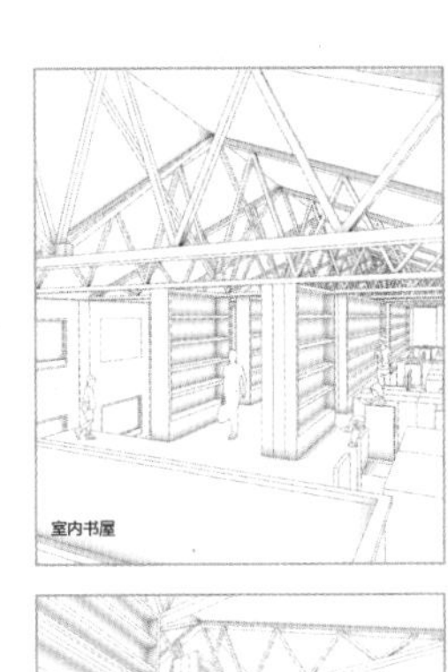

室内书屋

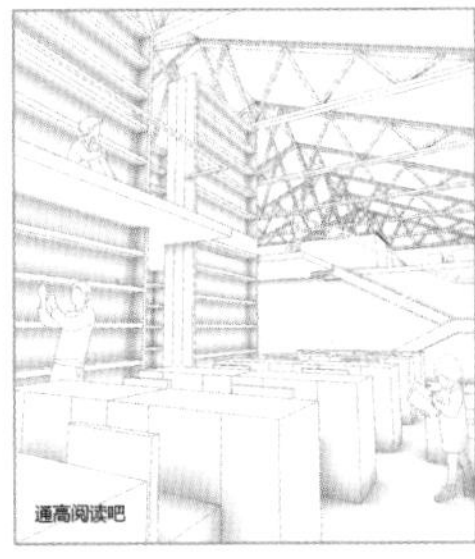

通高阅读吧

风情水街改造

二等奖

影视产业配套服务中心

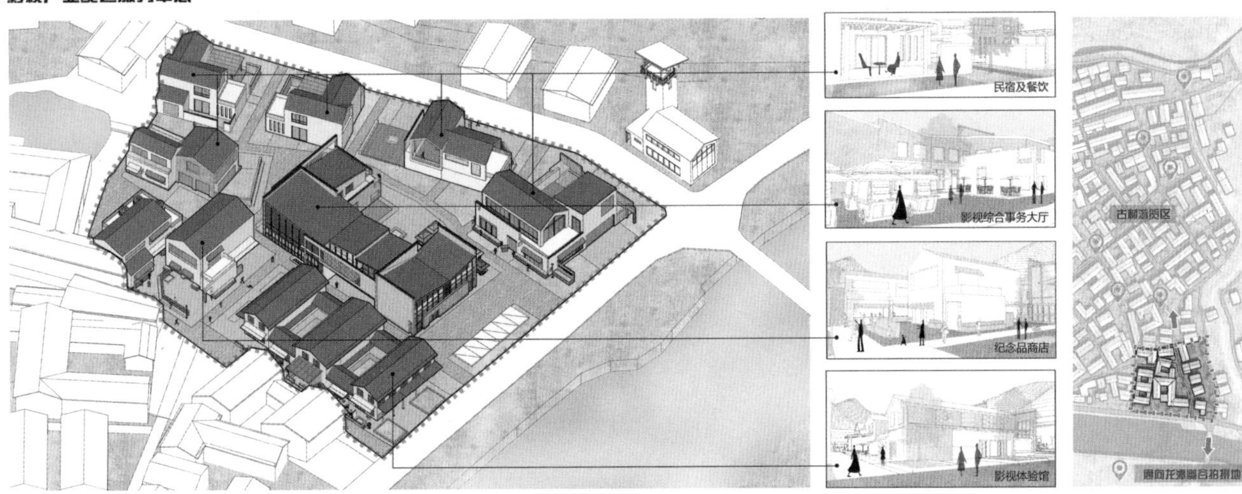

浙江工业大学

碘探南北，无问西东——天台县张思村乡村规划与设计

二等奖

教师感言：

乡村振兴无疑是近年来全社会关注的热点，作为未来建筑师的建筑专业学生，应该为乡村发展做点事情。从 2015 年开始，本人已连续 4 年指导学生参加浙江省大学生“乡村规划与创意设计”竞赛，体会有三点：首先是让学生了解乡村，通过调研获知乡村以及村民真正需要什么，这样做设计才能体现在地性；其次是要热爱乡村，要怀着一颗情感之心做设计；第三才是创意乡村，乡村设计并不仅仅是空间设计，要从调研中去挖掘乡村特色，走差异化竞争的路子。

团队感言：

参加乡村竞赛，是我们第一次用纸笔记录村庄的文脉，第一次用脚步丈量村庄的身躯，这里有源源不断的活力，有不断向前发展的潜力。文化和历史在这里沉淀，化为一座座古朴而有力的建筑物，不断吸引着我们去穿越历史的积淀，感受建筑、文化的壮阔绵延。我们一次次深入张思文化，不断尝试老村的激活，抽丝剥茧，串联古村的历史肌理与元素。这是一次与乡村的对话，也是一次自我的文化洗礼。

“古渠，古道，古宅，古井”，深厚的文化底蕴，丰富的物质资源，浓厚的乡土氛围，与张思村接触的几个月时间已经深深被其感动，对乡村也有了深刻的感情。参加这次乡村竞赛收获颇丰，从调研到规划到设计，拥有了超出建筑单体设计之外更广阔的视野，一步一步让我们对规划有了更深刻的认识，明白只有统筹兼顾乡村生产、生活、生态和谐发展，才能凸显村镇特色，构建美丽乡村产业布局的空间骨架。

二等奖

2.村庄区位

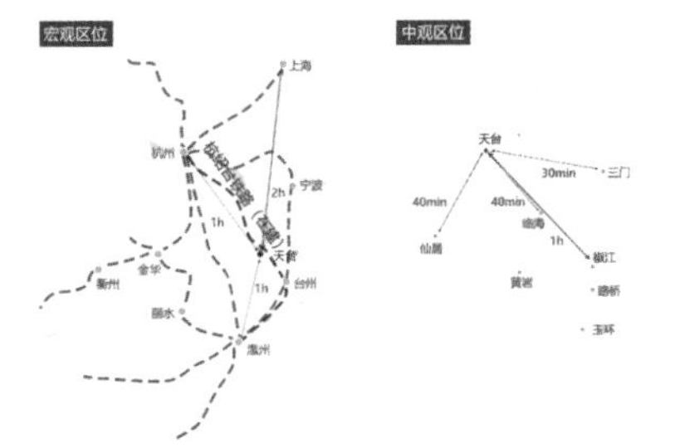

2.1交通区位

张思村位于浙江省台州市北部，隶属天台县平桥镇，位于天台县西部，距离天台中心城区大约15公里，距离平桥中心镇区大约4.5公里。

县域旅游资源

2.2旅游区位

村庄北临湖井村，南靠始丰溪，东侧与石桥村相邻，西侧与溪头蒋村接壤。62省道从村庄北面穿过；村庄到平桥镇区车程约8分钟，到天台中心城区约30分钟；天台互通距离村庄约55公里，交通区位良好。

天台县众多景区已经具备一定的游客基础及知名度。始丰溪作为天台县的母亲河，连接了寒山湖、九遮天、明岩、湿地公园、天台山等众多景区。

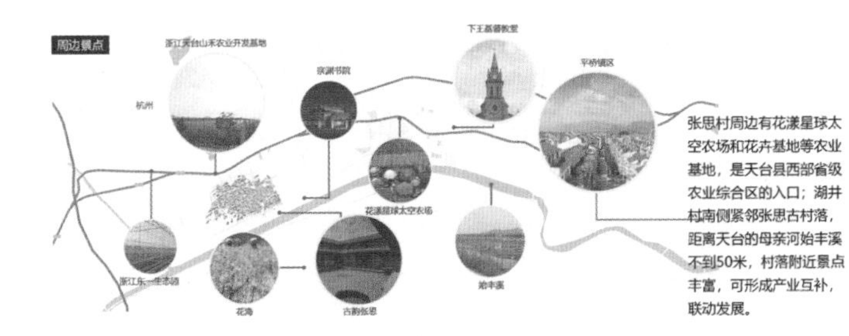

张思村周边有花漾星球太空农场和花卉基地等农业基地，是天台县西部省级农业综合区的入口；湖井村南侧紧邻张思古村落，距离天台的母亲河始丰溪不到50米，村落附近景点丰富，可形成产业互补，联动发展。

3.村庄格局

3.1整体格局

据《天台县志》载：张思村距城西三十四里，属积习乡三十一都，以村昔张、思两姓居住而得名。明成化三年，务园陈氏九世祖广清公偕侄嘉赠公选中张思这块地方，由县城东北务园迁此，为本村陈氏始祖。

张思陈氏祖先在确定张思村选址后，踏勘地形、测量水势，带领族人分别从始丰溪和泉湖筑堰开渠引水灌溉农田，渐而形成两溪环绕的村庄格局，以村中墩头为中心，围绕中心布置宗祠、居住建筑和商铺，形成了十字街的格局，并沿着南北向的老街分为东西二村，各自形成居住组团，依砩而筑，逐渐壮大。

传统“风水”格局得以延续，但是村落自身结构变化较大，原有村落布局不清晰。

3.2街巷格局

对外联系道路
自然村联系道路
机动车道
主要步行道
次要步行道
路边停车

对外交通：村庄北部有62省道穿过，南侧有始丰路穿过，连接平桥镇和街头镇；
内部交通：机动车道位于老村外围，老村内部以步行尺 度的街巷为主；
停车设施：村庄内部没有集中的停车场，村民停车占用公共空间，停车混乱， 影响整体风貌。

碑探南北，无问西东

天台縣張思村鄉村規劃與設計

RURAL PLANNING AND DESIGN

二等奖

4.历史要素

4.1历史环境要素

古渠：村庄前后有两溪环绕，南为榨树碲，北为泉湖碲，这两条溪流成为村民日常洗涤与灌溉用水，至今还在使用，进出村庄必要过这两条溪流，村民伊水而居；

古道：张思村街巷林立，大多街巷空间尺度、走向保留较完整，著名的有徐霞客古道；现存部分古巷道路残损严重，重要节点空间不够突出，规划中需改善；

古宅：张思民居均是四合院、三退九明堂等明末清初的建筑风格，数量多，年代久远，等级高，价值重。现状保护建筑大部分闲置，仅有游赏功能，空间利用率低；

古井：村中有七口古井，排列若北斗七星，以天上七星宿相对应而得名，水井边曾是村民们取水闲聊的地方，但后期破坏较严重，现在古井作为古迹被保护起来，供游客观赏。

4.2非物质文化遗存

张思各种民俗节庆、戏曲、传统小食繁多。

张思村的饺饼筒、糕黏等特色美食，民间舞蹈驶旱船、木杆秤制作、红曲酒制作技艺以及其非遗技艺等均体现出张思独特的魅力。

4.3建筑概况

4.3.1现状建筑风貌图

文物保护单位

保护建筑

历史建筑

与历史风貌有冲突的建筑

与历史风貌无冲突的建筑

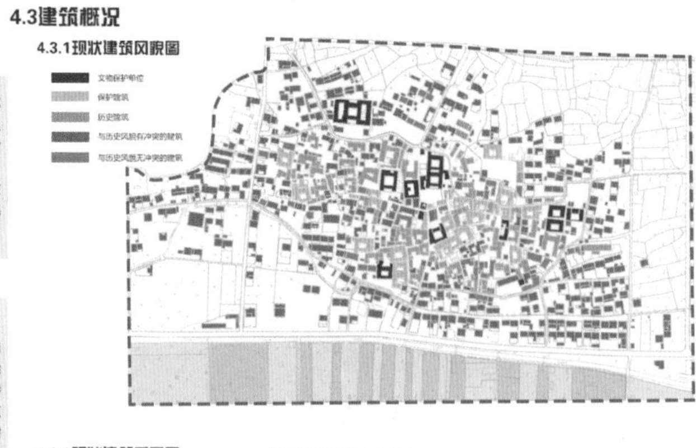

4.3.2现状建筑质量图

一类建筑

二类建筑

三类建筑

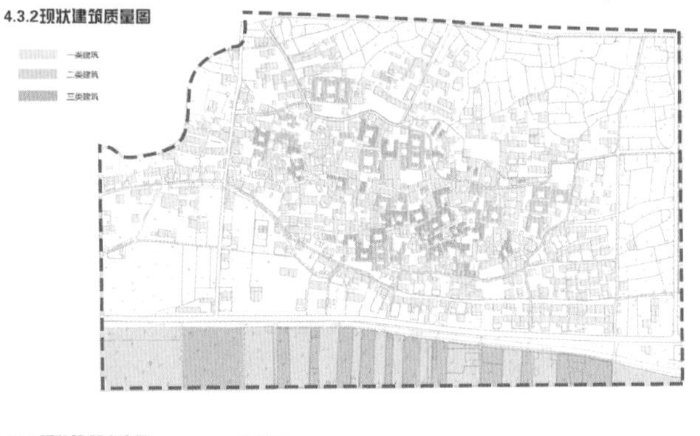

4.3.3现状建筑高度图

一层建筑

二层建筑

三层建筑

四层建筑

5.总结提炼

Strength优势

①区位条件优良：交通区位及旅游区位良好；
②村庄资源丰富：田、溪、湿地等自然资源丰富；传统建筑价值高，等级重，数量多；村庄文化底蕴深厚，人文资源丰富；
③产业基础良好：旅游业初具规模，农家乐基础良好；
④村庄特色鲜明。

Weakness劣势

①历史格局破坏：传统风水格局得以延续，但是村落自身结构变化较大；
②保护建筑闲置：传统建筑保护初现成果但活力低；
③旅游项目欠缺：旅游资源多是游览性质，缺少参与体验式的旅游项目；
④村庄活力不足：基础设施待完善，产业未发展完全。

Opportunities机会

①作为传统保护村落，政府扶持力度较大，政策导向明确；
②充分挖掘村庄的文化资源，进行特色开发，打造“古韵张思”品牌；
③依托西部美丽乡村联盟，形成产业互补，景区联动发展；
④改善农家乐经营模式。

Threats挑战

①村民对传统建筑的保护意识薄弱，对村庄建设态度不够明确(部分村民期待新农村建设)；
②周边景点资源丰富，竞争压力大，如何发挥地方特色，吸引外来游客。

6.规划思路

6.1主题诠释

1.从村落两碲南北环绕的格局出发，规划中适度还原村庄的历史格局及历史风貌，挖掘村庄特色，对老村进行保护更新；
2.于东西二村建设居住新区，提高村民生活品质；
3.依托旅游业及其联动作用带动东西二村共同发展。

6.2规划定位

依托张思村丰富的物质资源和深厚文化底蕴，将传统村落保护与旅游开发同步；完善村庄基础设施和旅游服务设施，改善村民的居住环境，打造良好的旅游环境；同时依托天台西部农业产业园以及西部美丽乡村联盟，发挥旅游的联动作用，增加居民收益；使张思成为可居、可业、可游、可留的圣地。

碲探南北，无问西东

天台縣張思村鄉村規划与設計

RURAL PLANNING AND DESIGN

6.3整体框架

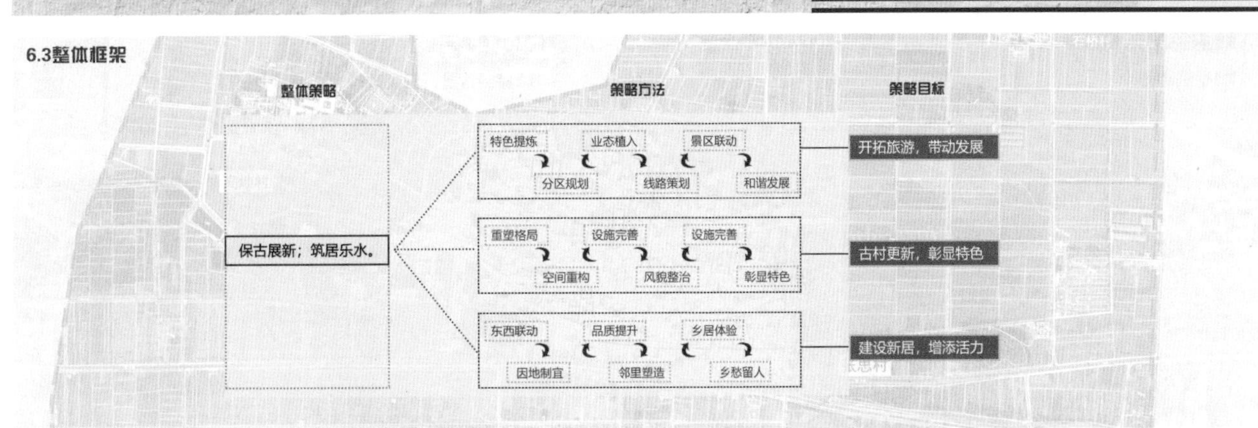

6.4总体规划图

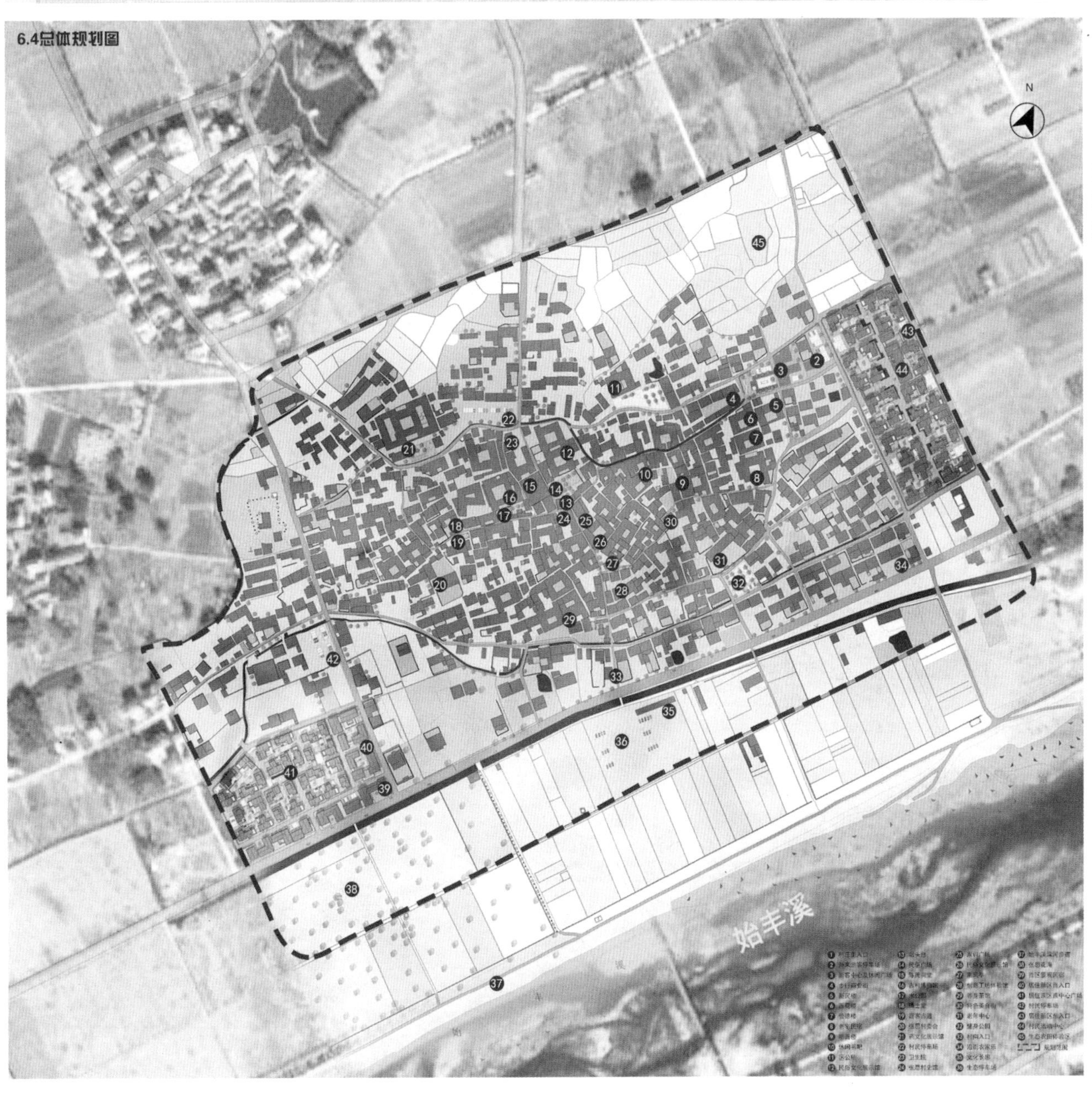

二等奖

碘探南北，无问西东

天台縣張思村鄉村規划与設計

RURAL PLANNING AND DESIGN

二等奖

7.村落结构分析

7.1空间结构

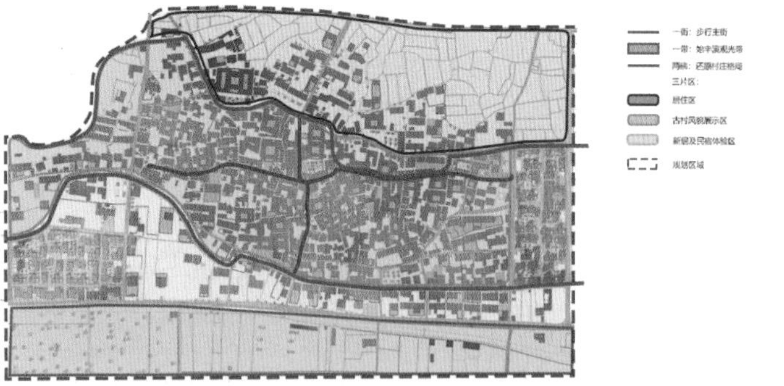

7.2功能结构

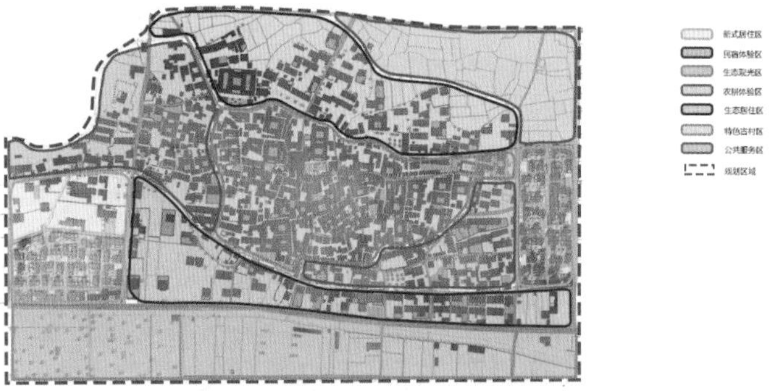

7.3交通结构

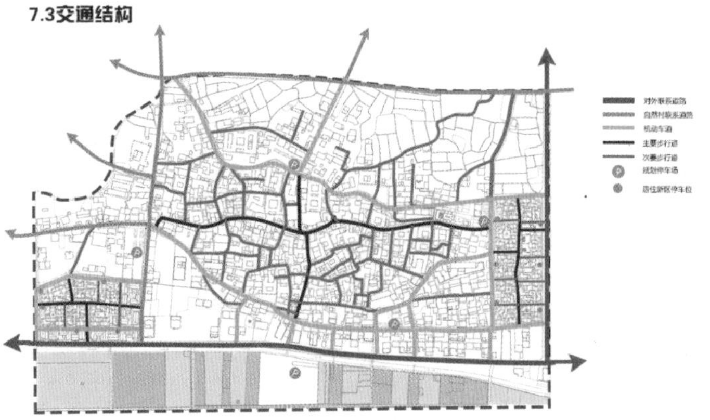

8.开拓旅游

8.1特色提炼，分区规划

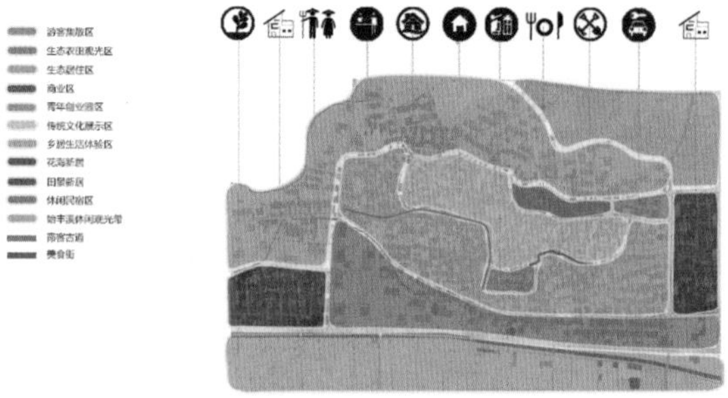

8.2线路策划

半日游：张思古村游览——农家乐

一日游：张思古村游览——花海观赏、果园采摘、农耕体验

两日游：第一天：紫凝山观日出——花海观赏、果园采摘、农耕体验；第二天：古村游览——创意园区体验——始丰溪漫步、露营

8.3业态植入

展览	娱乐	餐饮	商业	艺术	民宿
古村博物馆 民俗文化展示馆 药文化展示馆	特色酒吧 文艺书吧 养身茶馆	天台特色美食 农家鲜 养身茶馆	步行商业街 纪念品商店 便民超市	创意工坊体验馆 青年创业基地 写生基地	老宅民宿 主题民宿 新居民宿

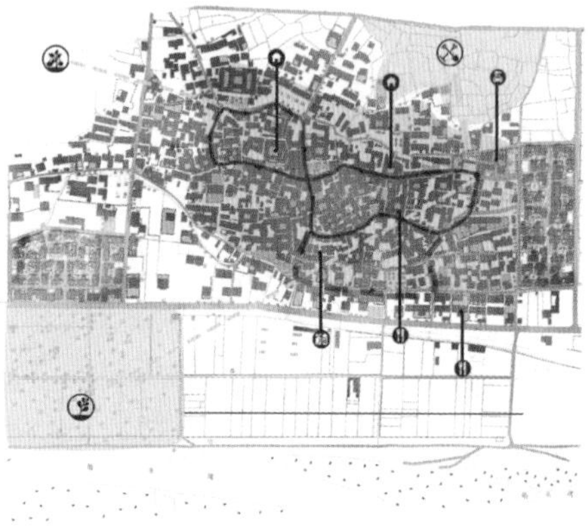

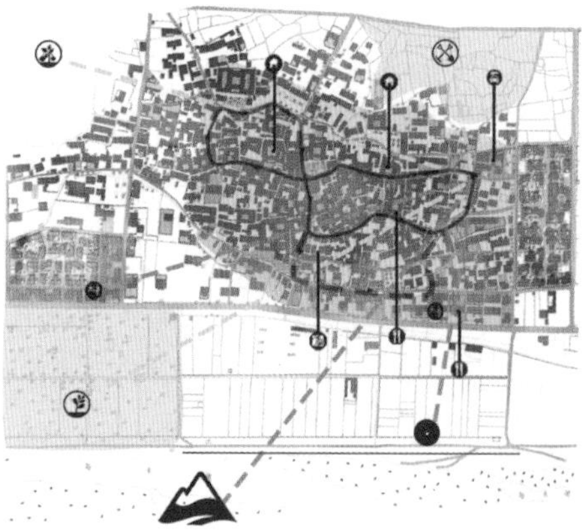

碲探南北，无问西东

天台縣張思村鄉村規划与設計

RURAL PLANNING AND DESIGN

9.老村更新

9.1重塑格局

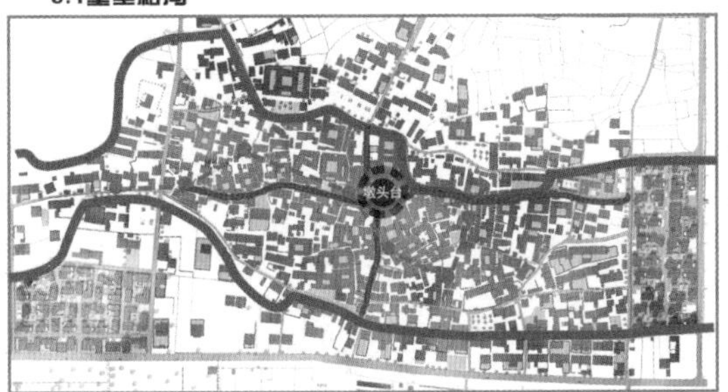

将改道后的碲改回并整治其水质，重塑建筑与碲的关系，还原"一路有水，一路有人家"的情景；强化十字街在村中的地位，重塑昔日的热闹与辉煌；在适当修复七星井后，视情况恢复其实用功能，还原传统生活形态，增加游客的参与体验。

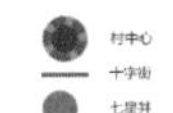

9.2空间重构

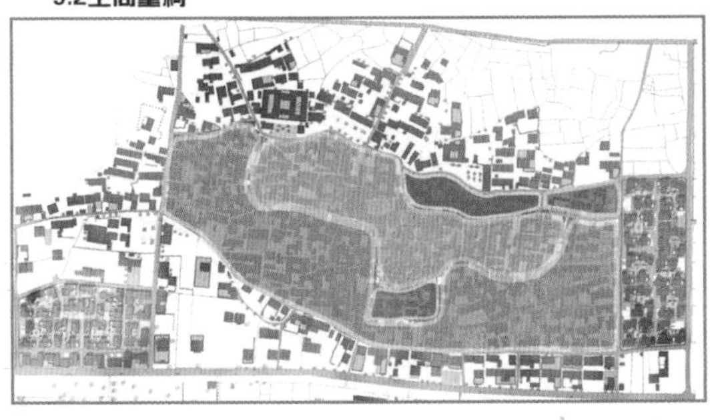

将古村的空间重构与旅游开发结合，置入新功能，激发保护建筑及古村的整体活力，分区开发，分区保护，实现古村保护与旅游开发协调发展。

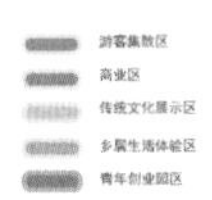
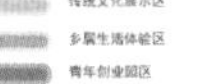

9.3设施完善

居住是村民最基本的要求，设计中增加基础服务设施的布置，在方便村民生活、改善村民生活质量的同时为外来游客提供良好的旅游体验，提升村庄形象。

9.4风貌整治

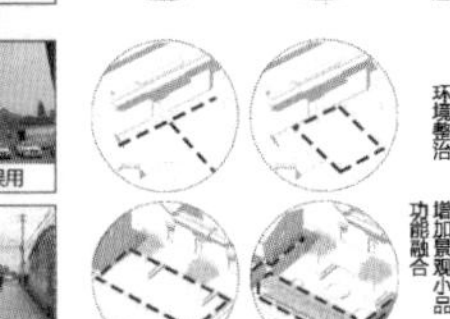
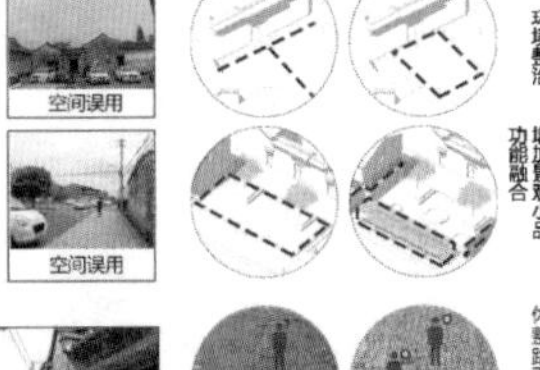
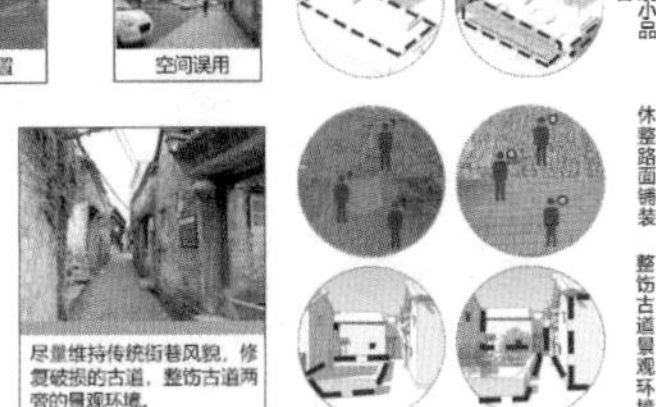

9.5节点打造

二等奖

10.建设新居

10.1东西联动，因地制宜

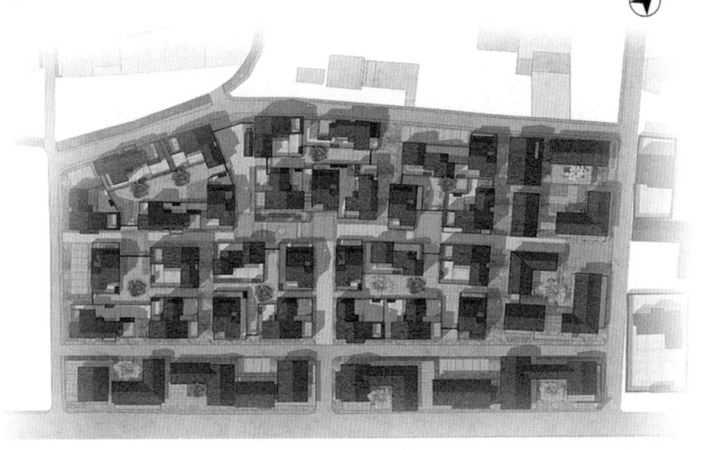

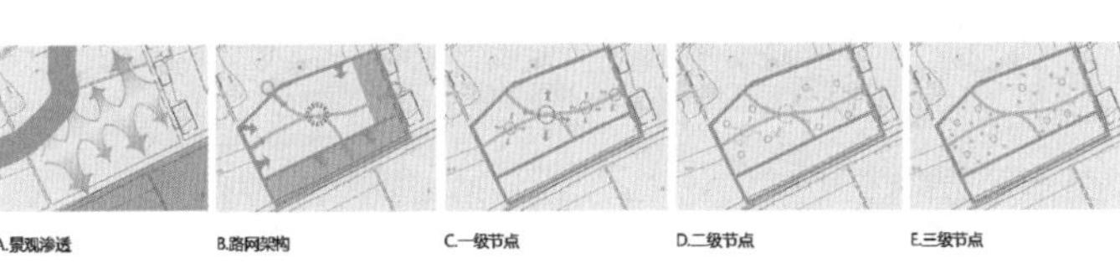

二等奖

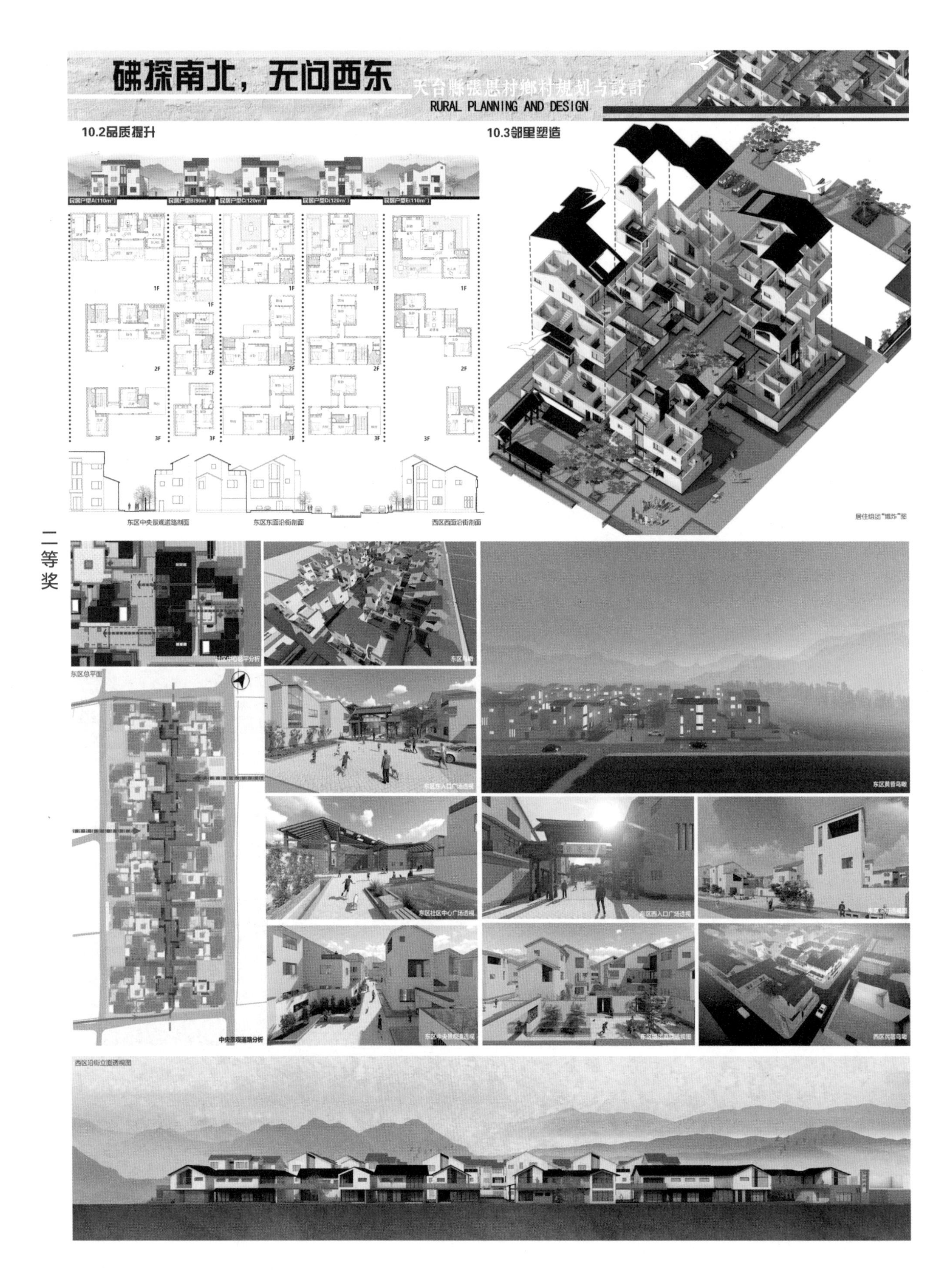
碌探南北，无问西东
天台縣張思村鄉村規划与設計
RURAL PLANNING AND DESIGN
10.2品质提升
10.3邻里塑造
1F
2F
3F
东区中央景观道路剖面
东区东面沿街剖面
西区西面沿街剖面
居住组团“爆炸”图
东区总平面
中央景观道路分析
东区东入口广场透视
东区黄昏鸟瞰
东区社区中心广场透视
东区西入口广场透视
东区中央景观道透视
西区民宿鸟瞰
西区沿街立面透视图

宁波大学

多解·众联·和合寒岩——龙溪乡寒岩村乡村规划与设计

一等奖

教师感言：

刘艳丽：这次竞赛对于老师和同学们来说，都是一次值得纪念的磨炼。难忘寒岩村的荷叶海洋和美味杨梅，更难忘我们一起经历的调研、村民讨论、杨梅节和柴火垛创意搭建。感恩我们一起努力过的这个夏天！

陈芳：竞赛是对自我的挑战和超越，感谢主办方为我们提供这样的机会。寒岩是个有内涵、有灵气的地方，感谢寒岩人的热情帮助和参与。在观察、倾听、解析、创意、表达的过程中，见证同学们的点滴成长，这大概是做老师最开心的事。

王聿丽：竞赛指导是一个教学相长的过程，这次乡村规划设计竞赛对师生而言，都是一次充实而有意义的历程。

潘钰：看着学生们一步步提高，作品越来越完善，老师们心中也充满了开心与喜悦，愿我们在今后的学习中共同进步。

团队感言：

这次比赛给了我们许多宝贵的经验，我意识到团队成员合作的重要性，大家各司其职，就能爆发出 1+1>2 的力量。在老师们的殷切指导下，从调研开始，一步步地走完整个规划规程，直至最终顺利提交成果，都是人生不可多得的经历。感谢这次比赛给了我们这样一个机会，让我们能全身心投入其中，与组员们并肩作战，也感谢指导老师们的一路陪伴，我们努力过，不留遗憾。

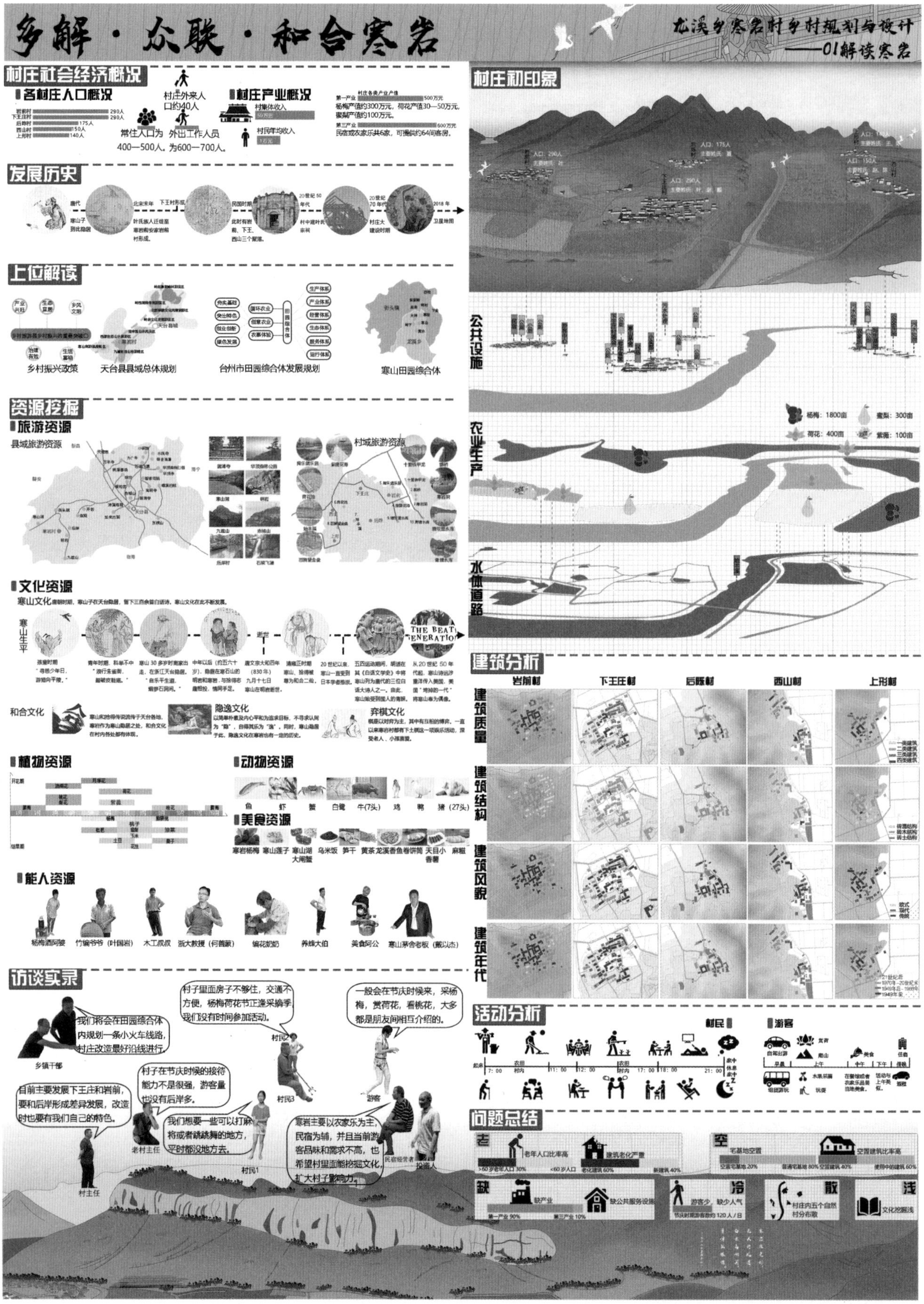

乡解·众联·和合寒岩

龙溪乡寒岩村乡村规划与设计
——01解读寒岩

村庄社会经济概况

各村庄人口概况

岩前村 290人
下王庄村 290人
后陈村 175人
西山村 150人
上形村 140人

村庄外来人口约40人

常住人口为400—500人。

外出工作人员为600—700人。

村庄产业概况

村集体收入 50万元

村民年均收入 1万元

村庄各类产业产值

第一产业 500万元

杨梅产值约300万元，荷花产值30—50万元，蜜梨产值约100万元。

第三产业 600万元

民宿或农家乐共6家，可提供约64间客房。

发展历史

唐代 寒山子到此隐居

北宋末年 叶氏族人迁徙至寒岩前安家岩前村形成。

下王村形成

民国时期 此时有岩前、下王、西山三个聚落。

20世纪50年代 村中建叶氏宗祠

20世纪70年代 村庄大建设时期

2018年 卫星地图

上位解读

产业兴旺　生态宜居　乡风文明　治理有效　生活富裕

乡村振兴政策

天台县县域总体规划

夯实基础　突出特色　创业创新　循环农业　创意农业　农事体验　田园综合体　生产体系　产业体系　经营体系　生态体系　服务体系　运行体系

台州市田园综合体发展规划

寒山田园综合体

资源挖掘

旅游资源

县域旅游资源

村域旅游资源

九遮山　赤城山　后岸村　石梁飞瀑

文化资源

寒山文化 唐朝时期，寒山子在天台隐居，留下三百余首白话诗，寒山文化在此不断发展。

寒山生平

孩童时期 “寻思少年日，游猎向平陵。”

青年时期，科举不中 “浪行朱雀街，踏破皮鞋底。”

寒山30多岁时离家出走，在浙江天台隐居。“自乐平生道，烟萝石洞间。”

中年以后（约五六十岁），隐居在寒石山的明岩和寒岩，与拾得志趣相投，情同手足。

逝世 唐文宗大和四年（830年）九月十七日寒山在明岩逝世。

清雍正时期 寒山、拾得被尊为和合二仙。

20世纪以来，寒山一直受到日本学者推崇。

五四运动期间，胡适在其《白话文学史》中将寒山列为唐代的三位白话大诗人之一。由此，寒山始受到国人的青睐。

从20世纪50年代起，寒山诗远涉重洋传入美国，美国“垮掉的一代”将寒山奉为偶像。

THE BEAT GENERATION

和合文化 寒山和拾得传说流传于天台各地，寒岩作为寒山隐居之处，和合文化在村内各处都有体现。

隐逸文化 以简单朴素及内心平和为追求目标，不寻求认同为“隐”，自得其乐为“逸”，同时，寒山隐居于此，隐逸文化在寒岩也有一定的历史。

弈棋文化 棋是以对弈为主，其中有互相的博弈，一直以来寒岩村都有下土棋这一项娱乐活动，深受老人、小孩喜爱。

植物资源

开花期　结果期

动物资源

鱼　虾　蟹　白鹭　牛(7头)　鸡　鸭　猪（27头）

美食资源

寒岩杨梅　寒山莲子　寒山湖大闸蟹　乌米饭　笋干　黄茶龙溪香鱼　春饼筒　天目小香薯　麻糍

能人资源

杨梅酒阿婆　竹编爷爷（叶国岩）　木工叔叔　浙大教授（何善蒙）　编花奶奶　养蜂大伯　美食阿公　寒山茅舍老板（戴以杰）

访谈实录

乡镇干部：我们将会在田园综合体内规划一条小火车线路，村庄改造最好沿线进行。

村民2：村子里面房子不够住，交通不方便，杨梅荷花节正逢采摘季，我们没有时间参加活动。

游客：一般会在节庆时候来，采杨梅，赏荷花，看桃花，大多都是朋友间相互介绍的。

老村主任：村子在节庆时候的接待能力不是很强，游客量也没有后岸多。

村主任：目前主要发展下王庄和岩前，要和后岸形成差异发展，改造时也要有我们自己的特色。

村民1：我们想要一些可以打麻将或者跳跳舞的地方，平时都没地方去。

民宿经营者：寒岩主要以农家乐为主，民宿为辅，并且当前游客品味和需求不高，也希望村里面能挖掘文化，扩大村子影响力。

村民3　投资人

村庄初印象

公共设施

农业生产

杨梅：1800亩　蜜梨：300亩　荷花：400亩　紫薇：100亩

水体道路

建筑分析

岩前村　下王庄村　后陈村　西山村　上形村

建筑质量：一类建筑　二类建筑　三类建筑　四类建筑

建筑结构：砖混结构　砖木结构　砖土结构

建筑风貌

建筑年代

活动分析

村民

起床 7:00 农田 村内 11:00 12:00 农田 村内 17:00 18:00 21:00 家中休息 家中

游客

自驾出游　组团游玩　赏荷　爬山　水果采摘　玩耍　美食　住宿　返程

早晨　上午　中午　下午　傍晚

在餐馆或者农家乐品尝当地美食。

活动与上午类似。

问题总结

老 老年人口比率高 >60岁老年人口30%　<60岁人口　建筑老化严重 老化建筑60%　新建筑40%

空 宅基地空置 空置宅基地20%　普通宅基地80%　空置建筑比率高 空置建筑40%　使用中的建筑60%

缺 缺产业 第一产业90%　第三产业10%　缺公共服务设施

冷 游客少，缺少人气 节庆时期游客数约120人/日

散 村庄内五个自然村分布散

浅 文化挖掘浅

一等奖

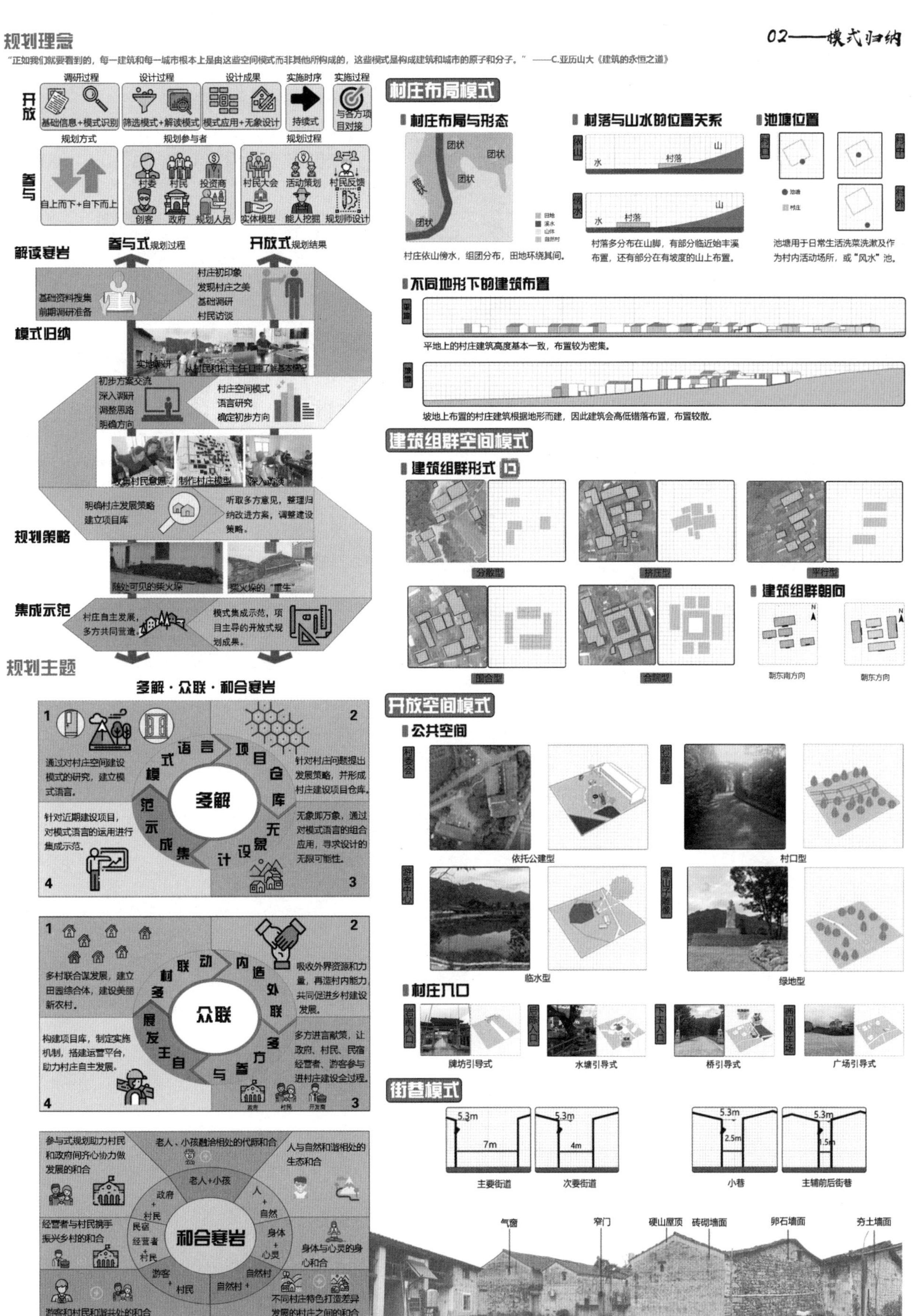
规划理念
02——模式归纳
"正如我们就要看到的，每一建筑和每一城市根本上是由这些空间模式而非其他所构成的，这些模式是构成建筑和城市的原子和分子。" ——C.亚历山大《建筑的永恒之道》
村庄布局模式
村庄布局与形态
村落与山水的位置关系
池塘位置
村庄依山傍水，组团分布，田地环绕其间。
村落多分布在山脚，有部分临近丰溪布置，还有部分在有坡度的山上布置。
池塘用于日常生活洗菜洗漱及作为村内活动场所，或"风水"池。
不同地形下的建筑布置
平地上的村庄建筑高度基本一致，布置较为密集。
坡地上布置的村庄建筑根据地形而建，因此建筑会高低错落布置，布置较散。
建筑组群空间模式
建筑组群形式
分散型
挤压型
平行型
围合型
合院型
建筑组群朝向
朝东南方向
朝东方向
开放空间模式
公共空间
依托公建型
村口型
临水型
绿地型
村庄入口
牌坊引导式
水塘引导式
桥引导式
广场引导式
街巷模式
主要街道
次要街道
小巷
主辅前后街巷
气窗
窄门
硬山屋顶
砖砌墙面
卵石墙面
夯土墙面
解读寒岩
参与式 规划过程
开放式 规划结果
模式归纳
规划策略
集成示范
规划主题
多解·众联·和合寒岩
一等奖

02——模式归纳

一等奖

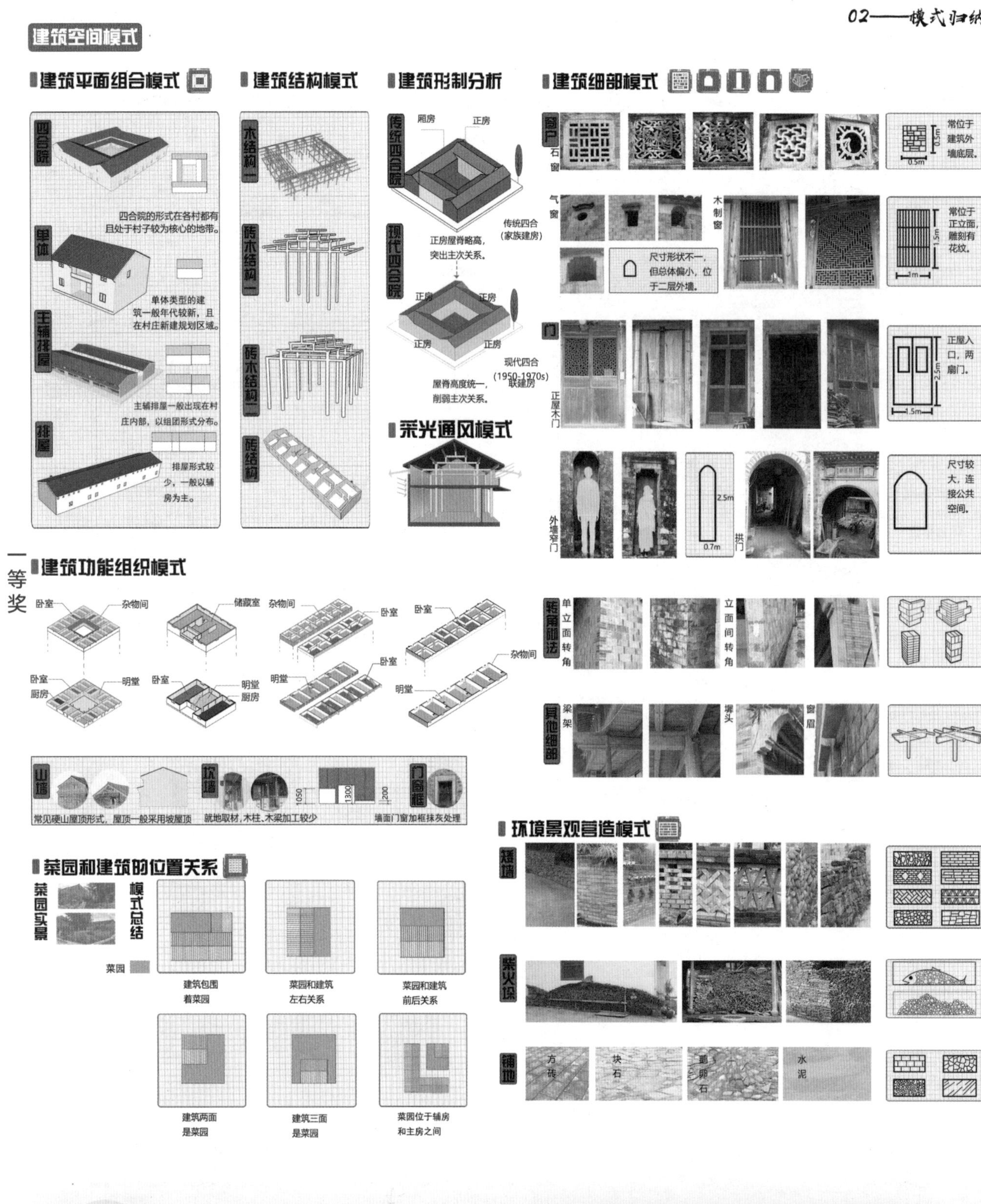
建筑空间模式
建筑平面组合模式
建筑结构模式
建筑形制分析
建筑细部模式
四合院
四合院的形式在各村都有且处于村子较为核心的地带。
单体
单体类型的建筑一般年代较新，且在村庄新建规划区域。
主辅排屋
主辅排屋一般出现在村庄内部，以组团形式分布。
排屋
排屋形式较少，一般以辅房为主。
木结构一
砖木结构一
砖木结构二
砖结构
传统四合院
厢房
正房
传统四合（家族建房）
正房屋脊略高，突出主次关系。
现代四合院
现代四合（1950-1970s）联建房
屋脊高度统一，削弱主次关系。
采光通风模式
窗户
石窗
常位于建筑外墙底层。
气窗
木制窗
尺寸形状不一，但总体偏小，位于二层外墙。
常位于正立面，雕刻有花纹。
门
正屋木门
正屋入口，两扇门。
外墙窄门
拱门
尺寸较大，连接公共空间。
建筑功能组织模式
卧室
杂物间
储藏室
明堂
厨房
转角砌法
单立面转角
立面间转角
其他细部
梁架
墀头
窗眉
山墙
坎墙
门窗框
常见硬山屋顶形式，屋顶一般采用坡屋顶
就地取材，木柱、木梁加工较少
墙面门窗加框抹灰处理
环境景观营造模式
矮墙
柴火垛
铺地
方砖
块石
鹅卵石
水泥
菜园和建筑的位置关系
菜园实景
模式总结
菜园
建筑包围着菜园
菜园和建筑左右关系
菜园和建筑前后关系
建筑两面是菜园
建筑三面是菜园
菜园位于辅房和主房之间

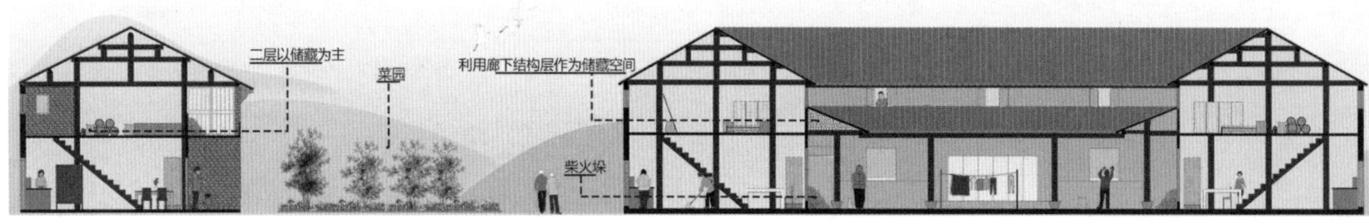
二层以储藏为主
菜园
利用廊下结构层作为储藏空间
柴火垛

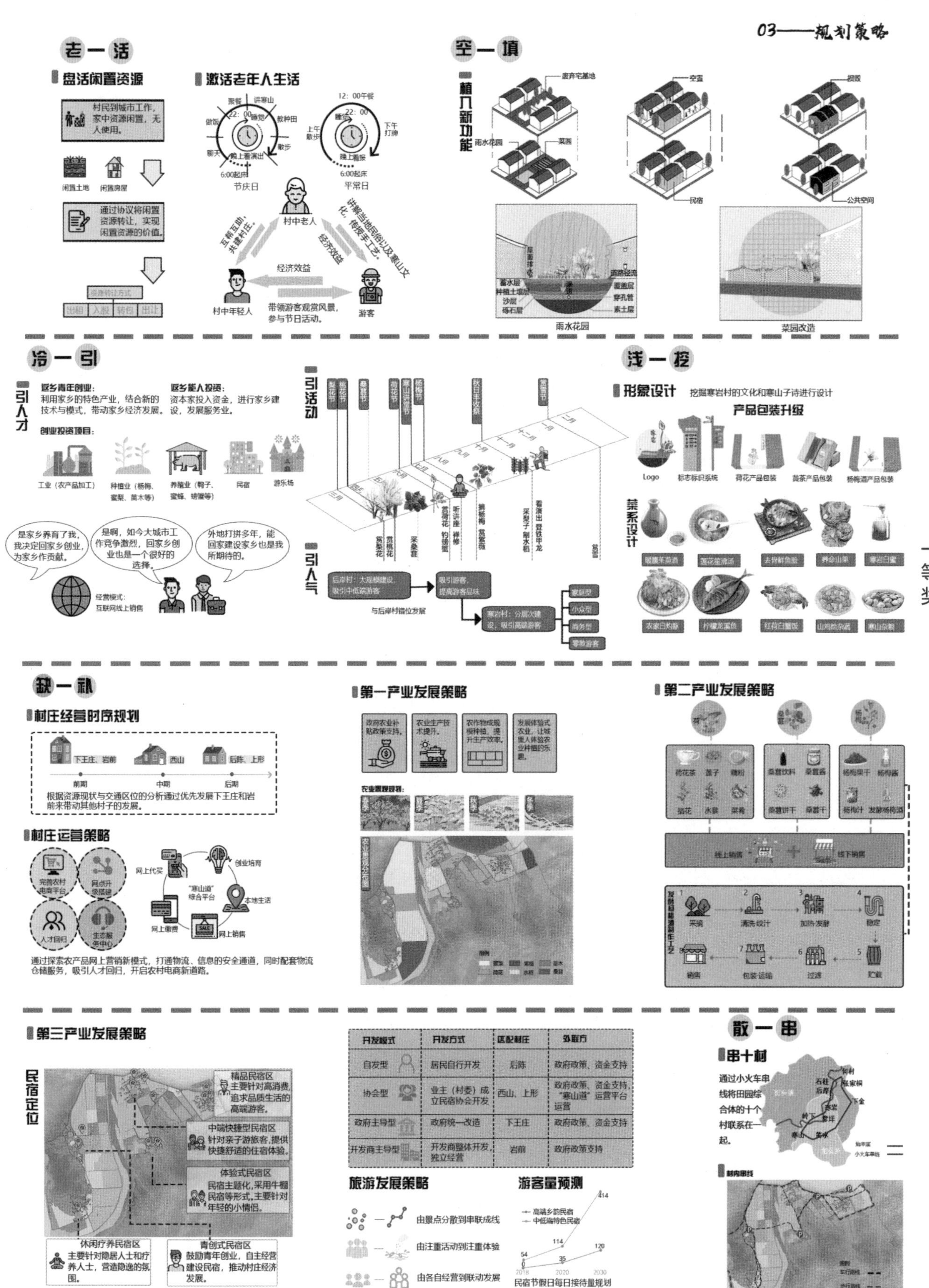

开发模式	开发方式	匹配村庄	外联方
自发型	居民自行开发	后陈	政府政策、资金支持
协会型	业主（村委）成立民宿协会开发	西山、上彤	政府政策、资金支持，"寒山道"运营平台运营
政府主导型	政府统一改造	下王庄	政府政策、资金支持
开发商主导型	开发商整体开发，独立经营	岩前	政府政策支持

一等奖

一等奖

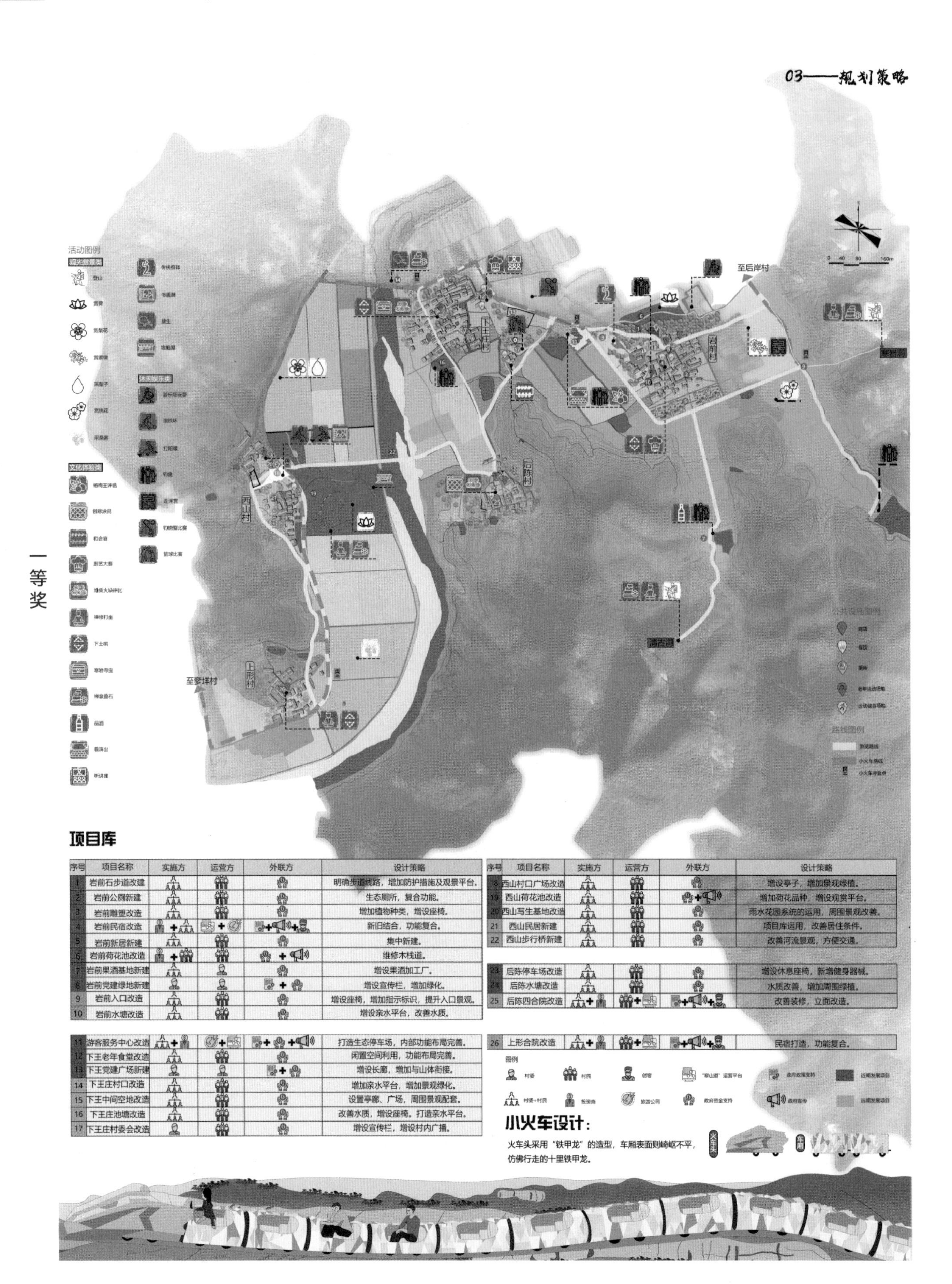

项目库

序号	项目名称	实施方	运营方	外联方	设计策略
1	岩前石步道改建	村委+村民	村民	政府资金支持	明确步道线路，增加防护措施及观景平台。
2	岩前公厕新建	村委+村民	村民	政府资金支持	生态厕所，复合功能。
3	岩前雕塑改造	村委+村民	村民	政府资金支持	增加植物种类，增设座椅。
4	岩前民宿改造	投资商+村委+村民	运营平台+旅游公司	政府政策支持+政府宣传+创客	新旧结合，功能复合。
5	岩前新居新建	村委+村民	村民	政府资金支持	集中新建。
6	岩前荷花池改造	投资商+村民	村民	政府资金支持+政府宣传	维修木栈道。
7	岩前果酒基地新建	村委+村民	村委	政府资金支持	增设果酒加工厂。
8	岩前党建绿地新建	村委	村委	政府政策支持+政府资金支持	增设宣传栏，增加绿化。
9	岩前入口改造	村委+村民	村民	政府资金支持	增设座椅，增加指示标识，提升入口景观。
10	岩前水塘改造	村委+村民	村民	政府资金支持	增设亲水平台，改善水质。
11	游客服务中心改造	村委+村民+投资商	旅游公司+运营平台	政府政策支持+政府资金支持+政府宣传	打造生态停车场，内部功能布局完善。
12	下王老年食堂改造	村委+村民	村民	政府资金支持	闲置空间利用，功能布局完善。
13	下王党建广场新建	村委	村委	政府政策支持+政府资金支持	增设长廊，增加与山体衔接。
14	下王庄村口改造	村委+村民	村民	政府资金支持	增加亲水平台，增加景观绿化。
15	下王中间空地改造	村委+村民	村民	政府资金支持	设置亭廊、广场，周围景观配套。
16	下王庄池塘改造	村委+村民	村民	政府资金支持	改善水质，增设座椅。打造亲水平台。
17	下王庄村委会改造	村委	村民	政府资金支持	增设宣传栏，增设村内广播。
18	西山村口广场改造	村委+村民	村民	政府资金支持	增设亭子，增加景观绿植。
19	西山荷花池改造	村委+村民	村民	政府资金支持+政府宣传	增加荷花品种，增设观赏平台。
20	西山写生基地改造	村委+村民	村民	政府资金支持	雨水花园系统的运用，周围景观改善。
21	西山民居新建	村委+村民	村民	政府资金支持	项目库运用，改善居住条件。
22	西山步行桥新建	村委+村民	村民	政府资金支持	改善河流景观，方便交通。
23	后陈停车场改造	村委+村民	村民	政府资金支持	增设休息座椅，新增健身器械。
24	后陈水塘改造	村委+村民	村民	政府资金支持	水质改善，增加周围绿植。
25	后陈四合院改造	村委+村民+投资商	村民+运营平台	政府政策支持+政府宣传+创客	改善装修，立面改造。
26	上形合院改造	村委+村民+投资商	村民+运营平台	政府政策支持+政府宣传+创客	民宿打造，功能复合。

图例：村委　村民　创客　运营平台　政府政策支持　近期发展项目　村委+村民　投资商　旅游公司　政府资金支持　政府宣传　远期发展项目

小火车设计：

火车头采用“铁甲龙”的造型，车厢表面则崎岖不平，仿佛行走的十里铁甲龙。

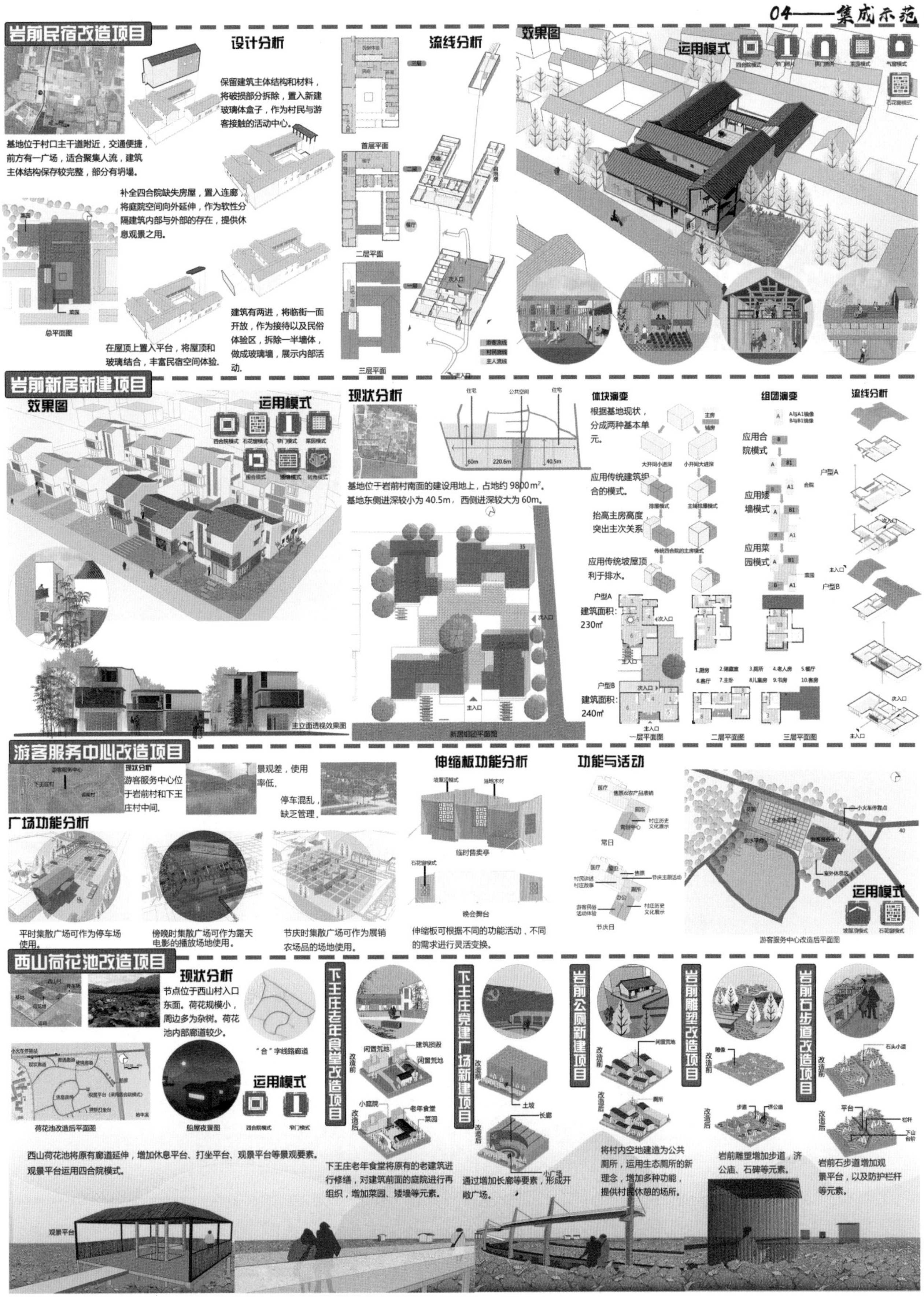

04——集成示范

一等奖

岩前民宿改造项目

设计分析

基地位于村口主干道附近，交通便捷，前方有一广场，适合聚集人流，建筑主体结构保存较完整，部分有坍塌。

保留建筑主体结构和材料，将破损部分拆除，置入新建玻璃体盒子，作为村民与游客接触的活动中心。

补全四合院缺失房屋，置入连廊，将庭院空间向外延伸，作为软性分隔建筑内部与外部的存在，提供休息观景之用。

在屋顶上置入平台，将屋顶和玻璃结合，丰富民宿空间体验。

建筑有两进，将临街一面开放，作为接待以及民俗体验区，拆除一半墙体，做成玻璃墙，展示内部活动。

总平面图

首层平面

二层平面

三层平面

流线分析

效果图

运用模式

岩前新居新建项目

效果图

运用模式

现状分析

基地位于岩前村南面的建设用地上，占地约 9800m²。基地东侧进深较小为 40.5m，西侧进深较大为 60m。

新居组团平面图

主立面透视效果图

体块演变

根据基地现状，分成两种基本单元。

应用传统建筑组合的模式。

抬高主房高度突出主次关系

应用传统坡屋顶利于排水。

户型A 建筑面积：230m²

户型B 建筑面积：240m²

一层平面图

二层平面图

三层平面图

组团演变

应用合院模式

应用矮墙模式

应用菜园模式

流线分析

户型A

户型B

游客服务中心改造项目

现状分析

游客服务中心位于岩前村和下王庄村中间。

景观差，使用率低。

停车混乱，缺乏管理。

广场功能分析

平时集散广场可作为停车场使用。

傍晚时集散广场可作为露天电影的播放场地使用。

节庆时集散广场可作为展销农产品的场地使用。

伸缩板功能分析

临时售卖亭

晚会舞台

伸缩板可根据不同的功能活动、不同的需求进行灵活变换。

功能与活动

常日

节庆日

游客服务中心改造后平面图

运用模式

西山荷花池改造项目

现状分析

节点位于西山村入口东面。荷花规模小，周边多为杂树。荷花池内部廊道较少。

"合"字线路廊道

荷花池改造后平面图

船屋夜景图

运用模式

西山荷花池将原有廊道延伸，增加休息平台、打坐平台、观景平台等景观要素。观景平台运用四合院模式。

下王庄老年食堂改造项目

改造前

改造后

下王庄老年食堂将原有的老建筑进行修缮，对建筑前面的庭院进行再组织，增加菜园、矮墙等元素。

下王庄党建广场新建项目

改造前

改造后

通过增加长廊等要素，形成开敞广场。

岩前公厕新建项目

改造前

改造后

将村内空地建造为公共厕所，运用生态厕所的新理念，增加多种功能，提供村民休憩的场所。

岩前雕塑改造项目

改造前

改造后

岩前雕塑增加步道，济公庙、石碑等元素。

岩前石步道改造项目

改造前

改造后

岩前石步道增加观景平台，以及防护栏杆等元素。

观景平台

二等奖

乐活山头，书画民国

——自下而上的村民参与式乡村改造规划设计方案

村庄历史

宋代 元代 明代 清代 民国 中华人民共和国 现在

宋 元 明 清 民国 中华人民共和国成立后 现状 未来

上位规划

乡村振兴 美丽乡村建设新征程 和兴家园美丽乡村 4A景区发展

《天台县南屏乡发展战略规划》

《山头郑村传统村落保护发展规划》

古道 古村落 生态 旅游 文化 融合

外部交通

村落选址与村落形态

人文与自然景观资源

人文

历史名人 明清古建 传统工艺 民国洋楼

自然 古树名木 壮美梯田 群山环绕 瑶溪清流

村民基本状况

人口外迁多

人口结构趋于老龄化

常住儿童人口<10

“空巢老人”现象严重

60-80岁一般两个人生活

80岁以上一般独自生活

村民采访

耕地少，收益低

建筑形式

立面形式

明清及民国时期建筑 1949年后期建筑 现代建筑

形式与地形的结合

村庄分析

S 地理区位优势 民国文化根植 村民较强改造村庄意愿

W 民国元素不突出 不同年代建筑混杂 无村民集体收入

O 南屏国家4A景区开发 县城快速通道建立 已有村民自主改造村庄

T 周边景区的民宿、餐饮竞争 村民想法存在争议

古宅 村文化礼堂 集市 瑞龙桥 听泉楼 依山傍水四合院 民国合作社 下书房遗址 双泽将军神宫

乐活山头，书画民国

——自下而上的村民参与式乡村改造规划设计方案

村民乐

老人——山头郑村目前常住人口以老人为主，关注老人生活状况，提升老人生活品质，是创造村庄悠然快乐氛围的最重要途径。

构建丰富老人活动场所、搭建老人互助互乐平台、政府发起养老助老措施等，将为村中老人创造全新的生活环境。

儿童——山头郑中儿童数量不多，但留守儿童情况却存在。周边教育资源相对落后，文娱场所少，儿童兴趣素质发展条件不利。

面对这样的问题，山头郑可发展特色书画类主题教育基地、特色农事教育基地，吸引大量外来儿童到来的同时，增加本地儿童的活动场所与教育机会。

年轻人——山头郑村青壮年严重不足。由于本地就业机会少，产业相对滞后，绝大多数青壮年都选择向外发展。青壮年的不足导致山头郑村各类产业的发展具有极大的局限性以及困难性。

为此，我们可以新建生活安置区、增强乡土文化传播、建立村民共同发展小组，以加强村庄青年群里凝聚力，推动村落产业经济快速转型发展。

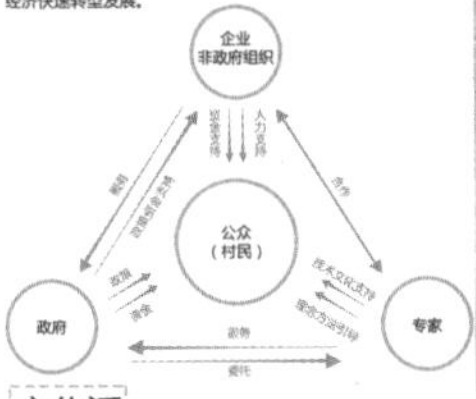

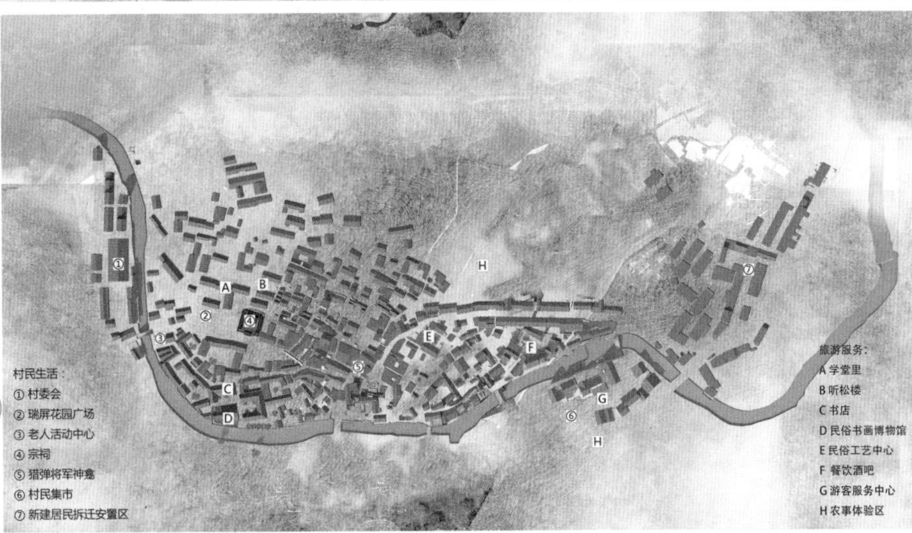

文化活

村风村史

建造村史博物馆、建造宗祠、恢复传统村庄习俗

民俗工艺

建造民俗工艺中心、吸引民俗传承者集聚、推广民俗工艺品牌

书情画意

建立书法教育基地、建立写生摄影基地、建立书画交流展销中心

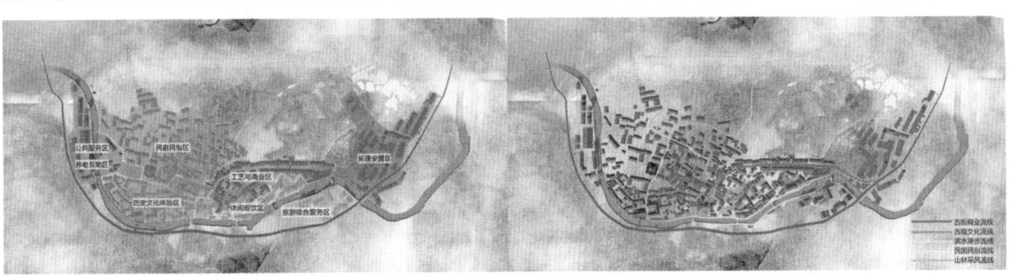

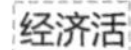

经济活

旅游

民国主题游线、民国主题活动、精品民宿、文旅结合

商业

集市广场、特色商业街、餐饮娱乐、商业品类升级

游客乐

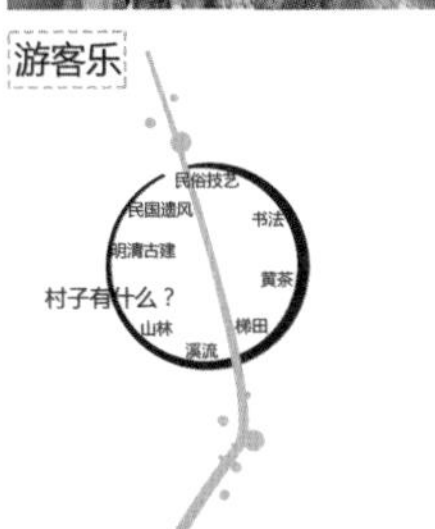

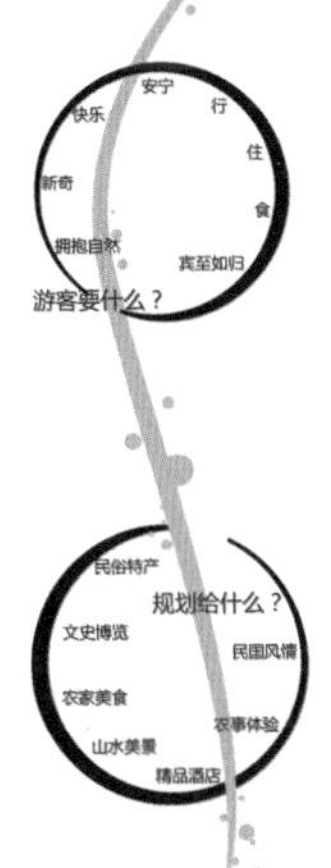

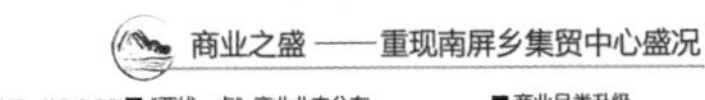

商业之盛——重现南屏乡集贸中心盛况

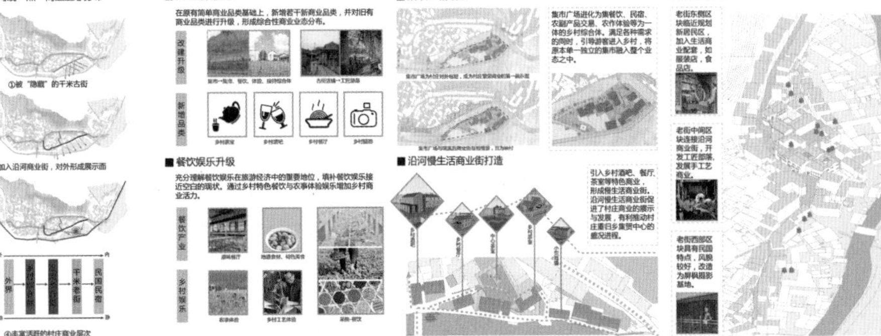

古建遗风——古村落的保护与发展

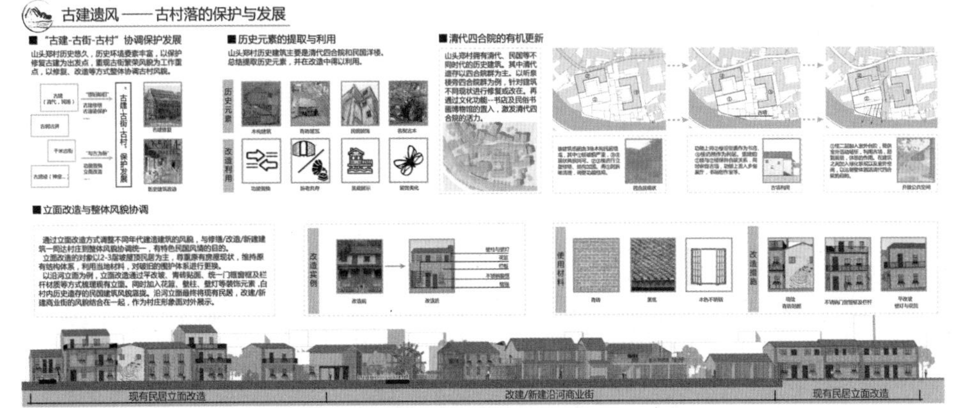

二等奖

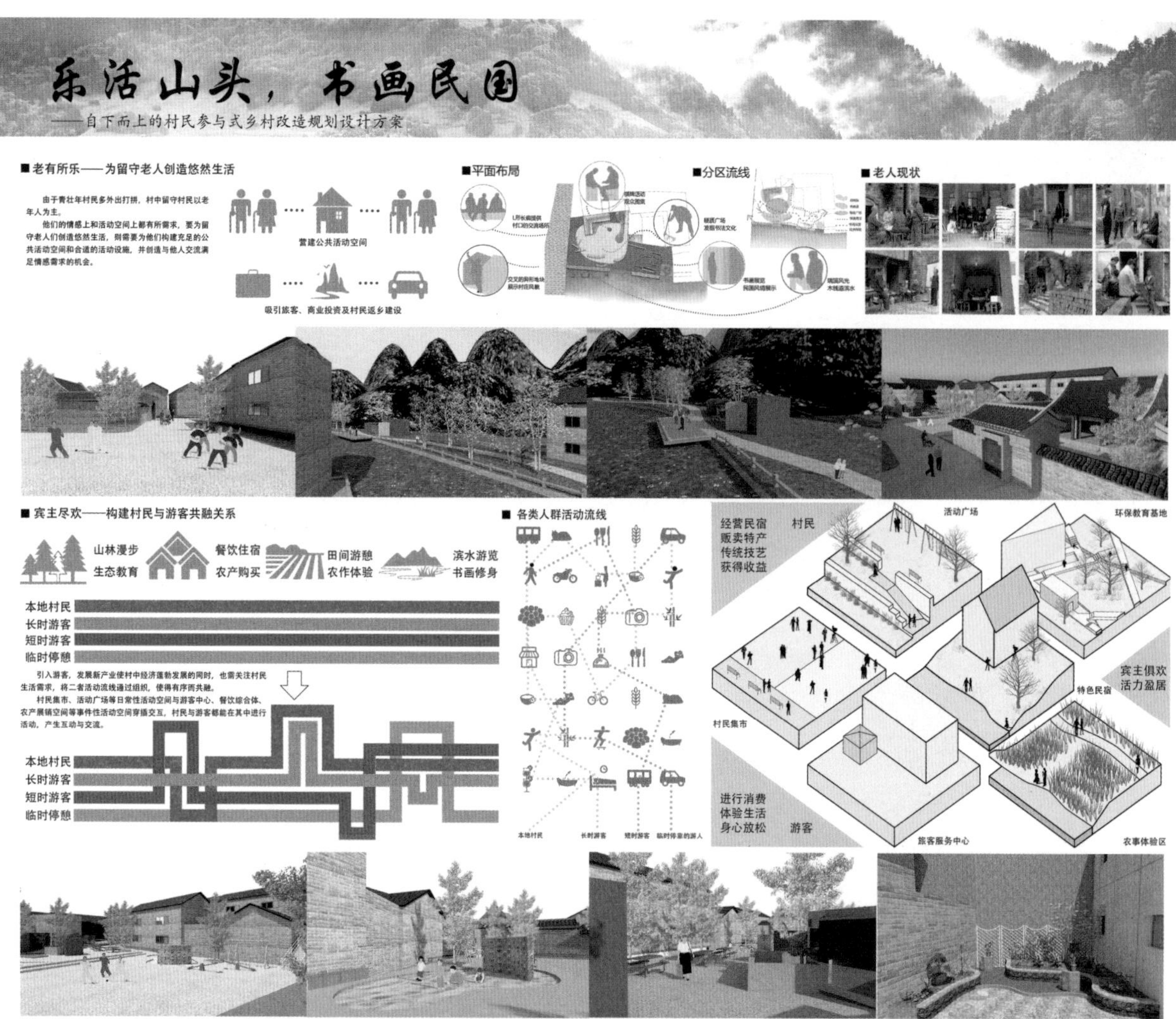

二等奖

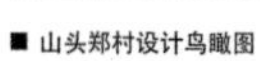
■ 山头郑村设计鸟瞰图

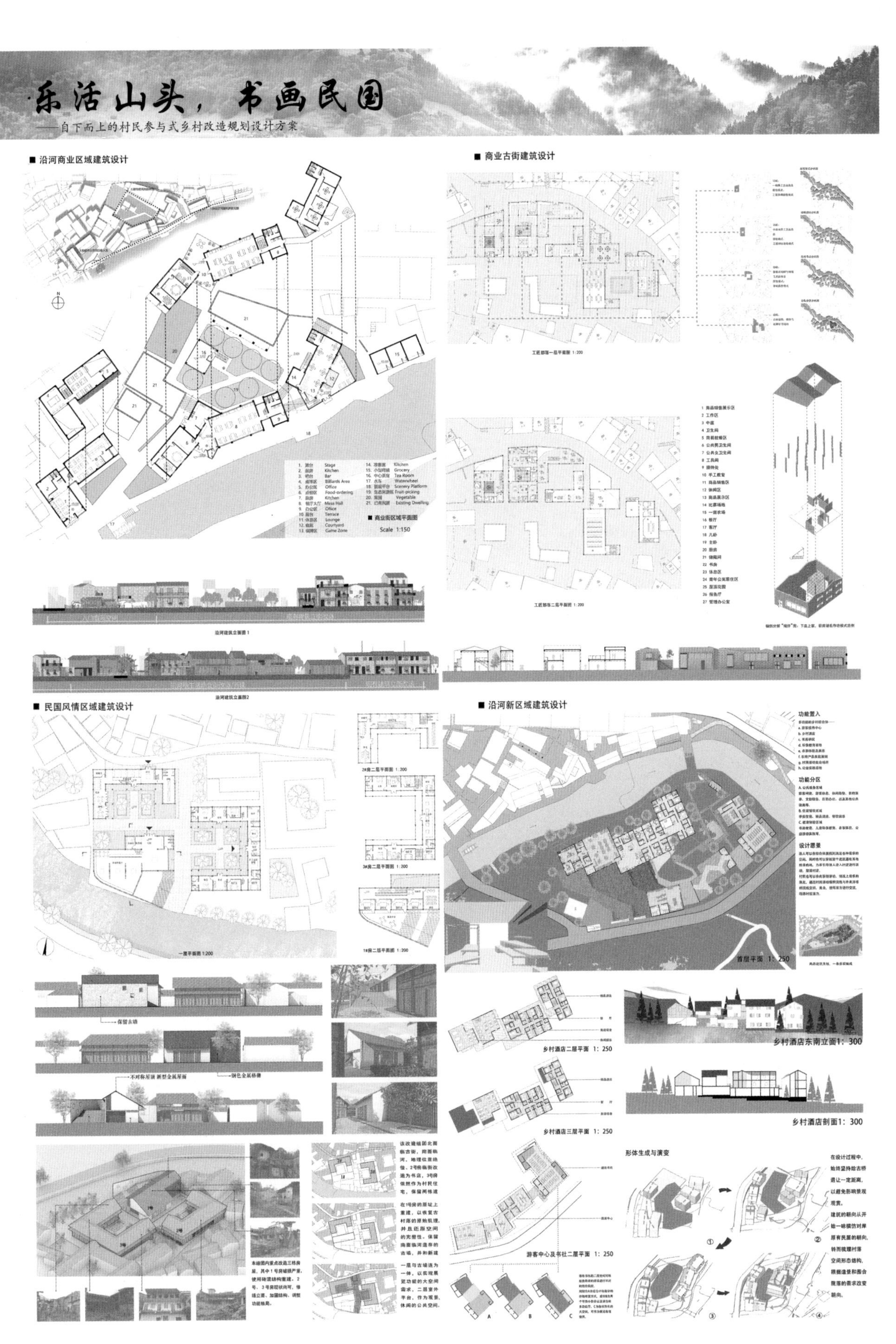
乐活山头，书画民国
——自下而上的村民参与式乡村改造规划设计方案
沿河商业区域建筑设计
商业古街建筑设计
民国风情区域建筑设计
沿河新区域建筑设计
商业街区域平面图
Scale 1:150
乡村酒店东南立面1：300
乡村酒店剖面1：300
乡村酒店二层平面 1：250
乡村酒店三层平面 1：250
游客中心及书社二层平面 1：250
首层平面 1：250
形体生成与演变
功能置入
功能分区
设计愿景

二等奖

浙江大学

刹那古今——游曳于张思画境

三等奖

教师感言：

这次竞赛对同学和我来说，都是一次挑战，作为建筑学背景的研究生，我们团队每个人都被要求站在一个更广义的建筑学纬度上来思考问题。这不仅仅是一次设计竞赛，更是一个实战项目，我们不仅要从审美角度上看待问题，更要从产业、文化、生活等多个层面去思考乡村。对于张思村这一基地，我们在调研中一点点了解，逐渐建立起对张思的感情，我们老师与同学之间，曾多次讨论，不断反思和批判，始终相信思考问题的时间要远多于做的时间，所以我们一次次地深入思考，希望探求乡村振兴的真正实用路径，这次竞赛的成果也是我们的一点初步的认知，这个过程，对我们所有人而言都是一次学习和进步，希望通过这次的竞赛，为张思的发展提供一些思路。

团队感言：

从初夏的调研至秋天来临，我们跟老师在这一整个夏天反复讨论，不断提升自己的思想和认识，最终能够顺利地完成这次竞赛设计，首先要感谢我们的指导老师王洁教授。而在这期间，我们也受益良多，在以往的竞赛经历中，更多的是一些天马行空的假象，而这次我们面对的是实在的乡村、实在的课题，因此从调研到立意，到具体设计，都是我们不断深入思考乡村的过程。作为建筑学学生，我们也应当响应国家的号召，积极地投身到乡村振兴当中去，贡献自己的专业技能和知识，并在其中锻炼自己。这次竞赛给我们打开了一扇认识乡村的窗口，必将在以后的学习和工作中，对我们产生深远的影响，感谢主办方的辛勤付出，也感谢天台县政府领导的大力支持。

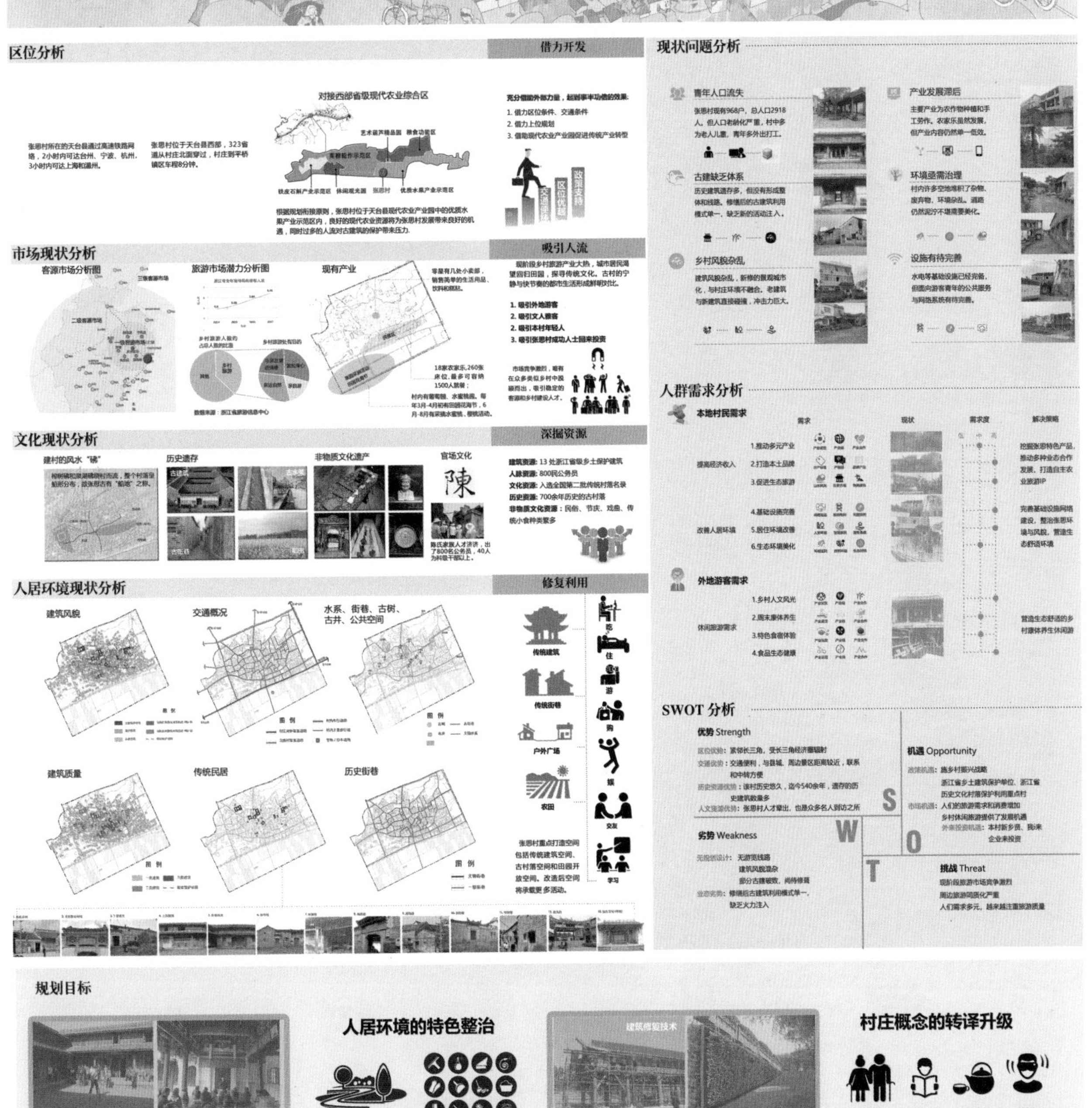
刹那古今——游曳于張思畫境
浙江省第四届"和合天臺"大學生"鄉村規劃與創意設計"大賽
区位分析
借力开发
现状问题分析
市场现状分析
吸引人流
人群需求分析
文化现状分析
深掘资源
人居环境现状分析
修复利用
SWOT 分析

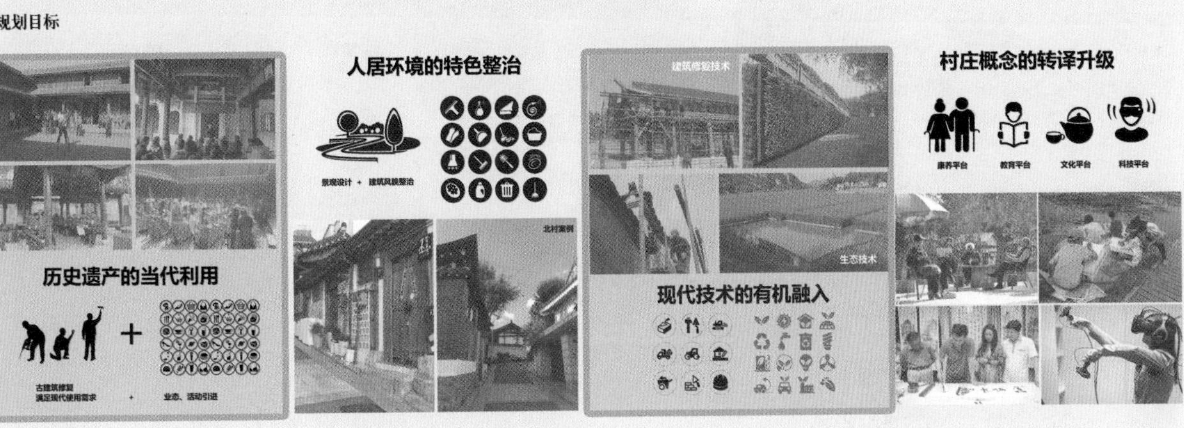
规划目标
人居环境的特色整治
村庄概念的转译升级
历史遗产的当代利用
现代技术的有机融入

三等奖

三等奖

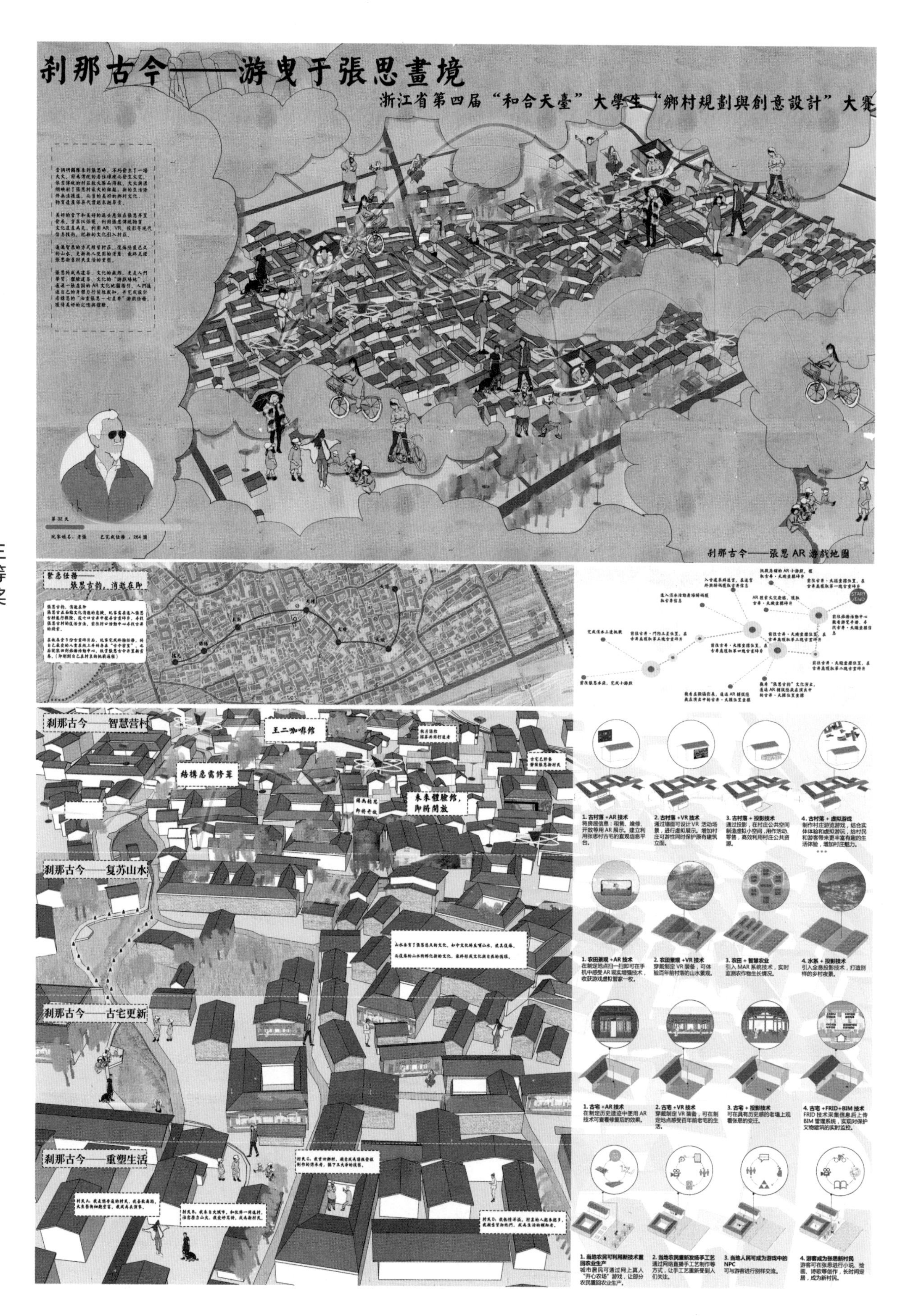

刹那古今——游曳于張思畫境
浙江省第四届“和合天臺”大學生“鄉村規劃與創意設計”大賽
刹那古今——張思AR游戲地圖
緊急任務——張思古韵，消逝在即
刹那古今——智慧营村
王二咖啡館
結構急需修葺
東來體驗館，即將開放
刹那古今——复苏山水
刹那古今——古宅更新
刹那古今——重塑生活
1. 古村落 +AR 技术
将房屋信息：租售、维修、开放等用 AR 展示。建立利用张思村古宅的直观信息平台。
2. 古村落 +VR 技术
通过墙面可设计 VR 活动场景，进行虚拟展示。增加村庄可游性同时保护原有建筑立面。
3. 古村落 + 投影技术
通过投影，在村庄公共空间制造虚拟小空间，用作活动、零售，高效利用村庄公共资源。
4. 古村落 + 虚拟游戏
制作村庄游览游戏，结合实体体验和虚拟游玩，给村民和游客带来更丰富有趣的生活体验，增加村庄魅力。
1. 农田景观 +AR 技术
在制定地点扫一扫即可在手机中感受 AR 现实增强技术，收获游戏虚拟管家一枚。
2. 农田景观 +VR 技术
穿戴制定 VR 装备，可体验百年前村落的山水景观。
3. 农田 + 智慧农业
引入 MAR 系统技术，实时监测农作物生长情况。
4. 水系 + 投影技术
引入全息投影技术，打造别样的乡村夜景。
1. 古宅 +AR 技术
在制定历史遗迹中使用 AR 技术可查看修复后的效果。
2. 古宅 +VR 技术
穿戴制定 VR 装备，可在制定地点感受百年前老宅的生活。
3. 古宅 + 投影技术
可在具有历史感的老墙上观看张思的变迁。
4. 古宅 +FRID+BIM 技术
FRID 技术采集信息后上传 BIM 管理系统，实现对保护文物建筑的实时监控。
1. 当地农民可利用新技术重回农业生产
城市居民可通过网上真人“开心农场”游戏，让部分农民重回农业生产。
2. 当地农民重新发扬手工艺
通过网络直播手工艺制作等方式，让手工艺重新受到人们关注。
3. 当地人民可成为游戏中的 NPC
可与游客进行别样交流。
4. 游客成为张思新村民
游客可在张思进行小说、绘画、诗歌等创作，长时间定居，成为新村民。

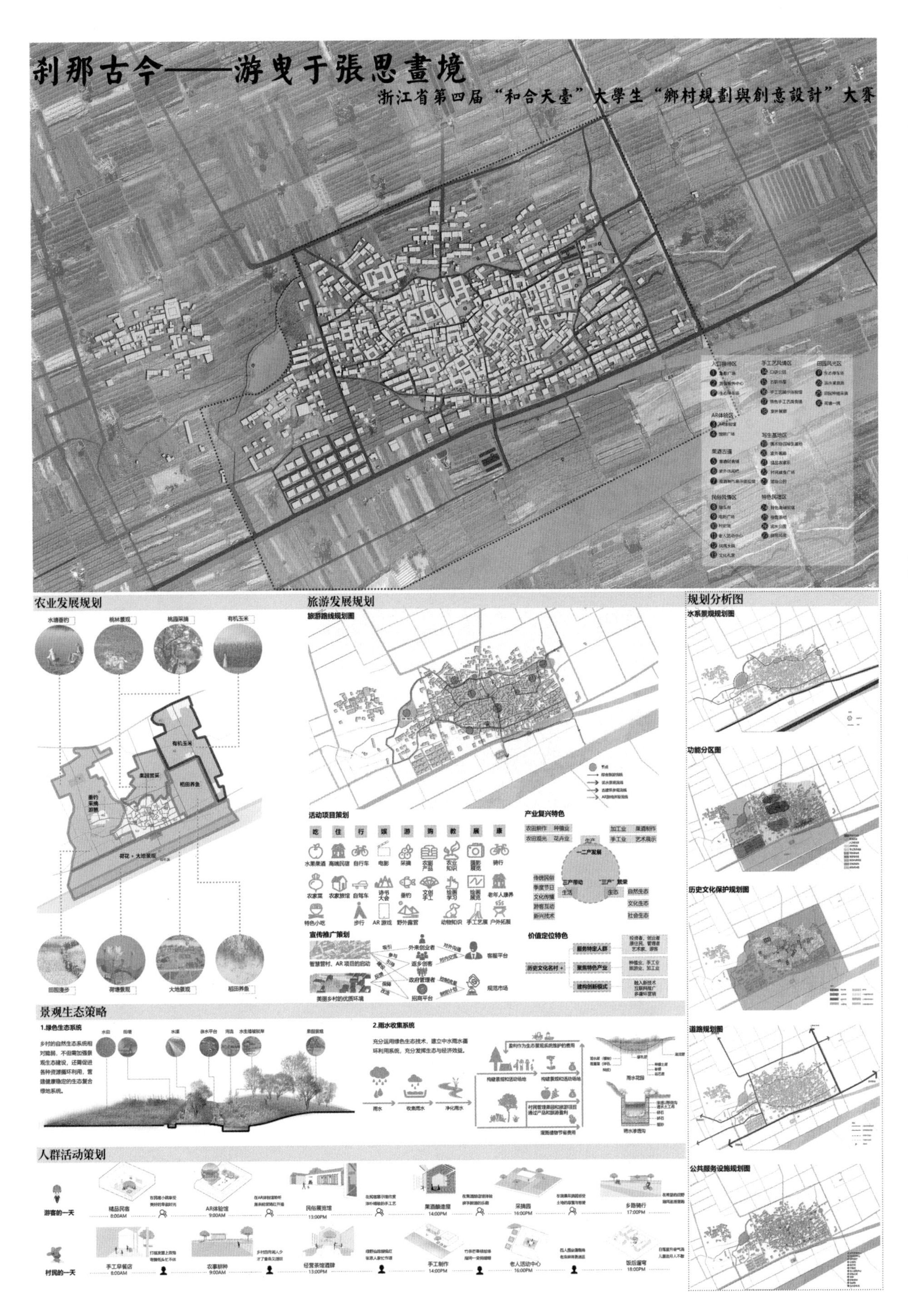
刹那古今——游曳于張思畫境
浙江省第四届"和合天臺"大學生"鄉村規劃與創意設計"大賽
农业发展规划
旅游发展规划
旅游路线规划图
规划分析图
水系景观规划图
功能分区图
历史文化保护规划图
道路规划图
公共服务设施规划图
活动项目策划
产业复兴特色
宣传推广策划
价值定位特色
景观生态策略
1.绿色生态系统
2.雨水收集系统
人群活动策划
游客的一天
村民的一天

三等奖

三等奖

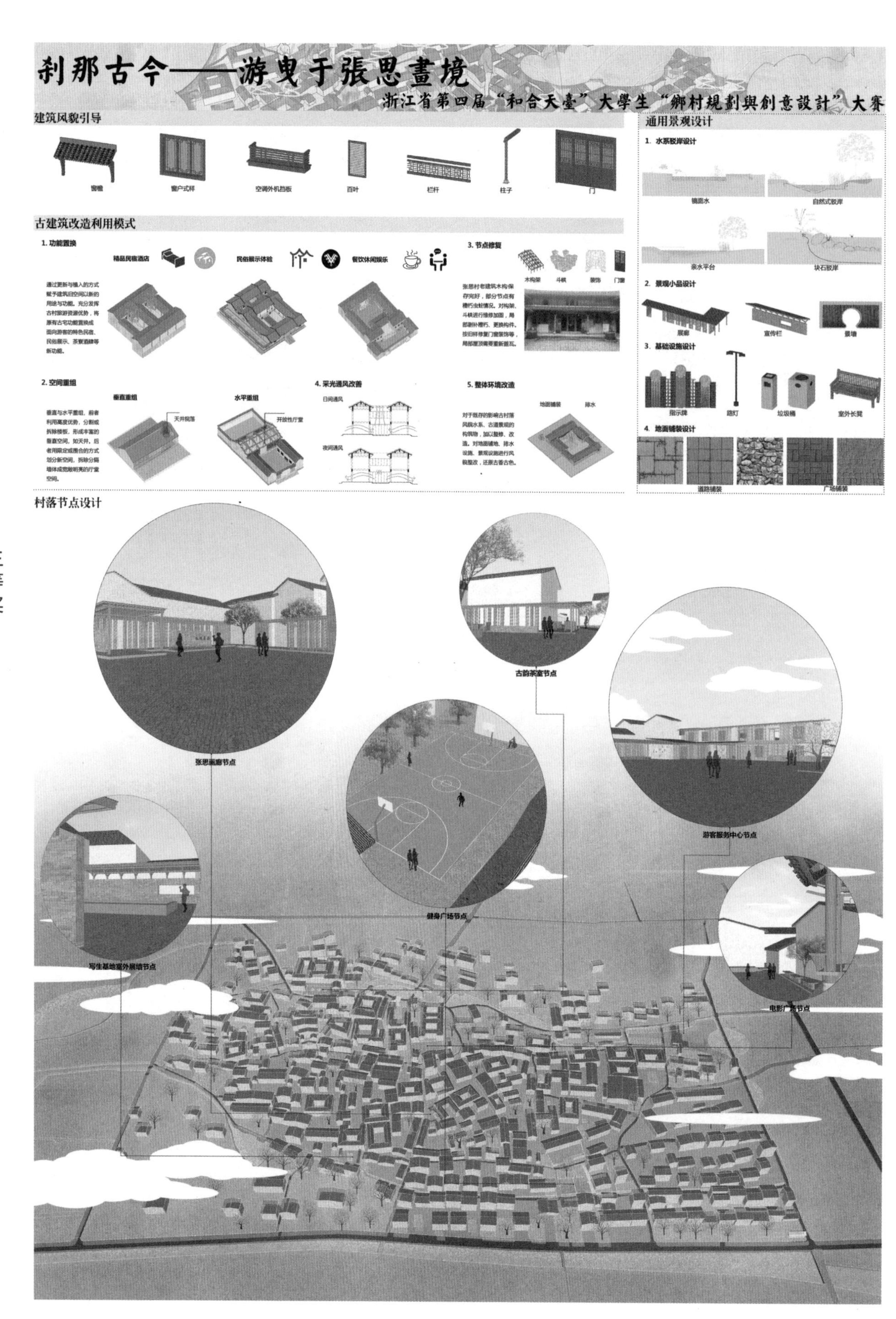

刹那古今——游曳于張思畫境
浙江省第四届“和合天臺”大學生“鄉村規劃與創意設計”大賽
建筑风貌引导
通用景观设计
古建筑改造利用模式
1. 功能置换
精品民宿酒店
民俗展示体验
餐饮休闲娱乐
3. 节点修复
2. 空间重组
垂直重组
水平重组
4. 采光通风改善
5. 整体环境改造
1. 水系驳岸设计
2. 景观小品设计
3. 基础设施设计
4. 地面铺装设计
村落节点设计
张思画廊节点
古韵茶室节点
游客服务中心节点
健身广场节点
写生基地室外展墙节点
电影广场节点

浙江树人大学

容 · 融——南屏乡前杨村乡村规划与设计

教师感言：

设计是一种追求完美的生活态度，是一种追求品味的生活概念。设计规划前杨村就是在不断地追求完美，寻找更加合适前杨村的方案，对前杨村的人地关系进行深度的思考，根据村落的用地现状以及村民对生活环境的设想，最后在功能上划分为“微观古道”“田园体验”“村落生活”“自然生态”四大容器。无论是我们的“四大容器”还是我们的“五感体验”都是在与小组成员们的不断“拼杀”中产生。

团队感言：

村庄设计应考虑其自身的发展，不应盲目定位。我们发现如今的村庄越来越向现代化发展，已失去了其本身的韵味，留住乡愁是我们在设计中应考虑的。随着生产、生活方式的转化，村庄的生态也破坏得十分严重，生态修复是建设美丽乡村的首要工作。新农居也不可能再以满足田耕的生活方式而设计。这次的设计也让我们明白了村庄演变的多样性和众多影响因素。我们也领悟到了团队精神的可贵，也感受到了打造出一个心目中美丽乡村后的喜悦。这是一段辛苦且丰富的人生经历，我们都非常有幸能够参与其中并且受益颇多。

[容·融]1 南屏乡前杨村乡村规划与设计

——新时代下一场古村落人地关系的重塑与融合

The Design of Relationship Between People And Land In Ancient Villages

千年之恋

秋忆南黄

古道入口的石拱桥：南黄古道上有不少石拱桥，它们见证着这条千年古道的历史。乾隆皇帝曾下令官员绘制“天台八景图”，其中就有南黄古道的身影，不过那时候是叫“南山秋色”。而古道沿途遍种枫树，是目前国内保存最好的枫叶古道之一，已列为与香山齐名的全国八大赏枫基地。

南黄古道主要运送食盐、绿茶、布匹、丝绸、瓷器等交流极为频繁的大宗商品，是一条非常重要的民族经济文化交流走廊。

前杨村，位于浙江省台州市天台县南屏乡，与周边城市以及邻近镇乡都有着紧密的联系，共同联合发展旅游产业。村内拥有一条千年历史的南黄古道，总长约12公里，一直通向黄坦大泛村。前杨村与天台县城区两点之间相距约10公里。

经济状况

在古代，丝绸就是蚕丝（以桑蚕丝为主，也包括少量的柞蚕丝和木薯蚕丝）织造的纺织品。现代由于纺织品原料的扩展，凡是经线采用了人造或天然长丝纤维织造的纺织品，都可以称为广义的丝绸。而纯桑蚕丝所织造的丝绸，又特别称为“真丝绸”。丝绸是中国的特产。中国古代劳动人民发明并大规模生产丝绸制品，更开启了世界历史上第一次东西方大规模的商贸交流，史称丝绸之路。从西汉起，中国的丝绸不断大批地运往国外，成为世界闻名的产品。那时从中国到西方去的大路，被欧洲人称为“丝绸之路”，中国也被称之为“丝国”。

自然风貌

南黄古道（又叫黄南古道）位于浙江省临海市与天台县两地交界，起于天台南屏乡前杨村，止于临海黄坦大泛村，长约12公里。南黄古道修建于1000多年前，是古时通商要道。

绿茶（Green Tea），是中国的主要茶类之一，是指采取茶树的新叶或芽，未经发酵，经杀青、整形、烘干等工艺而制作的饮品。其制成品的色泽和冲泡后的茶汤较多地保存了鲜茶叶的绿色格调。常饮绿茶能防癌、降脂和减肥，对吸烟者也可减轻其受到的尼古丁伤害。

瓷器是由瓷石、高岭土、石英石、莫来石等烧制而成，外表施有玻璃质釉或彩绘的物器。瓷器的成形要通过在窑内经过高温（约1280—1400℃）烧制，瓷器表面的釉色会因为温度的不同发生各种化学变化，是中华文明展示的瑰宝。中国是瓷器的故乡，瓷器是古代劳动人民的一个重要的创造。谢肇淛在《五杂俎》记载：“今俗语窑器谓之磁器者，盖磁州窑最多，故相延名之，如银称米提，墨称腴糜之类也。”当时出现的以“磁器”代窑器是由磁州窑产量最多所致。

村落文化

杨震故事

杨震，字伯起。弘农华阴人。东汉时期名臣，隐士杨宝之子。

杨震少时师从太常桓郁，随其研习《欧阳尚书》。他通晓经籍、博览群书，有“关西孔子杨伯起”之称。杨震不应州郡礼命数十年，至五十岁时，才开始步入仕途，被大将军邓骘征辟，又举茂才，历经荆州刺史、东莱太守。元初四年，入朝为太仆，迁太常。永宁元年，升为司徒。延光二年，代刘恺为太尉。他为官正直，不屈权贵，又屡次上疏直言时政之弊，因而为中常侍樊丰等所忌恨。延光三年，被罢免。又被遣返回乡，途中饮鸩而卒。汉顺帝继位后，下诏为其平反。

（一）雀衔三鳣

震少好学，受《欧阳尚书》于太常桓郁，明经博览，无不穷究。诸儒为之语曰：“关西孔子杨伯起。”常客居于湖，不答州郡礼命数十年，众人谓之晚暮，而震志愈笃。后有冠雀衔三鳣鱼，飞集讲堂前，都讲取鱼进曰：“蛇鳣者，卿大夫服之象也。数三者，法三台也。先生自此升矣。”

（二）暮夜却金

大将军邓骘闻其贤而辟之，举茂才，四迁荆州刺史、东莱太守。当之郡，道经昌邑，故所举荆州茂才王密为昌邑令，谒见，至夜怀金十斤以遗震。震曰：“故人知君，君不知故人，何也？”密曰：“暮夜无知者。”震怒曰：“天知，神知，我知，子知。何谓无知！”密愧而出。

（三）清白遗世

后转涿郡太守。性公廉，不受私谒。子孙常蔬食步行，故旧长者或欲令为开产业，震不肯，曰：“使后世称为清白吏子孙，以此遗之，不亦厚乎！”

“四知堂”原为前杨村杨氏宗祠，杨氏先人杨震“四知”拒金的高风亮节被传诵至今。当地杨氏族人以“四知堂”为宗祠供奉先祖，以“清白传家”“四知家风”为祖训，传承好家风、好家训。目前，前杨村“四知堂”被列为该县廉政文化教育基地。

村干部上任，廉政课先上。该乡党委邀请纪委干部到“四知堂”为村干部上廉政课，通过大量的故事、漫画、视频、事例，生动形象地讲述廉洁自律的重要性，告诫村党员干部要切实提高思想道德水平和防腐拒变能力。与此同时，在文化礼堂处设立党建工作展示栏。

——寓“廉”于“游”、“四知”文化放异彩

在乡党委、政府支持下，前杨村逐步建设成了集“四知堂”、廉政讲堂、“学思践悟”展示厅、农家书屋、农耕陈列室等一体的农村文化综合体。许多村民以前没事在家打打牌、看看电视，或者在家门口讲讲“白搭”。礼堂建成后，村里组建了10支村民文体队，还根据村民的需求开健康课、书法课、艺术课、科普课等。

前杨村是南屏乡国家4A景区的主阵地。该乡以文化搭台、让旅游唱戏，大力推动文旅产业融合发展，相继成功举办鸡冠花文化节、梯田文化节、杨梅文化节、红枫节等大型文化节庆活动，推出过够周、民俗婚庆、梯田耕种等民俗文化体验活动以及紫阳掌、南屏舞狮等民间才艺展演活动和一根藤、干漆夹苎等非物质文化遗产展示展览活动，做到以文化礼堂为载体，丰富乡村文化，培育文明乡风，让乡村文化真正活起来了。

农耕文化：在近两千年的历史中，南屏人事农桑，务耕作，重农务本，民风敦淳，逐渐形成内涵极为丰富的农耕文化。这种农耕文化是南屏传统文化的根基，不仅铸就了南屏人自强不息、勇于创新的精神，铸就了南屏人顺应自然、以和为贵的价值理念。

布即织物，“匹”本为中国古代计量单位，1匹为4丈，也即13.2米，古人多用来计量布帛衣物。布匹合称表示制作衣物的衣料，现代有涤纶、棉、麻、丝绸等各种材质。狭义的布匹不包括丝绸。

杨震幽魂下北邙，关西踪迹遂荒凉。四知美誉留人世，应与乾坤共久长。

[容 · 融]2 南屏乡前杨村乡村规划与设计

——新时代下一场古村落人地关系的重塑与融合

The Design of Relationship Between People And Land In Ancient Villages

现状分析

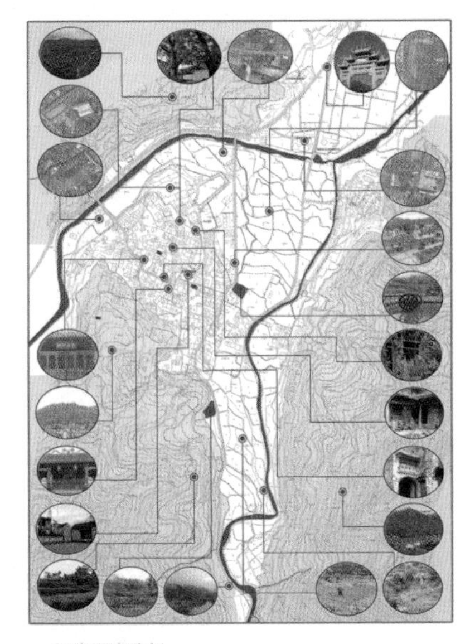

天台县功能规划总体上分为五个分区，分别为北部特色文化旅游与生态保育片区、雍静生活片区、品质服务中心、活力产业片区和南部休闲旅游与生态保育片区。在此前提下，对南北部的特色文化旅游与生态保育片区做出了旅游规划。北部片区分为三个部分，分别为岭后瀑洞峰林游览、岭西涧湖寺观游览和岭前文化史迹游览；南部片区分为四个部分，分别为始丰溪山水风光、西部生态山水旅游、寒山湖游娱度假和酒遮田园山岩游憩。

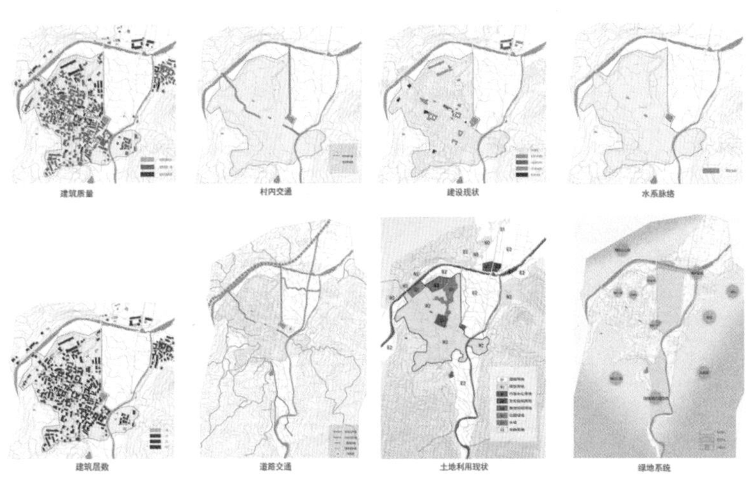

问卷调查分析

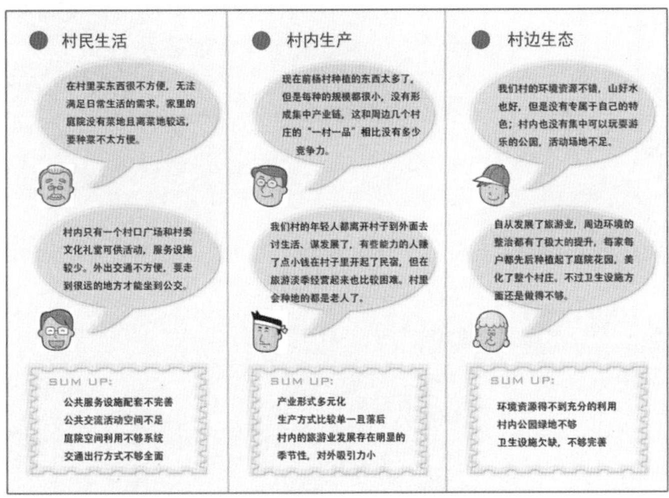

然而在科技文明迅速发展的21世纪，前杨村同许许多多古村落一起面临着工业文明的冲击。村子依然保留着原有的农耕文明，经济发展受到很大的限制。这种限制体现在生态、生产、生活的方方面面。由于人为行为造成的自然生态系统的破坏得不到应有的维护，产生了自然生态资源的日渐损失。

村庄实拍图

村民日常生活分析

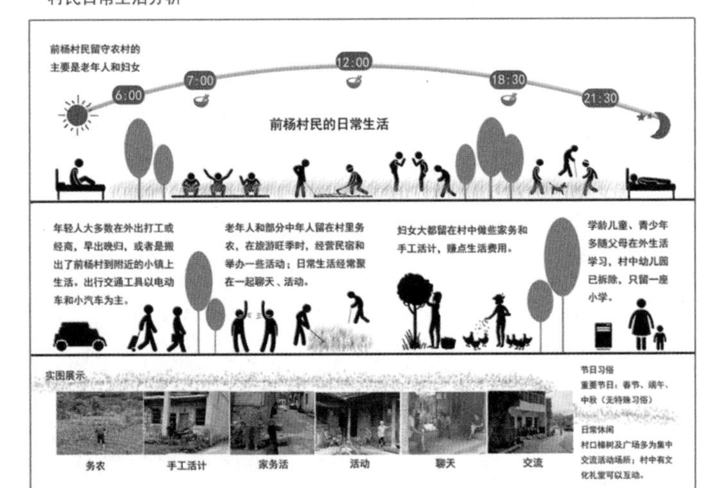

[容·融]3 南屏乡前杨村乡村规划与设计

——新时代下一场古村落人地关系的重塑与融合

The Design of Relationship Between People And Land In Ancient Villages

古今对比

这里的巷道、庭院废弃破败，公共活动空间不足，公服设施环境品质差，经济缺乏自我调控能力，空心化趋势……

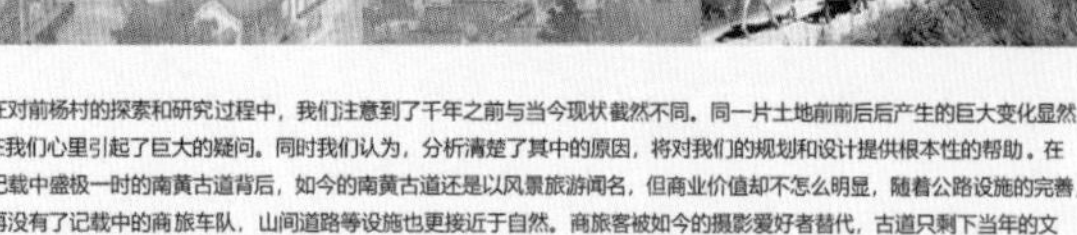

南黄古道

古

在对前杨村的探索和研究过程中，我们注意到了千年之前与当今现状截然不同。同一片土地前前后后产生的巨大变化显然在我们心里引起了巨大的疑问。同时我们认为，分析清楚了其中的原因，将对我们的规划和设计提供根本性的帮助。在记载中盛极一时的南黄古道背后，如今的南黄古道还是以风景旅游闻名，但商业价值却不怎么明显，随着公路设施的完善，再没有了记载中的商旅车队，山间道路等设施也更接近于自然。商旅客被如今的摄影爱好者替代，古道只剩下当年的文化遗迹。古道功能的改变引起的最大变化是人气的衰减。如同一个容器，功能的改变导致承载的东西完全改变。

今

这里的人以务农为主，靠天吃饭。但农业只能解决他们的温饱问题。主要通过采摘售卖为生，收入低……

家庭结构断层，村人口老龄化，出现很多留守儿童和留守老人在村内…… 村民生活条件差……

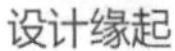

设计缘起

容器理论

在古与今的对比中，我们总结出了一种地域模式，一个被我们称之为“容器”的概念。从古至今的变化最根本的是人们在同一块土地上和这块土地的关系产生了变化。就像一块原本用于通商的土地现在不再通商，那么之前的一切都将改变。这块土地就好比一个“容器”，容纳着这块土地上的生态资源以及人类行为（人地关系）和人类行为带来的产物如文化、经济等。那么从前杨村目前的现状中，我们看到的是种种人地关系的不合理。那么我们当下要做的就是通过人为的设计介入和改变“容器”内现有的人地关系，那么经过规划和设计的“容器”将拥有新的人地关系，健康持续地发展下去，从而达到我们解决村落现有问题，实现村落复兴的目的。

设计思路

思考层次

在设计层次上，我们的思考落在三个层次上，分别是村落与城市的关系、“容器”与“容器”之间的关系，以及“容器”内部的关系。

一、 村落与城市

那么近年来，乡村旅游受到城市人们异常火爆的追捧和欢迎，除了表观现象外，存在着更深层次的原因。高速发展快节奏的城市生活和安逸悠闲慢节奏的乡村生活显然是两个极为不同的概念。高强度的城市生活在人们心理上造成的压迫感是让人们逃离城市回归乡村的主观原因。出自白居易的诗句“我生本无乡，心安是归处。”便是对这种心理的诠释。所以我们规划设计的乡村是应该具有温度的，让人感受那一份安适。乡村的质朴与热情应该通过交流，让来这里的游客感受的同时，还能带回城市，融化钢铁森林的冰冷。这也是乡村区别于城市的人地关系切入点。此外，针对乡村的空心化问题，空心化表面上是房屋的空置，实际上是一种文化的空心。古时候的乡村是有文化领袖的，杨震和他的“四知”精神便是精神领袖和文化，而农民的淳朴是一种基底。重新把农村的文化和灵魂塑造起来，才能把原本离开村子的人唤回农村，农村才能留住人。

二、“容器”与“容器”

“容器”与“容器”之间，不同的功能区块之间同样存在着联系。作为村落规划的各部分，我们希望的是重塑原始生态、人文环境以及自然与人文交融的村落状态。因为乡村必定有其自然属性，也有其人文属性，所以处理好自然与人文之间的和谐过渡是设计的又一切入点，也符合天台的和合文化主题。

三、“容器”内部

既然属于同一“容器”，“容器”内的所有事物都具有一定的“容器”属性，那么明确“容器”属性即发展定位，将“容器”的概念在内部规划设计充分表达将是本次设计的最终落脚点。

发展定位

美丽乡村建设最重要的是产业植入，这是解决农村问题的症结所在。

旅游业：2015年各大媒体、各行各业都在做总结，大家最大的感受是各行各业产能过剩，而后习近平总书记提出供给侧结构性改革。但是2015年有一个行业却非常活跃，就是旅游业。旅游业逆势而出，方兴未艾。旅游业的兴起为景观设计指明了方向。那么旅游+景观=主题旅游景观。农业：前杨村的农业经济是具备一定基础的，但尚未形成可观的产业。所以农业的产业植入上，我们紧扣当下的互联网产业，将前杨已有的农业基础加以升级，形成前杨自身的农业产业品牌。

设计策略

那么来到了设计思路最核心的问题上，也就是涉及规划设计策略了。规划设计一定是通过对现状和认识概念的结合推导出来的。首先我们根据村落的用地现状（对四大人地关系的思考），以功能不同划分为四大“容器”，分别为“微观古道容器”“田园体验容器”“村落生活容器”“自然生态容器”。

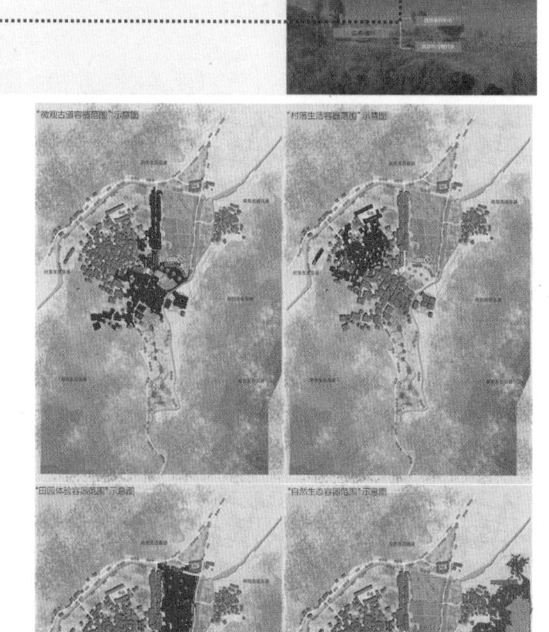

[容·融]4 南屏乡前杨村乡村规划与设计

——新时代下一场古村落人地关系的重塑与融合

The Design of Relationship Between People And Land in Ancient Villages

村落意向

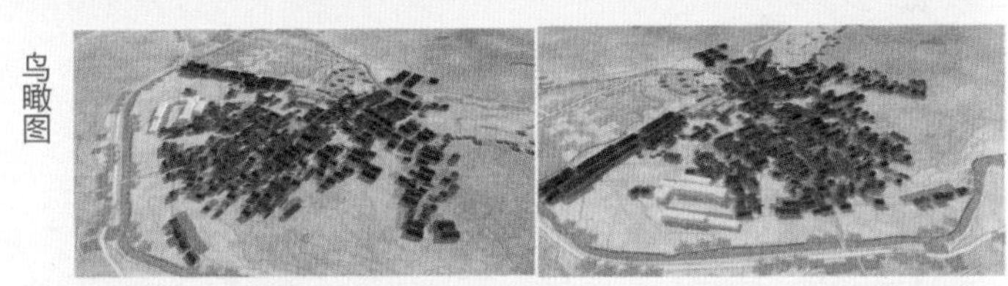

鸟瞰图

在古与今的对比中，我们总结出了一种地域模式，一个被我们称之为"容器"的概念。从古至今的变化最根本的是人们在同一块土地上和这块土地的关系产生了变化。就像一块原本用于通商的土地现在不再通商，那么之前的一切都将改变。这块土地就好比一个"容器"，容纳着这块土地上的生态资源以及人类行为（人地关系）和人类行为带来的产物如文化，经济等。那么从前杨村目前的现状中，我们看到的是种种人地关系的不合理。那么我们当下要做的就是通过人为的设计介入和改变"容器"内现有的人地关系，那么经过规划和设计的"容器"将拥有新的人地关系，健康持续地发展下去，从而达到我们解决村落现有问题，实现村落复兴的目的。

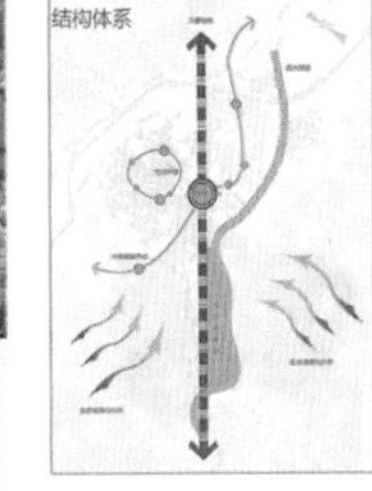

古驿风情

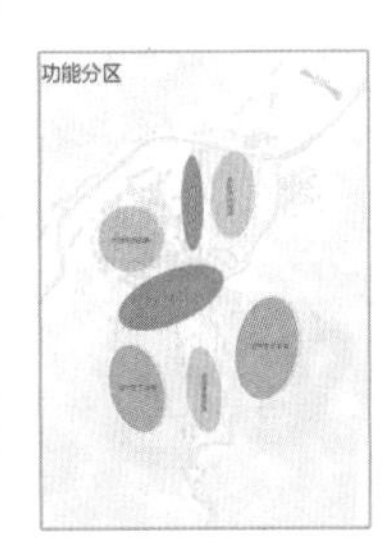

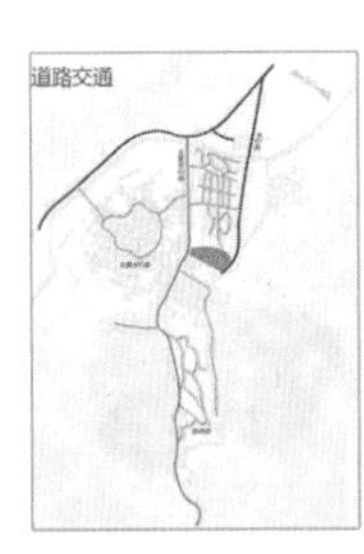

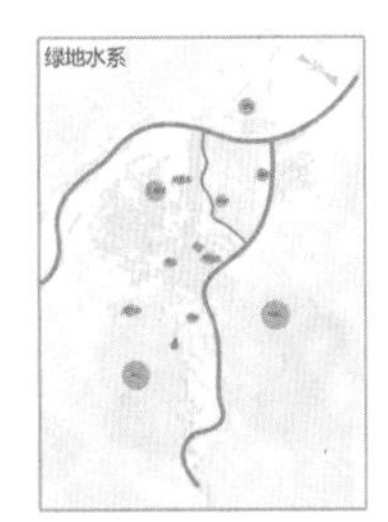

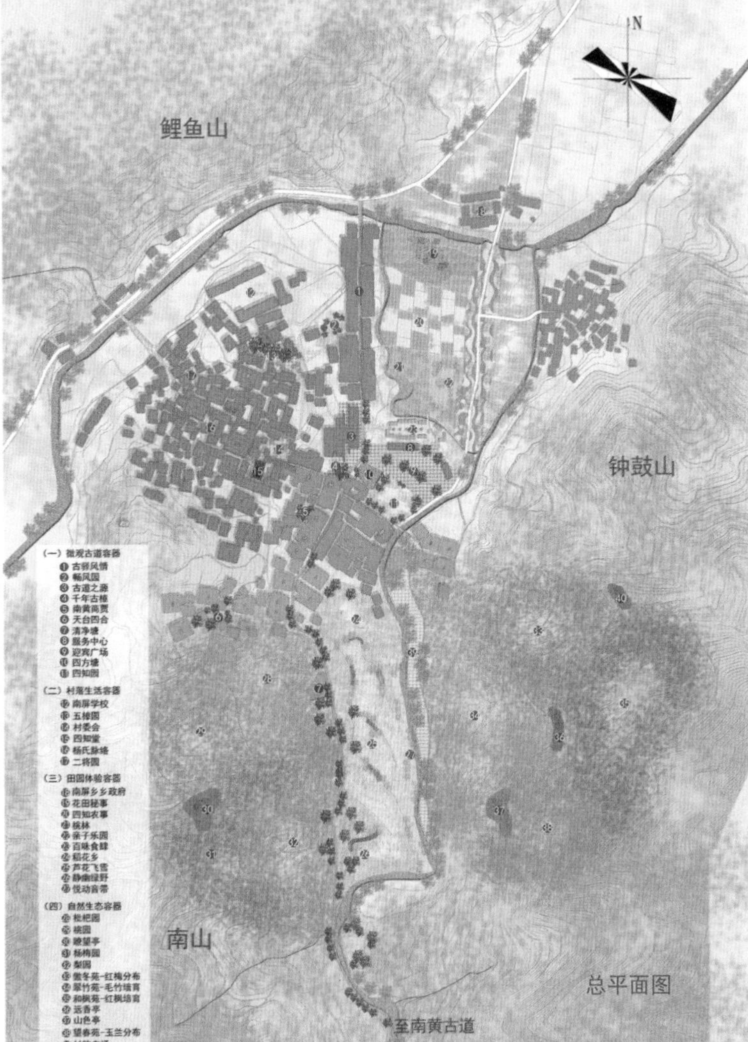

总平面图

[容·融]5 南屏乡前杨村乡村规划与设计

微观古道容器

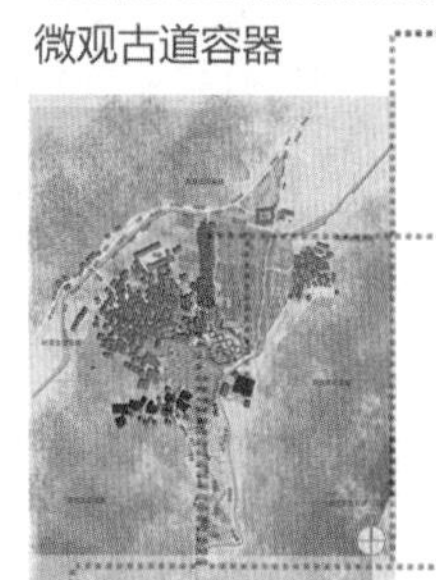

天台四合

古驿风情

古道之源

我们遵循着前杨村作为古道之源的特殊地理位置和千年古道的历史文脉，在村内打造南黄古街，这样历史文脉得以在新时代下得以继承和发展，这条古街的尽头也就是南黄古道的入口。这既是对千年古道风情的致敬与重塑，更是在新形势下为前杨村拓宽了其旅游业的发展。具体的，该“容器”将被分为四部分，从北至南依次是“古驿风情”（主要是以当地特色的饮食和餐饮业为主），“古道之源”（作为村落的主要入口，我们打造了象征村落文化地标的乡村主题馆，另外以前杨村为核心，打造连同周边风景区的旅游系统，将周围各大景点资源同前杨村构成完善的旅游体系），“南黄商贾”（反映了古代南黄古道的商业特色，也带动新时代前杨村的商业发展），“天台四合”（传统民宿区，以传统建筑四合院形式，既为旅客之间、旅客和当地村民之间提供了文化交流的场所，充分体现了传递乡村温度的概念，又呼应了天台的和合文化）。

[立面纹理]

设计说明：

“古驿风情”主要是以当地特色的饮食和餐饮业为主。以商业街为依托，重塑千年来南黄古道商贸往来的胜景，带有浓厚的地方韵味。

透视一

透视二

设计说明：

在“微观古道容器”组成部分的“古道之源”板块，我们设计了有着地标属性的博物馆。一是展示前杨村和古道历史文化，二是作为古道红枫主题摄影展馆。其中设有茶室，加上外在景观设计，作为统领象征外，也为当地村民与村民、村民与游客、游客与游客之间提供了交流沟通休闲的场所。这充分体现我们想让文化融合，城市游客将乡村温度带回城市的理念。设计灵感来源于“道”。“道”一语双关，一指南黄古道，二指曾经出现在南黄古道上的道家文化：道生一，一生二，二生三，三生万物的概念。

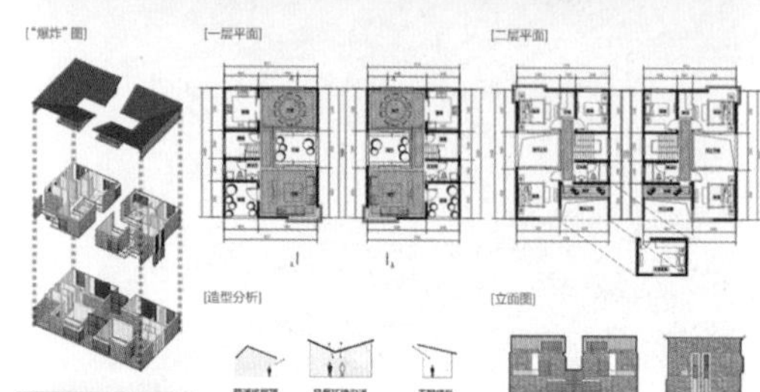

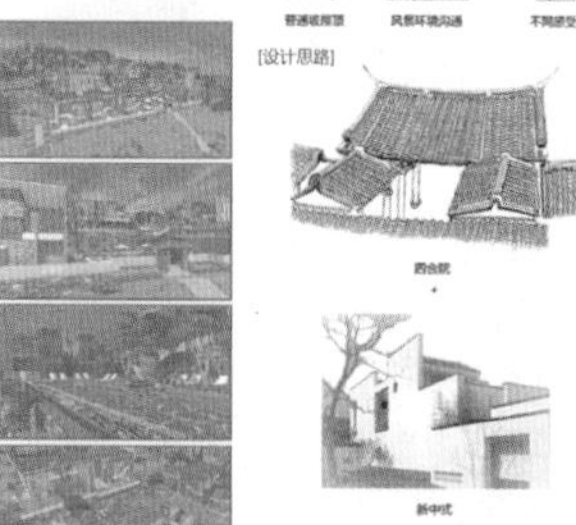

南黄商贾

南黄商贾，是作为“古街容器”的主要商业街。利用前杨村独特的手工业和文化产业，重塑商业经济的人地关系。

设计说明：

民宿是发展乡村旅游业必不可少的环节之一，也有可能是村落重新焕发生机的亮点所在。一个成功的民宿是选址特点、设计亮点以及经营痛点三方面共同作用的结果。那么就设计而言，一个好的民宿设计个人认为有几个原则。①好的设计能使民宿融入适应环境。②好的设计尊崇差异性。③好的设计应该有根可寻，是应当在原有的元素中生长出新的创意。

①在本方案中，民宿共有比较集中的两处。一处相对独立，拥有良好的交通，便于出行，领略乡村景色。另一处是旧宅改造，位于村落与南黄古道相接处。便于徒步旅行，环境清幽，有独特的乡村味道。所以就满足了第一条适应与融入环境。②设计的差异性即指巴莱多定律，也叫二八定律。乡村不同于城市，城市的建筑可以推倒重建，乡村不行，八成的东西应该是要保留的，因为那是乡村文化的根。针对前杨村老房子、四合院较多的现状，提取要素改进了最需要改进的20%。③新意就是从被废弃的破败的四合院中，生长出符合当下时代形式，时代特征的新的四合院。城市的方盒子建筑留给了城市的人们太多的冷漠，缺少交流，每天都是工作的压力。四合院四水归堂的开敞式空间恰恰给了游客们互相了解、互相沟通、体验乡村温度的机会。那么，该建筑用建筑形式上的“围合”造就了人与人关系上的“亲和”，文化上的“融合，与天台的“和合”文化不谋而合。所以符合新时代背景下的需要。同样的新中式的建筑风格也符合当下的审美需求。所以本案的“天台四合”既为旅客之间、旅客和当地村民之间提供了文化交流的场所，充分体现了传递乡村温度的概念，又呼应了天台的和合文化。

村落生活容器

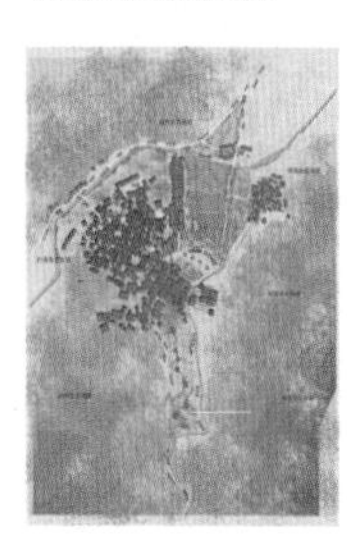

杨震，被誉为“关西夫子”，是清正廉洁的名相，他用生命悲壮地践行了“清白吏”的座右铭，表现出崇高的人格和气节。四知拒金，千古佳话成典故。台宗南山杨氏就是杨震五子杨奉的后裔。

杨修，关西夫子杨震之玄孙，其许昌宫赋记录道：“纷藉前以参差。尔乃置天台于康角。列执法于西南……”

杨瓒，于宋绍定五年由汴梁桐巷迁天台南山。隐居不仕，杨瓒迁居前杨时，他不但带来了先祖杨震四知堂的故事，同样也带来了清白传家的家风。杨瓒自杭州迁居天台前杨，那是宋绍定五年，他成为了台宗南山杨氏始祖。

杨温，三十岁后隐居于浙东天台山。因佛教思想影响而遁入空门，隐于天台山寒岩。

赵孟頫，南宋末至元初著名书法家、画家、诗人，与欧阳询、颜真卿、柳公权并称“楷书四大家”。曾于1282年至1286年隐居天台南山兴教寺。

设计思想

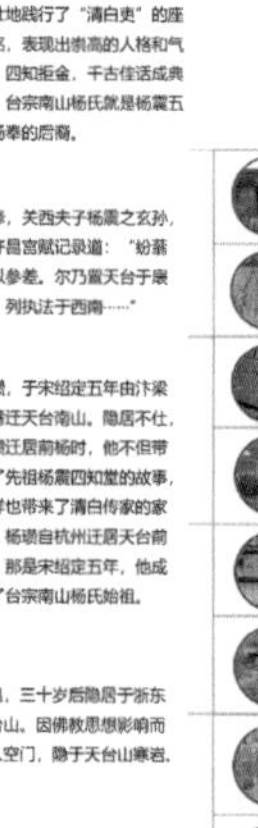

设计总图

杨志泛，曾调天台县人民武装部工作，驻南山片，兼任杜潭乡乡长。白天领导贫苦农民减租减息，斗土豪分田地，晚上组织民兵埋伏要道，截击土匪，英勇作战。

周永广，天台县南山周家村人。因不堪地主、大姓欺凌，聚众上山，打击豪强，劫富济贫。

凝聚人心——集体活动

红枫节

一年一度的本主祭祀活动。

拜佛会：农历初一、十五以及佛诞日吃斋、诵经拜佛等活动。

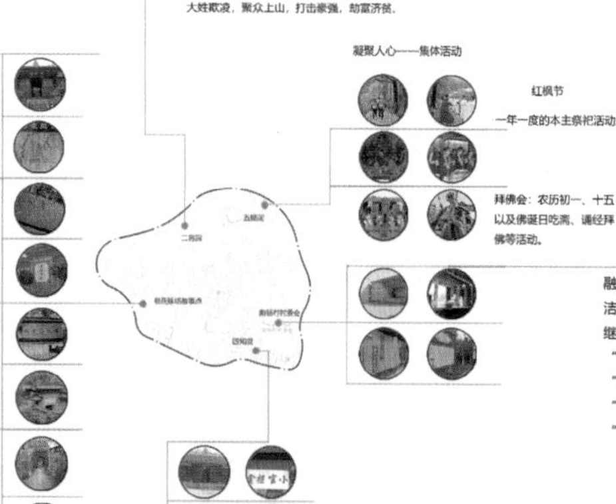

融合党建、传统文化和廉洁文化，在全乡范围内相继打造“一个体验馆”

“两个廉政小广场”

“三条廉洁长廊”

“四个廉政故事点”

“五个五星级清廉村居”

“四知文化”:杨震的四知拒金——天知、地知、你知、我知。四知堂——一个可容纳上百人集中学习的课室，在这里集训的村干部，还可移步参观附近的四知堂、“学思践悟”展示厅处处接受廉政文化的教育和熏陶。南屏乡以前杨村先祖东汉杨震的“四知文化”为载体，融合党建、传统文化及廉政文化，打造“一乡一品”的廉政文化教育基地。前杨村四知廉政讲堂是该乡实行廉政教育的一个重要场所。

分点剖析

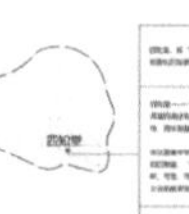

[容·融]6 南屏乡前杨村乡村规划与设计

——新时代下一场古村落人地关系的重塑与融合

The Design of Relationship Between People And Land In Ancient Villages

根据地块的属性,田园在之前的人地关系上是人们耕作、种植的区域。所以其自然属性显而易见，而田园并非完全自然，是有人为活动参与其中的。那么我们重塑的人地关系将突出这两者的融合。

自然生态容器

设计说明

最后一部分，主要是针对南山、钟鼓山、鲤鱼山等自然资源、自然景观的维护与保护。纯生态是乡村风景中不可缺少的一部分。我们采用景观设计的手法对之前破坏的景观进行重塑。为游客提供合理的旅游途径而不损坏自然资源。

山体是重要的自然生态空间，对于生态环境改善、保护生物多样性起到极大作用。在景观方面，作为村落的背景，具有极高的视觉敏感度，通过规划管控和生态工程修复，消减山体的安全隐患和生态问题，改善山区的生态环境，恢复山体生态系统对城市的服务功能。

同时通过以上一系列的设计概念和现状推出的设计方法,我们相信,经过了重塑人地关系的"容器"在今后的发展中会迸发出别样的生命力。各个"容器"之间也能达到完美的融合。前杨村这座融合在天台生命里的村落将迎来广阔的发展前景。这就是我们为大家带来的,关于容·融的故事。

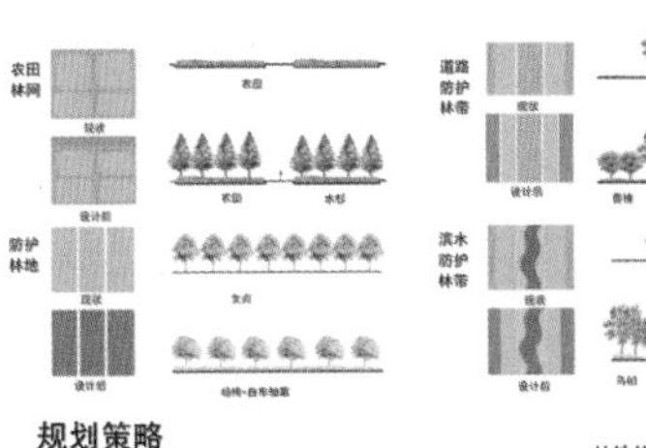

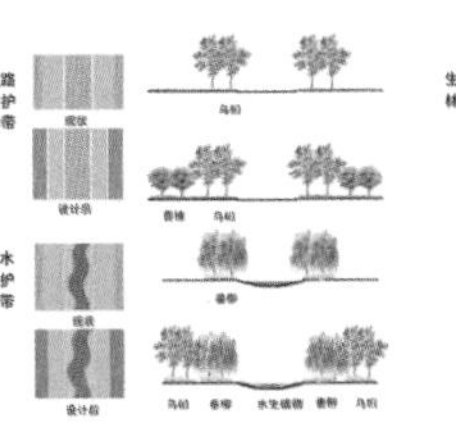

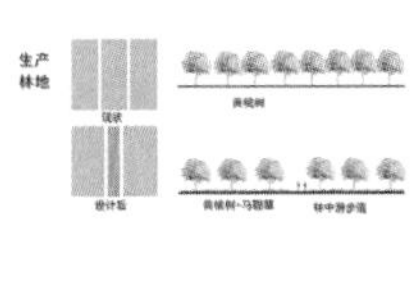

规划策略

规划林地模式

林地的科学使用是促进优势资源转化为经济增长亮点的重要手段，按照"依法、合理、节约、有偿"的原则，现将村落内林地模式分为以下七种：人工种植林模式(林木培育基地)、田间林模式、畔水生态林模式、生态涵养林模式、果林模式、宅间模式、防护林模式。

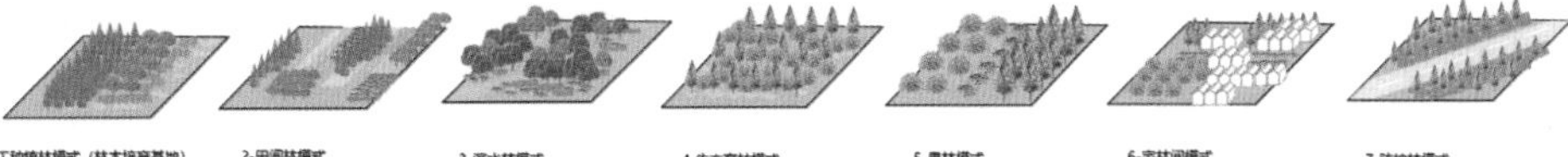

1-人工种植林模式（林木培育基地） 2-田间林模式 3-滨水林模式 4-生态育林模式 5-果林模式 6-宅林间模式 7-防护林模式

地块定位

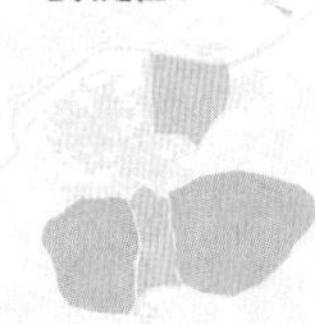

自然生态容器主要体出现在两个地块。

地块一位于前杨村落的东侧钟鼓山，其性质是林业发展为主进行山体的彩化、美化；

地块二位于村落的西南山侧，其性质是经济果树种植为主进行山地体验。

突出"绿林特色，休闲天堂"，在维护村落生态绿意的同时，将户外体验与生态景观相结合。

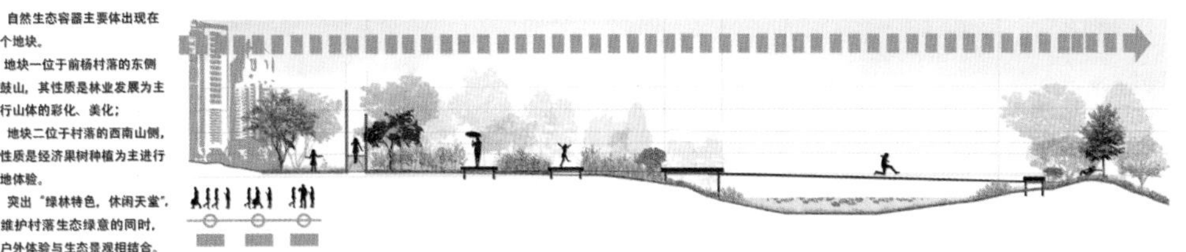

浙江树人大学

嘉图和合，守望乡愁——台州市天台县街头镇街一村规划设计

教师感言：

通过参加此次“乡村规划与创意设计”大赛活动，使同学们有机会深入了解乡村所处的境遇，通过实地走访，既看到了经济飞速发展带给村民生活上的种种变化，又体会到广大乡村面临的发展困境，使同学们对“留住乡愁”有了更深切的理解和认识，对于未来的城乡建设者而言，不仅增强了他们的社会责任感，也提高了对所学专业的认识水平。在规划设计过程中，同学们也展现出了不怕困难、团结奋进的优良品质，为今后的学习工作积累了丰富的实践经验。

团队感言：

这是我们所经历的第一次完整的乡村规划设计。街一村是一座十分有特点的村庄，历史悠久，文化底蕴深厚。而且这个村庄也正处于城镇化的过渡阶段，城市的规整与乡村的随性的碰撞在这里随处可见。在这次调查—分析—设计的过程中，切实感受到了乡村所具有的魅力，也为村镇发展的过程中的进化与保留而取舍。在一个乡村规划中更需要的是什么，我们感悟到了一些，更多的需要我们将来去探索。

嘉图和合，守望乡愁 ——台州市天台县街头镇街一村规划设计

古生嘉木祥瑞，山川风光秀如图画

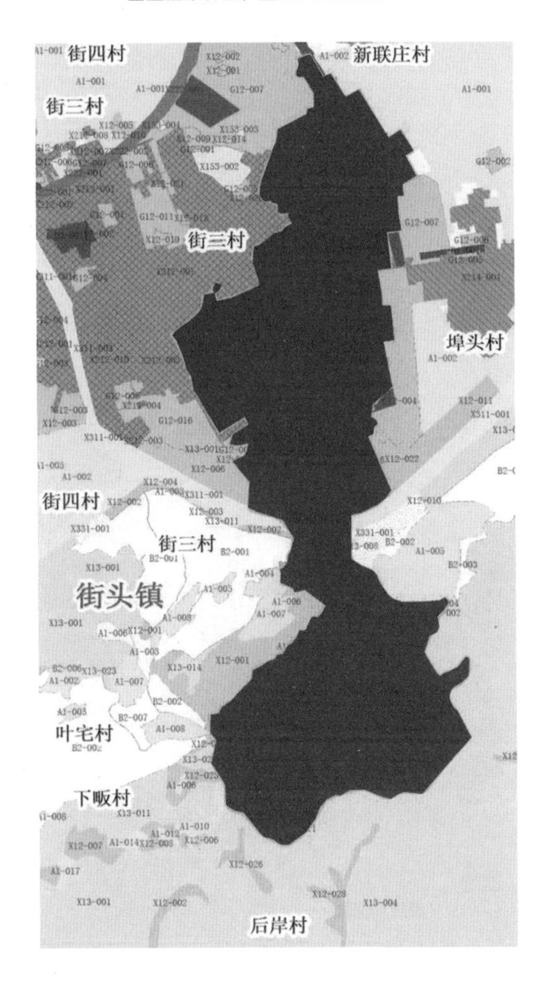

村庄区位

街头镇位于天台县西南部，距县城20多公里，属于天台县西南山区的城镇，经济较为落后。2010年全镇常住人口为22039人。

现状建设用地规模为101.65公顷，人均建设用地面积112.56平方米。规划街头镇作为南部生态旅游片的旅游服务节点镇，以旅游服务业功能为主导。

街头镇的建设用地沿323省道进行布局，在老镇区的基础上适度向东侧扩张。严格控制工业的发展，只在镇区的北端与南端，零散布局少量的工业用地。镇区以居住功能为主，进一步完善旅游服务设施、生活服务设施。

街头镇由来

街头镇的文明始于六朝，盛于元朝。始名仙人镇，传因老街龙母殿前街面有一巨石，上有一惟妙惟肖的人足之形，古称“仙人脚迹”，故名。明永乐十年更名湖窦镇，清康熙十三年（1674年）改今名，开始设市，因为这里是天台西边最尽头的一个集市，所以称为“街头”。

项目背景

纵观天台县现阶段面临的发展环境，其发展的机遇主要来自于全球性的产业分工转移和区域性的发展环境转变，具体表现在以下几个方面：

（一）经济全球化与新一轮国际产业转移的机遇

随着经济全球化和新科技革命进程的加速，国际资本规模扩大，流动加快；世纪之初，发达国家进入新一轮的经济结构调整，制造产业向发展中国家转移，中国沿海地区成为承接“世界制造业”的理想之地。新技术革命、经济全球化、国际产业布局调整，为天台县转变经济增长方式，充分利用国际国内两种资源、两个市场发展自身经济提供了难得的发展契机。

（二）科学发展观的提出与落实带来新的发展机遇与挑战

从发展经济学的角度来看，发展中国家要实现经济快速增长的前提条件是政府主导和推动投资的快速增长。但事实证明，单纯依靠要素投入不但解决不了技术和制度创新问题，反而会因为人为对要素投入的低成本控制使经济过度依赖投资驱动，对技术和制度创新产生挤出效应。

1. 现代化的重要时期，我国将加快经济增长由主要依靠投资、出口拉动向依靠消费、投资、出口协调拉动转变，由主要依靠第二产业带动向依靠第一、第二、第三产业协同带动转变。

2. 更加注重增强自主创新能力，深化科技管理体制改革，抓紧实施重大科技专项，积极营造鼓励企业创新的政策环境。

3. 大力开发节能节材、新能源、石油替代等方面的技术，积极发展先进装备制造业，支持传统产业加快工艺、装备改造和产品升级。

（三）交通区位改变及长三角城市群体效应

国务院已正式批复了《长江三角洲地区区域规划》，提出长三角要建设成为亚太地区重要的国际门户、全球重要的现代服务业和先进制造业中心，把我国经济最发达、最具活力、接受国际产业资本最有吸引力的地区建设成为世界级城市群给长三角地区发展带来了极大机遇。都市圈促进了中心城市与外围地区之间资源的合理利用，社会、经济和环境协调发展，台州（天台）作为长三角城市群的重要组成，随着跨海大桥的建成及高速铁路、高速公路的日益完善，已进入上海一日经济圈范围。

从天台自身看，优越的生态环境、特色的产业基础和丰富的历史文化旅游资源仍是天台发展重要的战略优势。上三高速公路、甬台温高速公路、杭州湾大桥以及轨道交通和国省道干线公路等级的提升，从而使天台县跨越崛起的区域条件日趋成熟。

目标定位

根据县域发展地位、条件分析，根据天台在台州市域城镇体系中的地位与分工，针对天台发展的不足，本次规划提出天台县域发展的总目标为：挖掘潜力，主动承接，做强工业；发挥环境资源优势，壮大旅游；积极构筑便捷的城乡一体化的基础设施网络体系，至规划期末建成资源节约、环境友好、经济高效、社会和谐、城乡协调的可持续现代化天台。从天台县域发展面临的机遇与竞争环境来看，结合天台区域发展地位与条件分析，我们认为天台县域发展的战略功能定位为：以“佛宗道源，山水神秀”为特色的华东地区知名的旅游目的地，长三角南翼特色制造业基地和长三角地区生态名县。另外，加强环境保护，大力发展生态旅游，优化产业结构，明确提出节能减排指标。

嘉图和合，守望乡愁 ——台州市天台县街头镇街一村规划设计

古生嘉木祥瑞，山川风光秀如图画

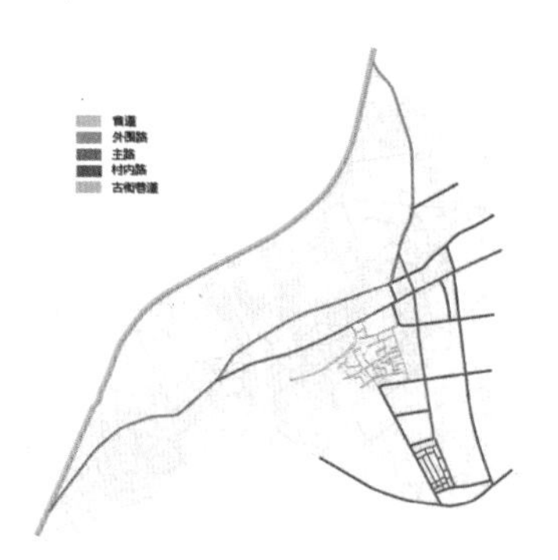

交通结构图

建筑高度图

建筑质量图

绿化水系图

由20世纪80年代的老建筑和现代民居混合搭建，临马路多为现代建筑，建筑与建筑之间的排布没有逻辑，较为混乱，房屋间距较大，土地利用率不高。建筑面貌混乱，功能定位不清晰。后期应整改东面主干路一侧的建筑风貌，在与西侧传统建筑区的 过渡空间中做些调整，更好地在建筑肌理上引导服务“老街乡风貌区”。

多为20世纪50-70年代的传统四合院建筑，少则一进，多则两进。街巷式的村庄肌 理内聚性强，空间有秩序，领域感、归宿感强，用地紧凑节约，具有时代特点。在传统村落保护更新时，要注重传统村落建筑肌理的延续和体现当地的地域性，才能塑造村落建筑群体特色。

建筑为现代民居，村庄的现代化进程显著。这样的新建社区建筑肌理简单，行列式的简单复制，毫无特色，仅最低标准满足居住需要，不能体现村庄风格特点。后期可以改造修建，提升建筑风貌，如打造一个具有当地特色，有“和合文化”文化内涵的新中式多层小区。

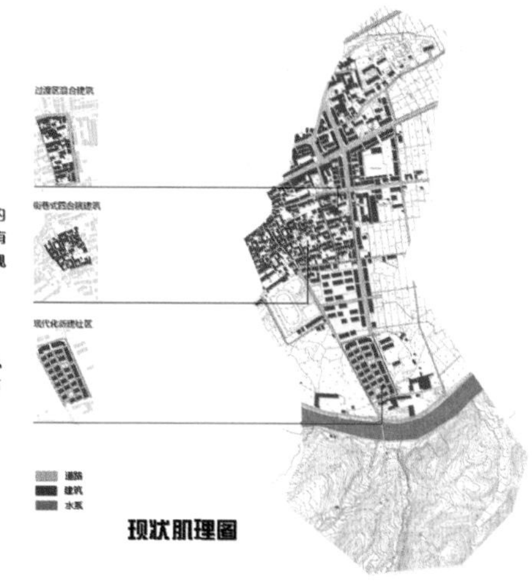

现状肌理图

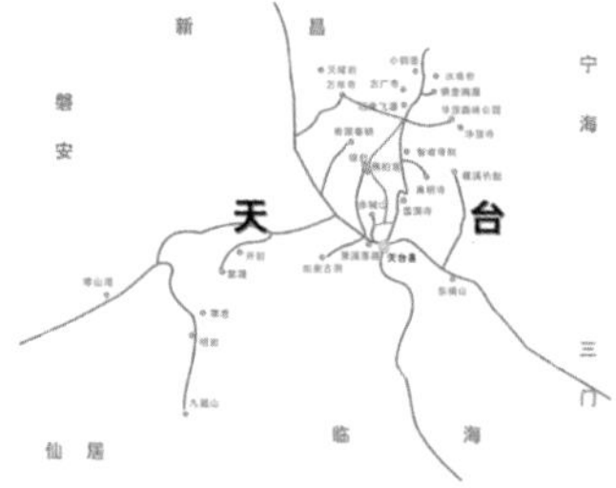

景观图

微观周边业态图

老街风貌图

村庄照片

现状产业评估

1.区位交通：拥有多条县级公路通往各镇、各乡，与周围村庄交通联系便利。区内部分街巷有拥堵不通畅情况，商贩街边摆摊疏于整治会造成混乱。

2.周边资源：东边有大片农田发展农业，西南方以山林园业为主，村庄周边也有养殖业、畜牧业及发展较为成熟的旅游业等。街一村是镇政府所在地，服务设施齐全。

3.自然资源：规划地块自然资源丰富，依山傍水，东边大片农田园地，但居住区绿地较少。

4.人文资源：是千年街头古街的所在地，有深厚的文化底蕴。老街面貌保存完好，还保留了许多非常精致的古建筑群，如曹家三透大院、余家的“存朴堂”、潘氏“一品宅”等。

5.建筑结构：老街历史风貌区多为保留完好的四合院古建筑，南部为现代化的民居，结构单一毫无特色。旧建筑与现代建筑混合，乱搭乱建的情况较多，外立面破旧，没有统一的风格。

6.特色产业：有农业、种植业，手工轻工业、零售商业、公共服务业、老街文化旅游业及教育产业等，但规模都较小，不成体系，没有过硬的乡村特色产业。

嘉图和合，守望乡愁 ——台州市天台县街头镇街一村规划设计

古生嘉木祥瑞，山川风光秀如图画

街一村未来将会实现完全城镇化，因此合理规划路网以及公共空间将是重中之重。

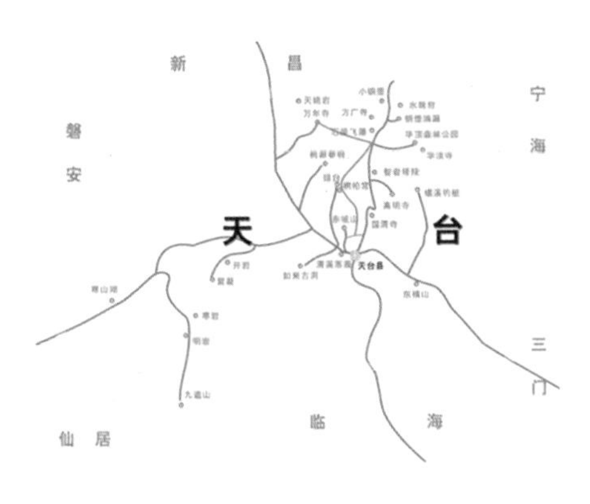

街一村交通便利，周边旅游资源丰富，游客们常会选择其作为旅行驿站。

经过实地调研，村内有许多外来游客，采访得知为周边景区人流溢出。

村里人说：

村主任：村内设置的公共空间数量过少，村民交流不多，应该思考如何增进村民间的感情，发扬和合文化。

村支书：村内虽然设有和合讲堂一处，但长期无人问津，文化底蕴逐渐丧失。

得：如何使和合文化根植于村民心中，并体现在日常生活里成为设计突破口。

年轻人：工厂群正在往外围的工业区搬迁，我们收入有些低，准备外出找工作。

老爷爷：村里的年轻人们找不到合适的工作，都去边上发达的地方工作了，村子里就剩下我们这些老人了。

得：随着城镇化的快速发展，目前阶段的街一村产业严重缺失，如何重现产业活力是重中之重。

老奶奶：家里的老宅子挺破败的，内外环境都不好，院子里杂草丛生。

中年人：住户间的开放活动空间少，缺乏面对面的日常交流。

青壮年：儿时玩耍的地方日渐荒凉，小孩子没有玩的地方。

得：庭院长期无人使用且脏乱，公共空间较少使人与人之间缺少联系，街巷空间枯燥无味。

拆除小作坊，统一外立面，扩展街巷空间，丰富趣味性。

积极建设和合文化礼堂及图书馆，根植文明；保留并对外开放各类民俗文化节，增加交流。

老街商业与民宿养老多产结合吸引青壮年回流。

嘉图和合，守望乡愁 —— 台州市天台县街头镇街一村规划设计

古生嘉木祥瑞，山川风光秀如图画

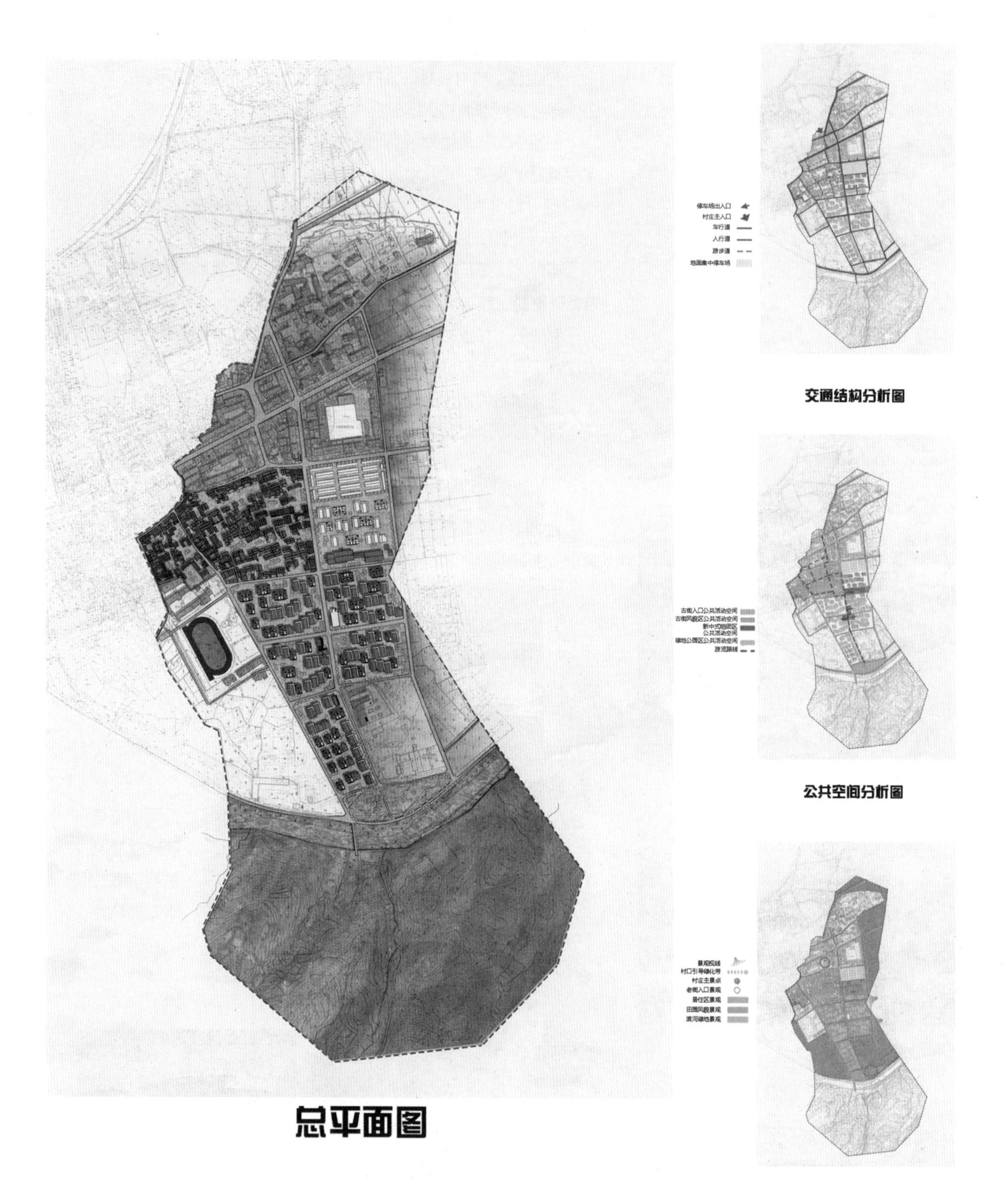

交通结构分析图

公共空间分析图

总平面图

绿化景观分析图

嘉图和合，守望乡愁 ——台州市天台县街头镇街一村规划设计

古生嘉木祥瑞，山川风光秀如图画

鸟瞰图

1 茶馆

2 社区活动中心

3 新中式组团

4 和合图书馆

嘉图和合，守望乡愁 —— 台州市天台县街头镇街一村规划设计

古生嘉木祥瑞，山川风光秀如图画

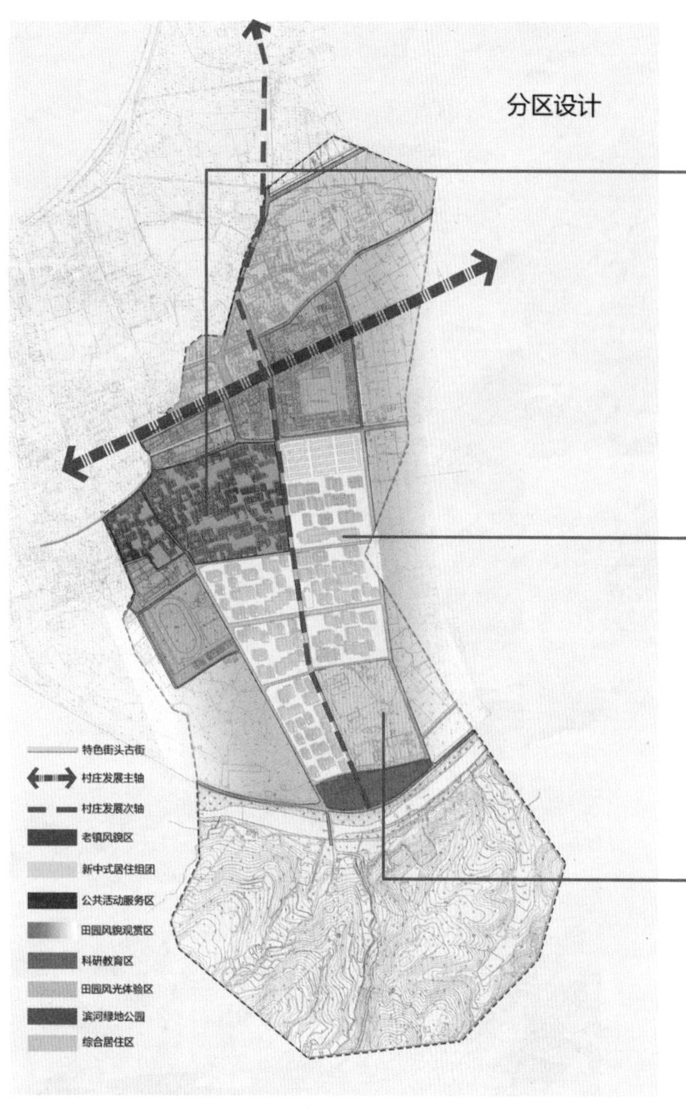

老镇风貌区

新中式居住组团

田园风貌观赏区

新中式建筑专项设计

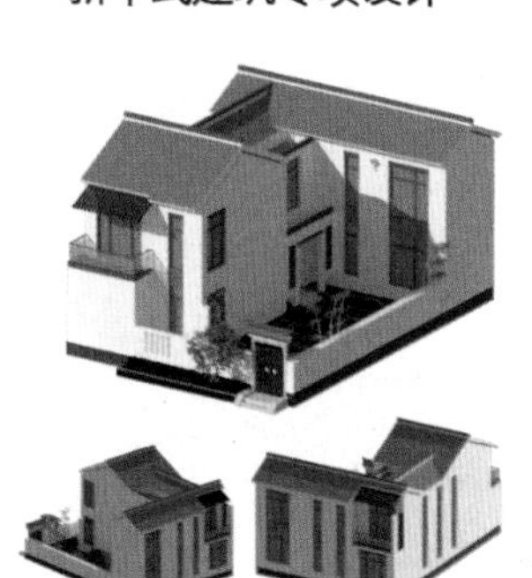

透视图

1. 完美融合了中式建筑的古典美和现代建筑的简约美。
2. 相比较原来的建筑，新建筑多了院落，增加了建筑的趣味性。
3. 有院落的一面朝南，增加了建筑的采光量。
4. 院落的存在解决了公共空间和私密空间交接不方便的问题。
5. 颜色和造型上起到了老建筑与现代建筑的过渡作用。

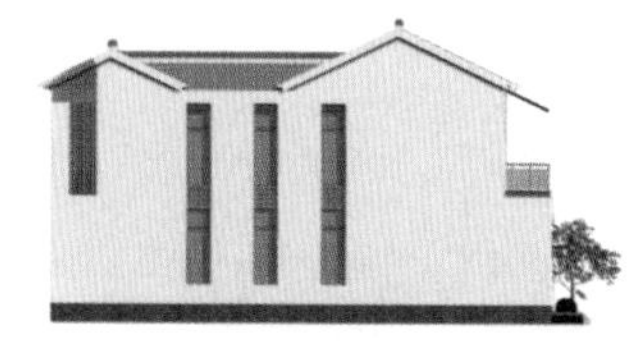

立面图

浙江科技学院

村 · 居余存游——天台县泳溪村乡村规划与设计

三等奖

教师感言：

项目组成员在整个村庄规划定位的指导下，通过对泳溪村现状深入的分析和研究，具体从产业融合、生态安全、环境美化、景观塑造、文化提升和建筑改造等方面提出了更新改造模式，即保护村落原生的乡村生活，又引入具有活力的旅游等配套服务功能，激发泳溪的潜力，激活泳溪的动力。但方案在创意策划、细节深度上有待提高。希望学生们以此为契机，激发对乡村的认识和喜爱，持续关注乡村振兴和乡村规划建设事业。

团队感言：

刚参加乡村竞赛时，我们对乡村规划还知之甚少。为了更快地了解自己所规划的村子，我们和指导老师在泳溪村进行了深入的调研，了解了泳溪村的历史、文化、村庄特色、现状问题等。在随后的方案形成阶段，我们求真务实，力求切实解决村民的问题。在指导老师的指导下，我们小组成员边学边做，大家在讨论方案的过程中迸发出了很多创意的火花，我们集思广益，最终完成了这一份以改善提高居民环境为主要目标的乡村规划方案。当然在整个过程中我们也遇到了很多的困难，包括大家观念的不统一，规划理念的表达，对图片效果的把握等。我们很自豪的就是，这一个个看似困难的任务，在我们大家一步一步地尝试下迎刃而解，这种成就感是无与伦比的。当然我也知道我们还有很多需要学习的地方，这几个月的经历也让我重新认识了下面这句话的含义："莫问前程凶吉，但求落幕无悔。"

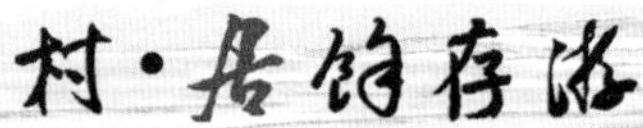

村·居伴存溪

相伴而栖 乐居泺溪

天台县泳溪村乡村规划与设计

RURAL PLANNING AND DESIGN

壹

三等奖

区位概况

泳溪乡位于浙江省台州市天台县东北部，距天台县城29.5千米，距浙江省省会——杭州，112千米；乡域面积77.8平方千米，总人口16211人。

泳溪村，泳溪乡人民政府所在地，由泳溪街、外周、金竹三个村组成，共387户、人口1175人，耕地面积449亩，山林面积3620亩。村内岩金线和新筹建313省道穿村而过，交通便利；村庄依山傍水，环山环水，林业资源和水力资源丰富，著名的香鱼原产地——“泳溪”穿村而过；这里有霞客古道，是当年徐霞客进入天台山的首站。自然风光下承载着历史名人的足迹，泳溪也因此呈现了独有的人文素养。

上位规划解读

泳溪村位于北部特色文化旅游与生态保育片区。主要依托于第一产业，其中茶叶基地、笋竹两用林基地位于县域的绿色高效生态农业产业带。

泳溪村依靠良好自然环境发展休闲旅游与农业种植。

泳溪村位于北部宗教文化风情旅游区，靠近岭前文化史迹游览区，自然旅游资源较为丰富。

泳溪村依靠霞客文化及梯田等自然旅游资源发展休闲旅游业。

泳溪位于东部次区域，加强该区域的生态环境保护，处理好风景旅游开发与生态保护的关系。

重点保护自然资源，适度开发，发展生态旅游、休闲旅游。

村庄概况

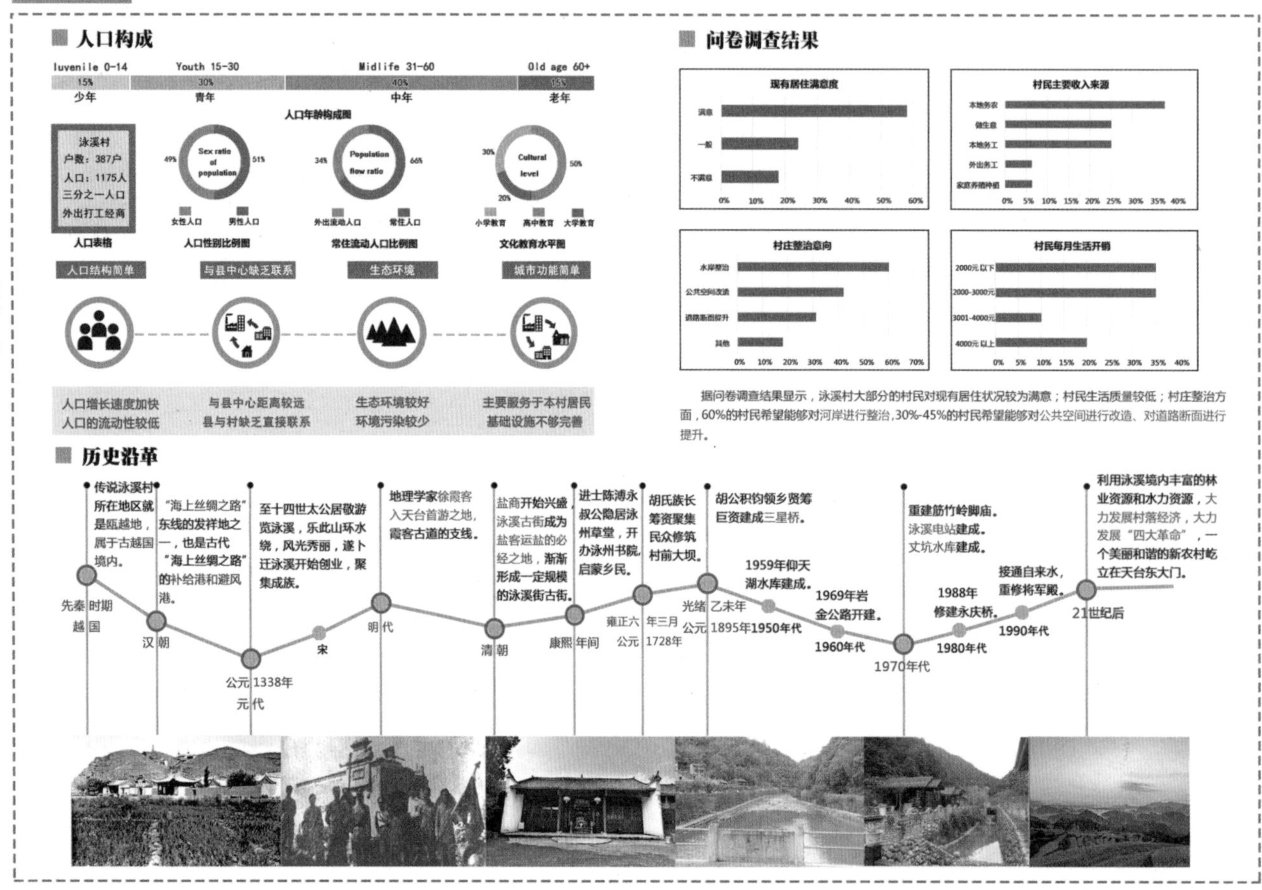

据问卷调查结果显示，泳溪村大部分的村民对现有居住状况较为满意；村民生活质量较低；村庄整治方面，60%的村民希望能够对河岸进行整治，30%-45%的村民希望能够对公共空间进行改造、对道路断面进行提升。

建筑分析

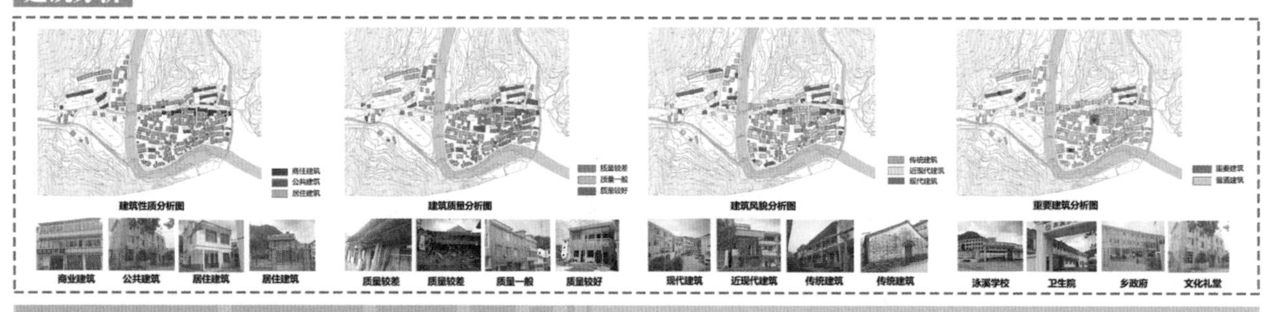

村·居馀存游

天台县泳溪村乡村规划与设计

相伴而栖 乐居泳溪

RURAL PLANNING AND DESIGN

贰

基地分析

土地利用现状图

公共设施现状图

道路水系现状图

特色分析

村庄特色

悠久的文化底蕴：天台泳溪，是当年徐霞客进入天台山的首站，自然风光下承载历史名人的足迹，泳溪也因此呈现了独有的人文素养。

优美的山水格局：泳溪村四面环山，西南侧有梯田，泳溪由南至北穿村而过，村庄背山面水，因水而起。

独特的自然资源：泳溪村独特的地理环境，环山环水，孕育了村内的"三香"产业，香米、香鱼和香榧。

浓厚的乡土气息：在村内仍可见昔日的水磨、古井、汀步桥，看袅袅炊烟、长满青苔的石板路及童年美好的记忆。

处理措施

文化主体多元化：将泳溪村的霞客文化和泳溪文化有机融合，作为提升村庄发展的驱动力。

生态网路景观化：以生态建设为基础，统筹布局泳溪村的山水格局，保护泳溪村沿山绵延的梯田和穿村而过的泳溪,注重生态廊道的建设。

主导产业优质化：充分利用泳溪的自然资源，探索一条可操作性强的产业发展之路，做强做大"三香"产业。

乡土气息浓郁化：提炼村内原始的、废弃的元素，创意再利用成有浓郁乡土气息的景观。

本土元素提取

泳溪村本土材料主要有夯土、砂石、木材、毛石、瓦片、混凝土、红砖等。

村落肌理构建

■建筑

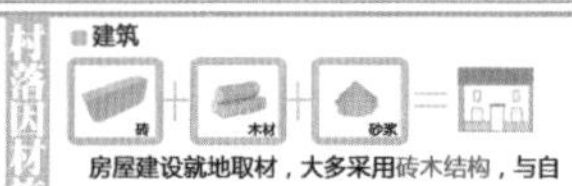

房屋建设就地取材，大多采用砖木结构，与自然有机地结合在了一起。

■街巷

村落街巷大部分为水泥混凝土路面，尺度宜人，风貌良好。

■屋顶

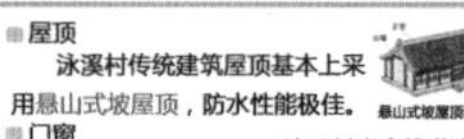

泳溪村传统建筑屋顶基本上采用悬山式坡屋顶，防水性能极佳。

■门窗

泳溪村岩金线道路两侧及沿溪建筑经过整治，基本采用铝合金门窗，南侧传统建筑基本采用木质门窗。

■墙体

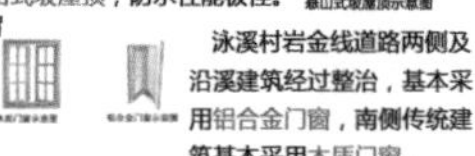

墙体主要采用砖和砌块砌筑，多为一顺一丁式，具有良好的耐火性和较好的耐久性。

资源分析

文化资源

民俗文化

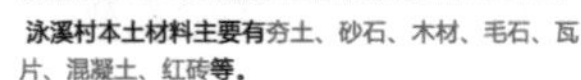

甘八市：泳溪一年一集市，实属华东一奇。

香米节：透明农业，安全食材；互联网+。

吃汤水：婚丧喜庆请客吃饭，叫做办汤水，叫客人去吃汤水。

果子酒：大年初一，喜得男儿，摆起糖果，炖起老酒，烧起圆眼茶。

历史人文

徐霞客：徐霞客入天台首游村；依山傍水，环山环水，环境优美。

筋竹庵：霞客古道；徐霞客两次用餐地。

三星桥、古街：三孔石拱桥，赭红条石道；古街溪滩卵石龙凤呈祥。

饮食文化

香鱼：肉质鲜嫩，香醇可口，素有"江南淡水鱼之王"美称。

香米：种植环境好，产出的粮食品质好；素称"良心米""绿色粮"。

香榧：香榧的果实营养丰富。在东亚国家榧木是被用来制作棋盘的高级木料。

自然旅游资源

旅游资源现状：

目前仅有东北方向的梯田景观旅游资源以及水库，旅游资源较单一，但村庄背山面水，有较好的村庄自然风光。

旅游发展状况小结：

1. 资源种类单一：村庄的旅游资源尚待开发——西北方向的梯田景观。
2. 接待能力有限：有一家民营接待设施，接待能力有限，以民宿形式为主。
3. 服务设施不完善：服务设施及相应服务条件服务有待提高。

产业结构

泳溪 田地 油茶

第一产业为主：目前本村主要产业还是以农业、渔业为主，农田种植包括香米、油茶等，渔业以香鱼为主。

民宿 餐饮 零售

第三产业为辅：第三产业主要包括商品零售、餐饮业、旅游服务等，为村民提供较为便利的生活基础，为游客提供基本的需求。

山体资源

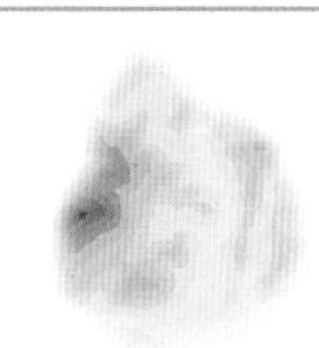

现状高程分析图

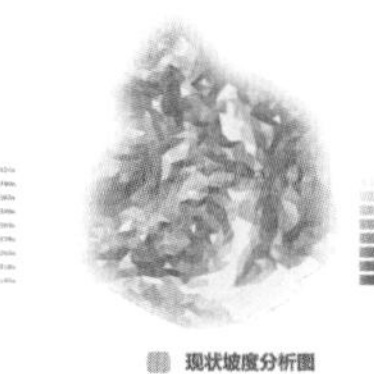

现状坡度分析图

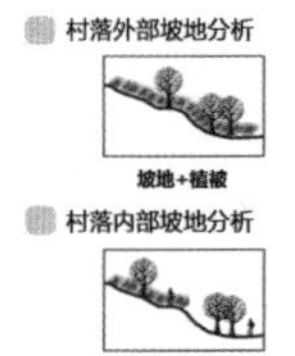

现状坡向分析图

村落外部坡地分析

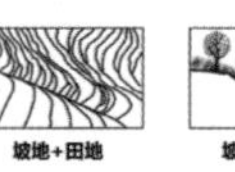

坡地+植被 坡地+田地 坡地+水系

村落内部坡地分析

坡地+植被 坡地+房屋 坡地+水系

山体资源分析小结：

泳溪村整个山体地形整体上呈西北高东南低的态势，其中南侧主要生活区地形起伏较小，坡向多为西南方向以及平面，其他区域地形以山地丘陵为主，地形起伏较大，坡向总体上在山脊线两侧分为偏西向和偏东向。

泳溪村位于整个山体东南方向，"泳溪"穿村而过，使得整个村庄拥有着背山面水的山水格局。

问题总结

问题总结		采取策略	
产业发展薄弱	村内产业薄弱、劳动力较少，产业潜力特色未充分发掘。	融合产业	以现有三香产业和乡村观光游为基础，建设"三香"与"农"主题产业与乡村旅游产业融合发展的"美丽乡村"。
生态保护欠缺	村内的泳溪亲水性不够，梯田景观观赏性差，田地作物繁杂。	生态振兴	以泳溪、梯田、群山等优质山水环境为基底，彰显山水画境、村景交融的幽美风光，建设人与自然和谐共生的"美丽乡村"。
居住环境欠佳	村民生活环境比较落后，卫生、设施都没有系统的统一和管理。	提升环境	整治居住环境中落后、混乱的空间，与具有乡村特色的景观小品相融合，打造既舒适又独具特色的生活空间。

问题总结		采取策略	
道路等级混乱	村内除一条主要的道路，其他次级道路和支路凌乱无序。	整顿道路	疏通各级道路，分主次，形成完整的道路系统，明确不同道路的服务对象和功能，整治道路景观。
景观功能薄弱	村庄缺少具有代表性的景观，不能满足村内人休闲、村外人游览的要求。	丰富景观	以霞客文化、"三香"文化和泳溪文化为本底，在村庄建筑、公共空间提取景观要素，融入村庄特色，打造特色景观。
建筑风貌杂乱	村内传统建筑现代建筑混杂，建筑色彩混乱，不同风格建筑随意分布。	建筑改造	结合村内现有的建筑，改造村内色彩杂乱、传统现代风貌混乱的建筑，使之统一。

现状小结

Strengths 优势

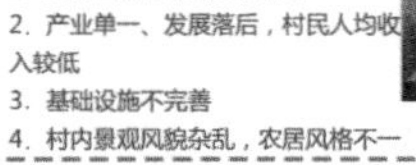

1. 背山面水的山水格局
2. 岩金公路穿村而过，交通便利
3. 民风淳朴、社会环境稳定
4. 优秀的文化资源
5. 优质的农产品种植环境

Weaknesses 劣势

1. 传统风貌和现代生活冲突
2. 产业单一、发展落后，村民人均收入较低
3. 基础设施不完善
4. 村内景观风貌杂乱，农居风格不一

Opportunities 机遇

1. 国家对传统村落的保护
2. 当地村民发展意识较强
3. 新筹建的313省道带来了发展潜力
4. 东北部梯田景观的开发，带来了旅游业发展的潜力

Threats 挑战

1. 平衡村落的保护与发展的问题
2. 现代技术与传统风貌的结合
3. 村庄缺乏活力

三等奖

三等奖

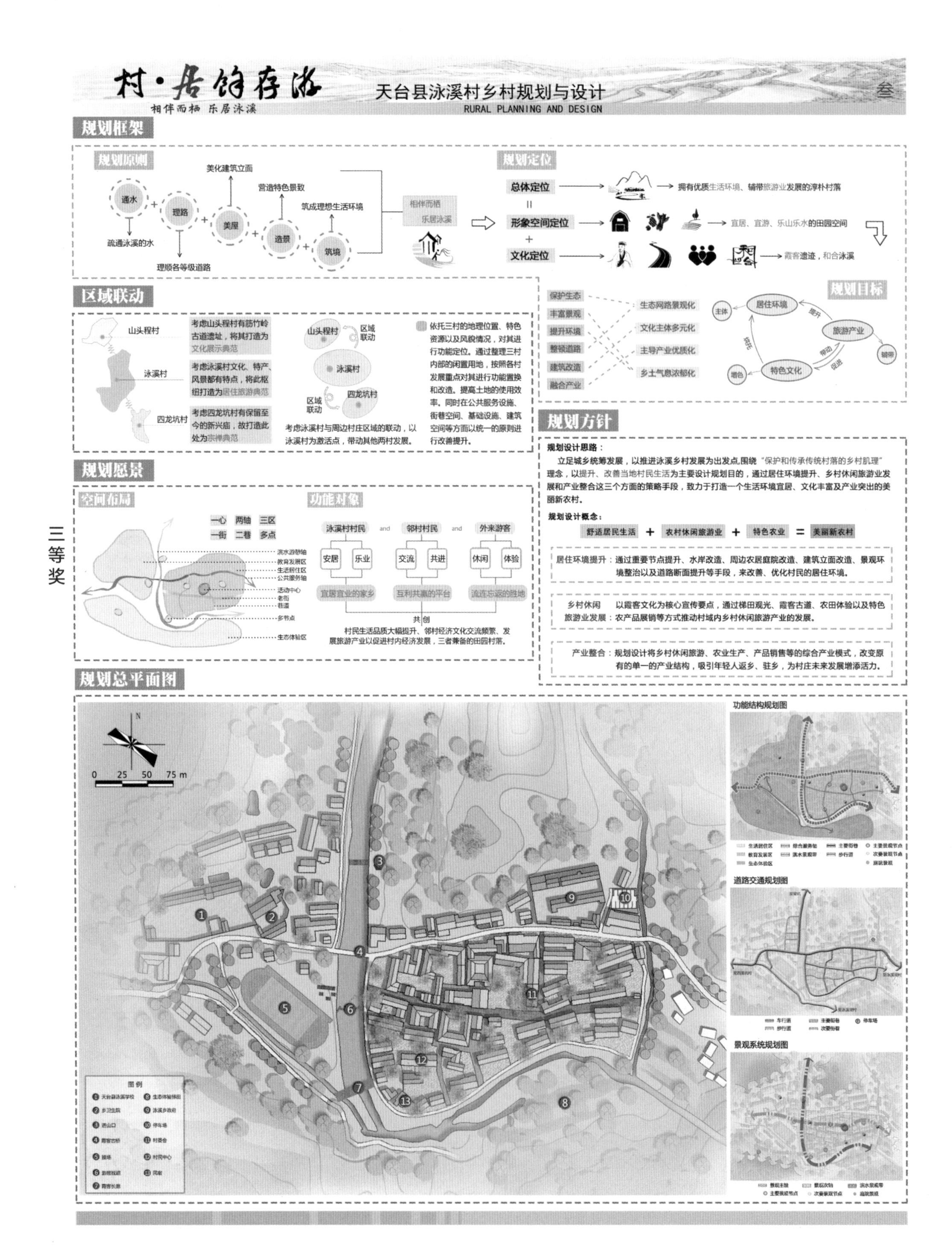

村·居锦存洛
相伴而栖 乐居泳溪
天台县泳溪村乡村规划与设计
RURAL PLANNING AND DESIGN
叁
规划框架
规划原则
通水
疏通泳溪的水
理路
理顺各等级道路
美屋
美化建筑立面
造景
营造特色景致
筑境
筑成理想生活环境
相伴而栖
乐居泳溪
规划定位
总体定位
拥有优质生活环境、辅带旅游业发展的淳朴村落
形象空间定位
宜居、宜游、乐山乐水的田园空间
文化定位
霞客遗迹，和合泳溪
区域联动
山头程村
考虑山头程村有筋竹岭古道遗址，将其打造为文化展示典范
泳溪村
考虑泳溪村文化、特产、风景都有特点，将此枢纽打造为居住旅游典范
四龙坑村
考虑四龙坑村有保留至今的新兴庙，故打造此处为宗祥典范
区域联动
考虑泳溪村与周边村庄区域的联动，以泳溪村为激活点，带动其他两村发展。
依托三村的地理位置、特色资源以及风貌情况，对其进行功能定位。通过整理三村内部的闲置用地，按照各村发展重点对其进行功能置换和改造。提高土地的使用效率。同时在公共服务设施、街巷空间、基础设施、建筑空间等方面以统一的原则进行改善提升。
保护生态
丰富景观
提升环境
整顿道路
建筑改造
融合产业
生态网路景观化
文化主体多元化
主导产业优质化
乡土气息浓郁化
规划目标
主体
居住环境
提升
旅游产业
辅带
特色文化
增色
带动
促进
规划方针
规划设计思路：
立足城乡统筹发展，以推进泳溪乡村发展为出发点,围绕“保护和传承传统村落的乡村肌理”理念，以提升、改善当地村民生活为主要设计规划目的，通过居住环境提升、乡村休闲旅游业发展和产业整合这三个方面的策略手段，致力于打造一个生活环境宜居、文化丰富及产业突出的美丽新农村。
规划设计概念：
舒适居民生活 + 农村休闲旅游业 + 特色农业 = 美丽新农村
居住环境提升：通过重要节点提升、水岸改造、周边农居庭院改造、建筑立面改造、景观环境整治以及道路断面提升等手段，来改善、优化村民的居住环境。
乡村休闲旅游业发展：以霞客文化为核心宣传要点，通过梯田观光、霞客古道、农田体验以及特色农产品展销等方式推动村域内乡村休闲旅游产业的发展。
产业整合：规划设计将乡村休闲旅游、农业生产、产品销售等的综合产业模式，改变原有的单一的产业结构，吸引年轻人返乡、驻乡，为村庄未来发展增添活力。
规划愿景
空间布局
一心 两轴 三区
一街 二巷 多点
滨水游憩轴
教育发展区
生活居住区
公共服务轴
活动中心
老街
巷道
多节点
生态体验区
功能对象
泳溪村村民 and 邻村村民 and 外来游客
安居 乐业
交流 共进
休闲 体验
宜居宜业的家乡
互利共赢的平台
流连忘返的胜地
共创
村民生活品质大幅提升、邻村经济文化交流频繁、发展旅游产业以促进村内经济发展，三者兼备的田园村落。
规划总平面图
N
0 25 50 75 m
图例
1 天台县泳溪学校
2 乡卫生院
3 进山口
4 霞客古桥
5 操场
6 游憩驳岸
7 霞客长廊
8 生态体验梯田
9 泳溪乡政府
10 停车场
11 村委会
12 村民中心
13 凤岩
功能结构规划图
道路交通规划图
景观系统规划图

村·居馀存游 天台县泳溪村乡村规划与设计

相伴而栖 乐居泳溪

RURAL PLANNING AND DESIGN

肆

规划策略

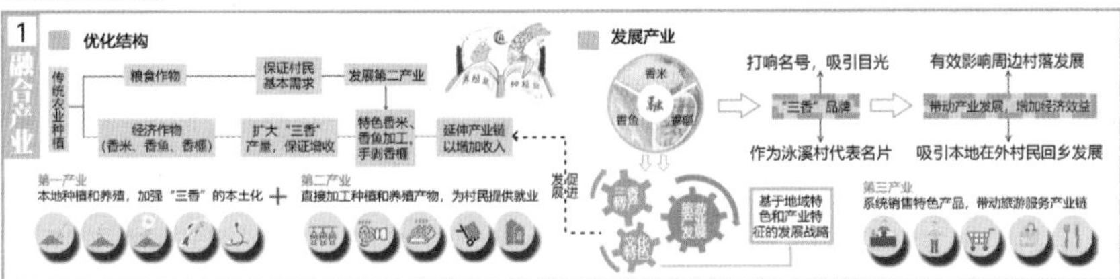

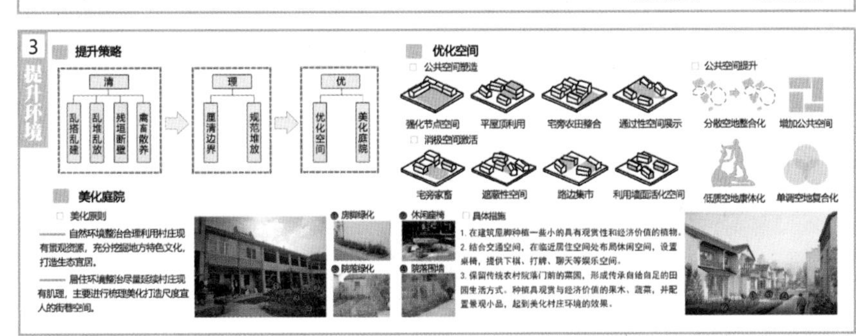

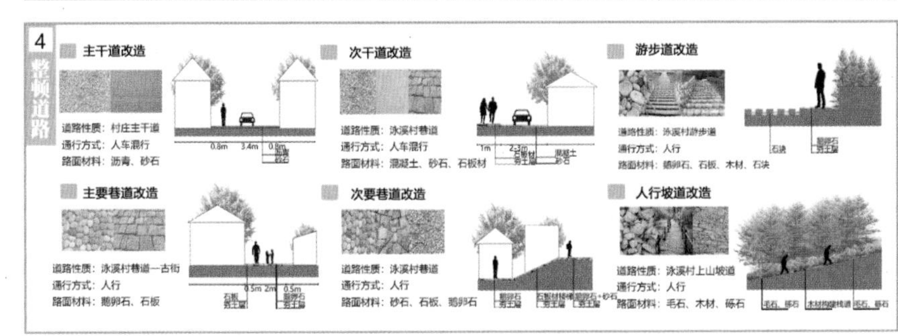

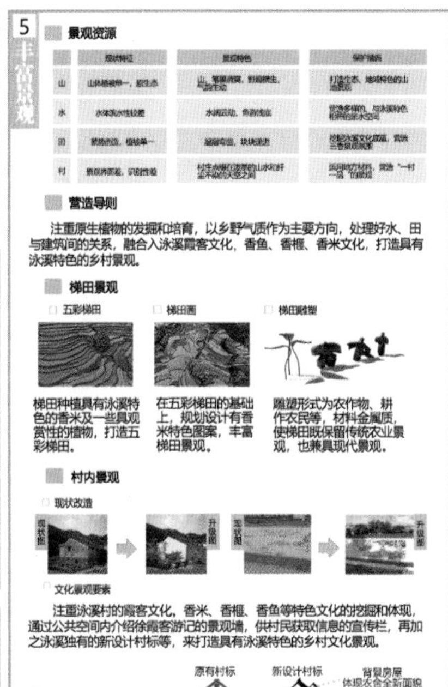

居住节点打造

三等奖

村·居的存活

相伴而栖 乐居泳溪

天台县泳溪村乡村规划与设计

RURAL PLANNING AND DESIGN

伍

三等奖

文化主体多元化

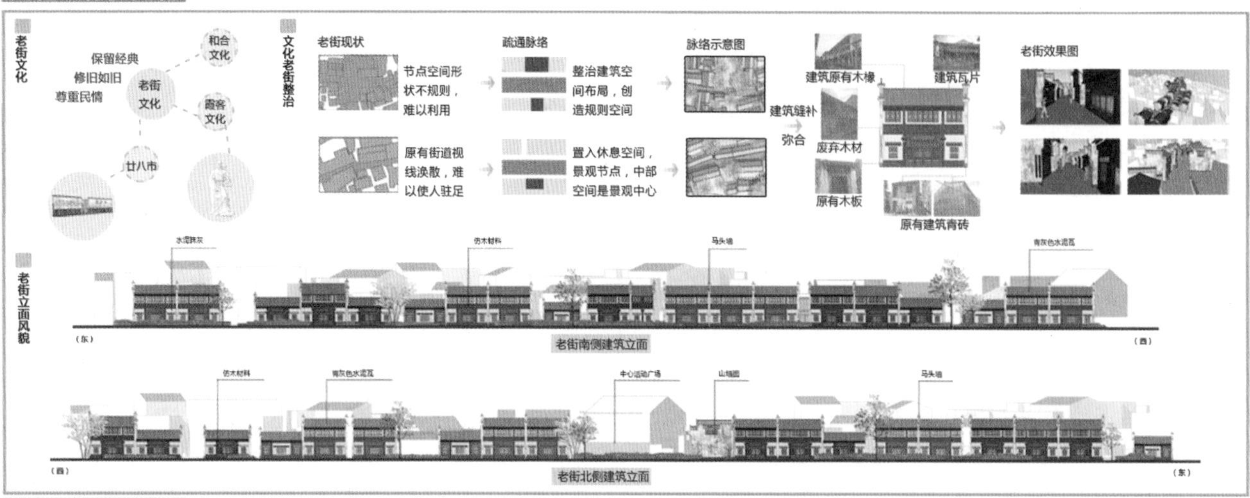

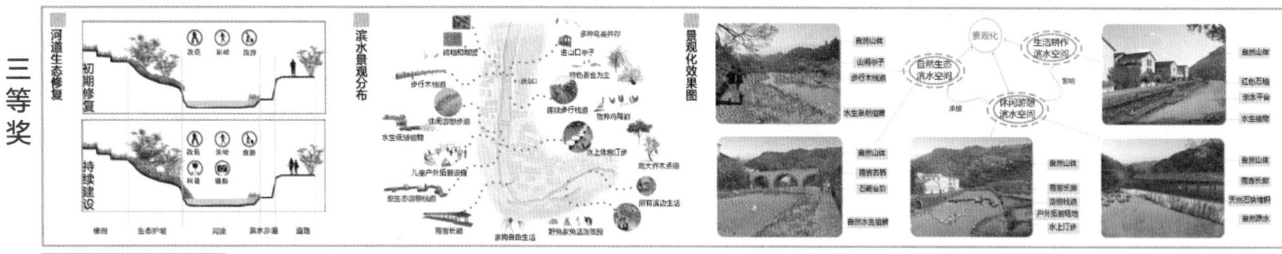

生态路网景观化

河道生态修复
初期修复
持续建设
滨水景观分布

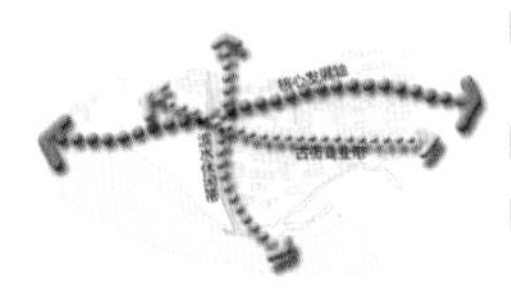

景观化效果图

主导产业优质化

产业现状

经济结构不合理，第一产业比重较大，但第一产业因受自然条件约束和影响较大，导致第二产业发展受抑制，第三产业比重也过低。

解决策略

经济导向解决策略

- 经济导向解决策略
  - 一产——种植
  - 二产——果蔬深加工
  - 三产——旅游
- 发展泳溪特色香米、香榧、香鱼
- 举办收获季等活动激活农业
- 手工制作驻入旅游业，为游客增添乐趣
- 旅游业兴起顺应泳溪现状

产业协调策略：第一产业→旅游业←综合服务业

保证原生态环境的基础上，根据旅游业发展的需要，制定相应的香米种植、香榧种植和香鱼养殖业发展计划，同时将综合服务业重点转向旅游业发展上。

旅游开发与村庄发展相协调策略：

旅游开发→旅游服务设施＋景点建设＋旅游收益

村庄发展→村庄基础设施＋村庄景观＋村民增收

旅游产业发展规划

旅游资源现状

自然资源	泳溪梯田、泳溪
历史文化	霞客文化、三星桥、环村大坝、泳川书院、泳溪古街
民俗文化	泳溪廿八市、喝果子酒、吃汤水

区域旅游联动

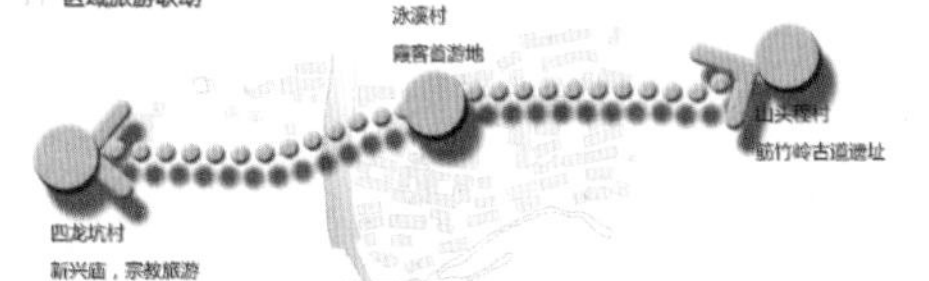

以岩金线为联动轴，联合四龙坑村、山头程村打造“缩微天台”，形成区域特色旅游联动线。

核心目标——过境观光型　主要形式——景点观光　旅游服务——农家乐、民宿　旅游时间——短期

规划旅游结构

核心发展轴　贯穿村庄东西的村庄发展轴是村庄对外联系的主要交通线路，也是游客来访的主要路线。沿此轴可布置一些旅游服务设施和商业设施。

滨水休闲带　依托泳溪的水体景观形成滨水休闲带，可发展滨水旅游休闲项目。

古街商业带　泳溪古街街道狭长，高地起伏，全街用溪滩卵石镶嵌，龙凤呈祥。将古街与泳溪特色的廿八市、吃汤水、果子酒等活动进行联系，来展示泳溪村独特的民俗文化。

规划旅游节点

生态景观　层层递进的五彩梯田、生动有趣的稻田画，人们可以登山欣赏美景。

产品消费　结合村庄的农产品，将村庄的“香米”变成“旅游米”，在核心发展轴和古街举行集市，增加产品输出渠道。

农业体验　有亲子田园游、中老年回归田园等活动，可全过程参与农产品的播种、除草、收获等过程。

旅游配套设施

民宿设计要点

小规模的民宿，建筑外观采用古典建筑形式，内饰现代，屋顶采用传统的坡屋顶形式，建筑材料采用本地特有的青砖、青石、木材等，主要体现传统的乡土气息，与周边建筑相统一。

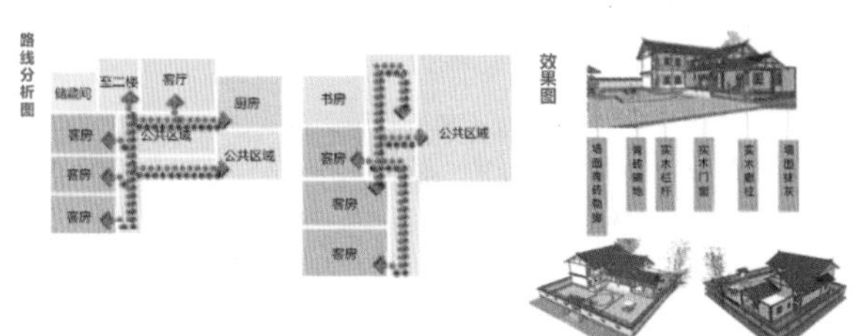

村·居余存游

相伴而栖 乐居泳溪

天台县泳溪村乡村规划与设计

RURAL PLANNING AND DESIGN

陆

鸟瞰图

三等奖

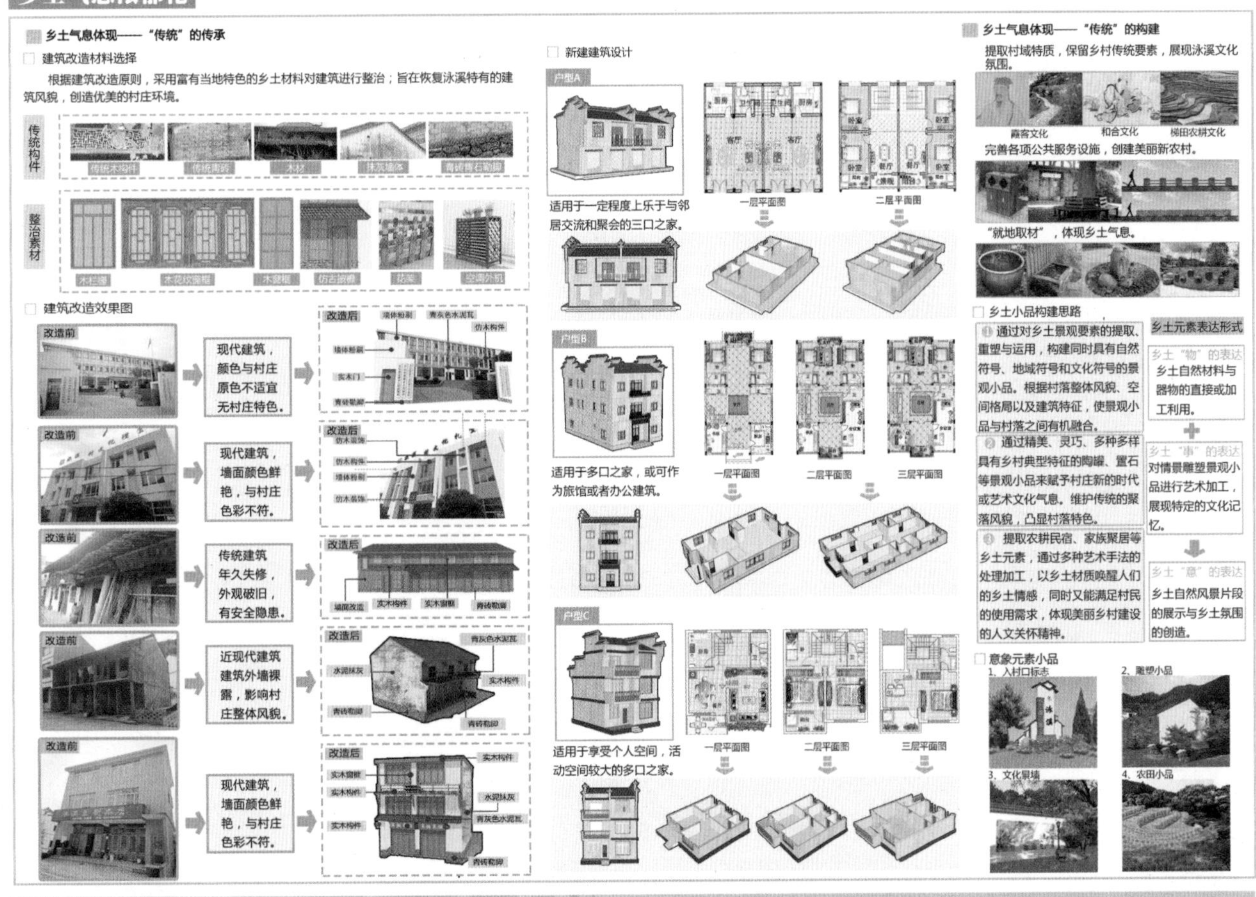

浙江科技学院

古韵今生——天台县街一村千年古村更新改造

教师感言：

虽然大赛只有这么几个月，可给予我的启发和经验却是一笔永久的精神财富。

一是树立了团队精神 “人无完人”。当我们这些不完美的人为了一个共同的目的走到一起来以后，却能完成一件完美的事，这就是团队的魅力。二是增强了协作意识 。一个人的力量总是有限的，而一个集体团结起来凝集成的力量是无穷的。三是认识到了沟通的重要。在任何一个任务中，沟通是使大家凝聚的连线。个人之间的沟通、组长与组员的沟通以及经验的主动交流等是实现集体目标的关键。四是增进了友谊。在进行项目时，大家都在坚持，我看到他们的友谊变得更加坚固。总之，这次大赛，提高了整个团队解决问题的能力，增进了对集体的参与意识与责任心。我想这次经历一定会在今后他们的学习、工作中带来很大的帮助。

团队感言：

这次参加浙江省第四届天台杯大学生“乡村规划与创意设计”教学竞赛，让我们收获颇丰，也让我们真正地从课本走了出去，让我们看到了城乡规划的真谛，认识了更多朋友，了解了自己的不足。感谢大赛，感谢指导老师和队友的努力！这一届的比赛即将结束，但是我们在比赛过程中所学会的知识以及所拥有的思想却是我们终身的财富。这次比赛不仅提升了我们管理时间的能力和许多制图、绘图的技巧，也让我们更加坚定不移的相信这句话——实践出真知，我们告诉自己：你还有许多要学习的地方，要让自己变得越来越优秀，因为每一次经历都是生活给予的宝贵经验，是成长的必然。

天台县 街一村 千年古村 更新改造

Tiantai County Street Village Millennium Village Renovation

古 韵 生

区位图

天台县：位于浙江省东中部，台州市北部，东连宁海、三门两县，西接磐安县，南邻仙居县与临海市，北接新昌县。总面积1432.1平方公里。县境属浙东丘陵山区，总面积1420.70平方公里，常住人口为38.28万人(2010年)。政府驻始丰街道。2014年被评为"国家生态县"。

街头镇：街头镇位于浙江省天台县西部，下辖45个行政村，人口约3.8万人，为立镇1500多年的浙东古镇。

街一村：浙江省台州市天台县街头镇街一村地处街头镇，相邻下畈村、成洲村、范家岙村,地处要塞,风景宜人,气候温和。

问卷调查

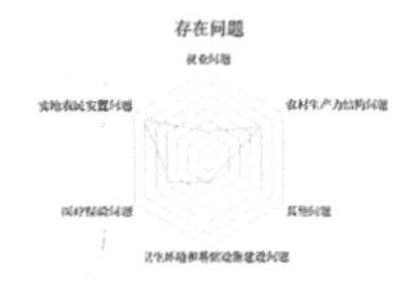

该村共1200余人，主要存在的问题是生产力结构不够清晰：没有清晰的产业。

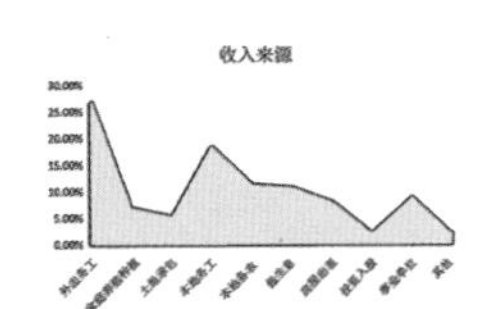

该村主要收入来源为外出务工，该村人均月收入2000元以下占31%，2000-3000元占16%；3001-4000元占39%，4000元以上占14%；收入来源丰富，以本地务农和务工为主。

村内男女比例为4：6；学历大多数以小学为主；60岁以上老人与12岁以下儿童占比较多，其中80岁以上老人共30多人，青年人外出打工居多，现居占比少。

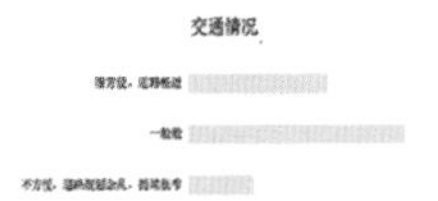

该村交通情况有待改善。部分道路可以适当拓宽，同时应增设公共交通设施。这样才能让更多的人愿意进村，愿意留下。

条件分析

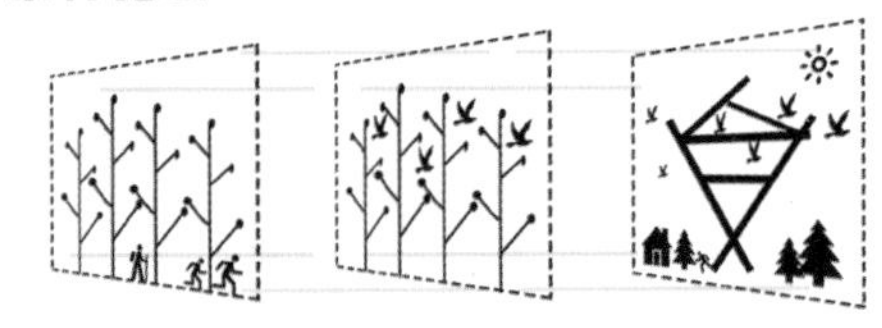

当地植被较为丰富，依山伴水，人与自然相处相对比较和谐。通过与村主任和村民的交流得知，村庄现在的卫生问题相对严重一些，因此在规划过程中更要把环境与人之间的关系处理好。作为街头镇的中心村，应更加加强环境、素质等方面的影响。应利用好当地现有条件，创造出最大的价值。

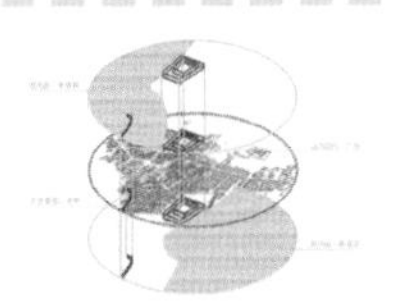

整体重要条件分析：现有最主要的是千年老街以及围合庭院。其次是资源：广场虽有但亟待改善。自然资源虽有，但并未被使用。南面的新建的建筑和西北面的古街还未被正确地联系在一起。

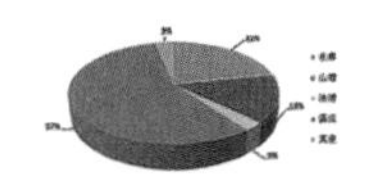

村内除居住区外的资源，主要是溪流和山区，因此在规划的时候应尽量利用好这些资源。

现状分析图

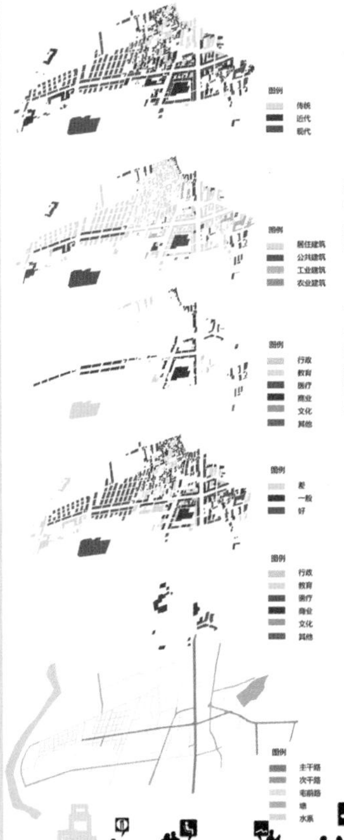

建筑风貌图分为传统、近代、现代三个类别。现代建筑为2000年以后建的建筑，整体上较新颖，色彩明丽。近代建筑为近100年来建的建筑，部分比较陈旧。传统建筑多为木结构，保存较好。

村中建筑居住性质的建筑最多，约达到整体的75%，且位于村子的主要中心地块。公共建筑和工业建筑数量较少，分别约占12%和10%，分布于村子的边缘区域，农业建筑最少，约占3%。

公共建筑中商业类的建筑最多，形成了多条带状的商业街，整个村子的商业集中区为村中央地段。行政类建筑位于村子东北角。教育类建筑位于村子南边，靠近河流的区域，数量不多但规模较大。医疗建筑位于村子的北边，靠近村口的地段。

街一村的建筑质量好中差三类数量大致相当，大部分质量好的建筑靠近古街，且多为传统建筑。质量差的建筑多为年代久远的建筑需要适当的整修，一定程度上影响村貌。

建筑保护图分重点保护建筑和一般保护建筑。重点保护建筑集中在村子的北面，靠近村口的区域。一般保护建筑分散较广，多为传统建筑。

街一村内部道路完善，依山伴水，但并没有充分利用当地的现有条件，造成一定程度上的资源浪费。规划应在建设美丽乡村的基础上，利用好现有资源，以达到人与自然和谐共处的效果。

现状平面图

街一村是街头镇镇中心，是当地小学和大型购物商场的所在地，同时拥有多家托管中心，因此是街头镇当地村民人流最为密集的地方。

街一村西北角有一处历史老街，通过提高老街及历史古建筑的知名度，可以作为街一村的标志，从而达到吸引游客的目的。

当地没有特色产业及文化，作为一个镇中心，又没有公共交通与外部联系，很大程度上阻碍了村庄发展。

历史古街、名镇已经作为一种文化产业在中国各个地方陆续发展，也不缺乏做的特别优秀的，所以想把老街文化作为一个特色产业发展也是一个很大的挑战。

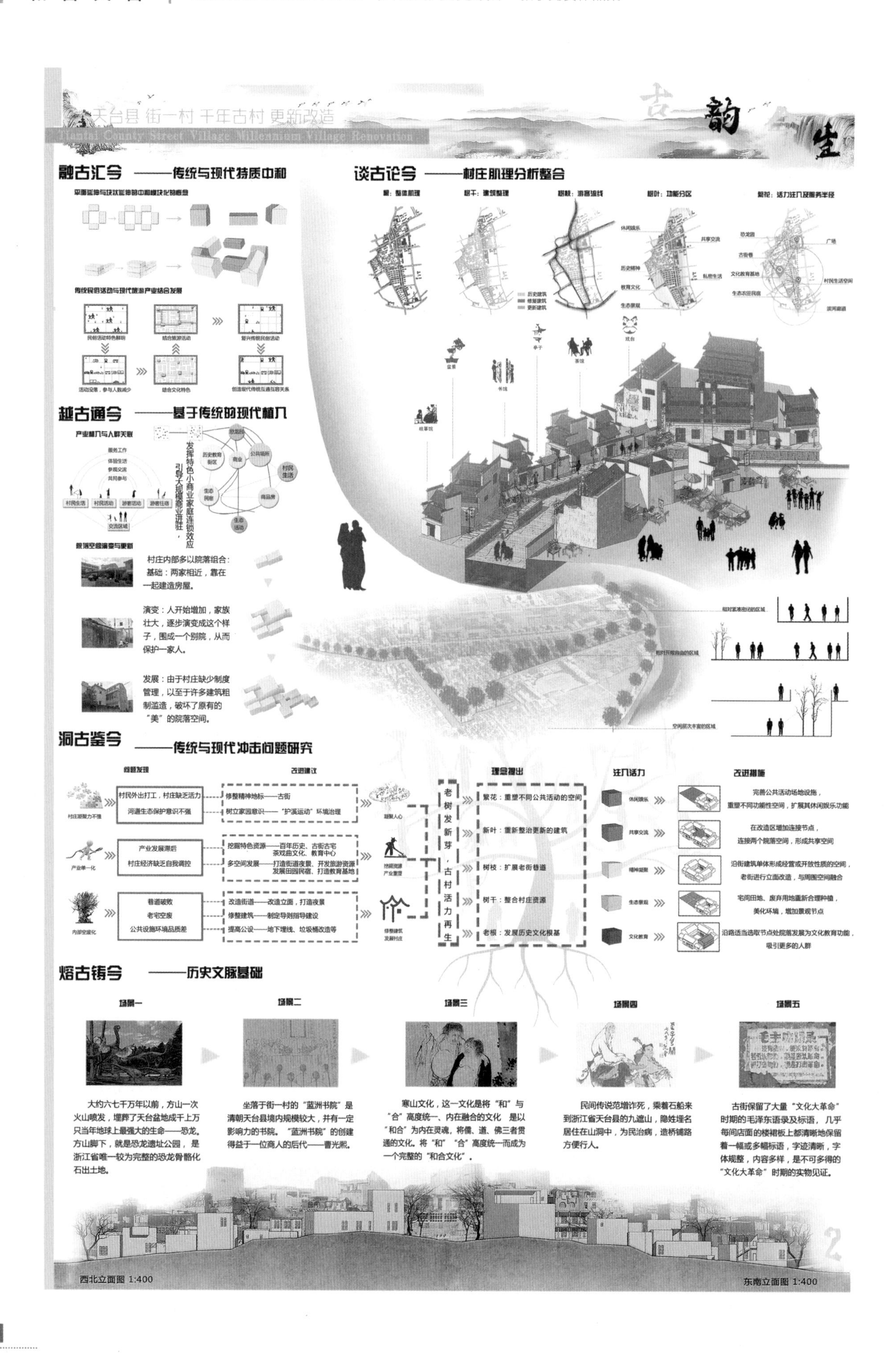

天台县 街一村 千年古村 更新改造
Tiantai County Street Village Millennium Village Renovation
古 韵 生
融古汇今 ——传统与现代特质中和
谈古论今 ——村庄肌理分析整合
越古通今 ——基于传统的现代植入
发挥特色小商业家庭连锁效应，引导大规模商业进驻
村庄内部多以院落组合：基础：两家相近，靠在一起建造房屋。
演变：人开始增加，家族壮大，逐步演变成这个样子，围成一个别院，从而保护一家人。
发展：由于村庄缺少制度管理，以至于许多建筑粗制滥造，破坏了原有的“美”的院落空间。
洞古鉴今 ——传统与现代冲击问题研究
村民外出打工，村庄缺乏活力
河道生态保护意识不强
修整精神地标——古街
树立家园意识——“护溪运动”环境治理
产业发展滞后
村庄经济缺乏自我调控
巷道破败
老宅空废
公共设施环境品质差
改造街道——改造立面，打造夜景
修整建筑——制定导则指导建设
提高公设——地下埋线、垃圾桶改造等
老树发新芽，古村活力再生
繁花：重塑不同公共活动的空间
新叶：重新整治更新的建筑
树枝：扩展老街巷道
树干：整合村庄资源
老根：发展历史文化根基
完善公共活动场地设施，重塑不同功能性空间，扩展其休闲娱乐功能
在改造区增加连接节点，连接两个院落空间，形成共享空间
沿街建筑单体形成经营或开放性质的空间，老街进行立面改造，与周围空间融合
宅间田地、废弃用地重新合理种植，美化环境，增加景观节点
沿路适当选取节点处院落发展为文化教育功能，吸引更多的人群
熔古铸今 ——历史文脉基础
场景一
场景二
场景三
场景四
场景五
大约六七千万年以前，方山一次火山喷发，埋葬了天台盆地成千上万只当年地球上最强大的生命——恐龙。方山脚下，就是恐龙遗址公园，是浙江省唯一较为完整的恐龙骨骼化石出土地。
坐落于街一村的“蓝洲书院”是清朝天台县境内规模较大，并有一定影响力的书院。“蓝洲书院”的创建得益于一位商人的后代——曹光熙。
寒山文化，这一文化是将“和”与“合”高度统一、内在融合的文化 是以“和合”为内在灵魂，将儒、道、佛三者贯通的文化。将“和”“合”高度统一而成为一个完整的“和合文化”。
民间传说范增诈死，乘着石船来到浙江省天台县的九遮山，隐姓埋名居住在山洞中，为民治病，造桥铺路方便行人。
古街保留了大量“文化大革命”时期的毛泽东语录及标语，几乎每间店面的楼裙板上都清晰地保留着一幅或多幅标语，字迹清晰，字体规整，内容多样，是不可多得的“文化大革命”时期的实物见证。
西北立面图 1:400
东南立面图 1:400

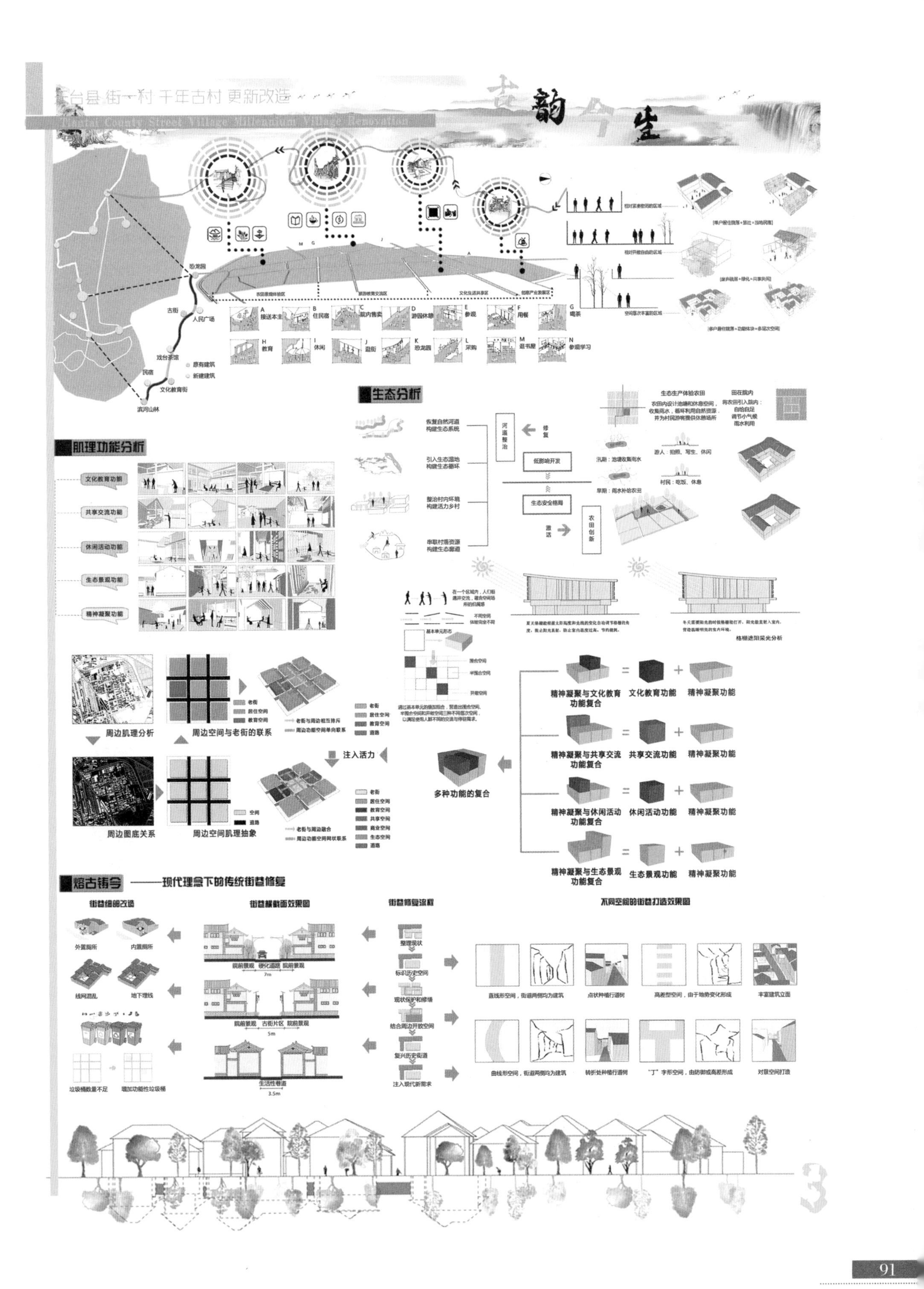

戏台县街一村 千年古村 更新改造
古韵今生
生态分析
肌理功能分析
文化教育功能
共享交流功能
休闲活动功能
生态景观功能
精神凝聚功能
周边肌理分析
周边空间与老街的联系
注入活力
多种功能的复合
周边图底关系
周边空间肌理抽象
精神凝聚与文化教育功能复合
文化教育功能
精神凝聚功能
精神凝聚与共享交流功能复合
共享交流功能
精神凝聚与休闲活动功能复合
休闲活动功能
精神凝聚与生态景观功能复合
生态景观功能
熔古铸今 ——现代理念下的传统街巷修复
街巷细部改造
街巷横截面效果图
街巷修复流程
不同空间的街巷打造效果图
外置厕所
内置厕所
线网混乱
地下埋线
垃圾桶数量不足
增加功能性垃圾桶
整理现状
标识历史空间
现状保护和修缮
结合周边开放空间
复兴历史街道
注入现代新需求
直线形空间，街道两侧均为建筑
点状种植行道树
高差型空间，由于地势变化形成
丰富建筑立面
曲线形空间，街道两侧均为建筑
转折处种植行道树
"丁"字形空间，由防御或高差形成
对景空间打造

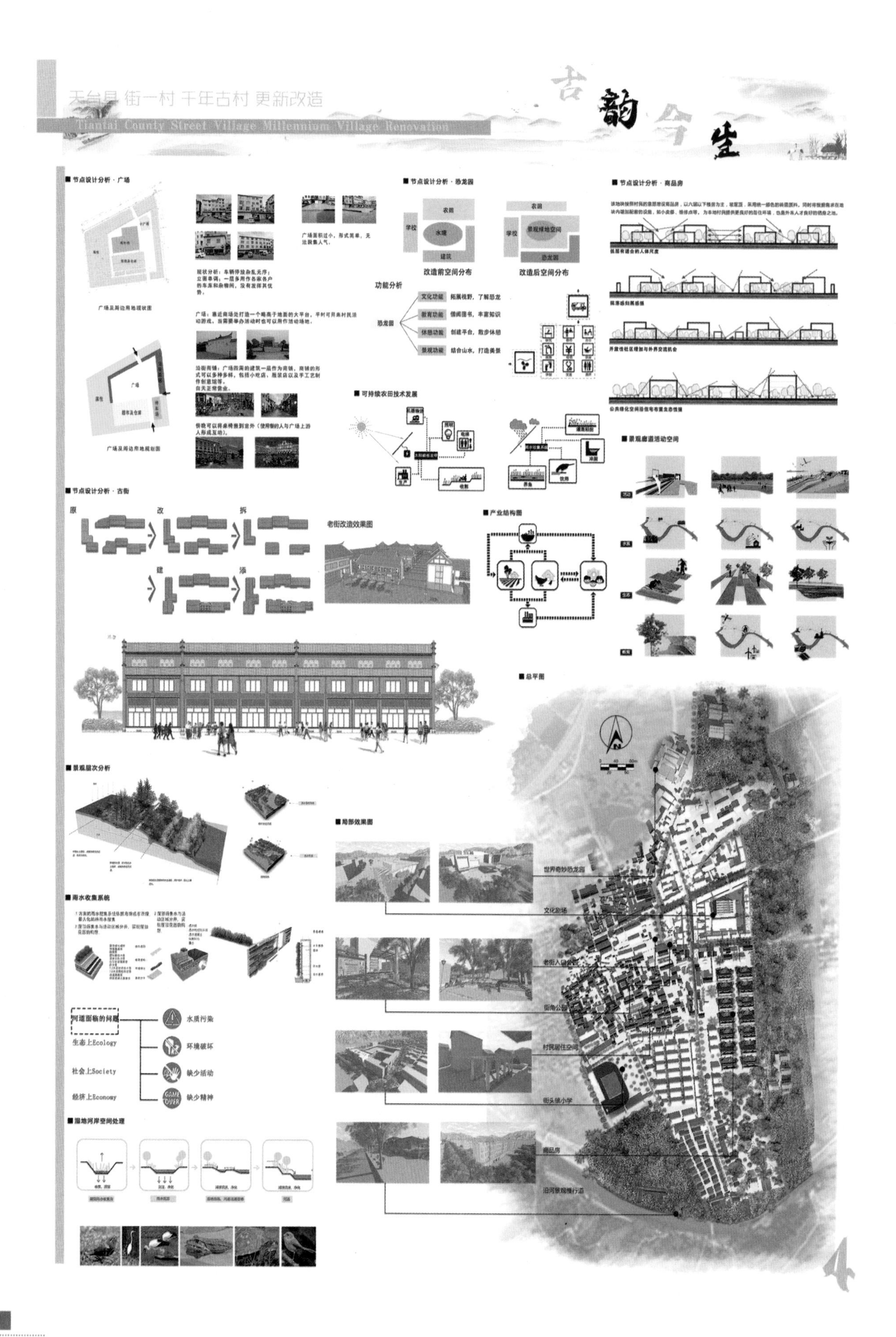
天台县街一村 千年古村 更新改造
Tiantai County Street Village Millennium Village Renovation
古韵今生
节点设计分析 · 广场
节点设计分析 · 恐龙园
节点设计分析 · 商品房
改造前空间分布
改造后空间分布
功能分析
可持续农田技术发展
节点设计分析 · 古街
老街改造效果图
产业结构图
景观廊道活动空间
总平面
景观层次分析
局部效果图
雨水收集系统
河道面临的问题
生态上Ecology
社会上Society
经济上Economy
水质污染
环境破坏
缺少活动
缺少精神
湿地河岸空间处理
世界奇妙恐龙园
文化新场
老街入口广场
街角公园
村民居住空间
街头镇小学
商品房
沿河景观慢行道

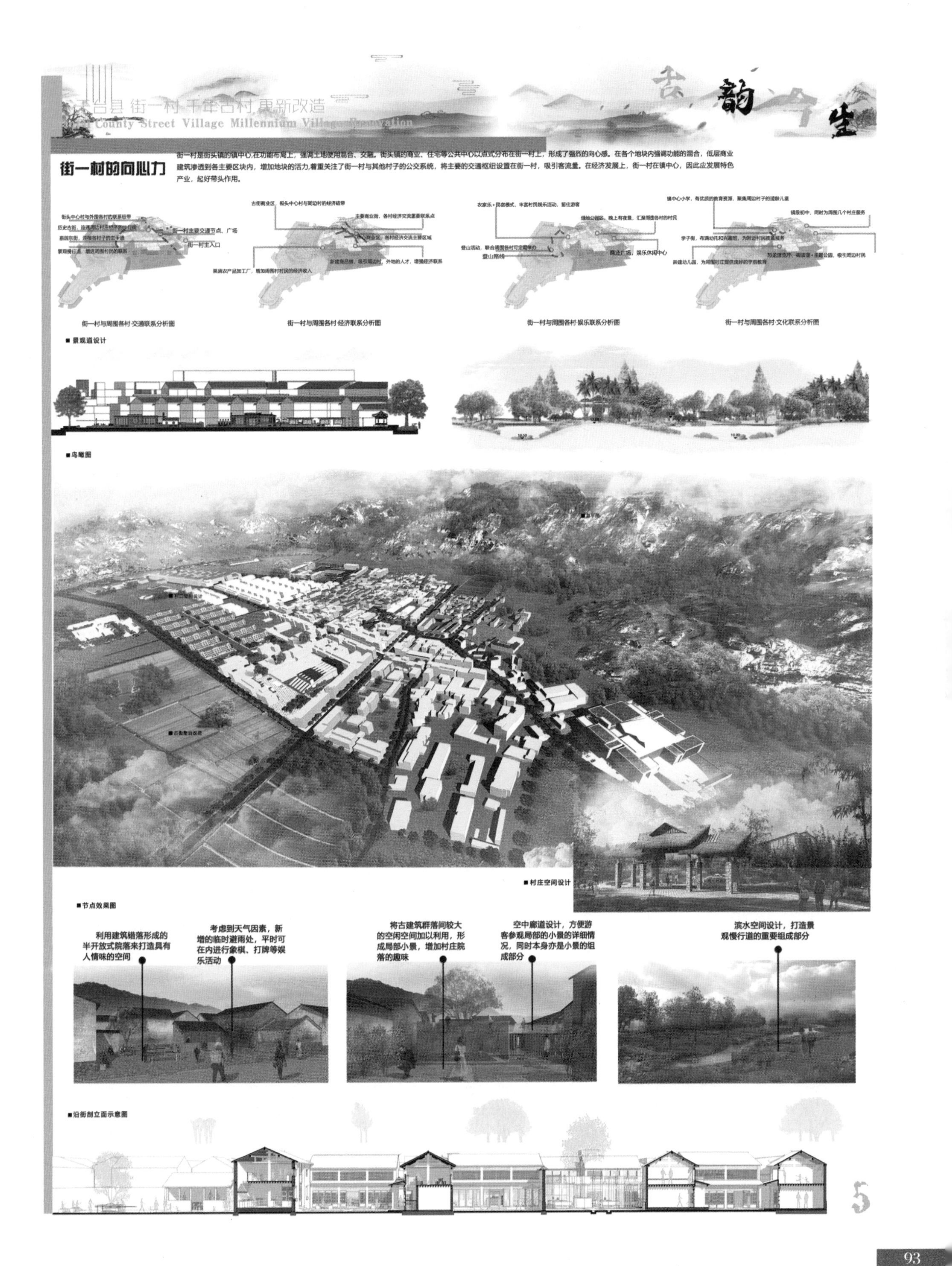
古韵今生
台县 街一村 千年古村 更新改造
County Street Village Millennium Village Renovation
街一村的向心力
街一村是街头镇的镇中心,在功能布局上，强调土地使用混合、交融。街头镇的商业、住宅等公共中心以点式分布在街一村上，形成了强烈的向心感。在各个地块内强调功能的混合，低层商业建筑渗透到各主要区块内，增加地块的活力,着重关注了街一村与其他村子的公交系统，将主要的交通枢纽设置在街一村，吸引客流量。在经济发展上，街一村在镇中心，因此应发展特色产业，起好带头作用。
街一村与周围各村·交通联系分析图
街一村与周围各村·经济联系分析图
街一村与周围各村·娱乐联系分析图
街一村与周围各村·文化联系分析图
■景观道设计
■鸟瞰图
■村庄空间设计
■节点效果图
利用建筑错落形成的半开放式院落来打造具有人情味的空间
考虑到天气因素，新增的临时避雨处，平时可在内进行象棋、打牌等娱乐活动
将古建筑群落间较大的空闲空间加以利用，形成局部小景，增加村庄院落的趣味
空中廊道设计，方便游客参观局部的小景的详细情况，同时本身亦是小景的组成部分
滨水空间设计，打造景观慢行道的重要组成部分
■沿街剖立面示意图
5

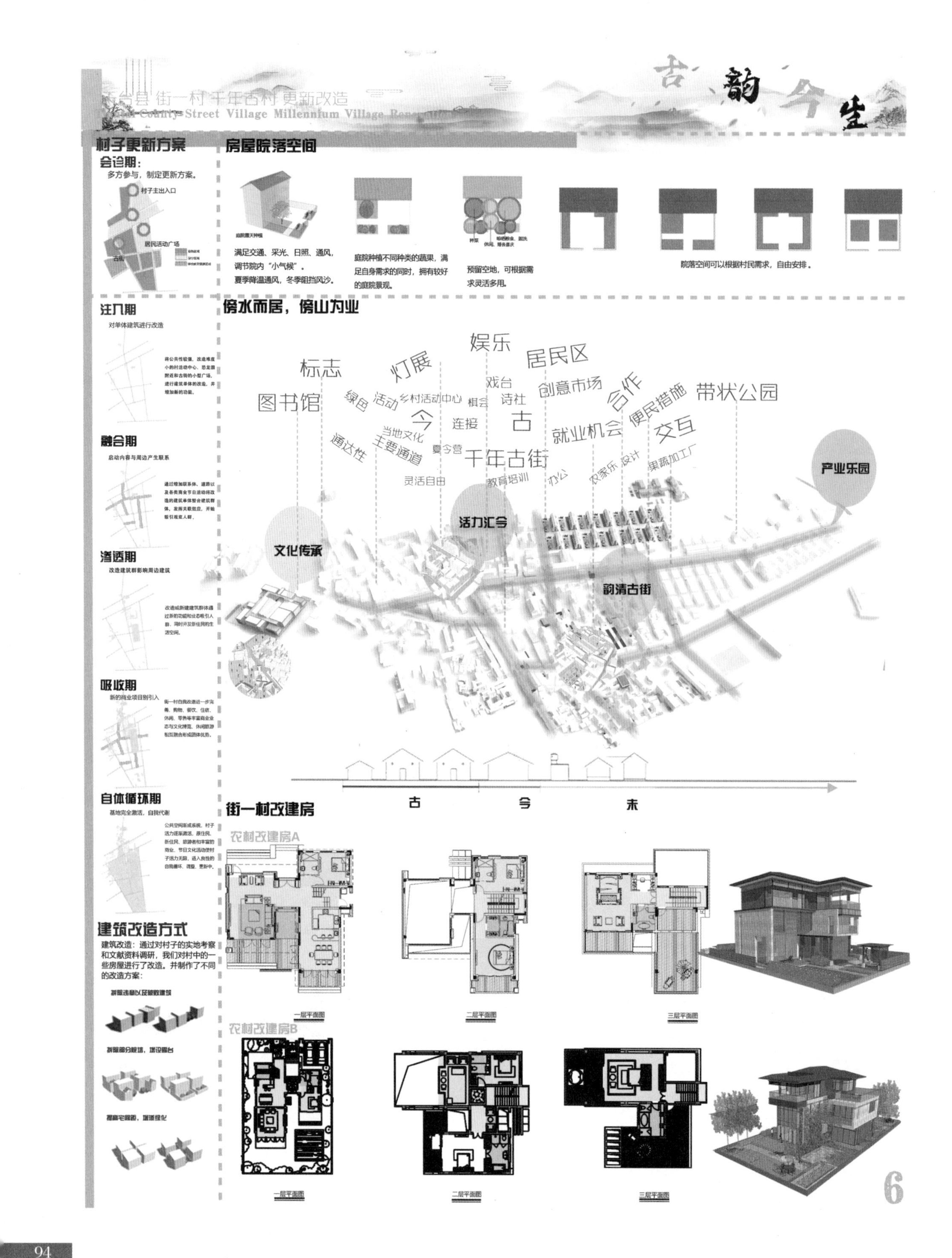
天台县街一村千年古村更新改造
古韵今生
村子更新方案
会诊期：
多方参与，制定更新方案。
村子主出入口
居民活动广场
古街
注入期
对单体建筑进行改造
融合期
启动内容与周边产生联系
渗透期
改造建筑群影响周边建筑
吸收期
新的商业项目则引入
自体循环期
基地完全激活，自我代谢
建筑改造方式
建筑改造：通过对村子的实地考察和文献资料调研，我们对村中的一些房屋进行了改造，并制作了不同的改造方案：
房屋院落空间
庭院露天种植
满足交通、采光、日照、通风，调节院内“小气候”。
夏季降温通风，冬季阻挡风沙。
庭院种植不同种类的蔬果，满足自身需求的同时，拥有较好的庭院景观。
预留空地，可根据需求灵活多用。
院落空间可以根据村民需求，自由安排。
傍水而居，傍山为业
娱乐
标志
灯展
居民区
图书馆
绿色
活动
乡村活动中心
戏台
相会
诗社
创意市场
合作
便民措施
带状公园
今
连接
古
就业机会
交互
当地文化
通达性
主要通道
夏令营
千年古街
农家乐
设计
果蔬加工厂
灵活自由
教育培训
办公
产业乐园
文化传承
活力汇合
韵清古街
古
今
未
街一村改建房
农村改建房A
一层平面图
二层平面图
三层平面图
农村改建房B
一层平面图
二层平面图
三层平面图
6

浙江理工大学

摩登乡村 · 智慧隐居——和合文化指导下的寒岩村现代乡村隐居规划与设计

二等奖

教师感言：

浙江省天台县寒岩村是个得天独厚、生态环境良好、村民淳朴的美丽江南乡村；但经济不发达、没有支柱产业，经过和村主任、村民的多次沟通，我们看到了国内乡村的问题，也看到了未来前进的方向，我们就如何提升这里的旅游资源，如何提高村民的生活水平，如何打造本村落的软硬件条件作出思考，希望通过这次的竞赛项目能为我国美丽乡村的建设进行有益的探索。

新时代，新乡村，新气象！此次乡村规划设计竞赛，不仅给了同学们一次很好的锻炼，也是老师们一次自我提升的机会。这是时代赋予我们的使命！唯有不忘初心，方得始终！

团队感言：

通过此次竞赛我们充分体验到乡村规划设计竞赛与许多设计竞赛不同的特有魅力，以民为本，注重经济发展，注重为村民带来实际效益是重中之重。这也让我们明白设计实际性的重要，尤其在实地调研走访了两次之后，更是对村民的诉求有了更多的了解，通过我们的规划设计能为村民做实事，提高其生活水平和质量也是我们的最终目标。在这期间，我们也膜拜了很多优秀的作品，让我们了解到了乡村需要怎样的设计，大师们的一些落地项目就是当前理想与现实结合的优秀范本，一直提醒着我们不要沉迷于虚空，要立足于乡村这片土地，寻求适合其发展的解决策略。这次竞赛也将成为我们人生中美好宝贵的回忆！

二等奖

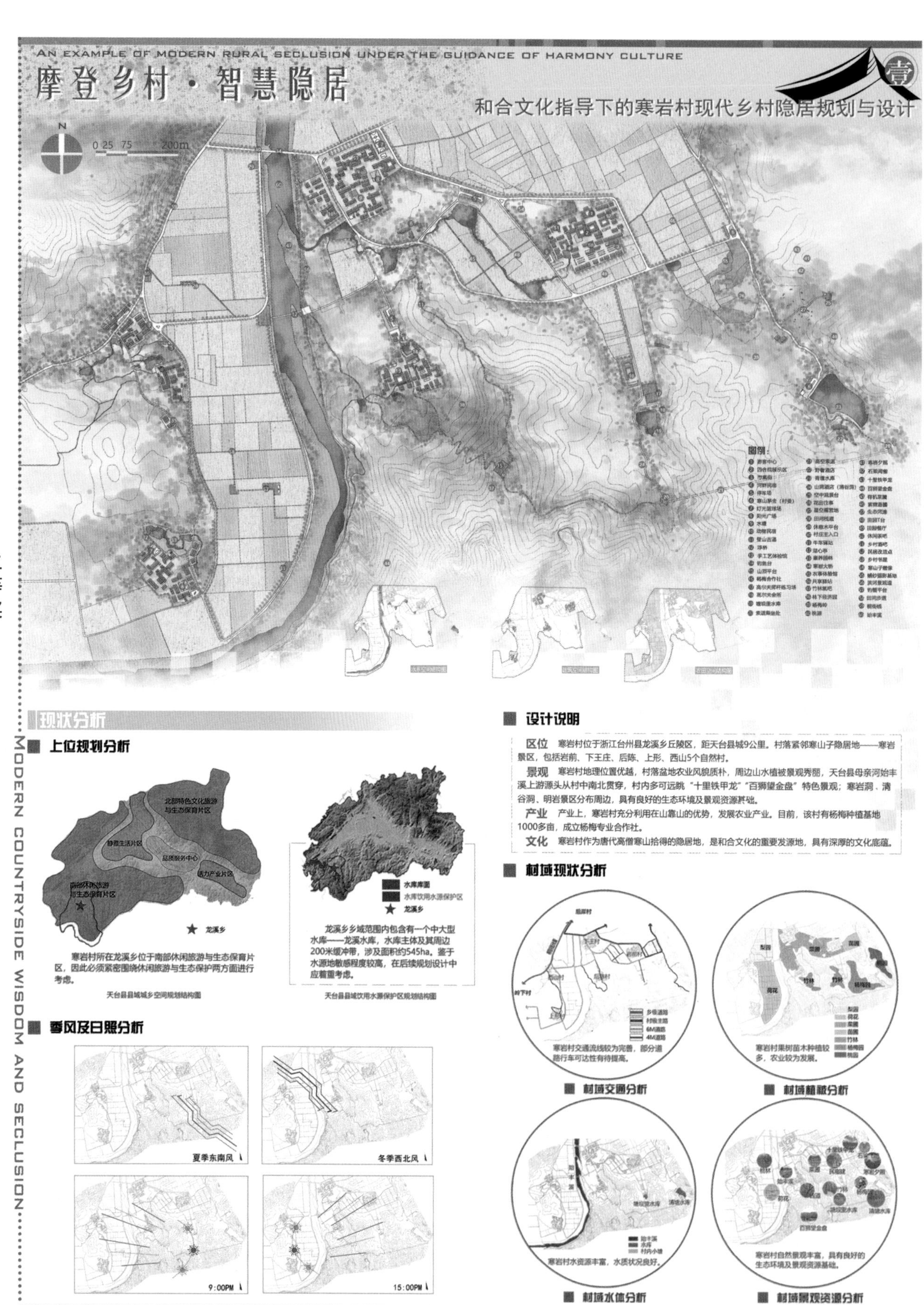
AN EXAMPLE OF MODERN RURAL SECLUSION UNDER THE GUIDANCE OF HARMONY CULTURE
摩登乡村·智慧隐居
和合文化指导下的寒岩村现代乡村隐居规划与设计
壹
N
0 25 75 200m
图例：
现状分析
上位规划分析
北部特色文化旅游与生态保育片区
静雅生活片区
品质服务中心
活力产业片区
南部休闲旅游与生态保育片区
龙溪乡
寒岩村所在龙溪乡位于南部休闲旅游与生态保育片区，因此必须紧密围绕休闲旅游与生态保护两方面进行考虑。
天台县县域城乡空间规划结构图
水库库面
水库饮用水源保护区
龙溪乡
龙溪乡乡域范围内包含有一个中大型水库——龙溪水库，水库主体及其周边200米缓冲带，涉及面积约545ha。鉴于水源地敏感程度较高，在后续规划设计中应着重考虑。
天台县县域饮用水源保护区规划结构图
季风及日照分析
夏季东南风
冬季西北风
9:00PM
15:00PM
设计说明
区位　寒岩村位于浙江台州天台县龙溪乡丘陵区，距天台县城9公里。村落紧邻寒山子隐居地——寒岩景区，包括岩前、下王庄、后陈、上邢、西山5个自然村。
景观　寒岩村地理位置优越，村落盆地农业风貌质朴，周边山水植被景观秀丽，天台县母亲河始丰溪上游源头从村中南北贯穿，村内多可远眺“十里铁甲龙”“百狮望金盘”特色景观；寒岩洞、清谷洞、明岩景区分布周边，具有良好的生态环境及景观资源基础。
产业　产业上，寒岩村充分利用在山靠山的优势，发展农业产业。目前，该村有杨梅种植基地1000多亩，成立杨梅专业合作社。
文化　寒岩村作为唐代高僧寒山拾得的隐居地，是和合文化的重要发源地，具有深厚的文化底蕴。
村域现状分析
下王村
岩前村
西山村
后陈村
岭下村
乡级道路
村级主路
6M道路
4M道路
寒岩村交通流线较为完善，部分道路行车可达性有待提高。
村域交通分析
梨园
菜园
苗圃
竹林
杨梅园
荷花
寒岩村果树苗木种植较多，农业较为发展。
村域植被分析
始丰溪
水库
村内小塘
寒岩村水资源丰富，水质状况良好。
村域水体分析
十里铁甲龙
寒岩夕照
民宿建
始丰溪
荷花
竹林
杨梅园
清潭水库
百狮望金盘
寒岩村自然景观丰富，具有良好的生态环境及景观资源基础。
村域景观资源分析
MODERN COUNTRYSIDE WISDOM AND SECLUSION

AN EXAMPLE OF MODERN RURAL SECLUSION UNDER THE GUIDANCE OF HARMONY CULTURE

摩登乡村 · 智慧隐居

和合文化指导下的寒岩村现代乡村隐居规划与设计

贰

人口结构分析

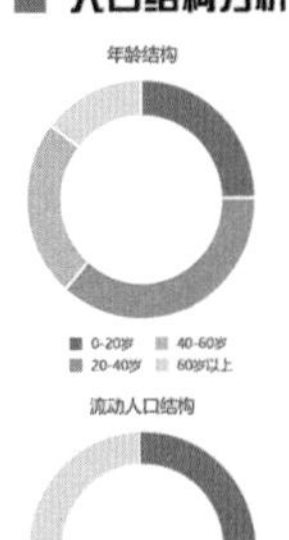
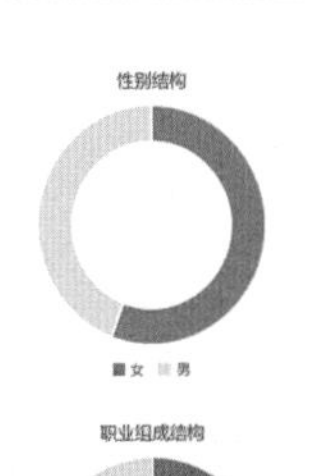
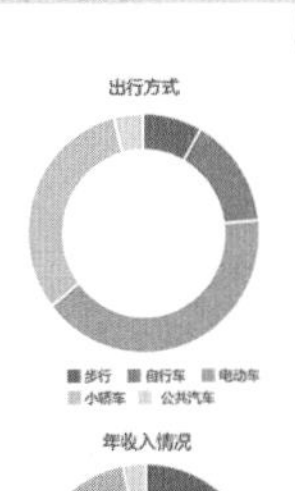
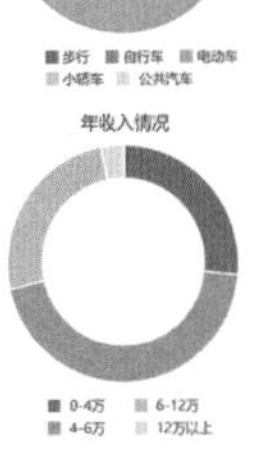

由上述六个分析图可以看出，寒岩村男女比例相当，但常住人口偏少，多数青壮年都选择外出打工，家中多为留守老人与儿童，因此家庭经济收入主要来源于外出务工人员，兼顾传统农业，平均年收入多在0-6万。村内主要出行方式多为电动车和小轿车，虽已开通公共出行方式，但班次偏少，所到地点有限，使用率不高。

产业分析

寒岩村充分利用在山靠山的优势，发展农业产业。其中第一产业占比85%，种植有大量果树苗木；第二产业占比5%，仅有少量果酒加工；第三产业占比10%，开设有少量餐饮、民宿，以及部分娱乐场所。

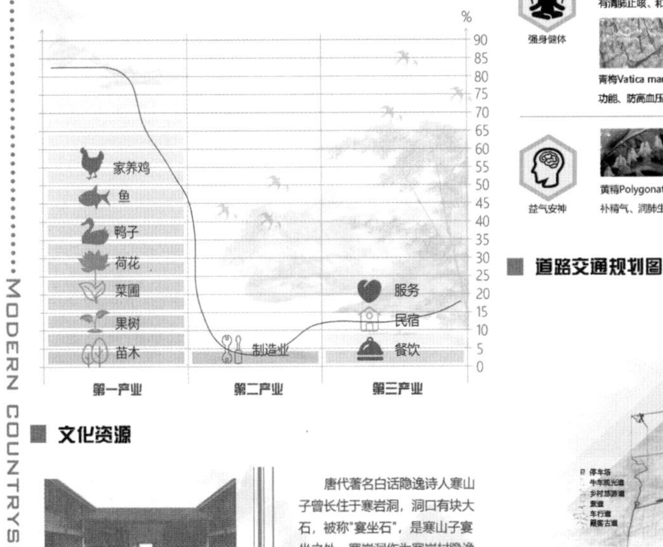

文化资源

村内保留有较多百年以上的四合院落式建筑，极具乡土特色。

位于村口的几幢建筑，白墙为底，3D彩绘于墙面，也是村庄的门面建筑。结合和合二圣的彩绘，合和的文化理念引入村中。

唐代著名白话隐逸诗人寒山子曾长住于寒岩洞，洞口有块大石，被称"宴坐石"，是寒山子宴坐之处。寒岩洞作为寒岩村隐逸文化的诞生地。

为发扬和传承寒岩村特色历史文化，村内设置了寒山讲堂。

如今的寒岩洞依旧有虔诚守候的老奶奶，悠活自在。

问卷调查分析

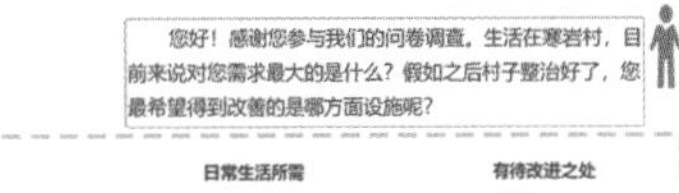

您好！感谢您参与我们的问卷调查。生活在寒岩村，目前来说对您需求最大的是什么？假如之后村子整治好了，您最希望得到改善的是哪方面设施呢？

植物规划

美容养颜

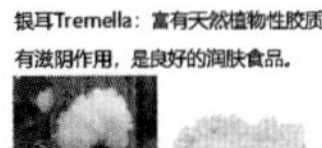

桃胶Amygdalus persica：具清血降脂，缓解压力和抗皱嫩肤的功效。

银耳Tremella：富有天然植物性胶质，有滋阴作用，是良好的润肤食品。

强身健体

枇杷叶Eriobotrya japonica thunb：有清肺止咳、和胃利尿、止渴的功效。

铁皮石斛Dendrobium officinale：可润肺益肾、明目强腰，增强机体免疫力。

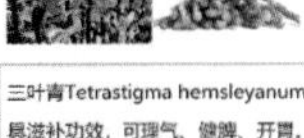

青梅Vatica mangachapoi：增强肝脏功能、防高血压和酸溢血及抑癌等功效。

三叶青Tetrastigma hemsleyanum：具滋补功效，可理气、健脾、开胃。

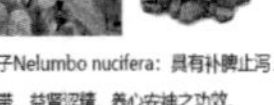

益气安神

黄精Polygonatum sibiricum：具有补精气、润肺生津的作用。

莲子Nelumbo nucifera：具有补脾止泻、止带、益肾涩精、养心安神之功效。

道路交通规划图

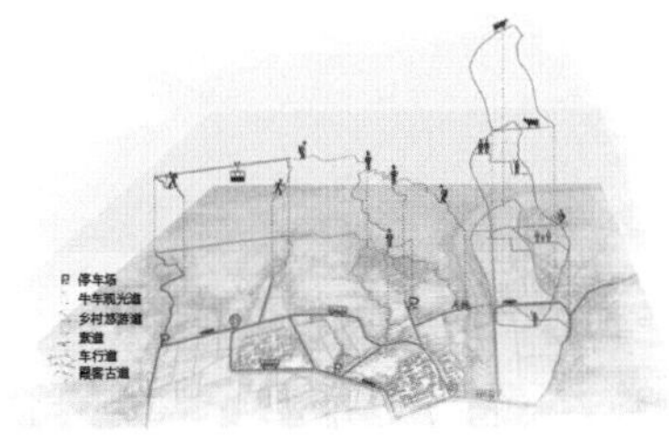

SWOT分析

Strengths

寒岩村地理位置优越，依山傍水，山清水秀，气候宜人，有多处自然景观，具有良好的自然生态特色；

寒岩村历史悠久、人文底蕴深厚，建筑特色鲜明。

Weaknesses

寒岩村村民对于历史文化的认知程度低，没有充分利用当地历史资源；

村域公共空间严重不足，且分布不均，基础设施严重缺乏，村民日常生活娱乐得不到满足。

Opportunities

在各级政府的政策支持下，坚持农业农村优先发展，加快现代农业建设。

以农民合作社为主要载体，集循环农业、创意农业、农事体验于一体的田园综合体正流行。

Threats

结合寒岩当地特色历史文化及自然景观，区别于周边已有的旅游资源，如何打造一个集智慧、共享、悠活于一体的摩登隐居型旅游乡村体验园。

现状照片

天台县龙溪乡寒岩村依山傍水，坐落于十里铁甲龙头，交通顺畅；其中4个村庄紧靠始丰溪畔，还含有2个水库，水资源丰富；村内还种植有大片荷花、杨梅、桃树等植被，适宜发展农业；寒岩夕照、石梁飞鹊、百狮望金盘等自然景观资源丰富。

十里铁甲龙

塘坝里水库

特色老民房

新建民居房

文化亭

桃树

荷花池

MODERN COUNTRYSIDE WISDOM AND SECLUSION

二等奖

二等奖

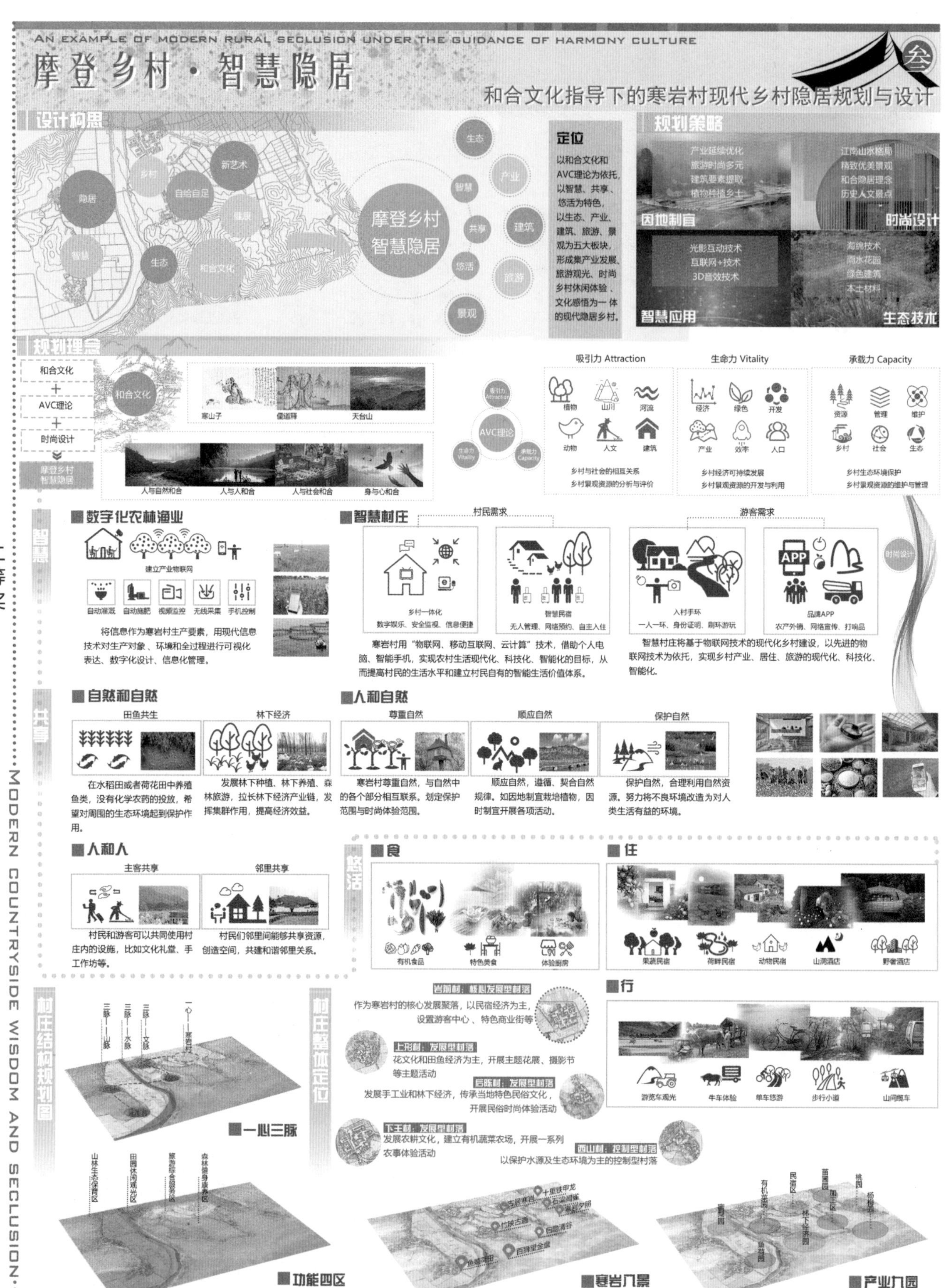
AN EXAMPLE OF MODERN RURAL SECLUSION UNDER THE GUIDANCE OF HARMONY CULTURE
摩登乡村·智慧隐居
和合文化指导下的寒岩村现代乡村隐居规划与设计
设计构思
摩登乡村 智慧隐居
定位
以和合文化和AVC理论为依托，以智慧、共享、悠活为特色，以生态、产业、建筑、旅游、景观为五大板块，形成集产业发展、旅游观光、时尚乡村休闲体验、文化感悟为一体的现代隐居乡村。
规划策略
产业延续优化
旅游时尚多元
建筑要素提取
植物种植乡土
因地制宜
江南山水格局
精致优美景观
和合隐居理念
历史人文景点
时尚设计
光影互动技术
互联网+技术
3D音效技术
智慧应用
海绵技术
雨水花园
绿色建筑
本土材料
生态技术
规划理念
和合文化
AVC理论
时尚设计
摩登乡村智慧隐居
寒山子
偈语碑
天台山
人与自然和合
人与人和合
人与社会和合
身与心和合
吸引力 Attraction
生命力 Vitality
承载力 Capacity
乡村与社会的相互关系
乡村景观资源的分析与评价
乡村经济可持续发展
乡村景观资源的开发与利用
乡村生态环境保护
乡村景观资源的维护与管理
智慧
数字化农林渔业
建立产业物联网
自动灌溉
自动施肥
视频监控
无线采集
手机控制
将信息作为寒岩村生产要素，用现代信息技术对生产对象、环境和全过程进行可视化表达、数字化设计、信息化管理。
智慧村庄
村民需求
游客需求
乡村一体化
数字娱乐、安全监视、信息便捷
智慧民宿
无人管理、网络预约、自主入住
入村手环
一人一环、身份证明、刷环游玩
品牌APP
农产外销、网络宣传、打响品
寒岩村用“物联网、移动互联网、云计算”技术，借助个人电脑、智能手机，实现农村生活现代化、科技化、智能化的目标，从而提高村民的生活水平和建立村民自有的智能生活价值体系。
智慧村庄将基于物联网技术的现代化乡村建设，以先进的物联网技术为依托，实现乡村产业、居住、旅游的现代化、科技化、智能化。
时尚设计
共享
自然和自然
田鱼共生
林下经济
在水稻田或者荷花田中养殖鱼类，没有化学农药的投放，希望对周围的生态环境起到保护作用。
发展林下种植、林下养殖、森林旅游，拉长林下经济产业链，发挥集群作用，提高经济效益。
人和自然
尊重自然
顺应自然
保护自然
寒岩村尊重自然，与自然中的各个部分相互联系，划定保护范围与时尚体验范围。
顺应自然，遵循、契合自然规律。如因地制宜栽培植物，因时制宜开展各项活动。
保护自然，合理利用自然资源。努力将不良环境改造为对人类生活有益的环境。
人和人
主客共享
邻里共享
村民和游客可以共同使用村庄内的设施，比如文化礼堂、手工作坊等。
村民们邻里间能够共享资源，创造空间，共建和谐邻里关系。
悠活
食
有机食品
特色美食
体验厨房
住
果蔬民宿
荷畔民宿
动物民宿
山涧酒店
野奢酒店
行
游览车观光
牛车体验
单车悠游
步行小道
山间缆车
村庄结构规划图
一心三脉
村庄整体定位
岩前村：核心发展型村落
作为寒岩村的核心发展聚落，以民宿经济为主，设置游客中心、特色商业街等
上形村：发展型村落
花文化和田鱼经济为主，开展主题花展、摄影节等主题活动
后陈村：发展型村落
发展手工业和林下经济，传承当地特色民俗文化，开展民俗时尚体验活动
下王村：发展型村落
发展农耕文化，建立有机蔬菜农场，开展一系列农事体验活动
西山村：控制型村落
以保护水源及生态环境为主的控制型村落
山林生态保育区
田园休闲观光区
旅游综合服务区
森林健身康养区
功能四区
寒岩八景
产业九园
MODERN COUNTRYSIDE WISDOM AND SECLUSION

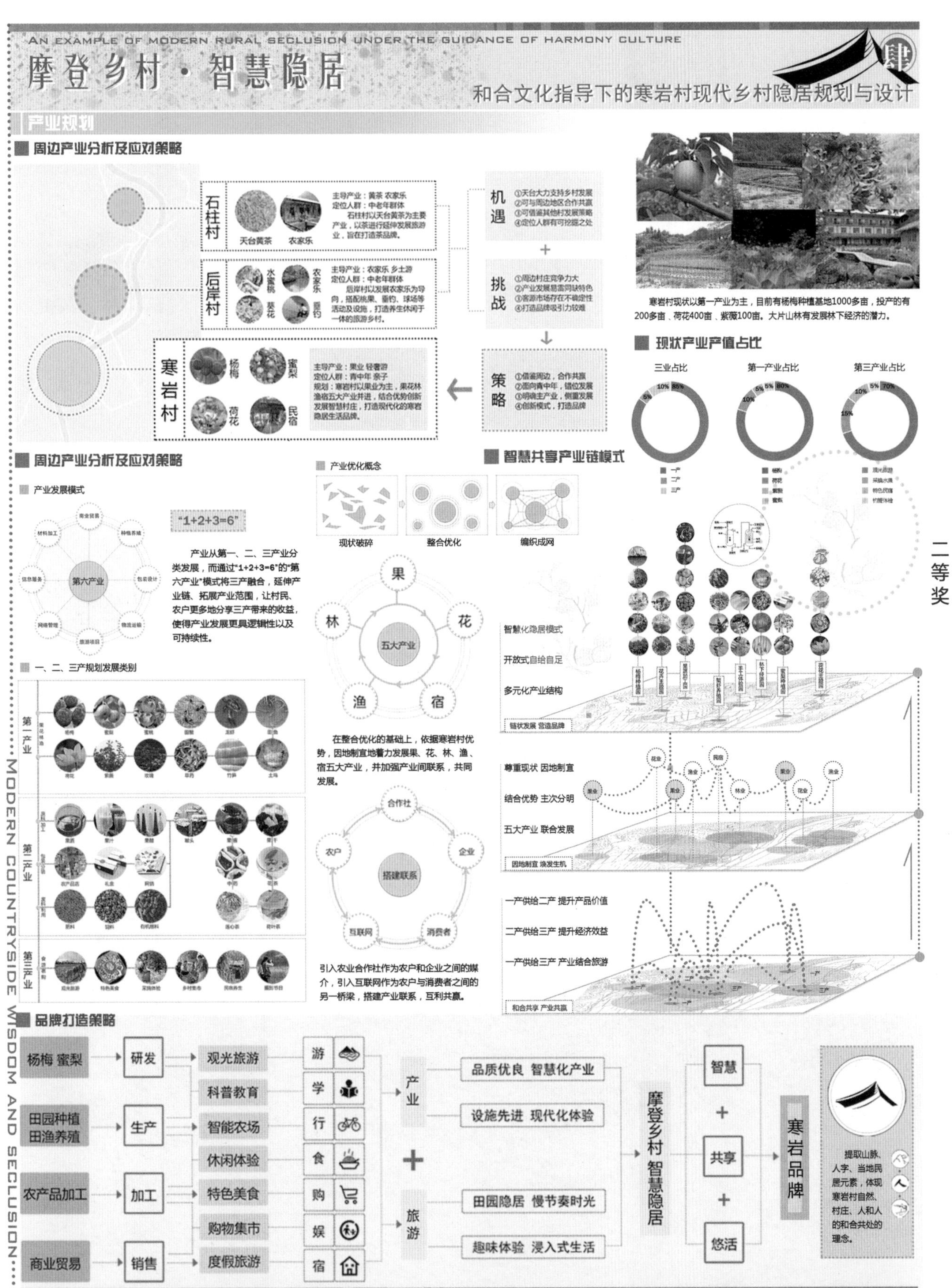
AN EXAMPLE OF MODERN RURAL SECLUSION UNDER THE GUIDANCE OF HARMONY CULTURE
摩登乡村 · 智慧隐居
和合文化指导下的寒岩村现代乡村隐居规划与设计
产业规划
周边产业分析及应对策略
石柱村
主导产业：黄茶 农家乐
定位人群：中老年群体
石柱村以天台黄茶为主要产业，以茶进行延伸发展旅游业，旨在打造茶品牌。
天台黄茶 农家乐
后岸村
主导产业：农家乐 乡土游
定位人群：中老年群体
后岸村以发展农家乐为导向，搭配桃果、垂钓、球场等活动及设施，打造养生休闲于一体的旅游乡村。
寒岩村
主导产业：果业 轻奢游
定位人群：青中年 亲子
规划：寒岩村以果业为主，果花林渔宿五大产业并进，结合优势创新发展智慧村庄，打造现代化的寒岩隐居生活品牌。
杨梅 蜜梨 荷花 民宿
机遇
①天台大力支持乡村发展
②可与周边地区合作共赢
③可借鉴其他村发展策略
④定位人群有可挖掘之处
挑战
①周边村庄竞争力大
②产业发展恳需同缺特色
③客源市场存在不确定性
④打造品牌吸引力较难
策略
①借鉴周边，合作共赢
②面向青中年，错位发展
③明确主产业，侧重发展
④创新模式，打造品牌
寒岩村现状以第一产业为主，目前有杨梅种植基地1000多亩，投产的有200多亩、荷花400亩、紫薇100亩。大片山林有发展林下经济的潜力。
现状产业产值占比
三业占比 第一产业占比 第三产业占比
周边产业分析及应对策略
产业发展模式
"1+2+3=6"
产业从第一、二、三产业分类发展，而通过"1+2+3=6"的"第六产业"模式将三产融合，延伸产业链、拓展产业范围，让村民、农户更多地分享三产带来的收益，使得产业发展更具逻辑性以及可持续性。
第六产业
一、二、三产规划发展类别
第一产业 第二产业 第三产业
产业优化概念
现状破碎 整合优化 编织成网
果 花 宿 渔 林 五大产业
在整合优化的基础上，依据寒岩村优势，因地制宜地着力发展果、花、林、渔、宿五大产业，并加强产业间联系，共同发展。
合作社 企业 消费者 互联网 农户 搭建联系
引入农业合作社作为农户和企业之间的媒介，引入互联网作为农户与消费者之间的另一桥梁，搭建产业联系，互利共赢。
智慧共享产业链模式
智慧化隐居模式
开放式自给自足
多元化产业结构
链状发展 塑造品牌
尊重现状 因地制宜
结合优势 主次分明
五大产业 联合发展
因地制宜 焕发生机
一产供给二产 提升产品价值
二产供给三产 提升经济效益
一产供给三产 产业结合旅游
和合共享 产业共赢
品牌打造策略
杨梅 蜜梨
田园种植 田渔养殖
农产品加工
商业贸易
研发 生产 加工 销售
观光旅游 科普教育 智能农场 休闲体验 特色美食 购物集市 度假旅游
游 学 行 食 购 娱 宿
产业 旅游
品质优良 智慧化产业
设施先进 现代化体验
田园隐居 慢节奏时光
趣味体验 浸入式生活
摩登乡村 智慧隐居
智慧 + 共享 + 悠活
寒岩品牌
提取山脉、人字、当地民居元素，体现寒岩村自然、村庄、人和人的和合共处的理念。
MODERN COUNTRYSIDE WISDOM AND SECLUSION
二等奖

二等奖

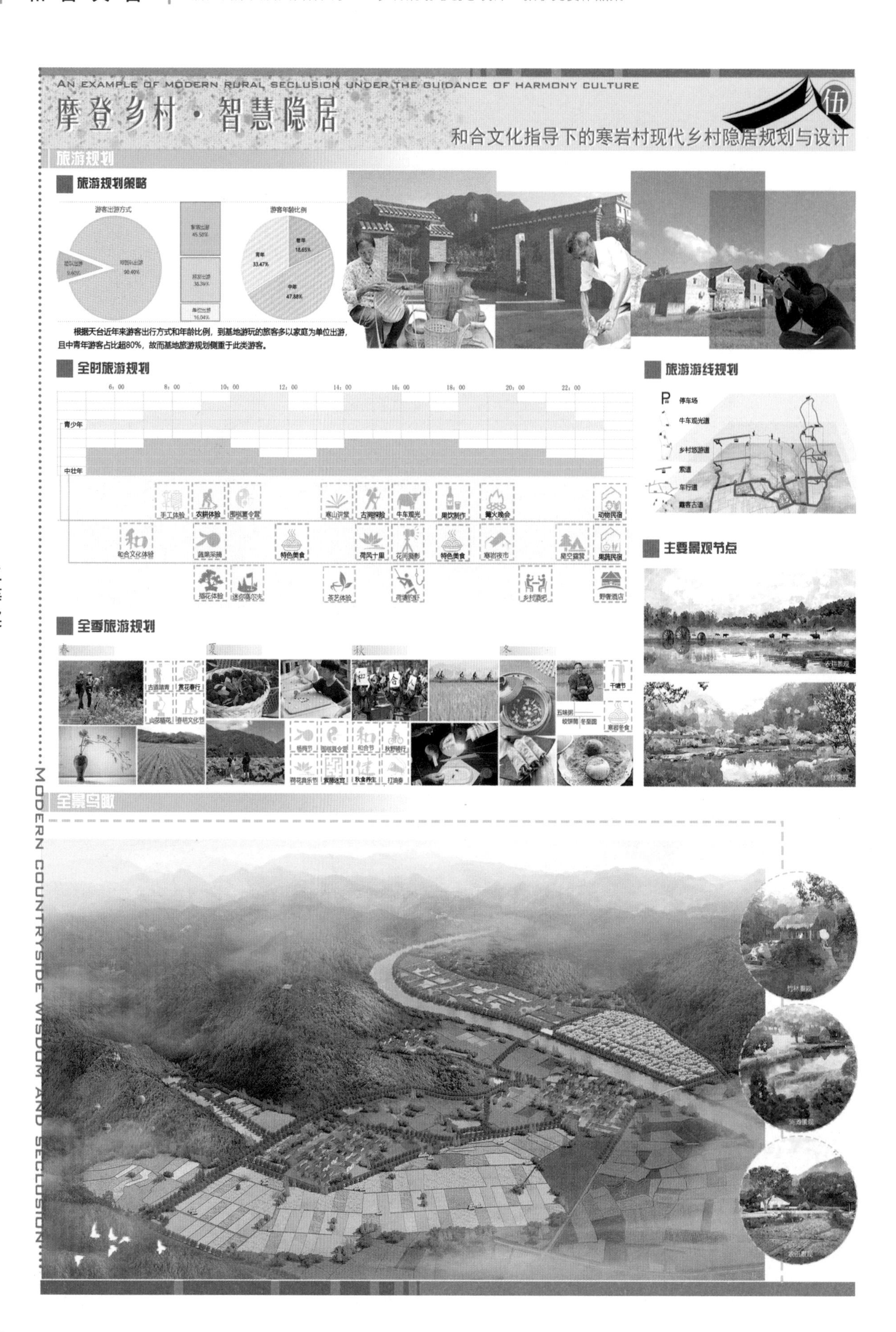
AN EXAMPLE OF MODERN RURAL SECLUSION UNDER THE GUIDANCE OF HARMONY CULTURE
摩登乡村·智慧隐居
伍
和合文化指导下的寒岩村现代乡村隐居规划与设计
旅游规划
旅游规划策略
游客出游方式
游客年龄比例
根据天台近年来游客出行方式和年龄比例，到基地游玩的旅客多以家庭为单位出游，且中青年游客占比超80%，故而基地旅游规划侧重于此类游客。
全时旅游规划
青少年
中壮年
手工体验
农耕体验
寒山讲堂
古洞探险
牛车观光
果饮制作
篝火晚会
动物民宿
和合文化体验
蔬果采摘
特色美食
荷风十里
特色美食
寒岩夜市
果蔬民宿
插花体验
茶艺体验
乡村酒吧
野奢酒店
旅游游线规划
停车场
牛车观光道
乡村旅游道
索道
车行道
霞客古道
主要景观节点
全季旅游规划
春
夏
秋
冬
古道踏青
赏花春行
干塘节
五味粥
全景鸟瞰
MODERN COUNTRYSIDE WISDOM AND SECLUSION

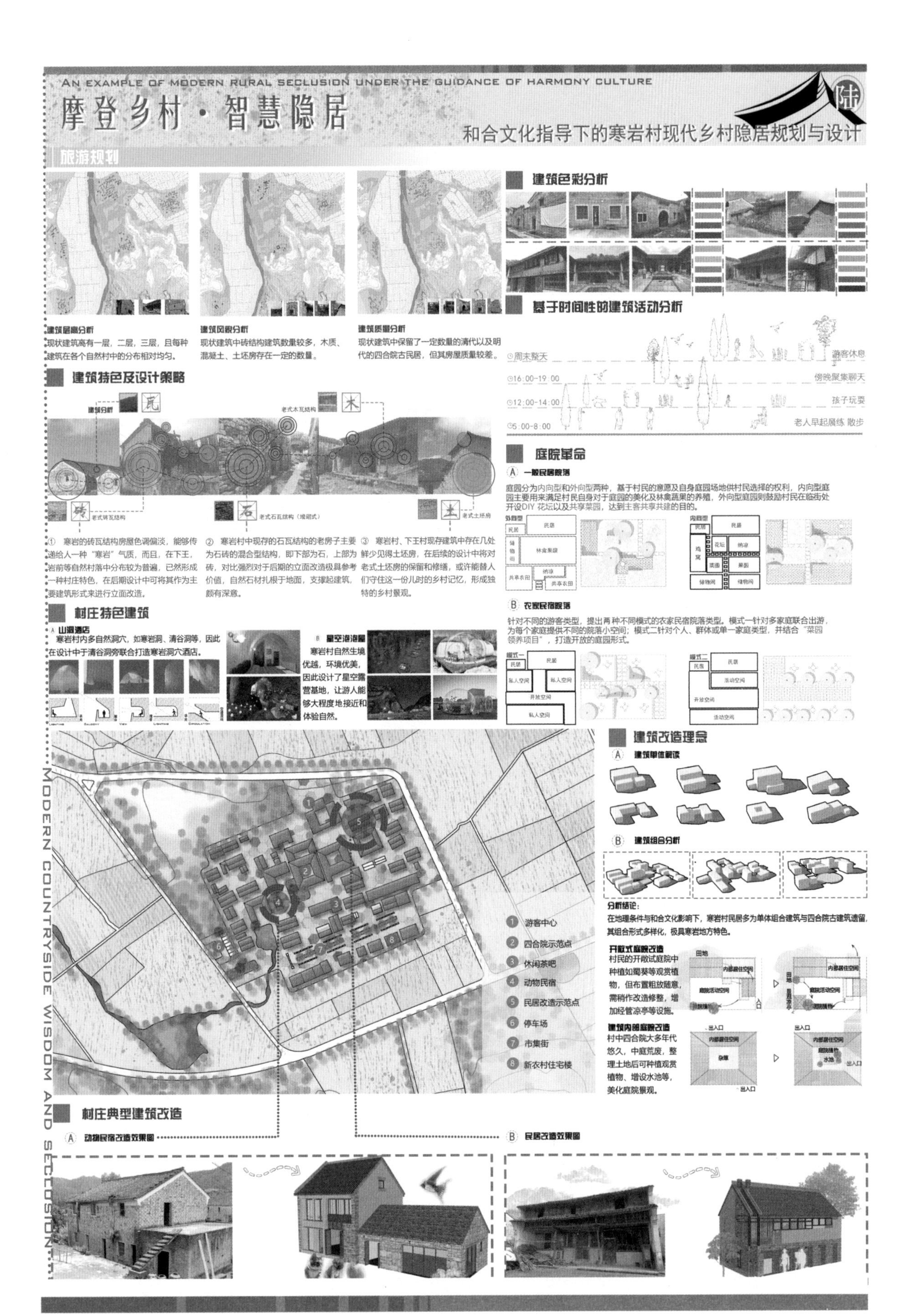
AN EXAMPLE OF MODERN RURAL SECLUSION UNDER THE GUIDANCE OF HARMONY CULTURE
摩登乡村·智慧隐居
和合文化指导下的寒岩村现代乡村隐居规划与设计
陆
旅游规划
建筑层高分析
现状建筑高有一层、二层、三层，且每种建筑在各个自然村中的分布相对均匀。
建筑风貌分析
现状建筑中砖结构建筑数量较多，木质、混凝土、土坯房存在一定的数量。
建筑质量分析
现状建筑中保留了一定数量的清代以及明代的四合院古民居，但其房屋质量较差。
建筑色彩分析
基于时间性的建筑活动分析
周末整天
游客休息
16:00-19:00
傍晚聚集聊天
12:00-14:00
孩子玩耍
5:00-8:00
老人早起晨练 散步
建筑特色及设计策略
瓦
木
砖
石
土
老式砖瓦结构
老式石瓦结构（墙砌式）
老式木瓦结构
老式土坯房
① 寒岩的砖瓦结构房屋色调偏淡，能够传递给人一种“寒岩”气质，而且，在下王，岩前等自然村落中分布较为普遍，已然形成一种村庄特色，在后期设计中可将其作为主要建筑形式来进行立面改造。
② 寒岩村中现存的石瓦结构的老房子主要为石砖的混合型结构，即下部为石，上部为砖，对比强烈对于后期的立面改造极具参考价值，自然石材扎根于地面，支撑起建筑，颇有深意。
③ 寒岩村、下王村现存建筑中存在几处鲜少见得土坯房，在后续的设计中将对老式土坯房的保留和修缮，或许能替人们守住这一份儿时的乡村记忆，形成独特的乡村景观。
庭院革命
A 一般民居院落
庭园分为内向型和外向型两种，基于村民的意愿及自身庭园场地供村民选择的权利，内向型庭园主要用来满足村民自身对于庭园的美化及林禽蔬果的养殖，外向型庭园则鼓励村民在临街处开设DIY花坛以及共享菜园，达到主客共享共建的目的。
外向型
内向型
民居
储物间
林禽果蔬
纳凉
共享农田
花坛
菜园
B 农家民宿院落
针对不同的游客类型，提出两种不同模式的农家民宿院落类型。模式一针对多家庭联合出游，为每个家庭提供不同的院落小空间；模式二针对个人、群体或单一家庭类型，并结合“菜园领养项目”，打造开放的庭园形式。
模式一
模式二
私人空间
开放空间
活动空间
村庄特色建筑
A 山洞酒店
寒岩村内多自然洞穴，如寒岩洞、清谷洞等，因此在设计中于清谷洞旁联合打造寒岩洞穴酒店。
B 星空露营
寒岩村自然生境优越，环境优美，因此设计了星空露营基地，让游人能够大程度地接近和体验自然。
建筑改造理念
A 建筑单体解读
B 建筑组合分析
分析结论：
在地理条件与和合文化影响下，寒岩村民居多为单体组合建筑与四合院古建筑遗留，其组合形式多样化，极具寒岩地方特色。
开敞式庭院改造
村民的开敞式庭院中种植如葡萄等观赏植物，但布置粗放随意，需稍作改造修整，增加经营凉亭等设施。
建筑内部庭院改造
村中四合院大多年代悠久，中庭荒废，整理土地后可种植观赏植物，增设水池等，美化庭院景观。
田地
内部居住空间
庭院活动空间
出入口
水池
① 游客中心
② 四合院示范点
③ 休闲茶吧
④ 动物民宿
⑤ 民居改造示范点
⑥ 停车场
⑦ 市集街
⑧ 新农村住宅楼
MODERN COUNTRYSIDE WISDOM AND SECLUSION
村庄典型建筑改造
A 动物民宿改造效果图
B 民居改造效果图

二等奖

浙江理工大学

春秋两合——天台县平桥镇张思村乡村规划与设计

教师感言：

乡村振兴是近年来为大家所关注的一个话题，当代大学生能为乡村振兴做多少事，这还需要我们用行动去回答。而乡村规划设计对建筑学专业的同学是一次全新的挑战。在竞赛的前期调研和后续规划设计过程中，同学们投入了极大的热情，体现出他们良好的自主学习能力和合作互助的团队精神。通过本次竞赛的理论与实践相结合，同学们分析问题和解决问题的能力都有了显著提高，对古建筑保护、乡村规划的理解和认知更加深刻。这是一次非常有意义的体验。

团队感言：

张思村是一个美丽而宁静的村落，它的历史建筑、中医药材、古朴的民风、美丽的始丰溪都给我们留下了深刻的印象。乡村规划不同于建筑设计，是基于一张更大的版图上为更大的人群进行规划与设计，在此过程中我们获益良多。

从一张白纸出发，从陌生到熟悉，从远方到亲切，张思村给了我们太多的惊喜和感触，我们唯有用设计的语言和图像，来寄托我们对于它的理解。在这次竞赛中有欢笑也有汗水，感谢队友和老师，让我们成长良多！或许我们所得到的还不是最优解，但那又有什么关系呢？每解决一个问题，我们都在进步。

天台县平桥镇张思村乡村规划与设计

区位分析

【地理】

张思村位于浙江省台州市北部，隶属于天台县平桥镇，东经120°50'54.75"、北纬29°8'26.81"，距离天台中心城区约15公里，距离平桥中心镇区约4.5公里。

村庄北临湖井村，南靠始丰溪，东侧与石桥村相邻，西侧与溪头蒋村接壤。

【交通】

张思村位于天台县西部，323省道从村庄北面穿过。

村庄到平桥镇区车程约8分钟，到天台中心城区约30分钟。天台互通距离村庄约55公里，交通区位良好。

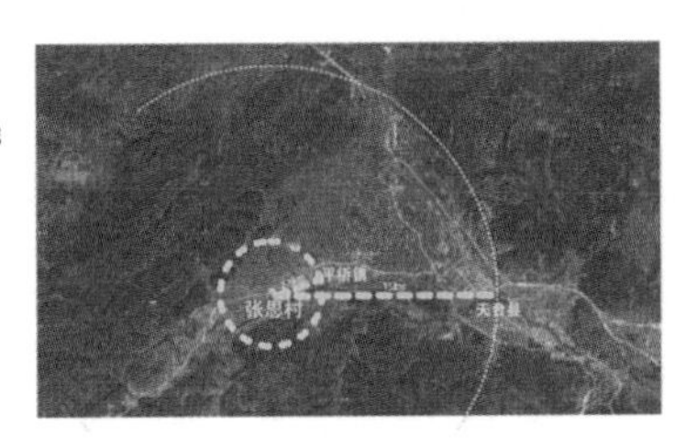

SWOT分析

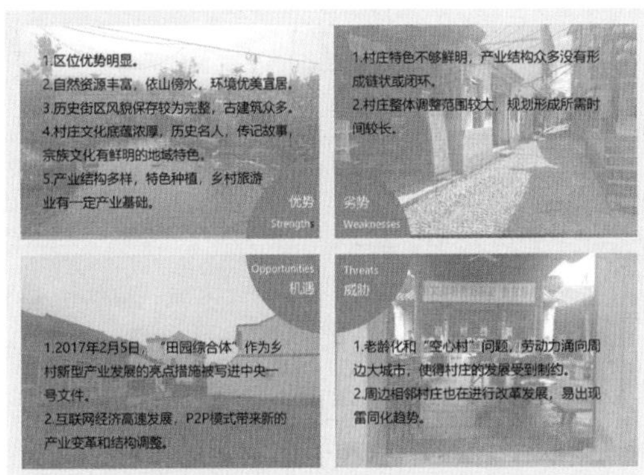

历史文化

张思村以张、施两姓居住而得名，迄今已有700余年历史。传说一日，张思人的祖先陈广清做了个梦，梦中有一位高人告诉他，往西四十里，有一处宝地，遇一土墩可止，在那儿安家，必人丁兴旺。第二日，陈老便带着侄子去了，发现周围的景致与梦中无异，于是果断就迁居于现在的张思村所在地。村中心的"墩头台"上挂着一幅楹联，记载了张思历史：自葵迁务园置山口书田书香不断；由清溯宋代开墩头基地基业无疆。

明成化三年(1467年)
陈广清（陈氏始祖）
文渊阁中书舍人陈宗渊

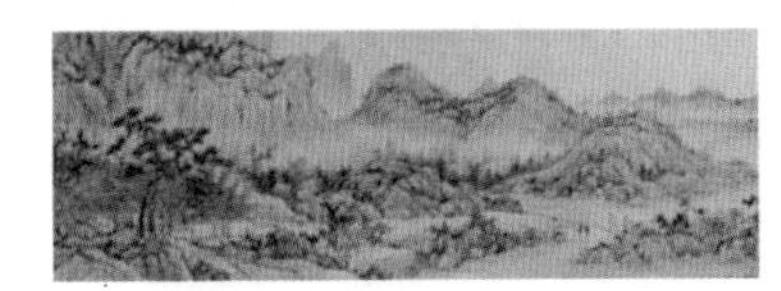

清康熙三十三年（1694年）
族长陈廷赞撰写族训

稳中求变，古村换新

产业分析

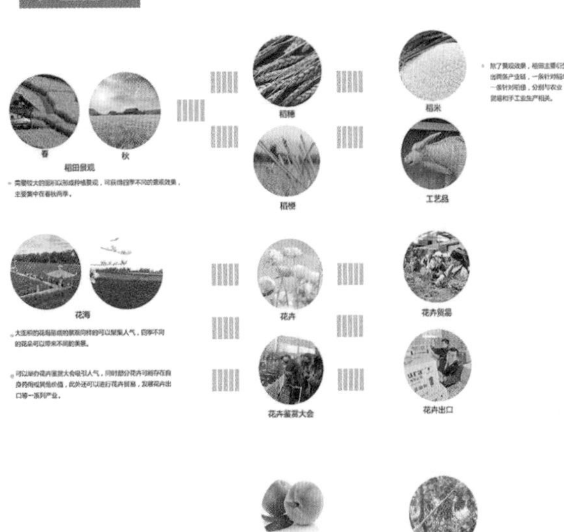

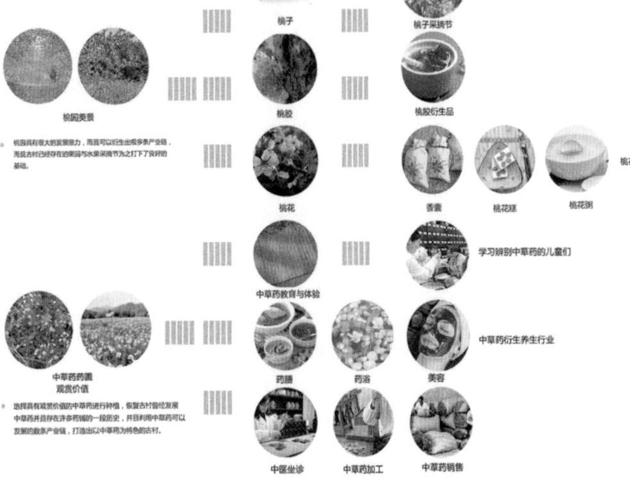

三等奖

天台县平桥镇张思村乡村规划与设计

三等奖

现状分析

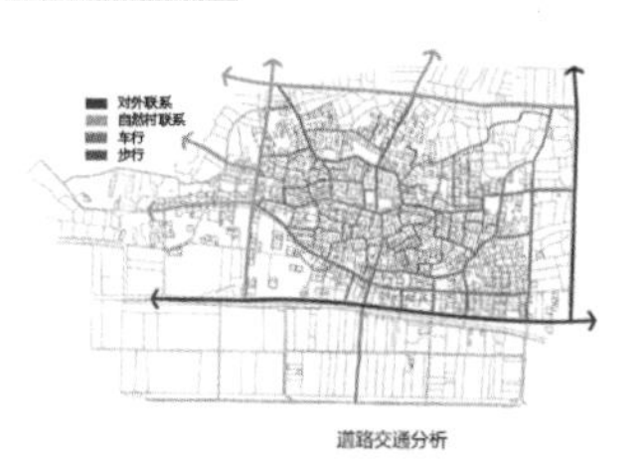

道路交通分析

建筑风貌分析

道路铺装分析

道路组成分析

历史街巷分析

建筑层高分析

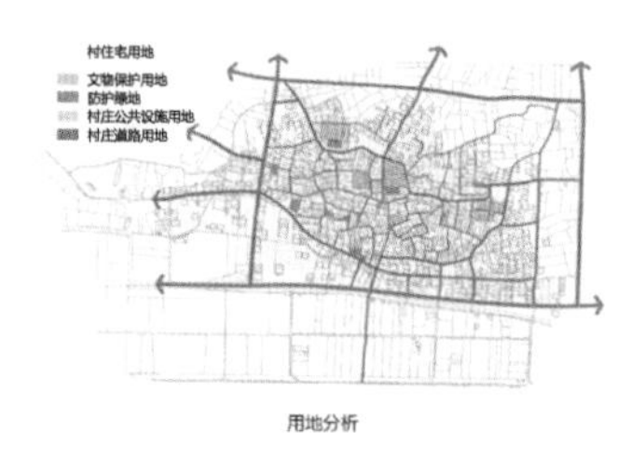

用地分析

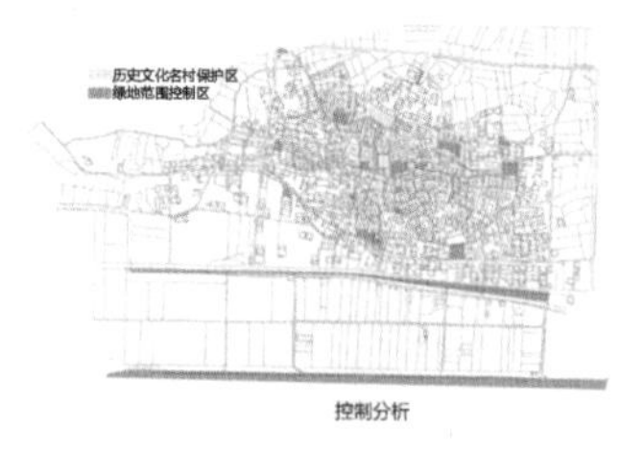

控制分析

设计说明

春是复苏，秋是归根，春秋象征着时间的流逝。两是一斤的八分之一，合是一升的十分之一，两合为古代中草药的单位。我们在几百几千的时间中感知到张思村的文化长度，而在几两几合的草药中感知到张思村的文化厚度。古韵张思也是古药张思。

因此，我们从历史出发，从土地出发，从村民出发，希望通过中草药与养生这一主题，能够焕发古村的活力，让古村既从以往中寻求到初心不变的根，又从未来中期盼着崭新面目的心。

总平面图

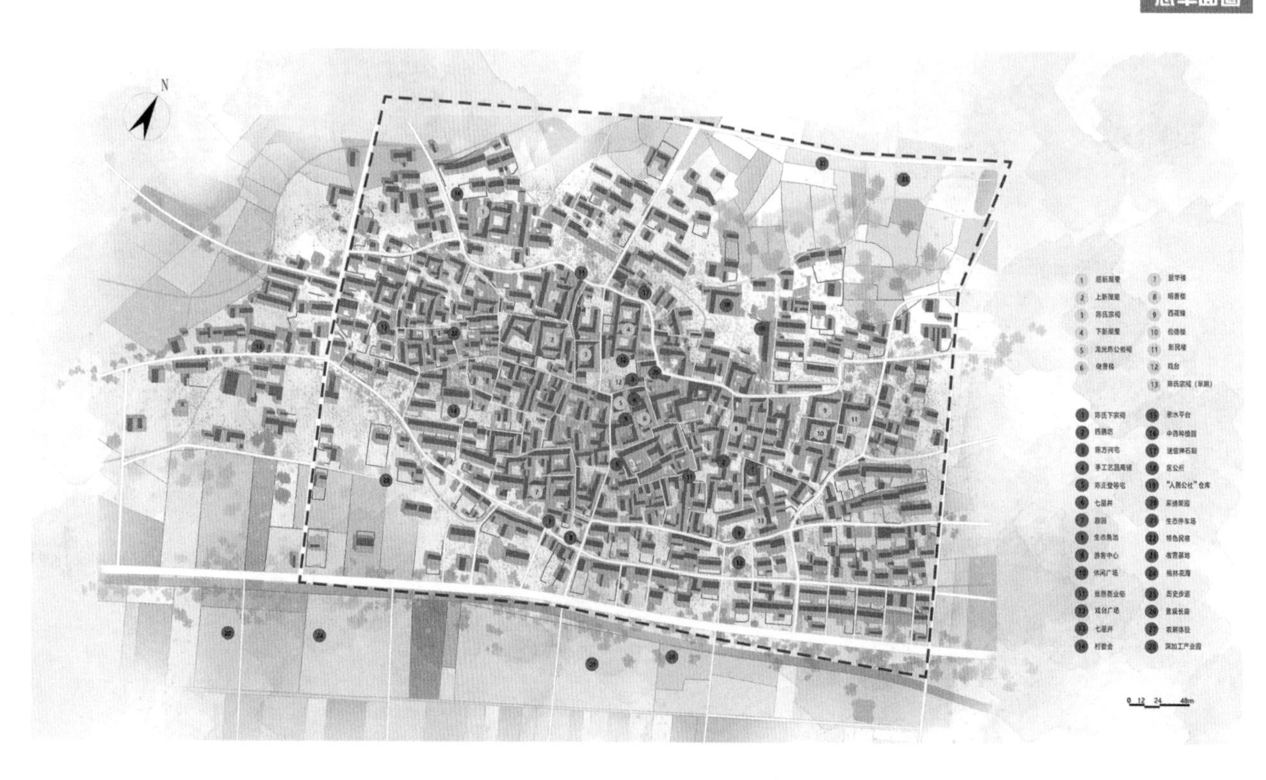

天台县平桥镇张思村乡村规划与设计

规划概念

以“**抓住古村特色——中草药**”为要点发展以回归田园、养生休闲为主题的文旅古村。

考虑要点 / 可发展产业	可使用的土地面积（村庄北侧农业用地）	产业链发展	是否具有独特性	现存产业基础	村庄整体氛围营造
稻田	不足以形成大面积稻田景观	主要有稻田景观、稻米、稻梗工艺品三种渠道	稻田景观目前已知在乡村规划形成的田园综合体中应用较多，且已经形成较成熟的表现形式	现存的农业，以水稻种植为主，其他瓜果蔬菜为辅	男耕女织田园生活
花海	结合原有花海建设可以形成	主要有花卉景观、花卉鉴赏大会（相关活动）、花卉销售（花卉贸易出口）三种渠道	我国以花海为特色的旅游景点已经不少，并且浙江省内被冠以“浙江最美赏花圣地”之名的景点就已经达到100个之多	已存在花海，并有花海节	花开四季，姹紫嫣红
桃园	北侧土地不足以种植大面积桃林	主要有桃林景观、桃胶衍生产业、桃花衍生产业、桃子衍生产业等四种渠道	“十里桃林”一直是一个极好的旅游卖点，但是地理位置极近的义乌上溪桃花坞已经以此为特色，对比之下难免显得竞争力不足	已有桃园，其中包括小部分梨园，并有水果采摘节	十里桃园，累累硕果
中草药	可形成小植株为主的观赏性药圃	主要有中草药植株景观、中草药知识教育体验、中草药加工销售、中医坐诊、药膳、药浴、中草药美容等众多渠道	以中草药为特色的旅游古村仍是少数，而张思村的百姓在历史中有很长时间以此为生，以“中草药”为主题，何尝不是一种回顾过去	有着浓郁的历史文化气息，药铺等及草药种植零星存在	幽幽药香，古韵潺潺

三等奖

避开大肆模仿的特色产业
避免毫无基础的凭空创造
探寻被掩盖的专属于张思的闪光点
以此作为张思村的特色
吸引世界各地的游客

如何抉择 ▶ 抓住特点
何为闪光点 ▶ 中草药生产链

规划结构

农业景观示范区
发展中心
商业轴
文旅发展区
文化中心
传承创新区
田园经济深化区
始丰溪观光带

两心：
以张思村委会为中心的发展中心和以墩台为中心的文化中心

一轴： 商业轴

一带： 始丰溪观光带

四片区：
1.由中草药体验区和农业观光区组成的农业景观示范区
2.由民宿区和国学宗祠教育区组成的文旅发展区
3.由手工体验区和民国风情体验区组成的传承创新区
4.由中草药深化加工销售区和特产纪念品商店区组成的田园经济深化区

规划分析

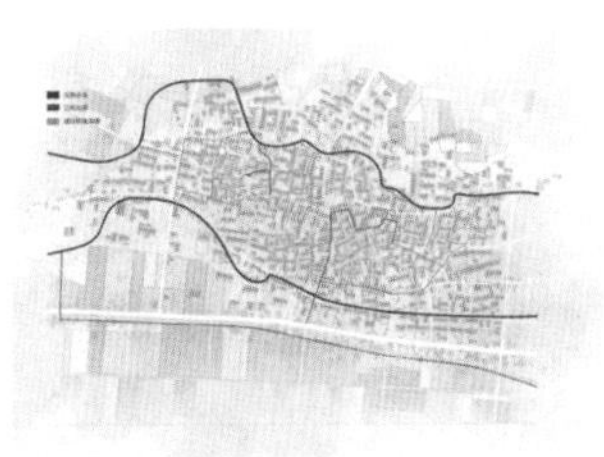
水系分析

板块分析

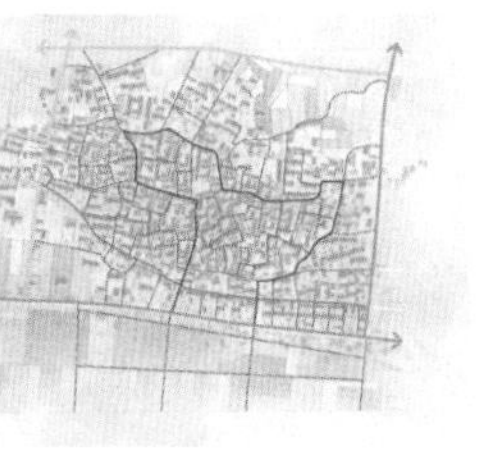
道路分析

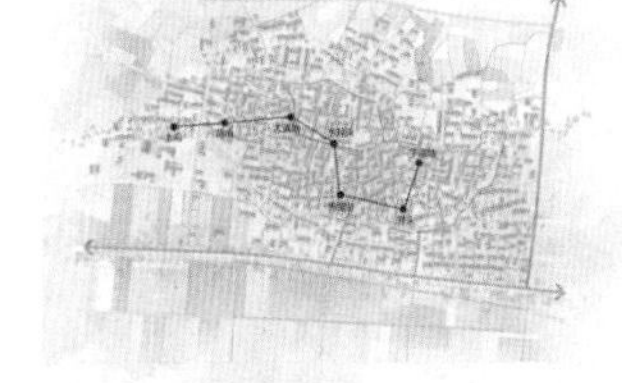
七星井聚原图

天台县平桥镇张思村乡村规划与设计

三等奖

游览路线

鸟瞰图·春

天台县平桥镇张思村乡村规划与设计

四季景观

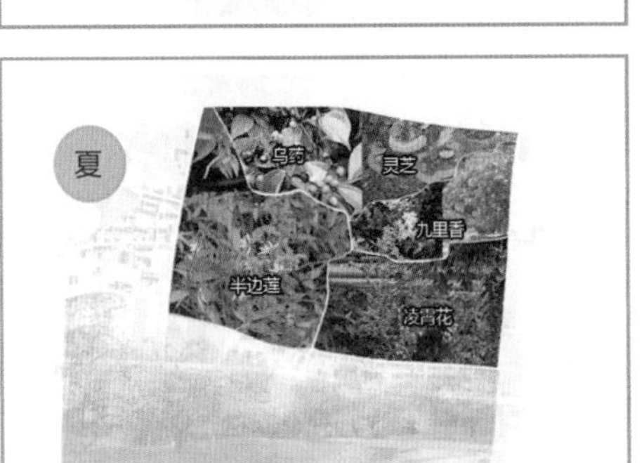

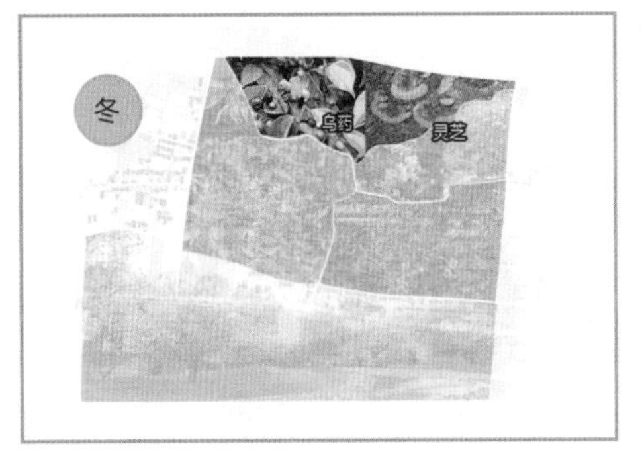

三等奖

村庄氛围

四季景观

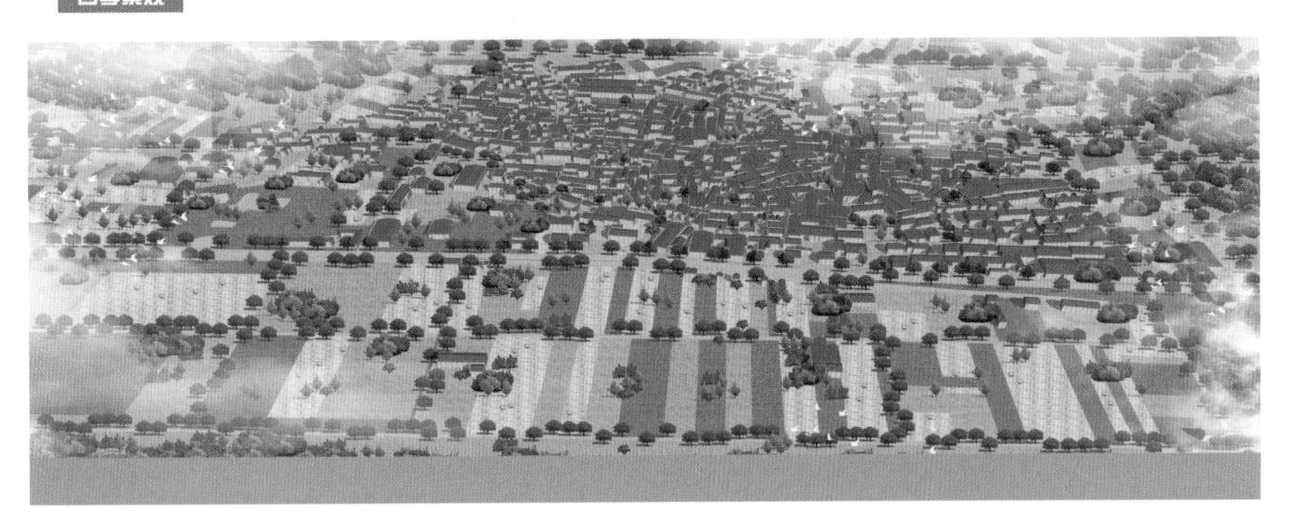

三等奖

春秋雨舍·陆

春秋匪懈 雨舍不忘

天台县平桥镇张思村乡村规划与设计

养生民宿

民宿平面图

游客中心平面图

设计说明

本图就游客中心、商业街、墩头台、休闲广场、健身中心、童趣广场、中草药种植园以及养生民宿几个节点进行效果图及总平展示。

张思村的古建筑群，既有前后错落、层次丰富的特点，又有你藏我露，我藏你露的佳趣。村中的上祠堂、小祠堂、下祠堂均为明、清古建筑。民居均是四合院、三退九明堂等明末清初的建筑风格。村街长约一公里，洁净平整，曲折入胜。村街狭如里弄，在这里，天被压成一条线，街被束成一条带。古色古香，穿行其中，别有一番趣味。但仍存在功能分区不够明确、村庄部分服务功能缺失等问题，在此基础上开展节点设计。

养生民宿：张思村村容古朴，历史氛围浓郁，人们来到村中生活节奏慢下来以后心也容易静下来，从而修身养性，在简单的生活中感悟人生真谛。

中草药种植园：张思村最大的特色就是中草药种植，为了丰富旅游项目，在游览路线中布置中草药种植园使游客可以亲身观赏和体验中草药采摘的乐趣。

童趣广场：原张思村并没有一个专门为孩子们设置的游乐区，孩子们只能在路边玩耍，既无聊又危险，因此，设置一个童趣广场，丰富村庄儿童的课余生活。

健身中心：原张思村也无一个专门为中老年设置的健身与活动中心，但中老年乃是张思村目前的主要生活群体，为提高本地人的生活幸福感与身心健康，设置一个健身中心相当必要。

童趣广场

健身中心

中草药采摘园

商业街：原村村心的商业布置较为闲散随意，道路也极窄，因此在游览线上集中布置商业街，也有利于拉动旅游业以及提高当地村民的生产生活水平。

游客中心：原村的村口狭小且不显眼，仅牌坊示意，因此我们将村口东移，利用一处开阔的场地改建游客中心，取原来建筑的材质和坡屋顶等古建特色，但在空间设计上取现代手法，使整个游客中心开敞通透，自然而大气。

墩头台

休闲广场

游客中心

商业街

浙江农林大学

路尽水生——天台县龙溪乡黄水村乡村规划与创意设计

三等奖

教师感言：

竞赛是对学生综合素质的培养和检验过程。我们在组队之初考虑了团队的整体配合，形成了跨专业合作的团队。在这个过程中也产生了很多问题，每位老师都花费了很多时间和精力去给出意见，指导学生推进竞赛的进程。当然每一位学生都是潜力无限的存在，我们悉心指导，他们畅所欲言，敢说敢做，也做出一些跟以往不一样的东西。本次竞赛也让所有人都学习到许多，让我们对当下乡村建设有了更多更深刻的认知。

当下乡村振兴已成为全社会关注的焦点，人们充满热情，但在实践中却缺乏理性的思考和理论的指导。通过竞赛，在这些方面做些有意义的思考和探索非常有意义。

团队感言：

本次“和合天台”竞赛让我们走进了天台县的黄水村，在充分调研分析的基础上，让我们有可贵的机会可以根据自己的理解，对一个村庄进行规划设计。这不仅让我们的专业能力得到提升，也让我们对于专业的视角从简单的景观设计提升到了对一个空间体系的认识。同时这次的乡村规划与创意设计大赛是追随着现如今乡村振兴的浪潮的。吕不韦有言：“世事不难，我辈何用？”正是通过这次竞赛，让我们对于这一方面进行一个尝试性的思考，团队的每一个人都收获良多。最后衷心感谢这次竞赛为我们提供的实践机会，感谢一路走来相互支持、共同成长的老师和同学。

Road Water

路尽水生 天台县龙溪乡黄水村乡村规划与创意设计

驿路此尽，活水始生　RURAL PLANNING AND DESIGN

01 片区现状

三等奖

区位分析 Location analysis

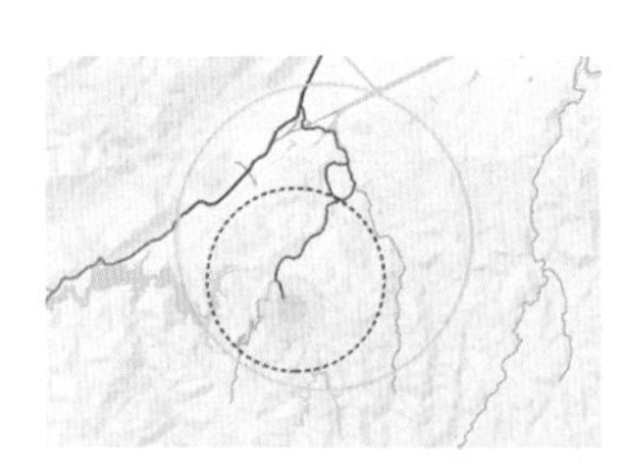

特征：场地黄水村位于浙江省台州市天台县范围内，处在天台西南部，邻近杭州、宁波、温州、金华等主要城市。黄水村已有1200余年历史，村域面积5.5平方公里。

Characteri stics: The site Huangshui Village is located in Tiantai County, Taizhou City, Zhejiang Province, in the southwest of Tiantai, It is close to major cities such as Hangzhou, Ningbo, Wenzhou and Jinhua,ect. Huangshui Village has a history of more than 1,200 years and the village area is 5.5 square kilometers.

路尽水生 The road is as good as water

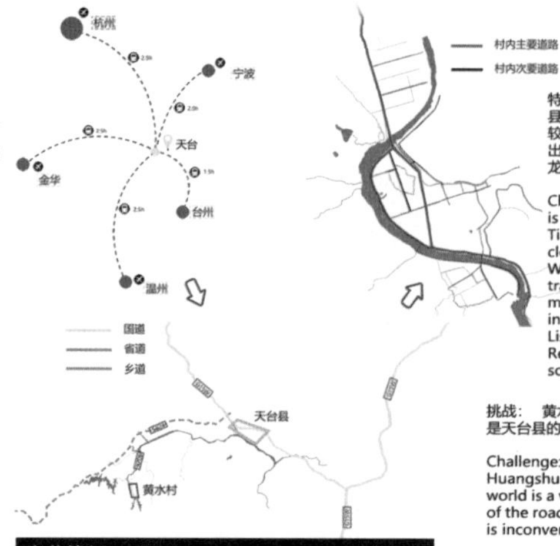

特征：黄水村位于天台县西南部，天台县距杭州、金华、温州、宁波、台州市较近，客源较多。村内交通基本能满足出行，村内水资源优越，里石门水库与龙门水库为天台县的主要水源。

Characteristics: Huangshui Village is located in the southwest of Tiantai County. Tiantai County is close to Hangzhou, Jinhua, Wenzhou, Ningbo and Taizhou. The traffic in the village can basically meet the travel, the water resources in the village are superior, and the Lishimen Reservoir and Longmen Reservoir are the main water sources of Tiantai County.

挑战：黄水村与外界的联系为一条村道，是天台县的道路末端，交通不便。

Challenge: The contact between Huangshui Village and the outside world is a village road, which is the end of the road in Tiantai County.The traffic is inconvenient.

周边景点分析 Surrounding attractions

挑战：黄水村周边现有旅游景点众多，将游客分流截断，增大旅游发展的难度；现有周边景区景观类型多样，但旅游模式较为单一，黄水村只有寻求新的特色，才能吸引客流。

Challenge: There are many tourist attractions around Huangshui Vilage,which will cut off thetourists and increase the difficulty of developing tourism; There are various types of landscapes in the surrounding scenic spots,but the tourism mode is relatively simple. Huangshui Village can only attract new passegers if it seeks new features.

文化资源 Cultural resource analysis

特征：取水文化、叶氏文化及寒山文化是和合文化最为重要的组成部分。当地特色民俗活动集中在正月、五月及冬月。

Characteristics: Water culture, Ye's culture and Hanshan culture are the most important components of Hehe culture. Local folk activities are concentrated in the January, May and November.

问题：黄水村的民俗文化知名度较高，但吸引力较弱。当地七月与十月缺乏具有地域特色的传统节日与活动。

Question: The folk culture of Huangshui Village has a high reputation, but its attraction is weak.Local festivals and events with regional characteristics are lacking in July and October.

经济产业分析 Economic industry analysis

印刷厂 Printing house
缝衣加工点 Sewing factory
杨梅 Red mei
茶叶 Tea leaf
香鱼 Sweetfish
玉米 Corn
白花菜 White cauliflower
绣球花 Hydrangea
李子 Plum
稻谷 Paddy
野菜 Wild vegetables
特产资源 Specialty
第三产业 Tertiary industry
沿溪农家乐 Bed and breakfast
便利店 Store

建筑分析 Architectural analysis

近二十年修建
近六七十年修建
百年建筑
一层高建筑
二层高建筑
三层高建筑
四层高建筑
重点保护风貌建筑
村民居住建筑（新）
村民居住建筑（旧）
破损可改造建筑
空闲可开发建筑
建筑质量良好
建筑一般
建筑破损严重
风貌古建保护建筑

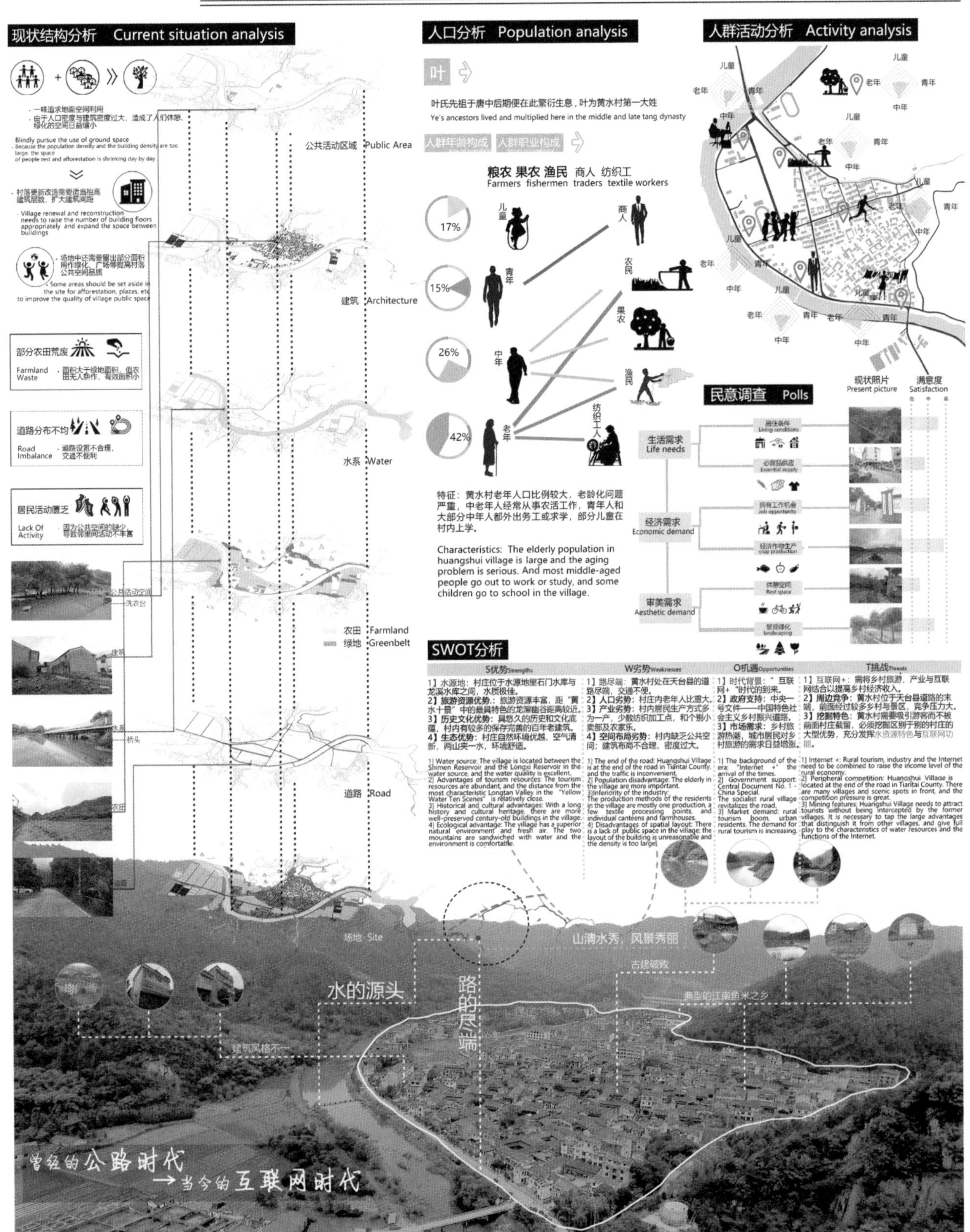
Road Water
路尽水生 天台县龙溪乡黄水村乡村规划与创意设计
驿路此ㄖ，活水始生
RURAL PLANNING AND DESIGN
02
片区现状
现状结构分析 Current situation analysis
人口分析 Population analysis
人群活动分析 Activity analysis
叶氏先祖于唐中后期便在此繁衍生息，叶为黄水村第一大姓
Ye's ancestors lived and multiplied here in the middle and late tang dynasty
人群年龄构成 人群职业构成
粮农 果农 渔民 商人 纺织工
Farmers fishermen traders textile workers
17%
15%
26%
42%
特征：黄水村老年人口比例较大，老龄化问题严重，中老年人经常从事农活工作，青年人和大部分中年人都外出务工或求学，部分儿童在村内上学。
Characteristics: The elderly population in huangshui village is large and the aging problem is serious. And most middle-aged people go out to work or study, and some children go to school in the village.
民意调查 Polls
生活需求 Life needs
经济需求 Economic demand
审美需求 Aesthetic demand
现状照片 Present picture
满意度 Satisfaction
公共活动区域 Public Area
建筑 Architecture
水系 Water
农田 Farmland
绿地 Greenbelt
道路 Road
部分农田荒废 Farmland Waste
道路分布不均 Road Imbalance
居民活动匮乏 Lack Of Activity
SWOT分析
S优势Strengths
W劣势Weaknesses
O机遇Opportunities
T挑战Threats
水的源头
路的尽端
山清水秀，风景秀丽
古建破败
典型的江南鱼米之乡
建筑风格不一
场地 Site
曾经的公路时代
→当今的互联网时代

三等奖

三等奖

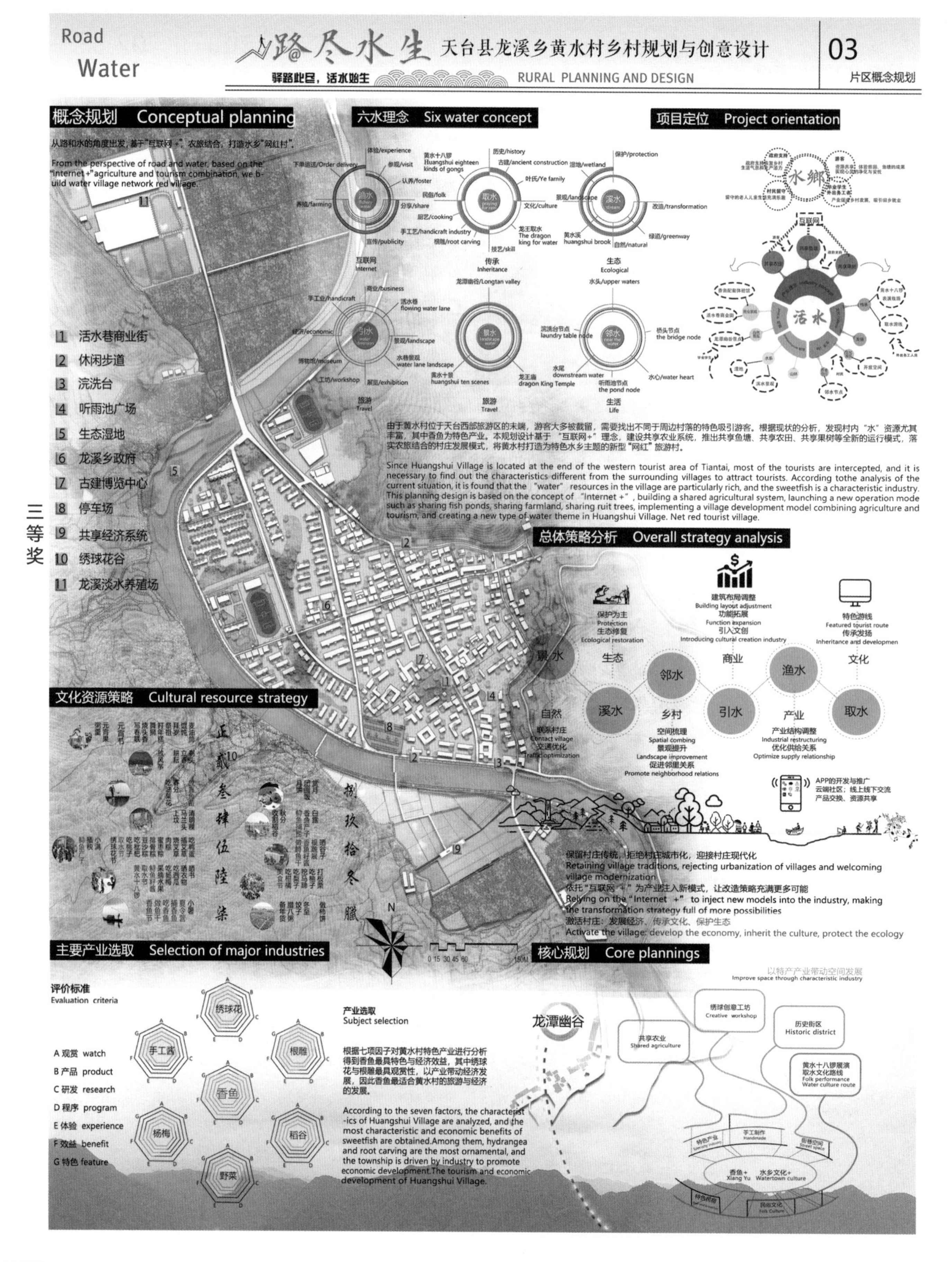

Road Water
路尽水生 天台县龙溪乡黄水村乡村规划与创意设计
驿路此尽，活水始生
RURAL PLANNING AND DESIGN
03
片区概念规划
概念规划 Conceptual planning
从路和水的角度出发，基于"互联网+"、农旅结合，打造水乡"网红村"。
From the perspective of road and water, based on the "Internet +"agriculture and tourism combination, we build water village network red village.
1 活水巷商业街
2 休闲步道
3 浣洗台
4 听雨池广场
5 生态湿地
6 龙溪乡政府
7 古建博览中心
8 停车场
9 共享经济系统
10 绣球花谷
11 龙溪淡水养殖场
六水理念 Six water concept
项目定位 Project orientation
由于黄水村位于天台西部旅游区的末端，游客大多被截留，需要找出不同于周边村落的特色吸引游客。根据现状的分析，发现村内"水"资源尤其丰富，其中香鱼为特色产业。本规划设计基于"互联网+"理念，建设共享农业系统，推出共享鱼塘、共享农田、共享果树等全新的运行模式，落实农旅结合的村庄发展模式，将黄水村打造为特色水乡主题的新型"网红"旅游村。
Since Huangshui Village is located at the end of the western tourist area of Tiantai, most of the tourists are intercepted, and it is necessary to find out the characteristics different from the surrounding villages to attract tourists. According tothe analysis of the current situation, it is found that the "water" resources in the village are particularly rich, and the sweetfish is a characteristic industry. This planning design is based on the concept of "Internet +", building a shared agricultural system, launching a new operation mode such as sharing fish ponds, sharing farmland, sharing ruit trees, implementing a village development model combining agriculture and tourism, and creating a new type of water theme in Huangshui Village. Net red tourist village.
总体策略分析 Overall strategy analysis
文化资源策略 Cultural resource strategy
保留村庄传统，拒绝村庄城市化，迎接村庄现代化
Retaining village traditions, rejecting urbanization of villages and welcoming village modernization
依托"互联网+"为产业注入新模式，让改造策略充满更多可能
Relying on the "Internet +" to inject new models into the industry, making the transformation strategy full of more possibilities
激活村庄：发展经济、传承文化、保护生态
Activate the village: develop the economy, inherit the culture, protect the ecology
主要产业选取 Selection of major industries
核心规划 Core plannings
评价标准 Evaluation criteria
A 观赏 watch
B 产品 product
C 研发 research
D 程序 program
E 体验 experience
F 效益 benefit
G 特色 feature
产业选取 Subject selection
根据七项因子对黄水村特色产业进行分析得到香鱼最具特色与经济效益，其中绣球花与根雕最具观赏性，以产业带动经济发展，因此香鱼最适合黄水村的旅游与经济的发展。
According to the seven factors, the characteristics of Huangshui Village are analyzed, and the most characteristic and economic benefits of sweetfish are obtained. Among them, hydrangea and root carving are the most ornamental, and the township is driven by industry to promote economic development. The tourism and economic development of Huangshui Village.
龙潭幽谷
以特产产业带动空间发展
Improve space through characteristic industry

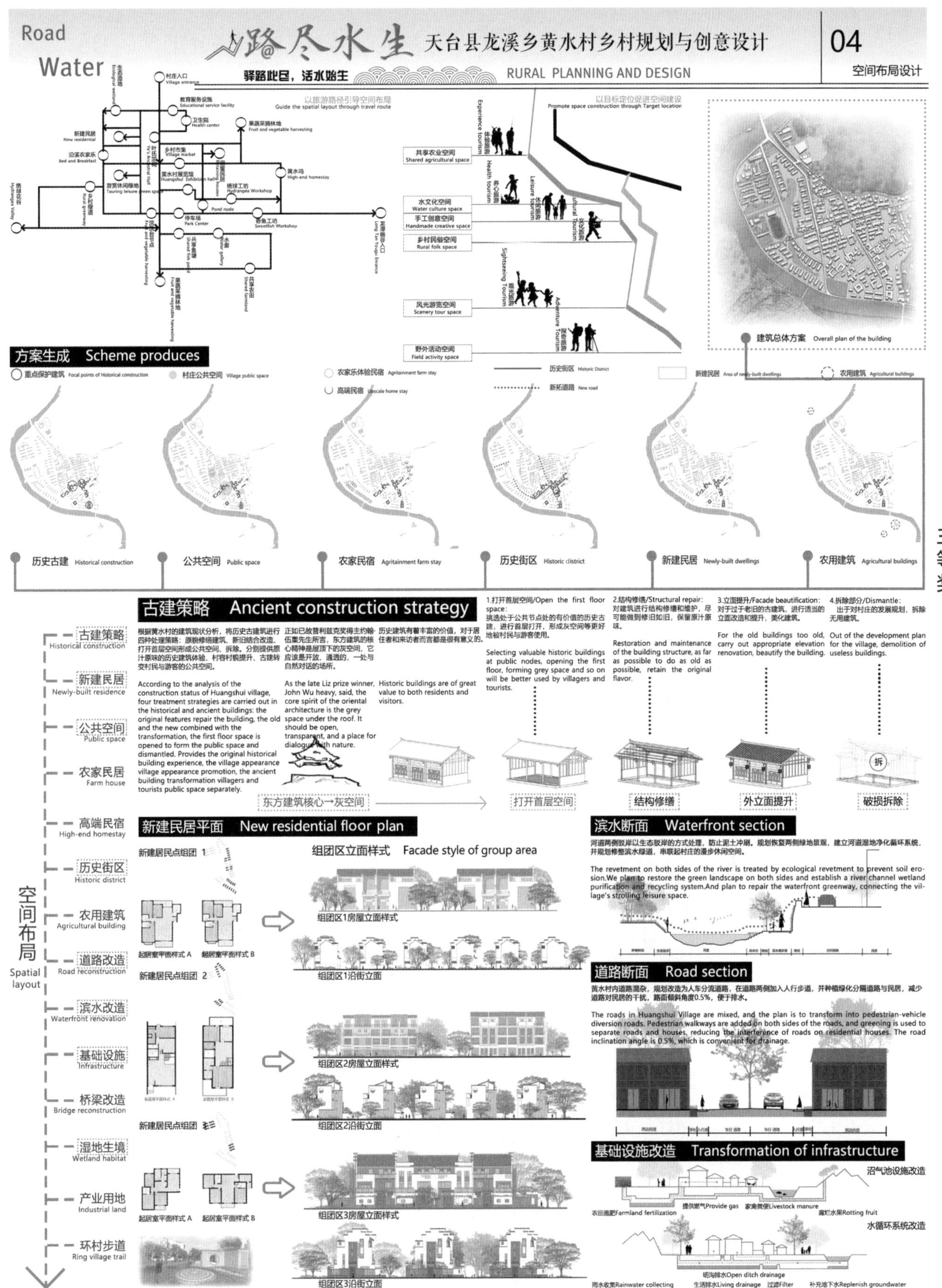

Road
Water
路尽水生 天台县龙溪乡黄水村乡村规划与创意设计
驿路此尽，活水始生
RURAL PLANNING AND DESIGN
04
空间布局设计
以旅游路径引导空间布局
Guide the spatial layout through travel route
以目标定位促进空间建设
Promote space construction through Target location
共享农业空间 Shared agricultural space
水文化空间 Water culture space
手工创意空间 Handmade creative space
乡村民俗空间 Rural folk space
风光游览空间 Scenery tour space
野外活动空间 Field activity space
建筑总体方案 Overall plan of the building
方案生成 Scheme produces
重点保护建筑
村庄公共空间
农家乐体验民宿
高端民宿
历史街区
新拓道路
新建民居
农用建筑
历史古建 Historical construction
公共空间 Public space
农家民宿 Agritainment farm stay
历史街区 Historic district
新建民居 Newly-built dwellings
农用建筑 Agricultural buildings
古建策略 Ancient construction strategy
根据黄水村的建筑现状分析，将历史古建筑进行四种处理策略：原貌修缮建筑、新旧结合改造、打开首层空间形成公共空间、拆除。分别提供原汁原味的历史建筑体验、村容村貌提升、古建转变村民与游客的公共空间。
According to the analysis of the construction status of Huangshui village, four treatment strategies are carried out in the historical and ancient buildings: the original features repair the building, the old and the new combined with the transformation, the first floor space is opened to form the public space and dismantled. Provides the original historical building experience, the village appearance village appearance promotion, the ancient building transformation villagers and tourists public space separately.
正如已故普利兹克奖得主约翰·伍重先生所言，东方建筑的核心精神是屋顶下的灰空间，它应该是开放、通透的，一处与自然对话的场所。
As the late Liz prize winner, John Wu heavy, said, the core spirit of the oriental architecture is the grey space under the roof. It should be open, transparent, and a place for dialogue with nature.
历史建筑有着丰富的价值，对于居住者和来访者而言都是很有意义的。
Historic buildings are of great value to both residents and visitors.
1.打开首层空间/Open the first floor space：
挑选处于公共节点处的有价值的历史古建，进行首层打开，形成灰空间等更好地被村民与游客使用。
Selecting valuable historic buildings at public nodes, opening the first floor, forming grey space and so on will be better used by villagers and tourists.
2.结构修缮/Structural repair：
对建筑进行结构修缮和维护，尽可能做到修旧如旧，保留原汁原味。
Restoration and maintenance of the building structure, as far as possible to do as old as possible, retain the original flavor.
3.立面提升/Facade beautification：
对于过于老旧的古建筑，进行适当的立面改造和提升，美化建筑。
For the old buildings too old, carry out appropriate elevation renovation, beautify the building.
4.拆除部分/Dismantle：
出于对村庄的发展规划，拆除无用建筑。
Out of the development plan for the village, demolition of useless buildings.
东方建筑核心→灰空间
打开首层空间
结构修缮
外立面提升
破损拆除
空间布局 Spatial layout
古建策略 Historical construction
新建民居 Newly-built residence
公共空间 Public space
农家民居 Farm house
高端民宿 High-end homestay
历史街区 Historic district
农用建筑 Agricultural building
道路改造 Road reconstruction
滨水改造 Waterfront renovation
基础设施 Infrastructure
桥梁改造 Bridge reconstruction
湿地生境 Wetland habitat
产业用地 Industrial land
环村步道 Ring village trail
新建民居平面 New residential floor plan
新建居民点组团 1
新建居民点组团 2
新建居民点组团 3
起居室平面样式 A
起居室平面样式 B
组团区立面样式 Facade style of group area
组团区1房屋立面样式
组团区1沿街立面
组团区2房屋立面样式
组团区2沿街立面
组团区3房屋立面样式
组团区3沿街立面
滨水断面 Waterfront section
河道两侧驳岸以生态驳岸的方式处理，防止泥土冲刷。规划恢复两侧绿地景观，建立河道湿地净化循环系统，并规划修整滨水绿道，串联起村庄的漫步休闲空间。
The revetment on both sides of the river is treated by ecological revetment to prevent soil erosion.We plan to restore the green landscape on both sides and establish a river channel wetland purification and recycling system.And plan to repair the waterfront greenway, connecting the village's strolling leisure space.
道路断面 Road section
黄水村内道路混杂，规划改造为人车分流道路，在道路两侧加入人行步道，并种植绿化分隔道路与民居，减少道路对民居的干扰，路面倾斜角度0.5%，便于排水。
The roads in Huangshui Village are mixed, and the plan is to transform into pedestrian-vehicle diversion roads. Pedestrian walkways are added on both sides of the roads, and greening is used to separate roads and houses, reducing the interference of roads on residential houses. The road inclination angle is 0.5%, which is convenient for drainage.
基础设施改造 Transformation of infrastructure
沼气池设施改造
农田施肥Farmland fertilization
提供燃气Provide gas
家禽粪便Livestock manure
腐烂水果Rotting fruit
水循环系统改造
明沟排水Open ditch drainage
雨水收集Rainwater collecting
生活排水Living drainage
过滤Filter
补充地下水Replenish groundwater

三等奖

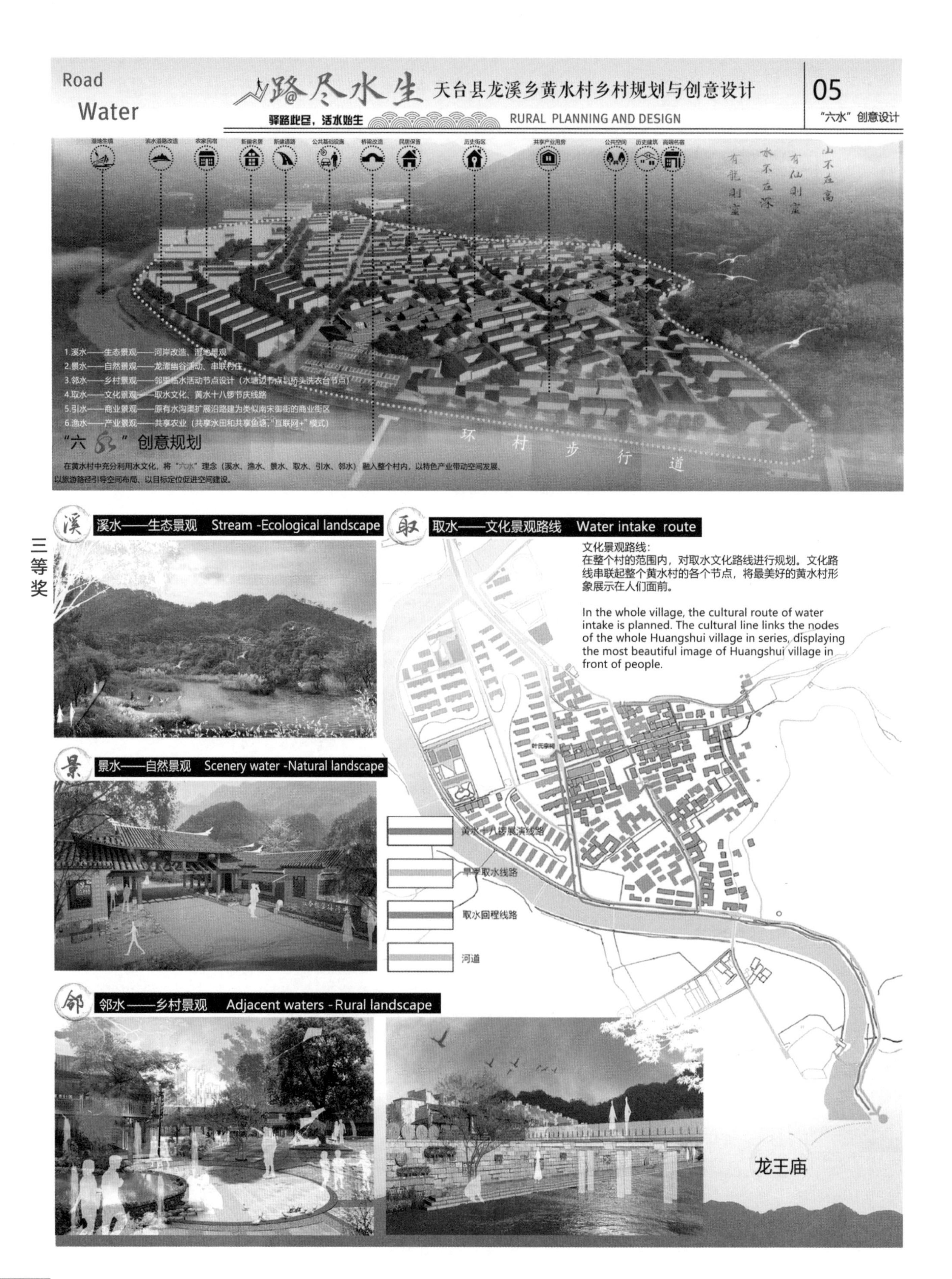
Road
Water
路尽水生 天台县龙溪乡黄水村乡村规划与创意设计
驿路此尽，活水始生
RURAL PLANNING AND DESIGN
05
“六水”创意设计
湿地生境
滨水道路改造
农家民宿
新建道路
公共基础设施
桥梁改造
民居保留
历史街区
共享产业用房
公共空间
历史建筑
高端名宿
山不在高
有仙则室
水不在深
有龙则室
1.溪水——生态景观——河岸改造、湿地景观
2.景水——自然景观——龙潭幽谷活动、串联村庄
3.邻水——乡村景观——邻里临水活动节点设计（水塘边节点与桥头洗衣台节点）
4.取水——文化景观——取水文化、黄水十八锣节庆线路
5.引水——商业景观——原有水沟渠扩展沿路建为类似南宋御街的商业街区
6.渔水——产业景观——共享农业（共享水田和共享鱼塘，“互联网+”模式）
“六水”创意规划
在黄水村中充分利用水文化，将“六水”理念（溪水、渔水、景水、取水、引水、邻水）融入整个村内，以特色产业带动空间发展、以旅游路径引导空间布局、以目标定位促进空间建设。
环村步行道
溪 溪水——生态景观 Stream -Ecological landscape
取 取水——文化景观路线 Water intake route
文化景观路线：
在整个村的范围内，对取水文化路线进行规划。文化路线串联起整个黄水村的各个节点，将最美好的黄水村形象展示在人们面前。
In the whole village, the cultural route of water intake is planned. The cultural line links the nodes of the whole Huangshui village in series, displaying the most beautiful image of Huangshui village in front of people.
叶氏宗祠
黄水十八锣展演线路
早享取水线路
取水回程线路
河道
龙王庙
景 景水——自然景观 Scenery water -Natural landscape
邻 邻水——乡村景观 Adjacent waters - Rural landscape
三等奖

Road Water

路尽水生 天台县龙溪乡黄水村乡村规划与创意设计

驿路此尽，活水始生

RURAL PLANNING AND DESIGN

06 "六水"创意设计

引 引水——商业景观 Diversion - Business landscape

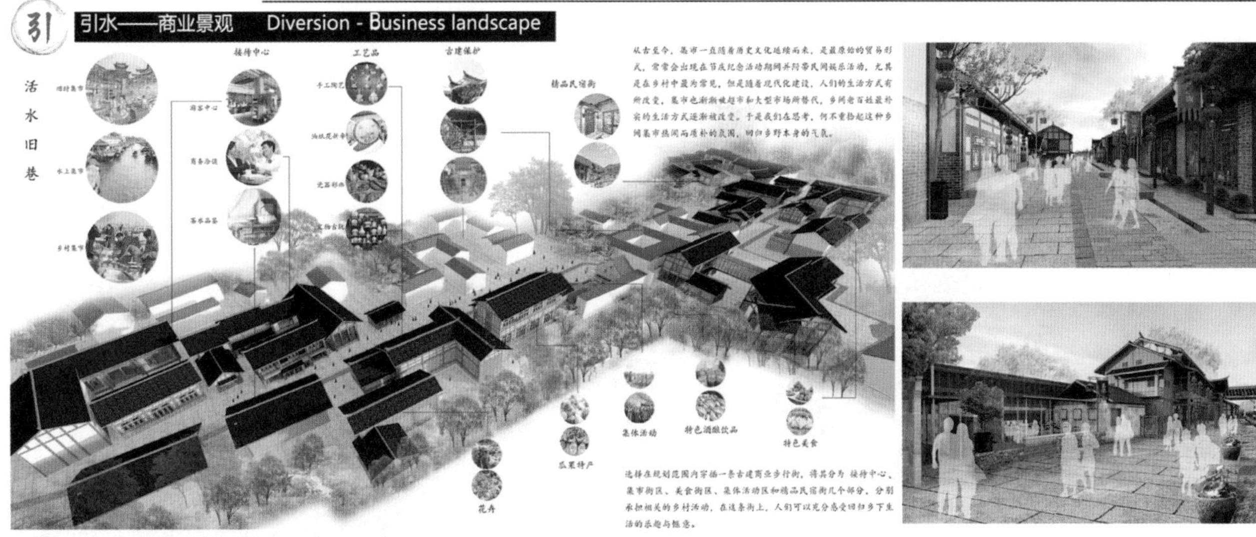

渔 渔水——产业景观 Fish - Industrial landscape

什么是共享经济？
一般是指以获得一定报酬为主要目的，基于陌生人且存在物品使用权暂时转移的一种新的经济模式。其本质是整合线下的闲散物品、劳动力。共享经济是人们公平享有社会资源，各自以不同的方式付出和受益，共同获得经济红利，此种共享更多的是通过互联网作为媒介来实现的。黄水村的共享经济主要是以互联网为媒介，共享鱼塘、水田、菜地、林地等。

What is the sharing economy?
Generally speaking, it refers to a new economic model which is based on strangers and has the temporary transfer of the right to use goods with the main purpose of getting a certain reward.Its essence is to integrate the idle goods and labor force below the line.Sharing economy means that people enjoy social resources in a fair way, give and benefit in different ways and share economic dividends. Such sharing is more achieved through the Internet as a medium.The sharing economy of huangshui village mainly takes Internet as the medium, sharing fish pond, paddy field, vegetable field, woodland, etc.

路的尽头→互联网，水的源头→乐山乐水

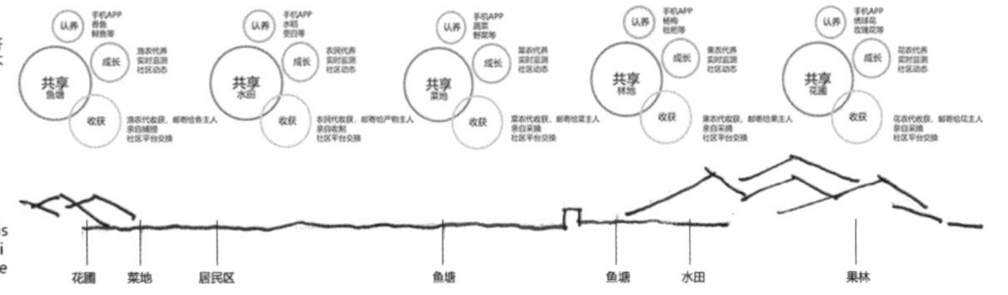

三等奖

共享鱼塘APP

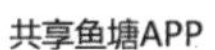

浙江农林大学

桐园点卷，画境合人——天台县张家桐村乡村规划与创意设计

三等奖

教师感言：

此次竞赛的重要性是不言而喻的。对于学生而言，学科竞赛是培养综合素质的重要途径，通过此次竞赛，有利于提高学生们的专业能力，有利于培养和提高他们的发散思维和逻辑思维能力，有利于培养他们的团队协调能力和独立自主能力，培养他们坚强的意志和良好的心理素质。所以此次竞赛意义重大，在解决实践问题中锻炼了学生，同时也锻炼了自己。最后，希望大学生“乡村规划与创意设计”大赛越办越好！

团队感言：

本次大学生“乡村规划与创意设计”大赛建立在深入了解天台县张家桐村当地居民生活生产的基础状况上，根据切实条件我们对张家桐村这么一个空心村形成的原因进行了深入思考，在讨论创作过程中，团队成员各抒己见，深入挖掘场地矛盾。在综合评价村庄的发展条件后，通过分析村庄发展优势、潜力与局限性，明确了张家桐村打造“写生张家桐，十里铁甲龙”旅游品牌的发展模式。通过推敲整体产业的发展策略，进行项目业态策划。将村庄整体格局、公共空间组织、景观节点等与环绕村庄的精品线结合起来，形成张家桐村画境的一个新的整体脉络，努力提高张家桐村的宜居性、宜游性、宜赏性。通过团队合作，互相帮助，我们最终一起完成了此次以“桐园点卷，画境合人”为主题的竞赛。希望通过我们的规划设计，张家桐村能够改变现在经济落后的面貌，从此走向繁荣发展的康庄大道。

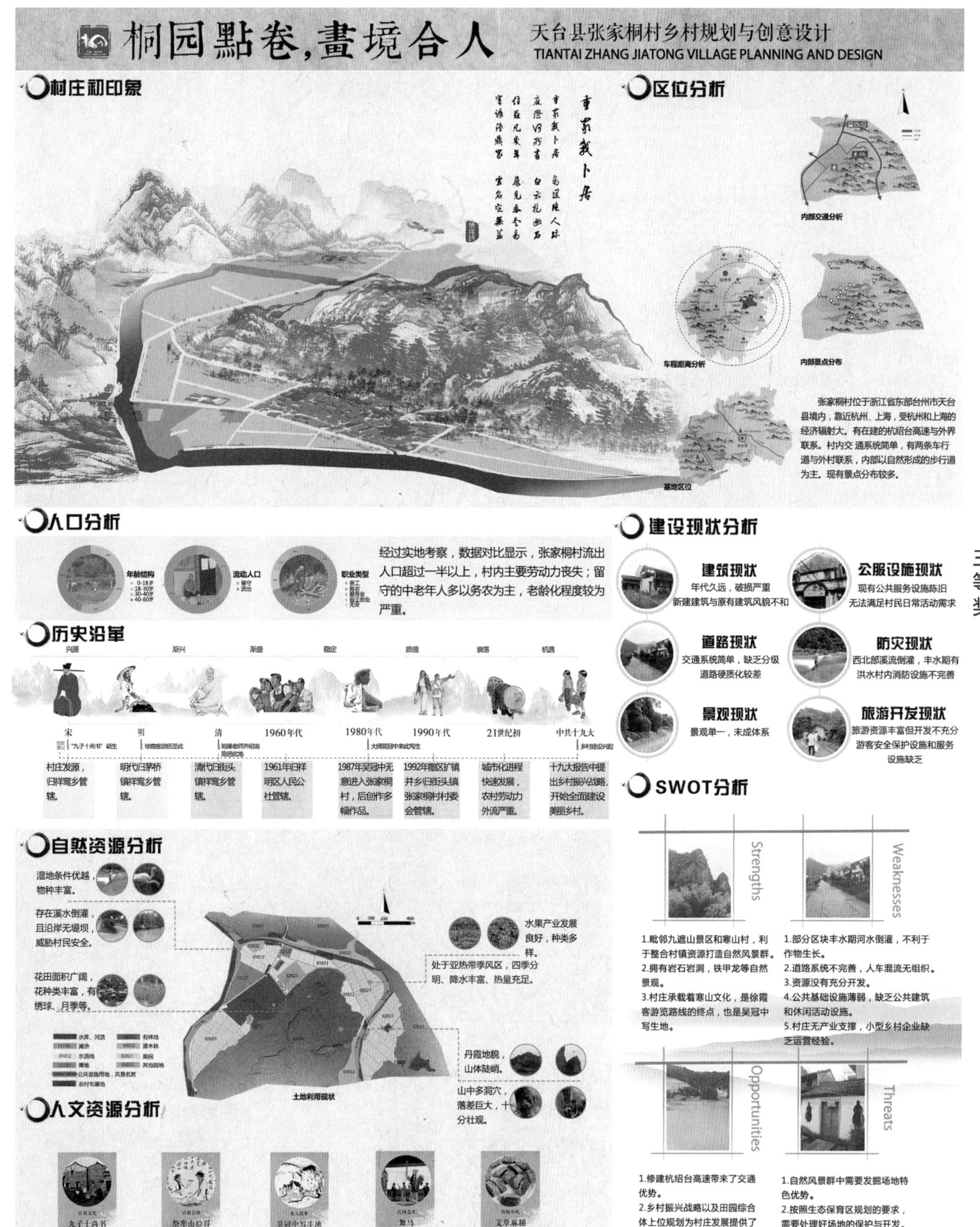
桐园點卷，畫境合人
天台县张家桐村乡村规划与创意设计
TIANTAI ZHANG JIATONG VILLAGE PLANNING AND DESIGN
村庄初印象
区位分析
内部交通分析
车程距离分析
内部景点分布
基地区位
张家桐村位于浙江省东部台州市天台县境内，靠近杭州、上海，受杭州和上海的经济辐射大。有在建的杭绍台高速与外界联系。村内交 通系统简单，有两条车行道与外村联系，内部以自然形成的步行道为主。现有景点分布较多。
人口分析
年龄结构
0-18岁
18-30岁
30-40岁
40-60岁
流动人口
留守
流出
职业类型
务工
务农
服务业
自主创业
无业
经过实地考察，数据对比显示，张家桐村流出人口超过一半以上，村内主要劳动力丧失；留守的中老年人多以务农为主，老龄化程度较为严重。
历史沿革
兴源
渐兴
渐盛
稳定
鼎盛
衰落
机遇
宋
明
清
1960年代
1980年代
1990年代
21世纪初
中共十九大
“九子十尚书” 诞生
徐霞客游历至此
乾隆老师齐绍南隐居此地
大师吴冠中来此写生
乡村建设兴起
村庄发源，归祥鸾乡管辖。
明代归茅桥镇祥鸾乡管辖。
清代归街头镇祥鸾乡管辖。
1961年归祥明区人民公社管辖。
1987年吴冠中无意进入张家桐村，后创作多幅作品。
1992年撤区扩镇并乡归街头镇张家桐村村委会管辖。
城市化进程快速发展，农村劳动力外流严重。
十九大报告中提出乡村振兴战略，开始全面建设美丽乡村。
自然资源分析
湿地条件优越，物种丰富。
存在溪水倒灌，且沿岸无堤坝，威胁村民安全。
花田面积广阔，花种类丰富，有绣球、月季等。
水果产业发展良好，种类多样。
处于亚热带季风区，四季分明、降水丰富、热量充足。
丹霞地貌，山体陡峭。
山中多洞穴，落差巨大，十分壮观。
水库、河流
滩涂
水浇地
裸地
公共设施用地，风景名胜
农村宅基地
有林地
灌木林
果园
其他园地
土地利用现状
人文资源分析
宗族文化
九子十尚书
宗教信仰
祭寒山拾得
名人轶事
吴冠中写生地
民间艺术
舞马
传统小吃
艾草麻糍
张家出了“九子十尚书”，现缺乏认知，渐渐消亡。
村内每年九月十七有祭寒山拾得的习俗，以求邻里和睦，兄友弟恭。现日渐薄弱，缺乏影响。
吴冠中曾于1978年来过天台写生，并留下数十幅写生画作。这些速写作品后在香港拍得天价。现知名度低，缺乏宣传。
张家桐村为舞马表演艺术的发源地现已列入天台县非物质文化遗产。现无人继承，难以发扬。
清明前后，村民会采集山上的艾草，将艾草、糯米粉混合制作艾草麻糍。现影响力低，未成产业。
建设现状分析
建筑现状
年代久远，破损严重
新建建筑与原有建筑风貌不和
公服设施现状
现有公共服务设施陈旧
无法满足村民日常活动需求
道路现状
交通系统简单，缺乏分级
道路硬质化较差
防灾现状
西北部溪流倒灌，丰水期有洪水村内消防设施不完善
景观现状
景观单一，未成体系
旅游开发现状
旅游资源丰富但开发不充分
游客安全保护设施和服务设施缺乏
SWOT分析
Strengths
Weaknesses
Opportunities
Threats
1.毗邻九遮山景区和寒山村，利于整合村镇资源打造自然风景群。
2.拥有岩石岩洞，铁甲龙等自然景观。
3.村庄承载着寒山文化，是徐霞客游览路线的终点，也是吴冠中写生地。
1.部分区块丰水期河水倒灌，不利于作物生长。
2.道路系统不完善，人车混流无组织。
3.资源没有充分开发。
4.公共基础设施薄弱，缺乏公共建筑和休闲活动设施。
5.村庄无产业支撑，小型乡村企业缺乏运营经验。
1.修建杭绍台高速带来了交通优势。
2.乡村振兴战略以及田园综合体上位规划为村庄发展提供了良好的指导建议。
3.村庄拥有一定的客源，常常有外地游客来写生游玩。
1.自然风景群中需要发掘场地特色优势。
2.按照生态保育区规划的要求，需要处理好场地的保护与开发。
3.寒山文化等传统文化的继承发扬与创新。

三等奖

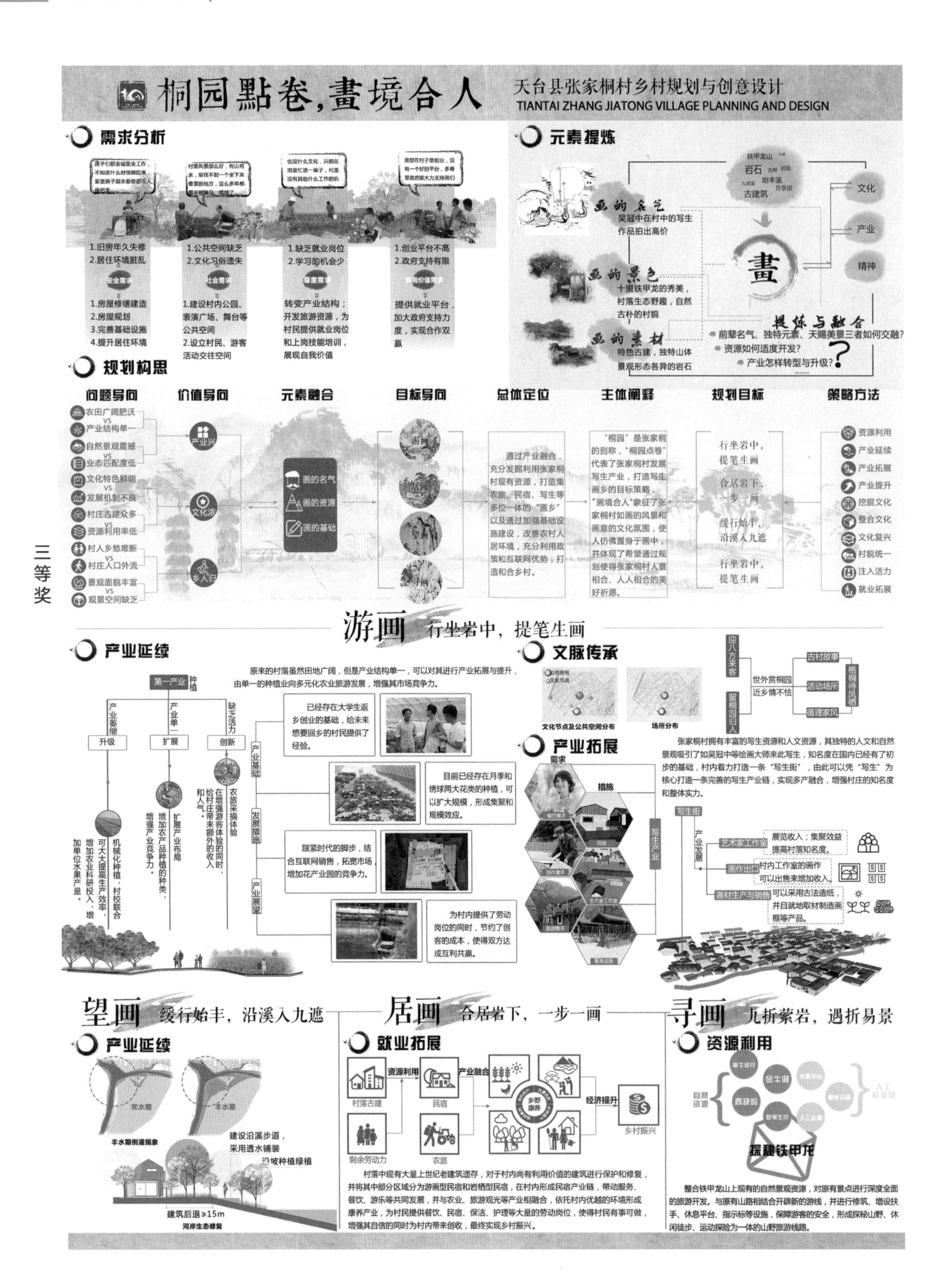

桐园點卷，畫境合人
天台县张家桐村乡村规划与创意设计
TIANTAI ZHANG JIATONG VILLAGE PLANNING AND DESIGN
需求分析
1.旧房年久失修
2.居住环境脏乱
安全需求
1.房屋修缮建造
2.房屋规划
3.完善基础设施
4.提升居住环境
1.公共空间缺乏
2.文化习俗遗失
社会需求
1.建设村内公园、表演广场、舞台等公共空间
2.设立村民、游客活动交往空间
1.缺乏就业岗位
2.学习的机会少
尊重需求
转变产业结构；开发旅游资源，为村民提供就业岗位和上岗技能培训，展现自我价值
1.创业平台不高
2.政府支持有限
自我价值需求
提供就业平台，加大政府支持力度，实现合作双赢
元素提炼
画的名气
吴冠中在村中的写生作品拍出高价
画的景色
十里铁甲龙的秀美，村落生态野趣，自然古朴的村貌
画的素材
特色古建，独特山体景观形态各异的岩石
铁甲龙山
岩石
始丰溪
古建筑
畫
文化
产业
精神
提炼与融合
前辈名气、独特元素、天赐美景三者如何交融？
资源如何适度开发？
产业怎样转型与升级？
规划构思
问题导向
价值导向
元素融合
目标导向
总体定位
主体阐释
规划目标
策略方法
农田广阔肥沃 VS 产业结构单一
自然景观震撼 VS 业态匹配度低
文化特色鲜明 VS 发展机制不良
村庄古建众多 VS 资源利用率低
村人乡愁难断 VS 村庄人口外流
景观面貌丰富 VS 观景空间缺乏
产业兴
文化浓
乡人归
画的名气
画的资源
画的基础
游画
居画
望画
寻画
通过产业融合，充分发掘利用张家桐村现有资源，打造集农旅、民宿、写生等多位一体的“画乡”以及通过加强基础设施建设，改善农村人居环境，充分利用政策和互联网优势，打造和合乡村。
“桐园”是张家桐的别称，“桐园点卷”代表了张家桐村发展写生产业，打造写生画乡的目标策略，“画境合人”象征了张家桐村如画的风景和画意的文化氛围，使人仿佛置身于画中，并体现了希望通过规划使得张家桐村人景相合、人人相合的美好祈愿。
行坐岩中，提笔生画
合居岩下，一步一画
缓行始丰，沿溪入九遮
行坐岩中，提笔生画
资源利用
产业延续
产业拓展
产业提升
挖掘文化
整合文化
文化复兴
村貌统一
注入活力
就业拓展
游画 行坐岩中，提笔生画
产业延续
原来的村落虽然田地广阔，但是产业结构单一，可以对其进行产业拓展与提升，由单一的种植业向多元化农业旅游发展，增强其市场竞争力。
第一产业 种植
产业萎缩
产业单一
缺乏活力
升级
扩展
创新
机械化种植，村校联合可大大提高生产效率，增加农业科研投入，增加单位水果产量。
扩展产业布局增加农产品种植的种类，增强产业竞争力。
农旅采摘体验在增强游客体验的同时，给村庄带来额外的收入和人气。
产业基础
发展措施
产业展望
已经存在大学生返乡创业的基础，给未来想要回乡的村民提供了经验。
目前已经存在月季和绣球两大花类的种植，可以扩大规模，形成集聚和规模效应。
跟紧时代的脚步，结合互联网销售，拓宽市场，增加花产业园的竞争力。
为村内提供了劳动岗位的同时，节约了创客的成本，使得双方达成互利共赢。
文脉传承
文化节点及公共空间分布
场所分布
迎八方来客
留桐园归人
世外赏桐园
近乡情不怯
古村故事
活动场所
循理家风
栖桐待凤栖
张家桐村拥有丰富的写生资源和人文资源，其独特的人文和自然景观吸引了如吴冠中等绘画大师来此写生，知名度在国内已经有了初步的基础，村内着力打造一条“写生街”，由此可以壳“写生”为核心打造一条完善的写生产业链，实现多产融合，增强村庄的知名度和整体实力。
产业拓展
需求
措施
写生产业
写生街
产业发展
艺术家工作室
展览收入；集聚效益提高村落知名度。
画作出口
村内工作室的画作可以出售来增加收入。
画材生产与销售
可以采用古法造纸，并且就地取材制造画框等产品。
望画 缓行始丰，沿溪入九遮
产业延续
常水期
丰水期
丰水期侧漫现象
建设沿溪步道，采用透水铺装
沿坡种植绿植
建筑后退≥15m
河岸生态修复
居画 合居岩下，一步一画
就业拓展
资源利用
产业融合
经济提升
村落古建
民宿
剩余劳动力
农旅
乡村振兴
乡野康养
村落中现有大量上世纪老建筑遗存，对于村内尚有利用价值的建筑进行保护和修复，并将其中部分区域分为游画型民宿和岩栖型民宿，在村内形成民宿产业链，带动服务、餐饮、游乐等共同发展，并与农业、旅游观光等产业相融合，依托村内优越的环境形成康养产业，为村民提供餐饮、民宿、保洁、护理等大量的劳动岗位，使得村民有事可做，增强其自信的同时为村内带来创收，最终实现乡村振兴。
寻画 九折萦岩，遇折易景
资源利用
自然资源
人工资源
探秘铁甲龙
整合铁甲龙山上现有的自然景观资源，对原有景点进行深度全面的旅游开发。与原有山路相结合开辟新的游线，并进行修筑、增设扶手、休息平台、指示标等设施，保障游客的安全，形成探秘山野、休闲徒步、运动探险为一体的山野旅游线路。

三等奖

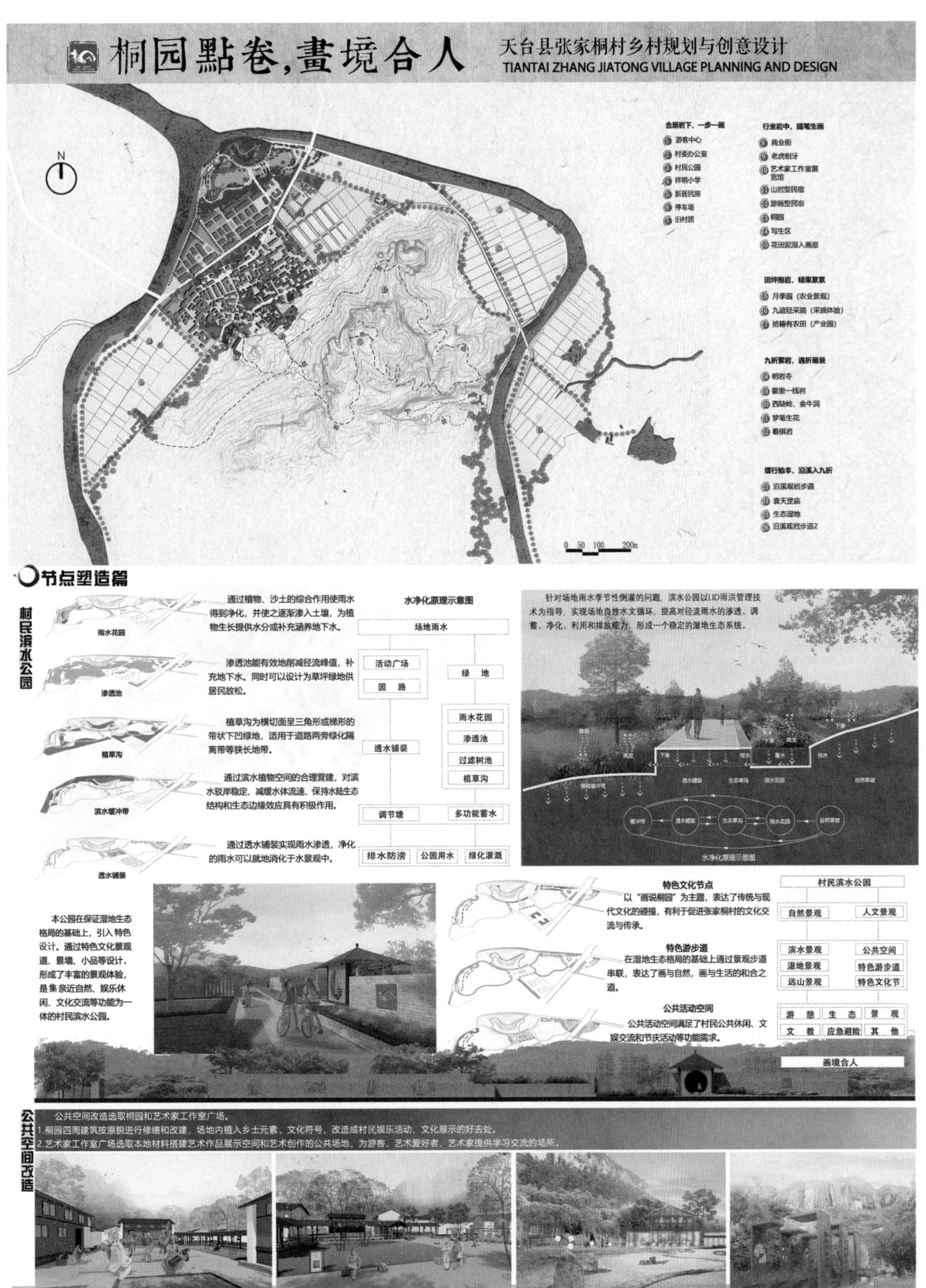
桐园點卷，畫境合人
天台县张家桐村乡村规划与创意设计
TIANTAI ZHANG JIATONG VILLAGE PLANNING AND DESIGN
N
合居岩下，一步一画
① 游客中心
② 村委办公室
③ 村民公园
④ 祥明小学
⑤ 新居民房
⑥ 停车场
⑦ 旧村居
行坐岩中，提笔生画
⑧ 商业街
⑨ 老虎相牙
⑩ 艺术家工作室展览馆
⑪ 山岩型民宿
⑫ 游画型民宿
⑬ 桐园
⑭ 写生区
⑮ 花田泥湿入画意
田坪抱岩，硕果累累
⑮ 月季园（农业景观）
⑯ 九遊轻采摘（采摘体验）
⑰ 拾穗有农田（产业园）
九折萦岩，遇折易景
⑱ 明岩寺
⑲ 徽里一线岩
⑳ 西缺岭、金牛洞
㉑ 梦笔生花
㉒ 着棋岩
缓行始丰，沿溪入九折
㉓ 沿溪观岩步道
㉔ 袁天罡庙
㉕ 生态湿地
㉖ 沿溪观岩步道2
0 50 100 200m
节点塑造篇
村民滨水公园
雨水花园
通过植物、沙土的综合作用使雨水得到净化，并使之逐渐渗入土壤，为植物生长提供水分或补充涵养地下水。
渗透池
渗透池能有效地削减径流峰值，补充地下水。同时可以设计为草坪绿地供居民放松。
植草沟
植草沟为横切面呈三角形或梯形的带状下凹绿地，适用于道路两旁绿化隔离带等狭长地带。
滨水缓冲带
通过滨水植物空间的合理营建，对滨水驳岸稳定、减缓水体流速、保持水陆生态结构和生态边缘效应具有积极作用。
透水铺装
通过透水铺装实现雨水渗透，净化的雨水可以就地消化于水景观中。
水净化原理示意图
场地雨水
活动广场
园 路
绿 地
透水铺装
雨水花园
渗透池
过滤树池
植草沟
调节塘
多功能蓄水
排水防涝
公园用水
绿化灌溉
针对场地雨水季节性倒灌的问题，滨水公园以LID雨洪管理技术为指导，实现场地良性水文循环，提高对径流雨水的渗透、调蓄、净化、利用和排放能力，形成一个稳定的湿地生态系统。
水净化原理示意图
本公园在保证湿地生态格局的基础上，引入特色设计。通过特色文化景观道、景墙、小品等设计，形成了丰富的景观体验，是集亲近自然、娱乐休闲、文化交流等功能为一体的村民滨水公园。
特色文化节点
以“画说桐园”为主题，表达了传统与现代文化的碰撞，有利于促进张家桐村的文化交流与传承。
特色游步道
在湿地生态格局的基础上通过景观步道串联，表达了画与自然，画与生活的和合之道。
公共活动空间
公共活动空间满足了村民公共休闲、文娱交流和节庆活动等功能需求。
村民滨水公园
自然景观
人文景观
滨水景观
湿地景观
远山景观
公共空间
特色游步道
特色文化节
游 憩
生 态
景 观
文 教
应急避险
其 他
画境合人
公共空间改造
公共空间改造选取桐园和艺术家工作室广场。
1.桐园四周建筑按原貌进行修缮和改建，场地内植入乡土元素、文化符号，改造成村民娱乐活动、文化展示的好去处。
2.艺术家工作室广场选取本地材料搭建艺术作品展示空间和艺术创作的公共场地，为游客、艺术爱好者、艺术家提供学习交流的场所。

三等奖

桐园點卷，畫境合人

天台县张家桐村乡村规划与创意设计

TIANTAI ZHANG JIATONG VILLAGE PLANNING AND DESIGN

三等奖

活动策划篇

游线设计

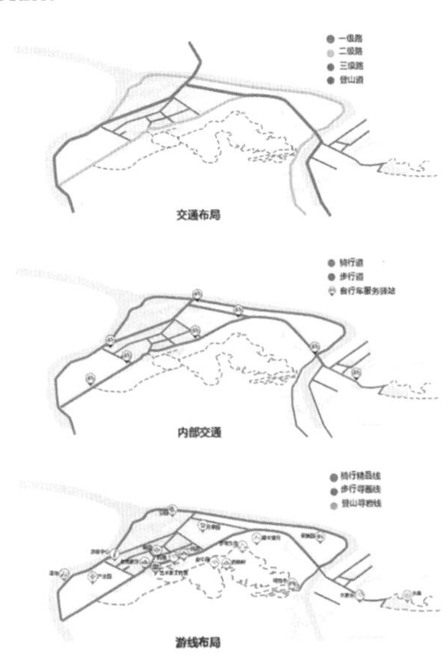

张家桐村游线布置在满足居民的休闲、娱乐需求的同时，还必须保证生态安全。在现状路线基础上，力争实用性和连贯性，满足集散和村民生活娱乐等要求。全村道路包括村域车行主干道、自行车骑行道、步行道和登山道等，较为系统合理地解决了村内交通，满足了车辆、行人的通行要求。

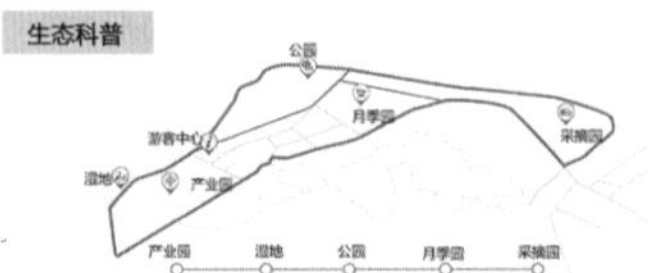

农事体验

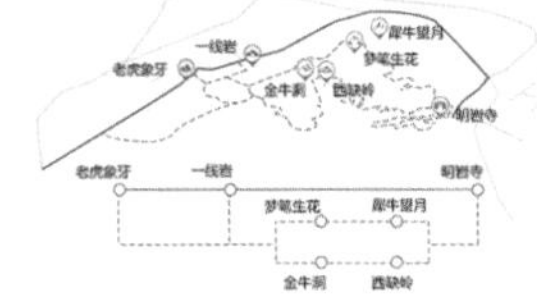

基于田园综合体的上位规划，通过果木产业园、花卉月季园、采摘园、农家乐的设置，形成了休闲体验式农业的产业链，满足了游客公众参与的需求。

生态科普

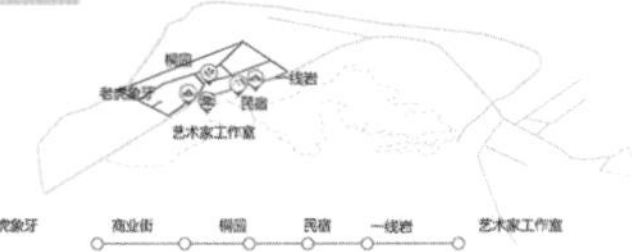

在湿地、公园、产业园和花卉月季园等设计中，在满足其基本功能的同时，注重其带来的生态教育作用，通过标识系统、示范基地、展厅等手段，实现了系统而全面的科普教育宣传。

登山寻岩

登山寻岩活动以低影响开发为原则，力行生态优先，在驴友游线的基础上设置驿站服务设施，是望画寻岩的重要组成部分。

桐园画意

桐园画意在原有保留的村庄肌理下，坚持“处处是景”理念，通过桐园、特色商业街、老虎象牙循理家风的优化改造以及艺术家工作室的建设，形成具有特色的写生基地。

生态策略篇

植物种植设计以尊重自然规律为原则，根据生态学原理，适地适树和选用乡土植物，注意乔、灌、藤、草本植物的综合利用，形成疏密有致、高低错落、季相变化丰富的植物群落。在发挥绿地生态功能的同时，也发挥绿化的观赏、游憩价值，乃至经济价值和保健价值。

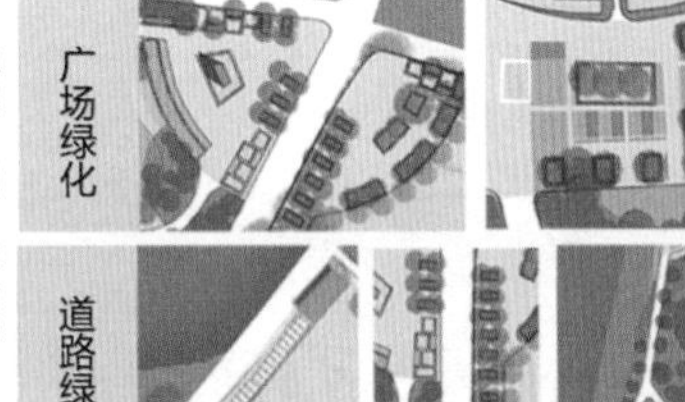

广场绿化以乔木种植为主，配合灌木绿篱及地被营造树大荫浓而视线开阔的开放或半开放空间。种植手法主要为行植和列植。

道路绿化以乔木种植为主，应在保证行车安全的前提下，设计具有动态的线性植物空间序列。种植手法以行植为主，局部集合乔灌草搭配的植物群落。

居住区绿化以群落设计为主，根据场地条件分为宅旁绿化和庭院绿化。宅旁绿化应考虑空间营造的开放性，而庭院绿化则以尺度宜人为主。种植手法前者为散植或列植，后者为孤植结合花卉。

滨水绿化是以水生植物为主的湿地生态系统，通过不同的滨水驳岸设计，提供了体验丰富的滨水空间。种植手法以散植集合灌草搭配的植物群落为主。

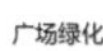
广场绿化

广场绿化

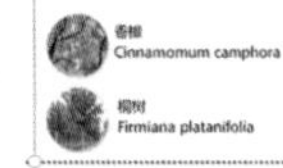

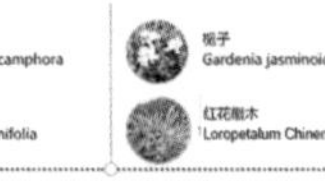

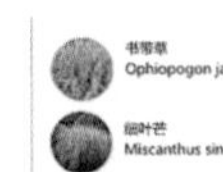

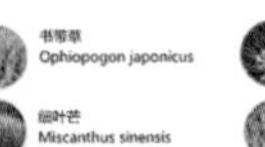

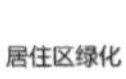
居住区绿化

宅旁绿化

庭院绿化

道路绿化

主干道停车场道路断面图

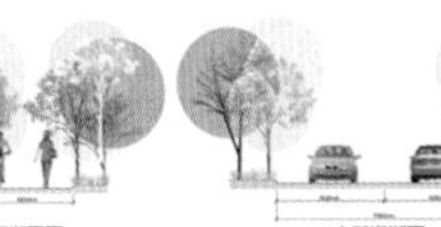
骑行断面图

主干道断面

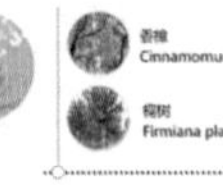

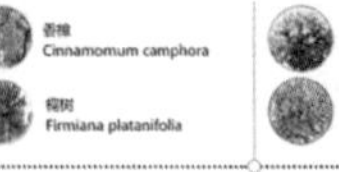

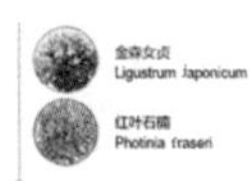

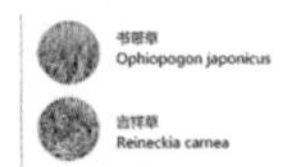

滨水绿化

滨水驳岸1

滨水驳岸2

滨水驳岸3

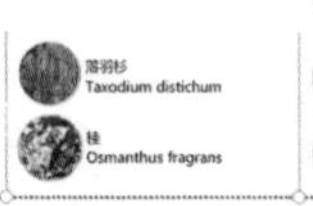

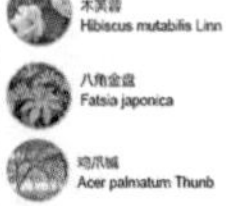

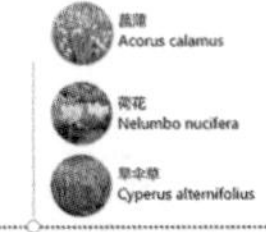

桐园點卷，畫境合人 天台县张家桐村乡村规划与创意设计

TIANTAI ZHANG JIATONG VILLAGE PLANNING AND DESIGN

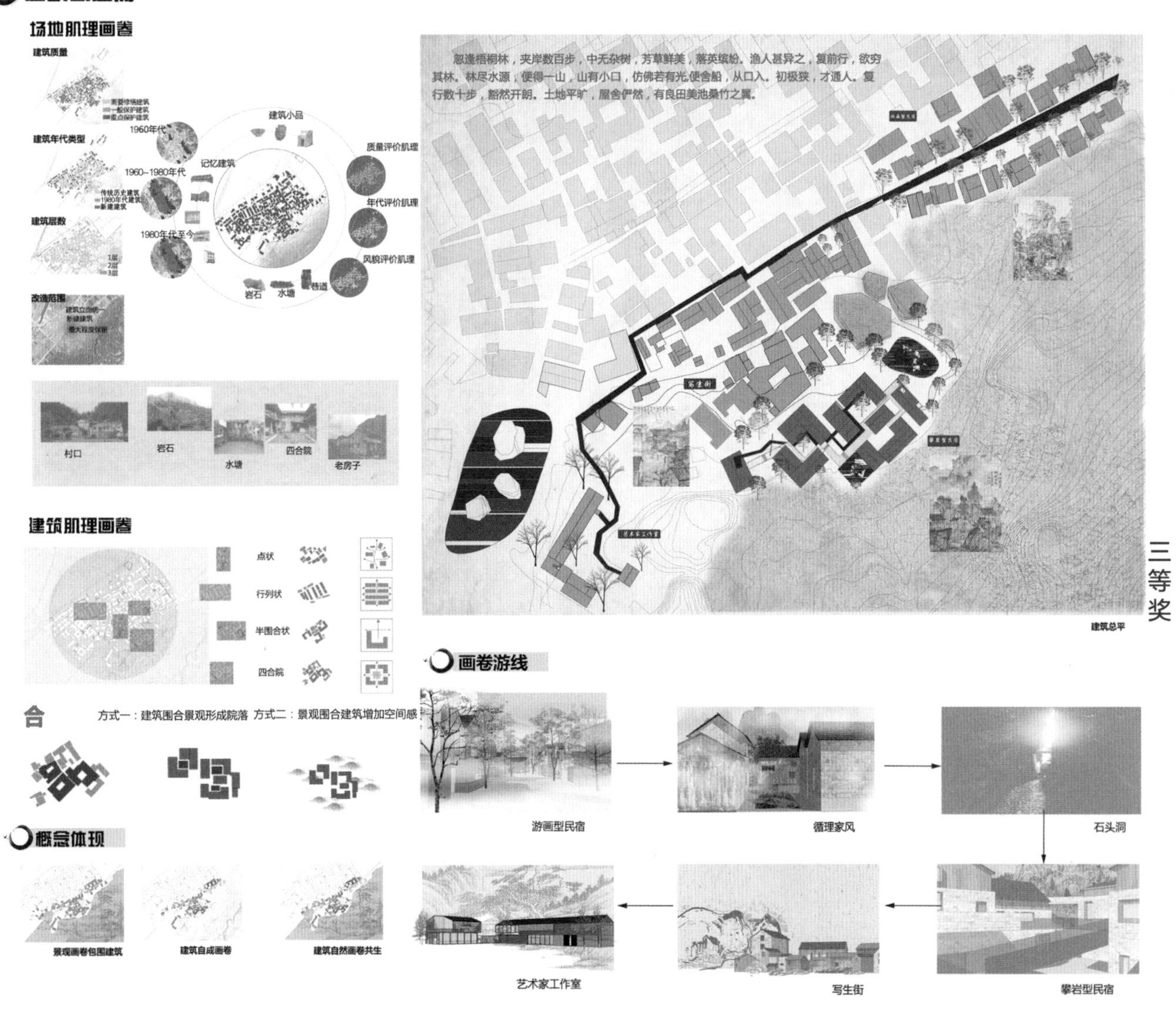

三等奖

桐园點卷，畫境合人 天台县张家桐村乡村规划与创意设计

TIANTAI ZHANG JIATONG VILLAGE PLANNING AND DESIGN

三等奖

攀岩型民宿卷

空间图底关系

线的抽象转译

引入线 形成攀登路线串联院落 视点变化空间递进

散点透视与框景

民宿平面布置

一层平面图

二层平面图

平远 高远 深远

自近山而望远山，谓之平远 自山下而仰山巅，谓之高远 自山前而窥山后，谓之深远

攀岩型民宿是画卷的重幅。建筑肌理遵循村子原始的四合院形式，院子合景，院落套院落。由于地势的高低变动，人在坡道上行走，建筑画卷变徐徐展开。空间的布置上采用了中国画散点透视的原则，步移景异，层层递进。视点变化，画面也不断变化，建筑空间的平远，深远，高远在远山的衬托下更加淋漓尽至。建筑还多次运用了框景的手法，人仿佛游走于画中画。

游画型民宿卷

场景意向 户型 隧道 户型A 户型B

民宿沿街布置，梧桐树冠好似一条朦胧稀疏的隧道，在光影中带领着游客进入画幅深处。民宿不对称的坡屋顶与远山呼应，形成可赏的建筑景观。穿过“隧道”，步入循理家风。

写生街立面画卷

写生街建筑立面材质看似不同，相差甚大，却巧妙地形成了立面肌理画卷。岩石纹理、木材、砖石，与地面的岩石景观融为一体。

改造前

屋顶面貌不统一 屋顶统一青瓦 桐园建筑修缮

新旧立面不符 立面统一青砖 结构解析

改造后

艺术家画廊卷

改造前 立面画卷 内部空间 空间框景 拓印 触景 留白

改造后

废弃的红砖搭建起来的L形建筑，围合出小广场。立面上不同材质砖块搭建起来形成一幅立面的山水画。画廊空间同样采用框景的手法，空间赋予多变灵动的感觉。

浙江师范大学

南山雅韵　民国风情——文旅结合下的山头郑村村庄规划设计

三等奖

教师感言：

在国家大力实施乡村振兴战略大背景下，有机会参与指导学生参加这次非常有意义的村庄规划竞赛活动，收获颇多。身为指导教师，我感到肩上沉甸甸的，因为这不仅代表了一种荣耀、一种肯定、一种责任，而更多的是惭愧和不安，自己的水平有限，看着学生们一步步的成长，有勇于创新的精神和扎实的专业知识，值得我学习。过程虽然辛苦，然而内心却是由衷的喜悦，一直以来制约专业教学的诸多问题都在不经意间，得到了很大突破，我想本次“师徒结对”的意义不仅在于使学生快速地成长和成熟，也是对我们老教师教学能力的再次提升，真正实现了教学相长，我觉得某种角度上说，它的意义远远超过了竞赛本身。

团队感言：

这是一个很好的锻炼并提升我们能力的机会，让我们对村庄规划有了一些自己的思考和理解。更感谢我们的指导老师，是他们耐心的指导、认真的态度，让我们受益匪浅，还有感谢组内每一位成员，我们一起开心地度过这段时间，顺利地完成这次比赛。

面对如何规划村庄这个命题，我们大家都是一片迷茫，从哪里开始，哪里是突破口？全是一个个疑问。比赛中，我们遇到了各种问题，解决问题的方法，是我们有效的沟通和真诚的交流。每个队员都有自我的知识结构、经验阅历和个性特征，如何集思广益，博采众家之长，就需要每个人都从大局思考。每次应对有争议的问题，大家都争得面红耳赤，然而就是在我们思想的交锋下，才产生了智慧的火花，村庄规划的思路也渐渐明晰。

南山雅韵 民国风情

1

——文旅结合下的山头郑村村庄规划设计

三等奖

区位分析

台州市位于长三角南翼，产业分工转移及城市群体效应带来发展机遇。

天台县位于浙江省中东部地区，周边有较多发达城市。

“上三”高速贯通杭宁沪，滩山线途径山头郑村接G104，杭绍台高速在建。将会大大减少杭绍至南屏乡的时间。

山头郑村周边山体多，村庄数量少，沿滩山线景点少，较散乱。

上位规划解读

《天台县县域总体规划》，基地处于南部休闲旅游与生态保育片区中，山水田本底资源丰富，适宜发展休闲旅游与农业种植。县域内旅游资源丰富，基地可与周边景区联动发展，形成规模经济。

规划背景

顶层设计——乡村发展的“新机遇”

乡村振兴战略

动力系统培育 存量资源盘活

产业兴旺 生态宜居 乡风文明

治理有效 生活富裕

城乡关系再定义

时代潮流——乡村休闲旅游蓬勃发展

2017年中央一号文件

大力发展乡村旅游产业，利用“旅游+”“生态+”等模式，打造各类主题乡村旅游目的地和精品线路。

乡村旅游新趋势

出游新变化	产品新需求	服务新要求
从大众化出游到智慧化、个性化、自由化出游。	从大众观光到多元化、体验化、健康化休闲旅游。	从点式基本服务到一站式、标准化系统服务。

特质挖掘

基地解读

居民点现状

公共设施分析

村内排水设施多为沟壑，公共开敞空间较少且位置较分散。

建筑质量分析

村庄内新建建筑少，多为老旧建筑，建筑风格分为民国洋楼和明清四合院，颜色基调为灰白色，建筑结构为木质结构和砖混结构，年代感强。

历史遗存分析

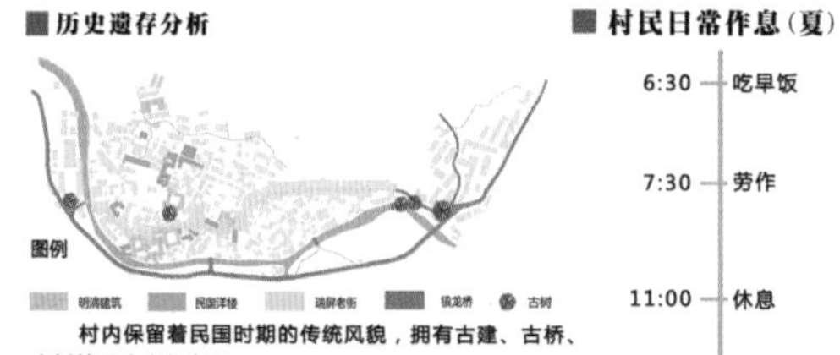

村内保留着民国时期的传统风貌，拥有古建、古桥、古树等历史文化资源。

村民日常作息（夏）

6:30	吃早饭
7:30	劳作
11:00	休息
12:00	吃午饭
13:00	休息
16:00	劳作
18:00	吃晚饭
18:30	散步聊天
21:00	睡觉

村民每日作息时间比较固定，但缺乏趣味性的活动，日常生活较枯燥。

村域现状

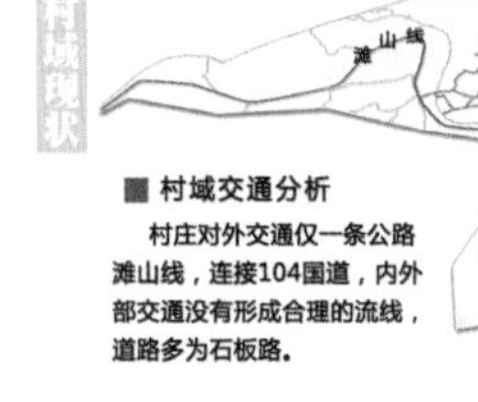

村域交通分析

村庄对外交通仅一条公路滩山线，连接104国道，内外部交通没有形成合理的流线，道路多为石板路。

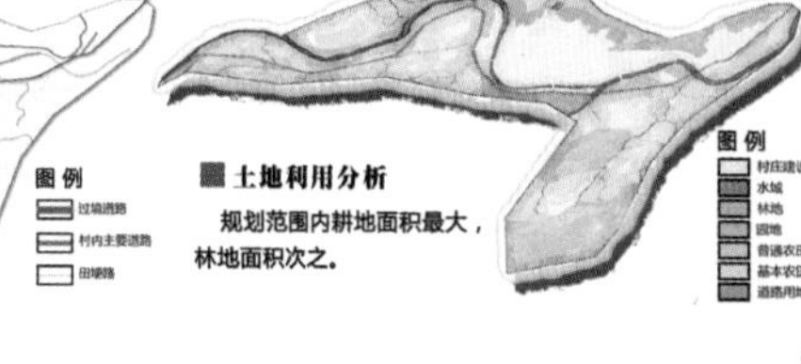

土地利用分析

规划范围内耕地面积最大，林地面积次之。

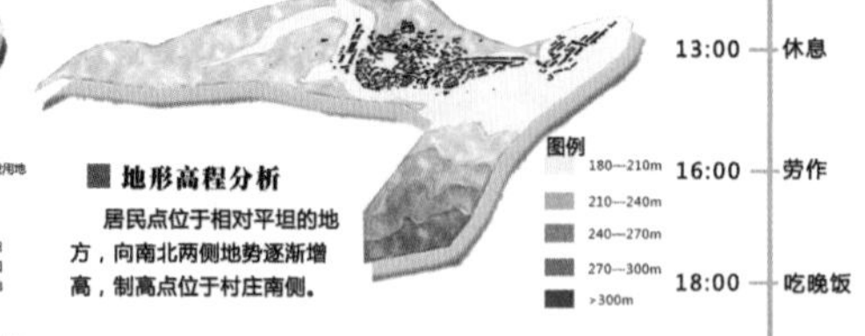

地形高程分析

居民点位于相对平坦的地方，向南北两侧地势逐渐增高，制高点位于村庄南侧。

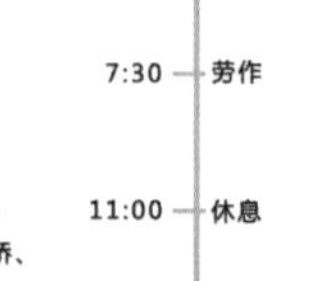

现状风貌

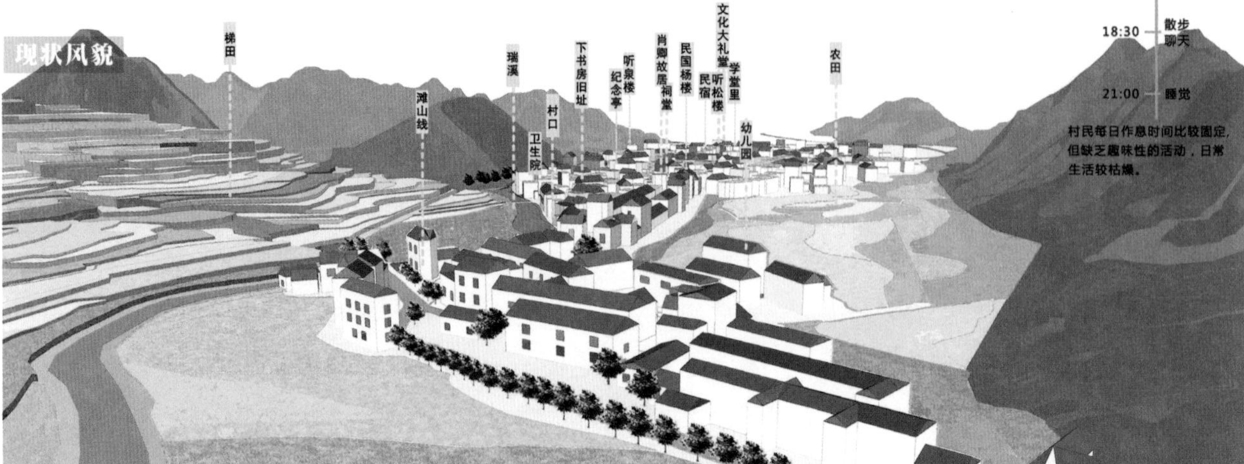

南山雅韵　民国风情

——文旅结合下的山头郑村村庄规划设计

2

三等奖

发展诉求

人群需求分析

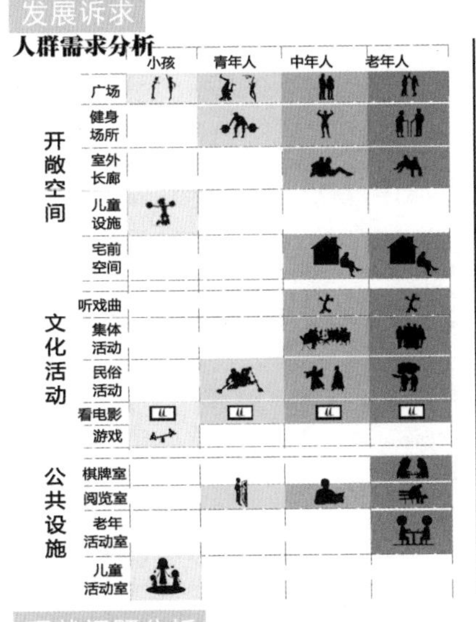

人群诉求

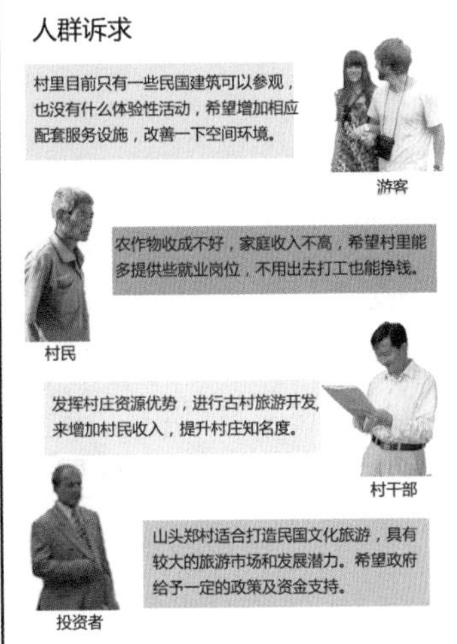

自身诉求

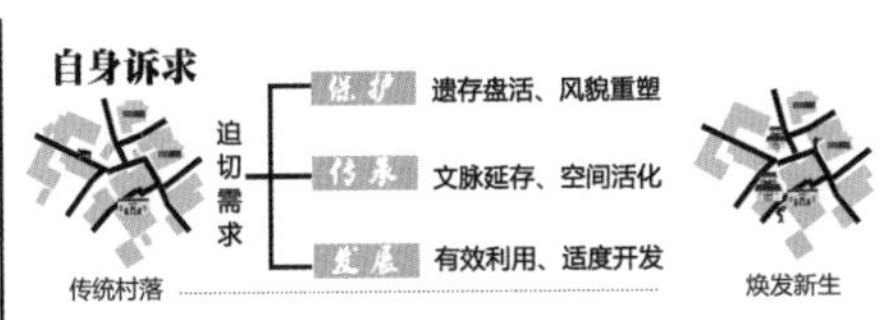

形散神聚　特色引领　年衍诉求　协调发展

山头郑村作为浙江省第六批历史文化村落保护利用重点村，保留着大量清代、民国建筑群，是天台古建筑延续传承和发展多样化的重要实例。而随着社会经济发展和乡村旅游的兴起，村落保护与发展的矛盾，如何在新发展时机下，协调“保护、发展、利用”三者间的关系，成为山头郑村的迫切需求。

产业诉求

民宿：利用古建打造特色民宿
完善设施增加商业活力：商业配套
活动：利用乡土文化打造游客参与性活动
农业规模化优势作物种植：农业

要达到村庄产业兴旺和可持续发展的目标，需先将小农户生产与规模化经营结合起来，以新型农业作为产业发展的基础，然后依托村庄丰富的历史文化资源大力发展旅游及其配套产业，使原有产业与植入产业相辅相成，融合发展，最终实现产业活化。

现状问题分析

■以传统农业模式为主，市场化程度低

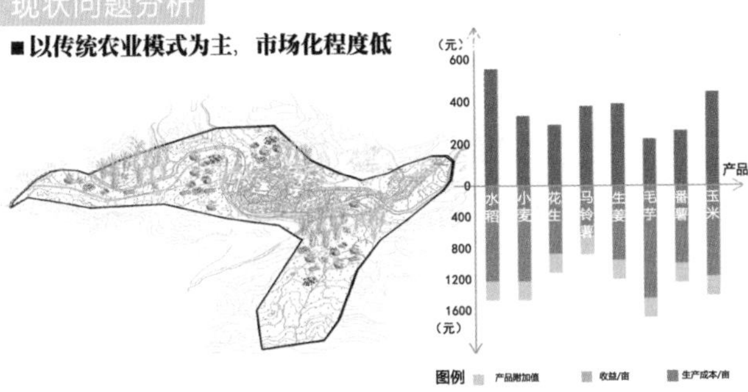

现状上，村庄农作物没有规模化种植，农业生产成本高，产品大众化，初级产品较多。除生姜和毛芋对外销售，其他作物均自给自足，但销售产品附加值较低，且产业链较短，销售半径较小。

■旅游业刚起步，同质化市场竞争中优势不足

现状上，旅游配套设施缺乏，游客参与性活动待组织，空间待改善。

台州市内其他历史古村交通便捷、资源丰富、特点鲜明，旅游发展起步较早，村庄竞争压力大。

■空间活力点缺失，老龄化空心化严重

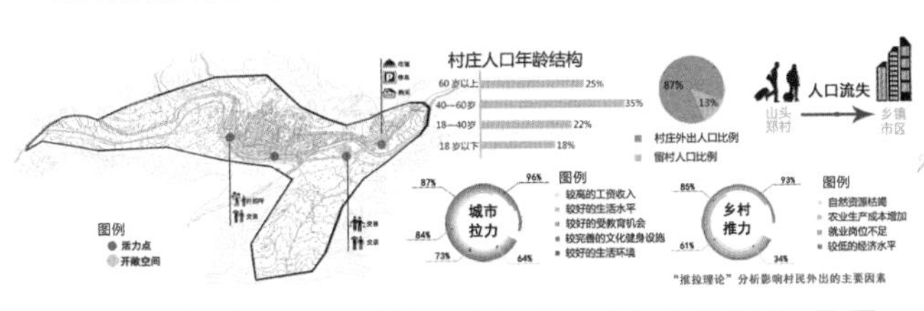

现状上，村庄空间活力点较少，与开敞空间不统一，村庄人口老龄化严重，现状40岁以上人口占60%，多为留守人口，且在城市化和城乡二元体制下，乡村推力与城市引力增大，人口流失严重，乡村活力不足，未来村落的保护与发展将会遇到一定的人口瓶颈。

■历史建筑缺乏保护，民俗文化正在遗失

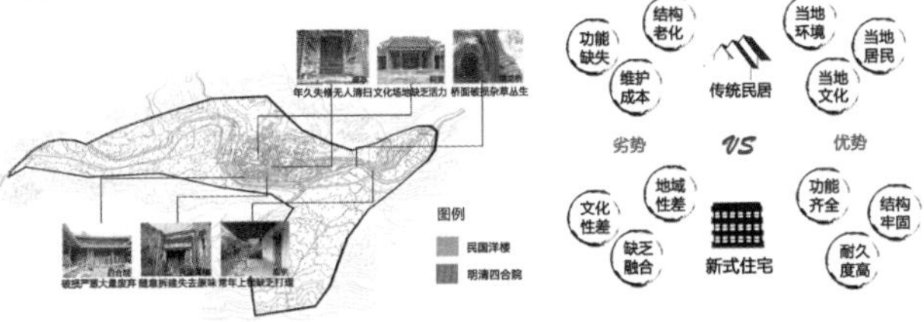

村庄现有民国洋楼共13幢，破损建筑共6幢，明清四合院5幢，全部破损，无人居住，没有针对传统建筑的保护措施，保护意识薄弱，东面新建住宅风格现代化，破坏古村落整体风貌，乡土文化相对先进的现代文化而言，活动较少，缺乏吸引力，逐渐被村民淡忘。

规划框架

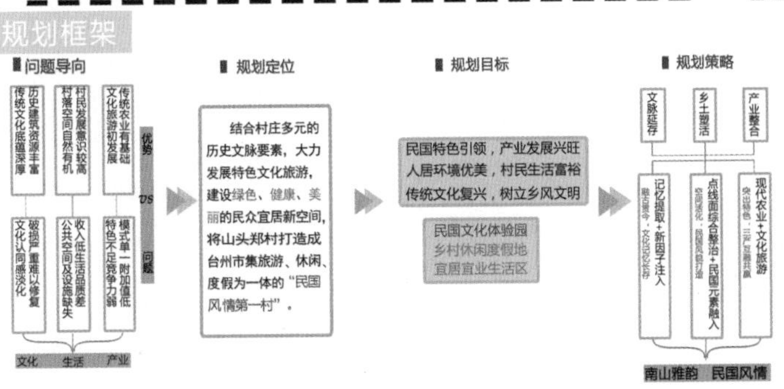

设计理念

三等奖

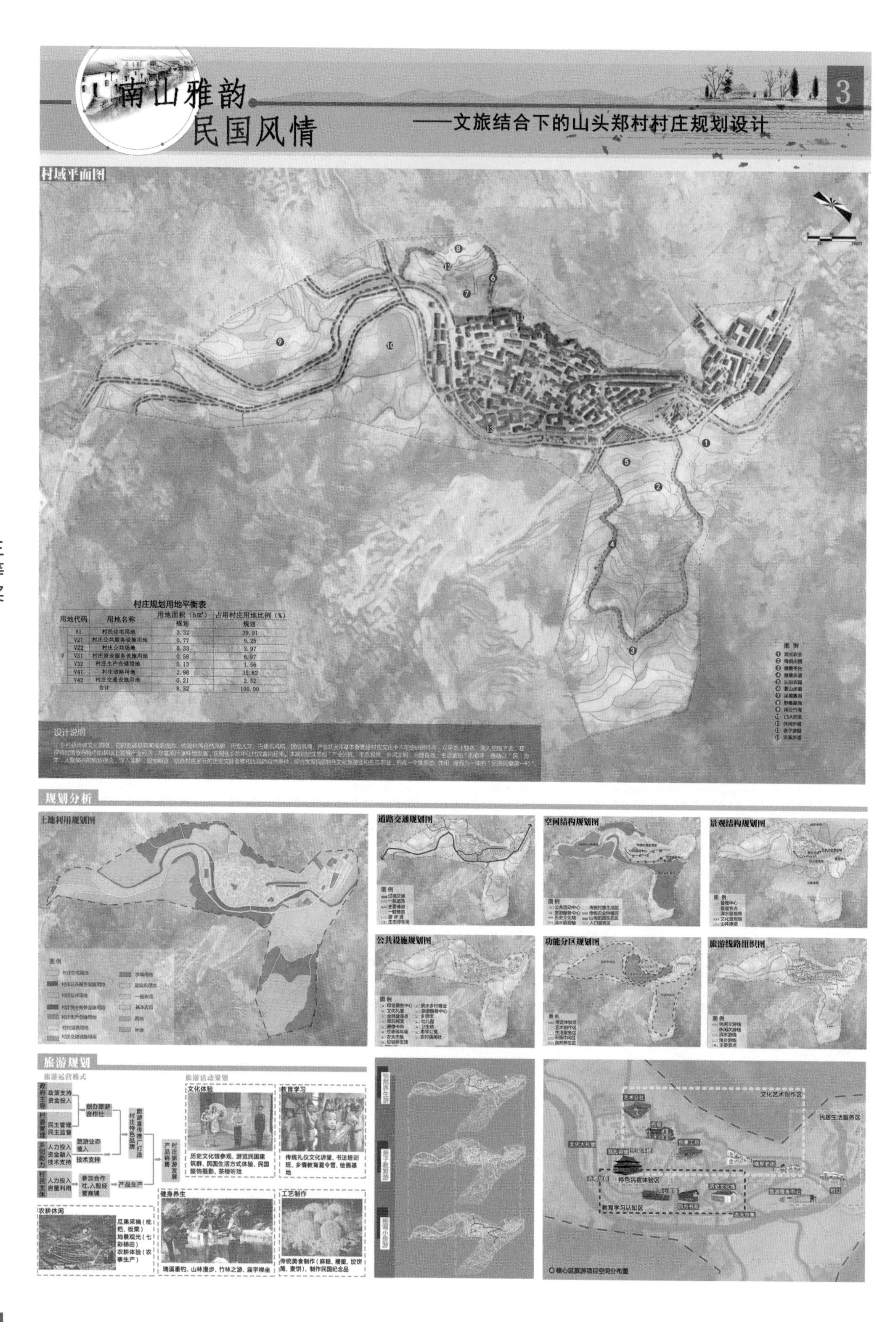

村庄规划用地平衡表

用地代码		用地名称	用地面积（hm²）规划	占用村庄用地比例（%）规划
V	V1	村民住宅用地	3.32	39.91
	V21	村庄公共服务设施用地	0.77	9.25
	V22	村庄公共场地	0.33	3.97
	V31	村庄商业服务设施用地	0.58	6.97
	V32	村庄生产仓储用地	0.13	1.56
	V41	村庄道路用地	2.98	35.82
	V42	村庄交通设施用地	0.21	2.52
合计			8.32	100.00

居民点平面图

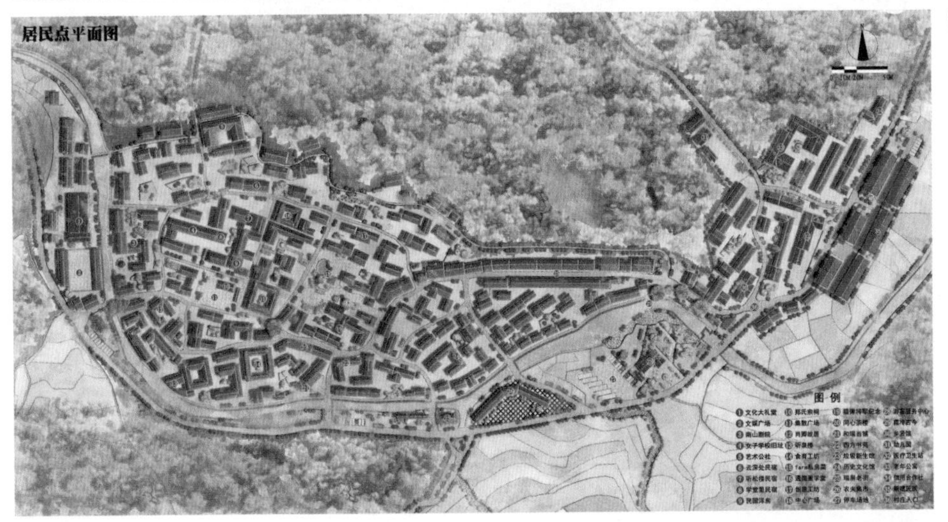

乡土塑造之节点设计

■ 建筑立面改造

村庄入口

休闲场所

乡土塑造之空间活化

■ 环境策略

■ 公共空间效果图

民宿改造

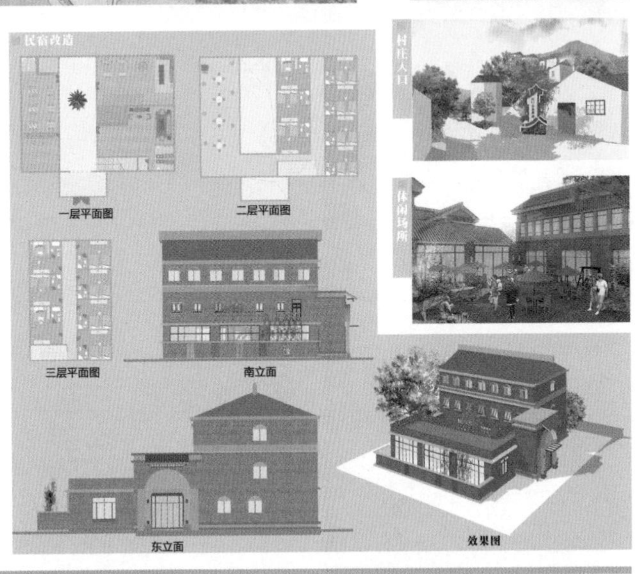

三等奖

乡土塑活之街道改造

■ 瑞屏老街改造

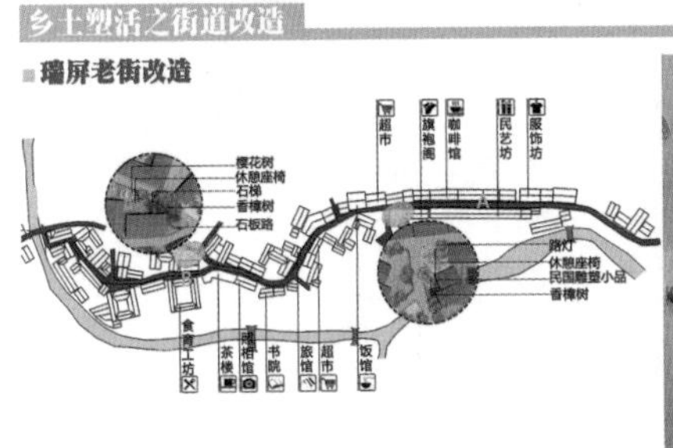

设计策略

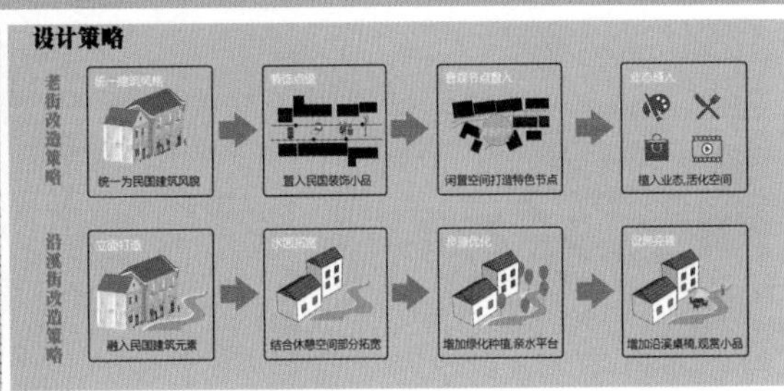

■ 沿溪立面设计

南山雅韵 民国风情 5

——文旅结合下的山头郑村村庄规划设计

三等奖

鸟瞰图

乡土塑活之特色节点打造

新建住宅效果图

村庄入口效果图

街道开敞空间效果图

乡土塑活之民宿改造

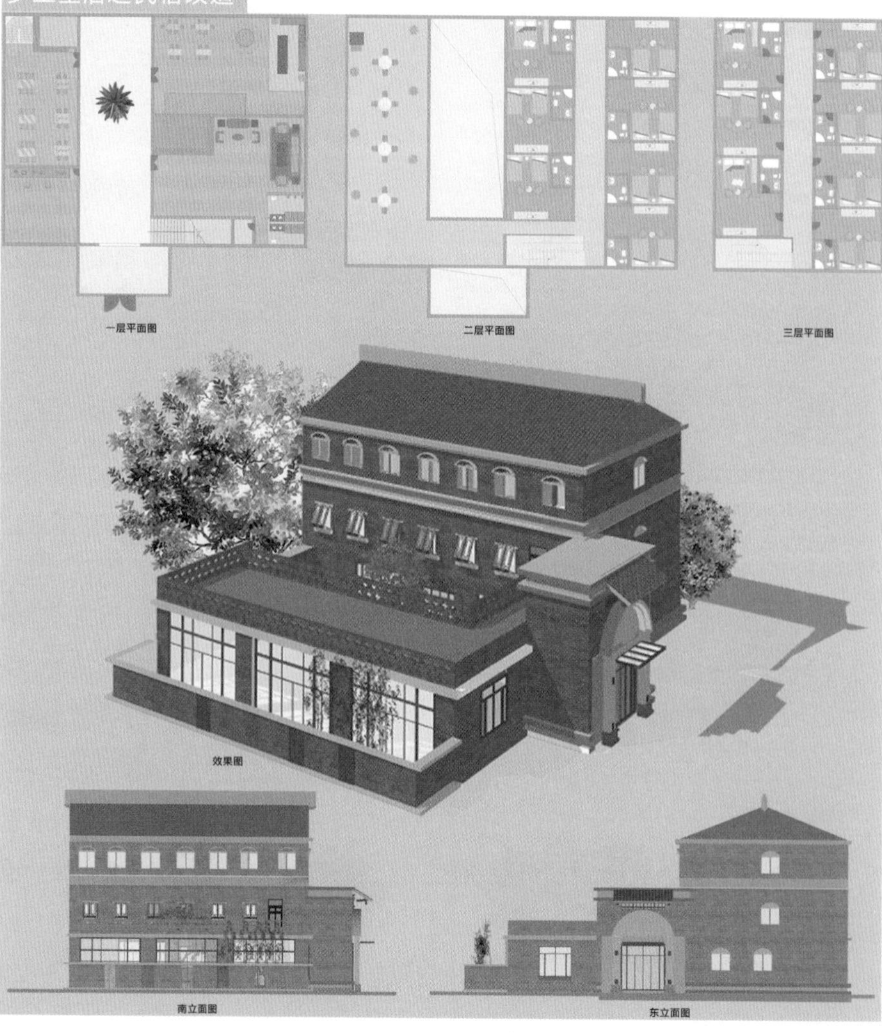

南山雅韵　民国风情

6

——文旅结合下的山头郑村村庄规划设计

三等奖

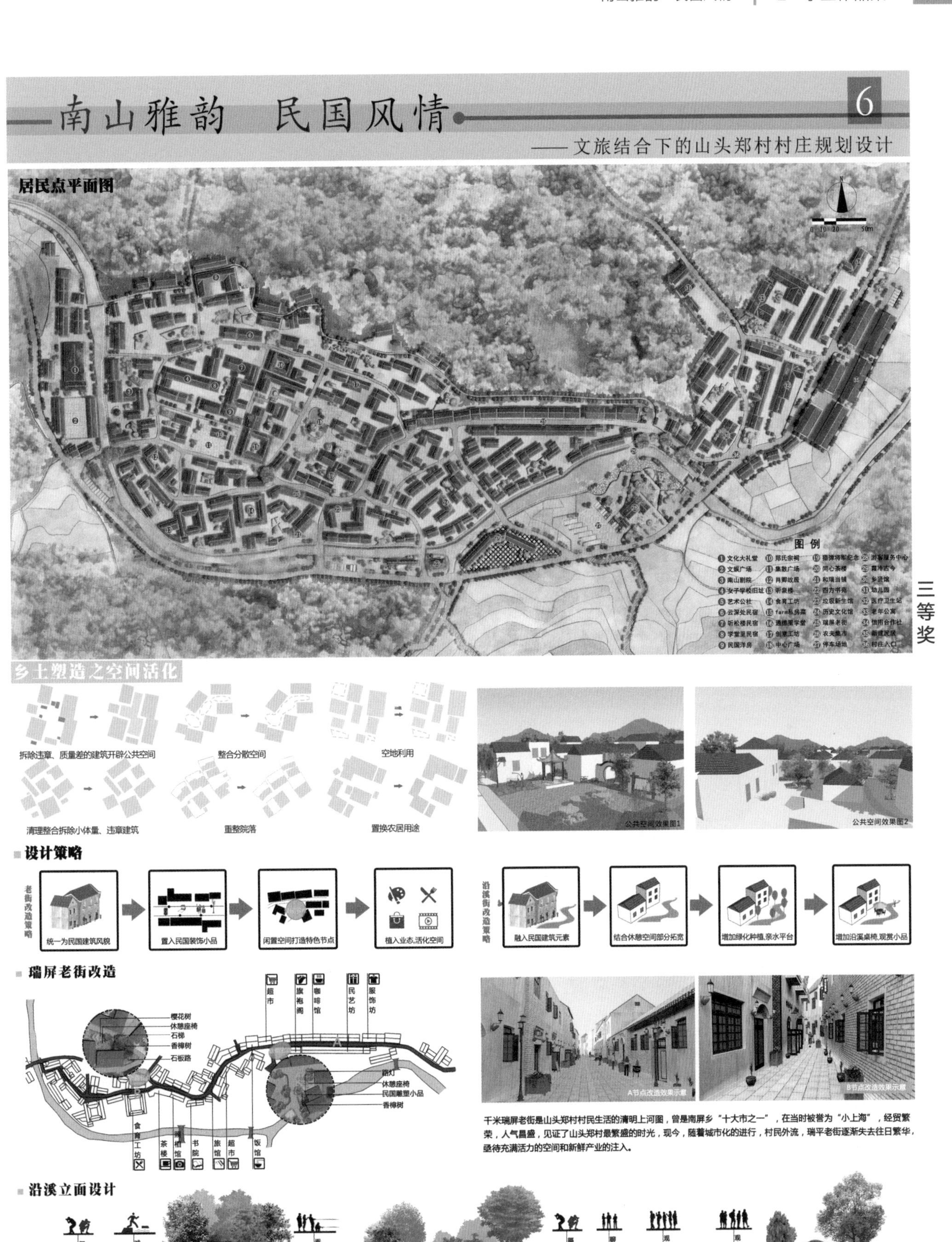

千米瑞屏老街是山头郑村村民生活的清明上河图，曾是南屏乡"十大市之一"，在当时被誉为"小上海"，经贸繁荣，人气昌盛，见证了山头郑村最繁盛的时光，现今，随着城市化的进行，村民外流，瑞平老街逐渐失去往日繁华，亟待充满活力的空间和新鲜产业的注入。

浙江师范大学

霜叶红于二月花——基于独特旅游资源的村庄振兴规划

三等奖

教师感言：

纸上得来终觉浅，绝知此事要躬行。村落的振兴，不到实践中调研，是找不到切实可行的方案的。从调研到成果，历时将近三个月，从资料收集、规划定位、规划策略每一个环节，学生都得到了真切的感受，是课堂之外的最难得的实践机会。努力了就有收获，无关最后成绩。

团队感言：

从调研到寻找定位出路再到成果表达，一共历时三个多月。从初见前杨村到深入了解前杨村，再到剖析解读前杨村并为前杨村的发展出谋划策，我们领略到前杨村的自然风光，体会了前杨村的风土人情，并感受到村庄规划的严谨艰辛。队员之间思维碰撞，每个人思考问题的角度不同，有时意见难以统一，但也能互相总结得到不一样的东西，遇上难题时，指导老师用他丰富的经验为我们指点迷津，团队协作的过程从互相磨合到意见统一。比赛过程有多艰辛，最后出成果时我们便有多开心，不论比赛结果如何，我们从中学习到的远比结果成珍贵。

霜叶红于二月花

——基于独特旅游资源的村庄振兴规划

题目解读与技术路线

题目解读

问题 ⇨ 策略 ⇨ 目标
枯叶 ⇨ 再生 ⇨ 更强的生命力
衰败的村落 ⇨ 产业振兴 ⇨ 乡村振兴

技术路线

现状资料收集 → 现状分析、文化解读、上位规划解读 → 问题导向、文化重构、明确定位 → 规划目标 → 规划策略 → 产业重构、文化业态重构、村落空间重构、山水生态重构、运营机制创新 → 乡村振兴

区位分析

前杨村与南屏乡内外旅游村庄之间的位置关系

前杨村位于台州天台县南屏乡，是南黄古道所在村。南屏乡内旅游资源丰富，其中莲花梯田、翠东古道、牌坊等景点吸引了大量游客，乡外的平桥镇、雷锋乡、坦头镇、三合镇等乡镇也有丰富的旅游资源，前杨村与这些景点最远只有17km路程。因此，前杨村与南屏乡内外其他旅游胜地交通便利、资源互补、联系紧密。

前杨村与全国四大赏枫胜地的位置关系

天台县所在地台州市位于浙江省，目前浙江省内尚未出现大面积种植枫树的赏枫胜地。且前杨村拥有丰富的赏枫资源，以天然的南黄古道为依托，结合各种旅游资源及村庄风貌，打造浙江省乃至中国赏枫第一村。

历史沿革

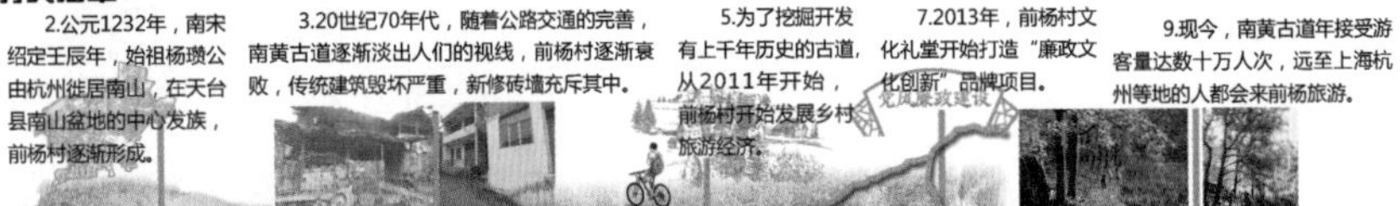

1.北宋初年，南黄古道逐渐形成，从天台南屏到临海黄坦，全长12公里。直到清代都是浙东重要的民间商贸通道，主要运送食盐、绿茶、布匹、丝绸、瓷器等，是一条非常重要的民族经济文化交流走廊。

2.公元1232年，南宋绍定壬辰年，始祖杨瓒公由杭州徙居南山，在天台县南山盆地的中心发族，前杨村逐渐形成。

3.20世纪70年代，随着公路交通的完善，南黄古道逐渐淡出人们的视线，前杨村逐渐衰败，传统建筑毁坏严重，新修砖墙充斥其中。

4.2010年，南黄古道走红网络，逐渐被人熟知。越来越多的游客来前杨村，前杨村经济开始好转，村民开始注意到传统古建筑的价值并修缮传统建筑。

5.为了挖掘开发有上千年历史的古道，从2011年开始，前杨村开始发展乡村旅游经济。

6.2012年初，前杨村成立天台县南屏乡前杨村经济合作社。

7.2013年，前杨村文化礼堂开始打造"廉政文化创新"品牌项目。

8.2014年12月，前杨村文化礼堂被评为市级廉政文化教育基地。

9.现今，南黄古道年接受游客量达数十万人次，远至上海杭州等地的人都会来前杨旅游。

基地解读

土地利用现状

村域结构分析

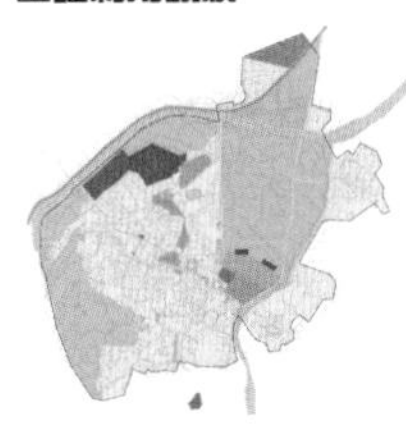

主要文化要素分析

杨梅酒

杨梅酒味香甜，早在元朝末期，古人就知道配制杨梅酒，据《本草纲目》记载杨梅具有"生津、止渴、调五脏、涤肠胃"的作用，实为老少皆宜的佳品，江浙地区以宁波台州山区杨梅酒最佳。

南屏乡前杨村位于天台南山盆地，四周多山，这里杨梅和杨梅酒品质上佳，独具一格。

村族谱

村庄中四知堂、四农事等祠堂中，提倡"四知"，这也是村先祖一代清廉官杨震留下的优秀品质，后被传承发展，直至形成现在的廉政孝义文化，被村民奉行，其文化传承都被记录在族谱当中，以示后辈。

护龙寺

村里信奉佛教，村头村尾有前殿庙、护龙寺两寺庙相守，佛教提倡众生平等，皆有佛性，提倡修行，皆可成佛。这一禅理也影响到村里，村民每逢节日或出现重大事件，都会来庙里烧香祭拜。

天台方言

天台话，属于吴语-台州片，保留浊音和入声。天台人讲话硬呛呛，一开口，好像平地一声雷，从气势上压倒对方，天台人以大嗓门居多，男女老少，高门亮嗓，声若洪钟。

麻糍团

麻糍，是浙江等地的特产小吃，其原料为上好糯米、猪油、芝麻、花生仁、冰糖等。麻糍香甜可口，食后耐饿，有着甜、滑的口感，且软韧、微冰。成品色泽鲜白，滑韧透明。麻糍阴干后蒸、煎、火烤、砂炒皆宜。

"风水"格局分析

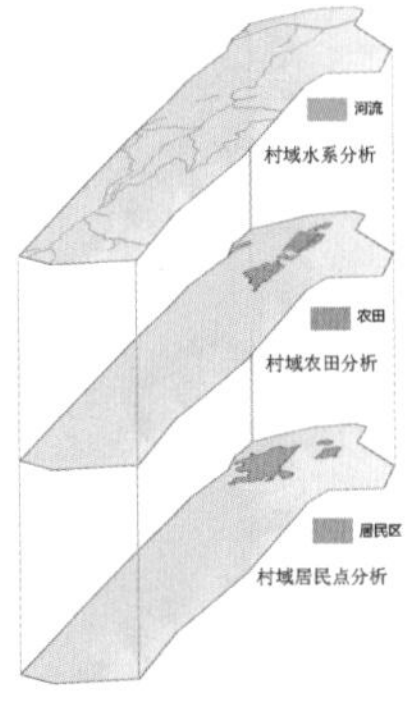

前杨村枕山环水，护龙寺、前殿庙分别守住村庄的上水口和下水口，保证财不外露。村庄整体"风水"格局良好。

人口结构分析

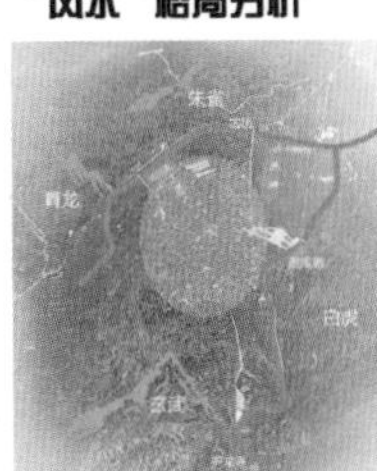

道路交通现状

村庄空间结构

街巷空间分析

开敞空间分析

院落空间分析

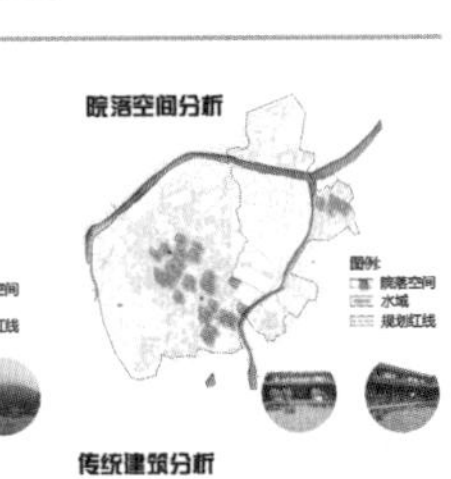

建筑分析

建筑肌理分析

建筑质量分析

建筑层数分析

传统建筑分析

现状总平面图

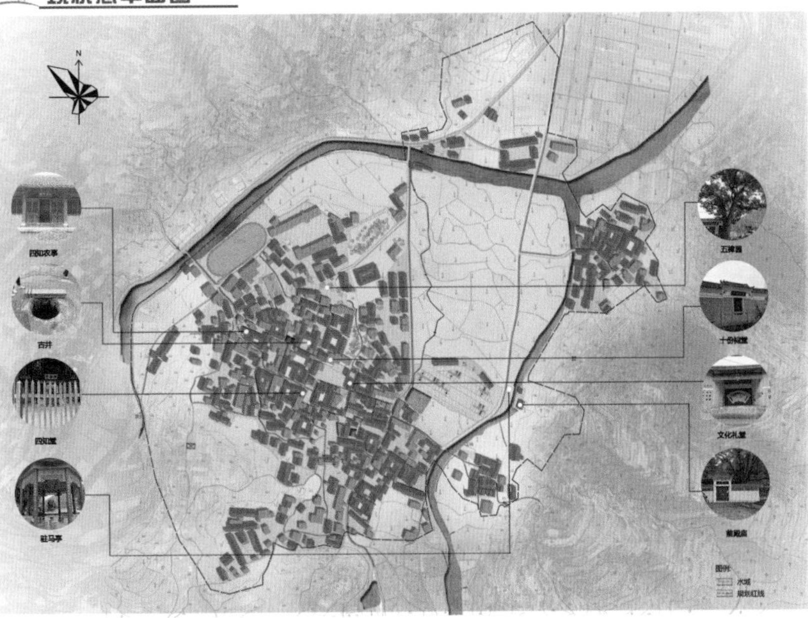

三等奖

2

霜叶红于二月花

——基于独特旅游资源的村庄振兴规划

资源分析

植被分析

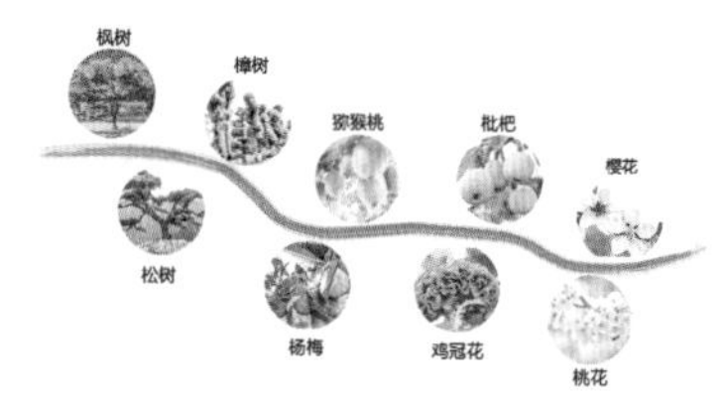

旅游资源分析

在前杨村北部大淡溪南侧一块地，生长有5棵巨大的百年樟树，名叫五樟园，树龄超600年，树干粗要四人合抱；树冠广展，枝叶繁盛，枝状挺拔秀美，形态各异，景色宜人，因树所形成的传说、典故颇多，是旅游休闲观光的绝胜之地。村民游客可以在此休憩娱乐。

四知堂和四知农事是村里现存最完整的两个祠堂，相传“四知”指的是村里先辈杨震所倡导的“天知、地知、你知、我知”，形容为人正直，做事光明磊落。这一文化传承一直到现在，并不断丰富其文化内涵，提倡清廉立人。

双田溪从南山山谷流下，沿河两岸青翠欲滴，植物种类丰富，沿河建有健康绿道，绿道环境优美，空气清晰，适合老人、小孩休闲散步。

前杨村是以宗族聚居为主的村落，村里大部分人家都姓杨，为一代清廉杨震的后代。因为地处盆地，四面环山，前杨村基本保留了传统村落的特点。村庄房屋从村中心向外扩展，在中心处有年代长远的四合院和祠堂，越向外扩展房屋的年代越新，但总体还是保留了原始面貌——青石砖灰瓦，这是前杨村经千年历史沉淀后农耕文化的体现，雨后的窄巷让人身心放松。村中的四合院可供游客参观和留宿。

前殿庙坐落于山脚村东头双田溪下游，庙内左右两棵高大的古樟像两个守卫守护着古庙。

护龙寺位于双田溪上游，是南黄古道的起始歇脚点，和前殿庙一前一后守卫着村庄。

南山，位于天台和临海交界处，属于天台山脉，周边有括苍山、大雷山等山脉群山环绕，山水生态环境优良。南山上梯田景观壮观，是浙江保存最完好的可耕梯田之一，其中种有山茶等各种农作物以及各色花卉。

南黄古道修建于北宋初年，一直到清代都是浙东重要的民间商贸通道。古道沿途遍种枫树，是目前国内保存最好的枫叶古道之一，南黄古道已有1000多年的历史，是古时台州通往临海方向的主要经商之路，是浙江乃至江南地区最美　最有韵味的古道之一，也是保存最好、长度最长的古道。古道核心景区长约5公里，在古道两侧，两人合抱粗壮的树有丹枫119株，苍松364株，巨樟89株。

周边旅游资源分析

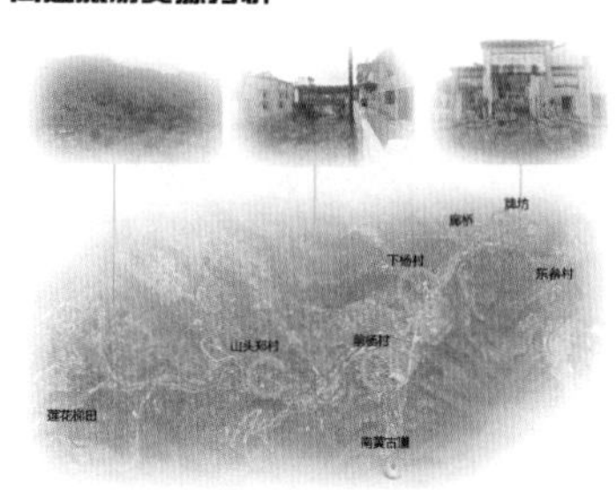

前杨村附近有较多旅游景点，如被称为“民国年间洋房的博物馆”的山头郑村、360度全景的莲花梯田、清朝年代的古牌坊以及富有诗意的古廊桥。

三等奖

现有产业分析

第一产业

前杨村目前第一产业主要为种植生姜、水稻、桃树等。村东面一块平坦地以及北面鲤鱼山种植大片桃树，南屏乡政府东北面和大淡溪沿河部分种植水稻。村民房屋前后种植生姜，古道双田溪两旁种植了观赏鸡冠花，部分山地种植了玉米、猕猴桃等农作物。

目前主要产业生姜，有指定的经销商收购，但尚未形成产业规模、规定固定的种植田地，仅分散种植在村民的堂前屋后。桃树种植达到了一定产业规模，但缺乏统一的经销商，桃子品质有待提升。猕猴桃、杨梅等高山水果尚缺乏规模和销售渠道。

第二产业

前杨村第二产业没有太大发展，因此也保留了村里的原生态村落环境，目前村里的第二产业主要是村民对木珠进行再加工，串成木珠制品，如手串、椅垫等。

第三产业

前杨村第三产业主要是旅游业。村里以旅游带动农家乐经济，村民以提供游客吃住来提高村民收入，以及通过售卖村民简易加工的土特产，比如杨梅酒、生姜片等来带动村庄产业。

目前村农家乐服务稍欠规范，各家农家乐服务水平参差不齐，旅游服务不全面，农家乐有待丰富服务类别，给游客更好的旅游体验。

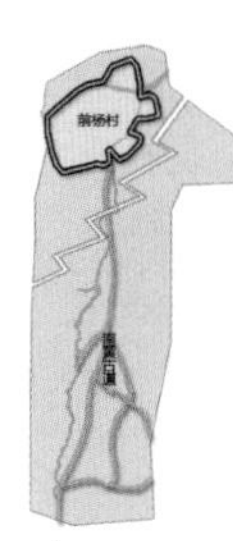

随着2010年起南黄古道走红网络，游客数量越来越多，但作为南黄古道起始点的前杨村，旅游服务收入增长却收效见微，很多游客经过前杨村时，都是走马观花，没有深入游览，没有给村庄带来实质性的经济效益，村庄和古道存在割裂感。

问题分析

产业现状

自给自足；技术落后；大片农田荒废 → 第一产业较原始 ←联系不强→ 第三产业尚且起步 ← 配套设施缺乏；服务质量较差；旅游内容单一；村庄与古道割裂

村庄现状

建筑空间：建筑较破旧；院落损坏严重；开敞空间较少

道路交通：路面老旧；通达性较差

卫生环境：厕所卫生较差；道路河道较脏

公共服务设施：设施缺乏；设施老旧

SWOT分析

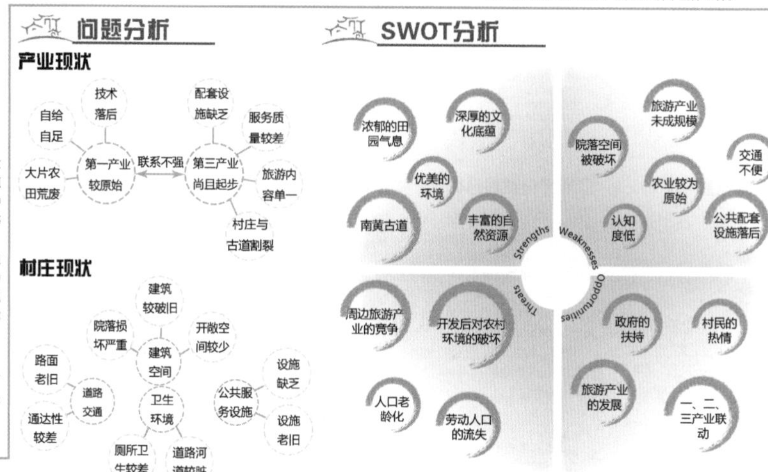

文化解读

古道文化

南黄古道带来游客，村庄为游客提供休息、停留处所。

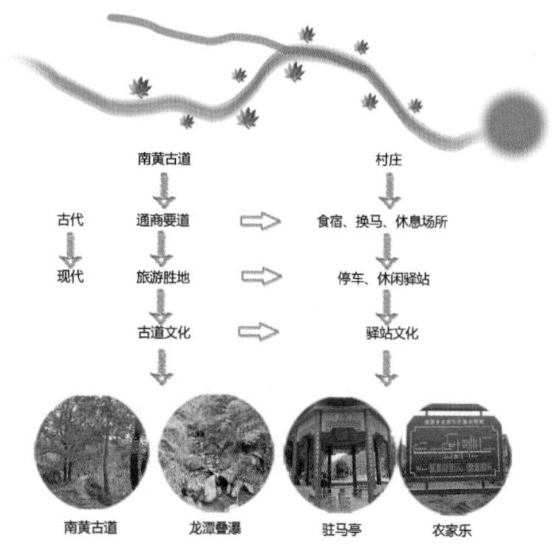

廉政文化

村民为杨氏后代，流传关于杨震的清廉故事，村中处处存在廉政文化的相关建设。

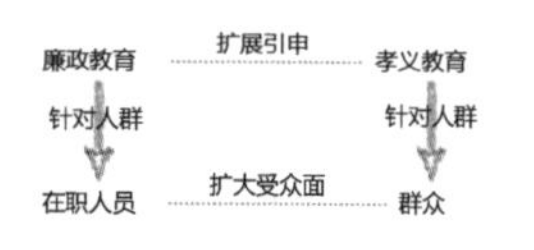

四知堂

古道清风亭

和合文化

天台和合文化是中国和合文化的精髓，前杨村村落建筑以四合民居为主，重视家风培训。

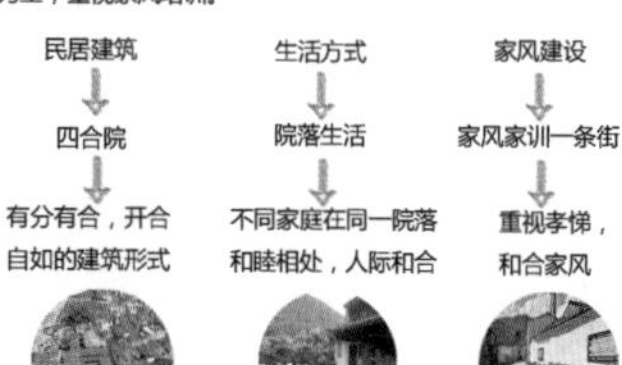

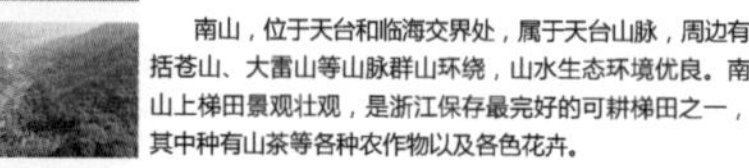

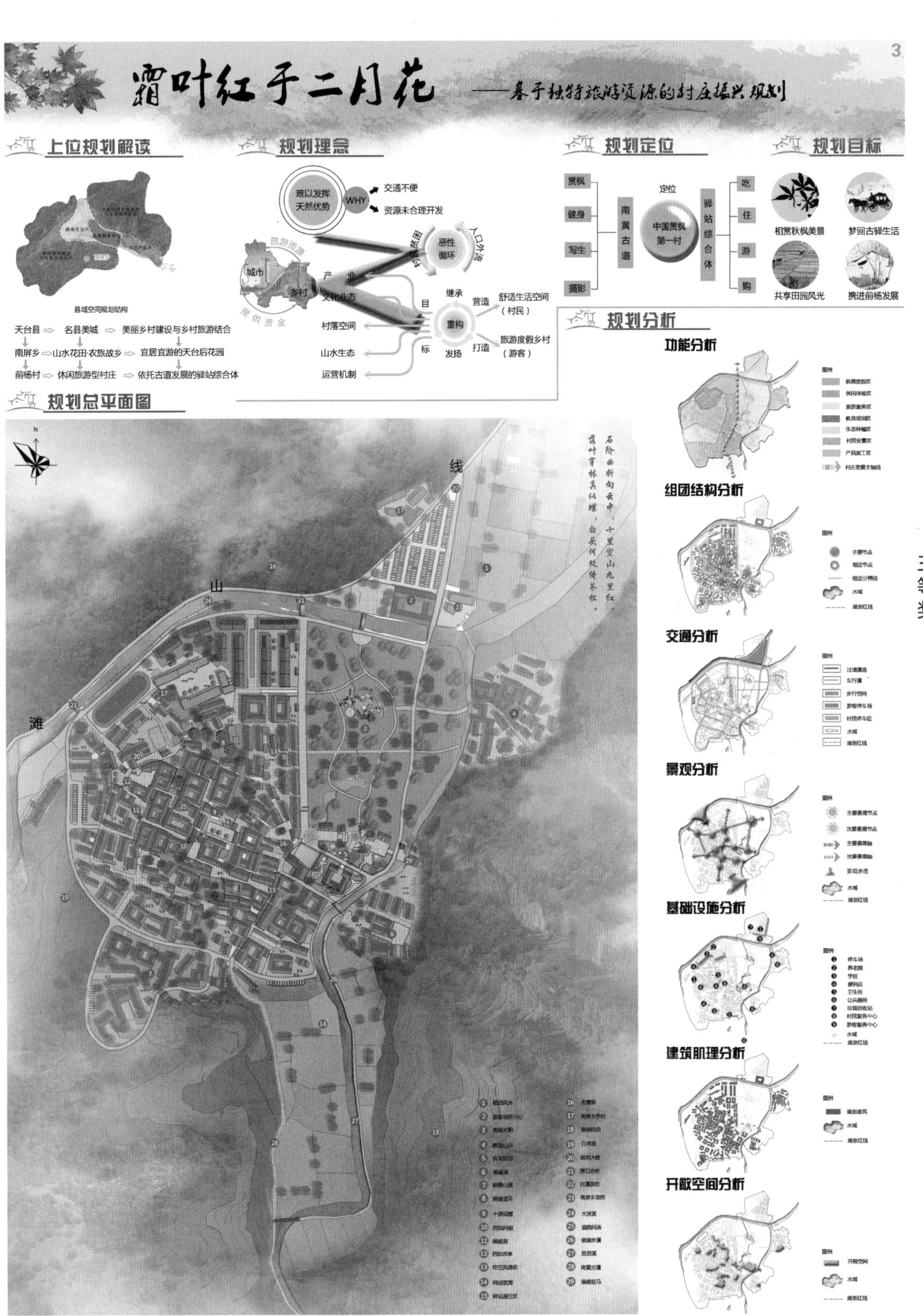
3
霜叶红于二月花
——基于独特旅游资源的村庄振兴规划
上位规划解读
县域空间规划结构
天台县 名县美城 美丽乡村建设与乡村旅游结合
南屏乡 山水花田·农旅故乡 宜居宜游的天台后花园
前杨村 休闲旅游型村庄 依托古道发展的驿站综合体
规划理念
难以发挥天然优势
WHY
交通不便
资源未合理开发
恶性循环
人口外流
村庄衰落
城市
乡村
旅游资源
提供资金
产业
文化业态
村落空间
山水生态
运营机制
目标
继承
营造
重构
发扬
打造
舒适生活空间（村民）
旅游度假乡村（游客）
规划定位
赏枫
健身
写生
摄影
南黄古道
定位
中国赏枫第一村
驿站综合体
吃
住
游
购
规划目标
相赏秋枫美景
梦回古驿生活
共享田园风光
携进前杨发展
规划分析
功能分析
组团结构分析
交通分析
景观分析
基础设施分析
建筑肌理分析
开敞空间分析
规划总平面图
石阶曲折向云中，十里空山九里红。
黄叶穿林真似蝶，白头何处倚苍松。
山
线
滩

三等奖

三等奖

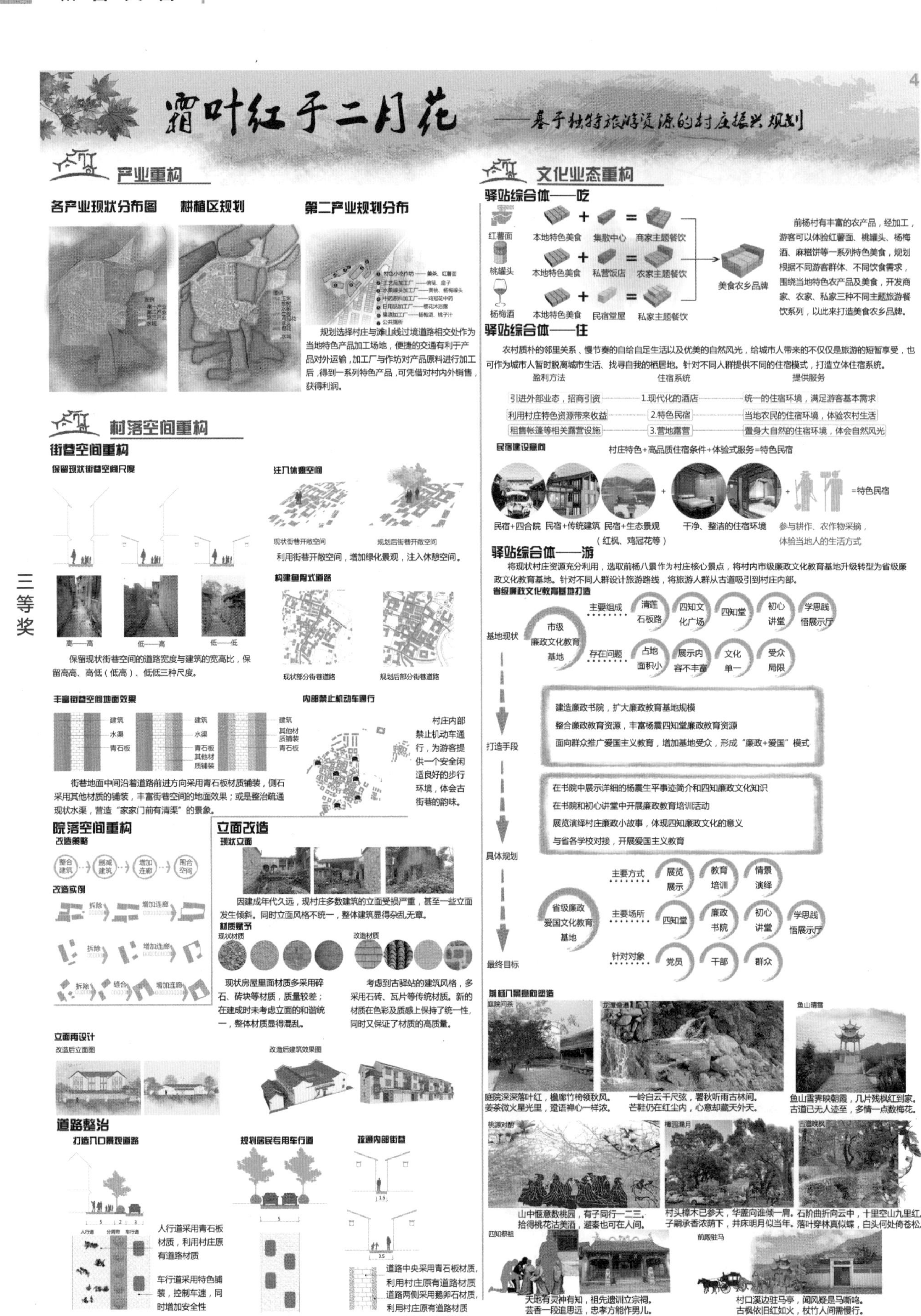
霜叶红于二月花
——基于独特旅游资源的村庄振兴规划
产业重构
各产业现状分布图
耕植区规划
第二产业规划分布
规划选择村庄与滩山线过境道路相交处作为当地特色产品加工场地，便捷的交通有利于产品对外运输，加工厂与作坊对产品原料进行加工后，得到一系列特色产品，可凭借对村内外销售，获得利润。
村落空间重构
街巷空间重构
保留现状街巷空间尺度
高——高
低——高
低——低
保留现状街巷空间的道路宽度与建筑的宽高比，保留高高、高低（低高）、低低三种尺度。
注入休憩空间
现状街巷开敞空间
规划后街巷开敞空间
利用街巷开敞空间，增加绿化景观，注入休憩空间。
构建鱼骨式道路
现状部分街巷道路
规划后部分街巷道路
丰富街巷空间地面效果
建筑
水渠
青石板
其他材质铺装
街巷地面中间沿着道路前进方向采用青石板材质铺装，侧石采用其他材质的铺装，丰富街巷空间的地面效果；或是整治疏通现状水渠，营造“家家门前有清渠”的景象。
内部禁止机动车通行
村庄内部禁止机动车通行，为游客提供一个安全闲适良好的步行环境，体会古街巷的韵味。
院落空间重构
改造策略
整合建筑
删减建筑
增加连廊
围合空间
改造实例
拆除
增加连廊
缝合
立面改造
现状立面
因建成年代久远，现村庄多数建筑的立面受损严重，甚至一些立面发生倾斜。同时立面风格不统一，整体建筑显得杂乱无章。
材质赋予
现状材质
改造材质
现状房屋重面材质多采用碎石、砖块等材质，质量较差；在建成时未考虑立面的和谐统一，整体材质显得混乱。
考虑到古驿站的建筑风格，多采用石砖、瓦片等传统材质。新的材质在色彩及质感上保持了统一性，同时又保证了材质的高质量。
立面再设计
改造后立面图
改造后建筑效果图
道路整治
打造入口景观道路
人行道采用青石板材质，利用村庄原有道路材质
车行道采用特色铺装，控制车速，同时增加安全性
规划居民专用车行道
疏通内部街巷
道路中央采用青石板材质，利用村庄原有道路材质
道路两侧采用鹅卵石材质，利用村庄原有道路材质
文化业态重构
驿站综合体——吃
红薯面
桃罐头
杨梅酒
本地特色美食
集散中心
商家主题餐饮
私营饭店
农家主题餐饮
民宿堂屋
私家主题餐饮
美食农乡品牌
前杨村有丰富的农产品，经加工，游客可以体验红薯面、桃罐头、杨梅酒、麻糍饼等一系列特色美食，规划根据不同游客群体、不同饮食需求，围绕当地特色农产品及美食，开发商家、农家、私家三种不同主题旅游餐饮系列，以此来打造美食农乡品牌。
驿站综合体——住
农村质朴的邻里关系、慢节奏的自给自足生活以及优美的自然风光，给城市人带来的不仅仅是旅游的短暂享受，也可作为城市人暂时脱离城市生活、找寻自我的栖居地。针对不同人群提供不同的住宿模式，打造立体住宿系统。
盈利方法
住宿系统
提供服务
引进外部业态，招商引资
1.现代化的酒店
统一的住宿环境，满足游客基本需求
利用村庄特色资源带来收益
2.特色民宿
当地农民的住宿环境，体验农村生活
租售帐篷等相关露营设施
3.营地露营
置身大自然的住宿环境，体会自然风光
民宿建设意向
村庄特色+高品质住宿条件+体验式服务=特色民宿
民宿+四合院
民宿+传统建筑
民宿+生态景观（红枫、鸡冠花等）
干净、整洁的住宿环境
参与耕作、农作物采摘，体验当地人的生活方式
=特色民宿
驿站综合体——游
将现状村庄资源充分利用，选取前杨八景作为村庄核心景点，将村内市级廉政文化教育基地升级转型为省级廉政文化教育基地。针对不同人群设计旅游路线，将旅游人群从古道吸引到村庄内部。
省级廉政文化教育基地打造
基地现状
市级廉政文化教育基地
主要组成
清莲石板路
四知文化广场
四知堂
初心讲堂
学思践悟展示厅
存在问题
占地面积小
展示内容不丰富
文化单一
受众局限
打造手段
建造廉政书院，扩大廉政教育基地规模
整合廉政教育资源，丰富杨震四知堂廉政教育资源
面向群众推广爱国主义教育，增加基地受众，形成“廉政+爱国”模式
具体规划
在书院中展示详细的杨震生平事迹简介和四知廉政文化知识
在书院和初心讲堂中开展廉政教育培训活动
展览演绎村庄廉政小故事，体现四知廉政文化的意义
与省各学校对接，开展爱国主义教育
最终目标
省级廉政爱国文化教育基地
主要方式
展览展示
教育培训
情景演绎
主要场所
四知堂
廉政书院
初心讲堂
学思践悟展示厅
针对对象
党员
干部
群众
前杨八景意向塑造
庭院问茶
庭院深深落叶红，檐廊竹椅领秋风。姜茶微火星光里，窟语禅心一样浓。
龙潭叠瀑
一岭白云千尺弦，署秋听雨古林间。芒鞋仍在红尘内，心意却藏天外天。
鱼山晴雪
鱼山雪葬映朝霞，几片残枫红到家。古道已无人迹至，多情一点数梅花。
桃源对酌
山中惬意数桃园，有子同行一二三。拾得桃花沽美酒，邂逅也可在人间。
樟园满月
村头樟木已参天，华盖向谁倾一肩。子嗣承香浓荫下，井床明月似当年。
古道晚枫
石阶曲折向云中，十里空山九里红。落叶穿林真似蝶，白头何处倚苍松。
四知祭祖
天地有灵神有知，祖先遗训立宗祠。芸香一段追思远，忠孝方能作男儿。
前殿驻马
村口溪边驻马亭，闻风疑是马嘶鸣。古枫依旧红如火，杖竹人间需慢行。

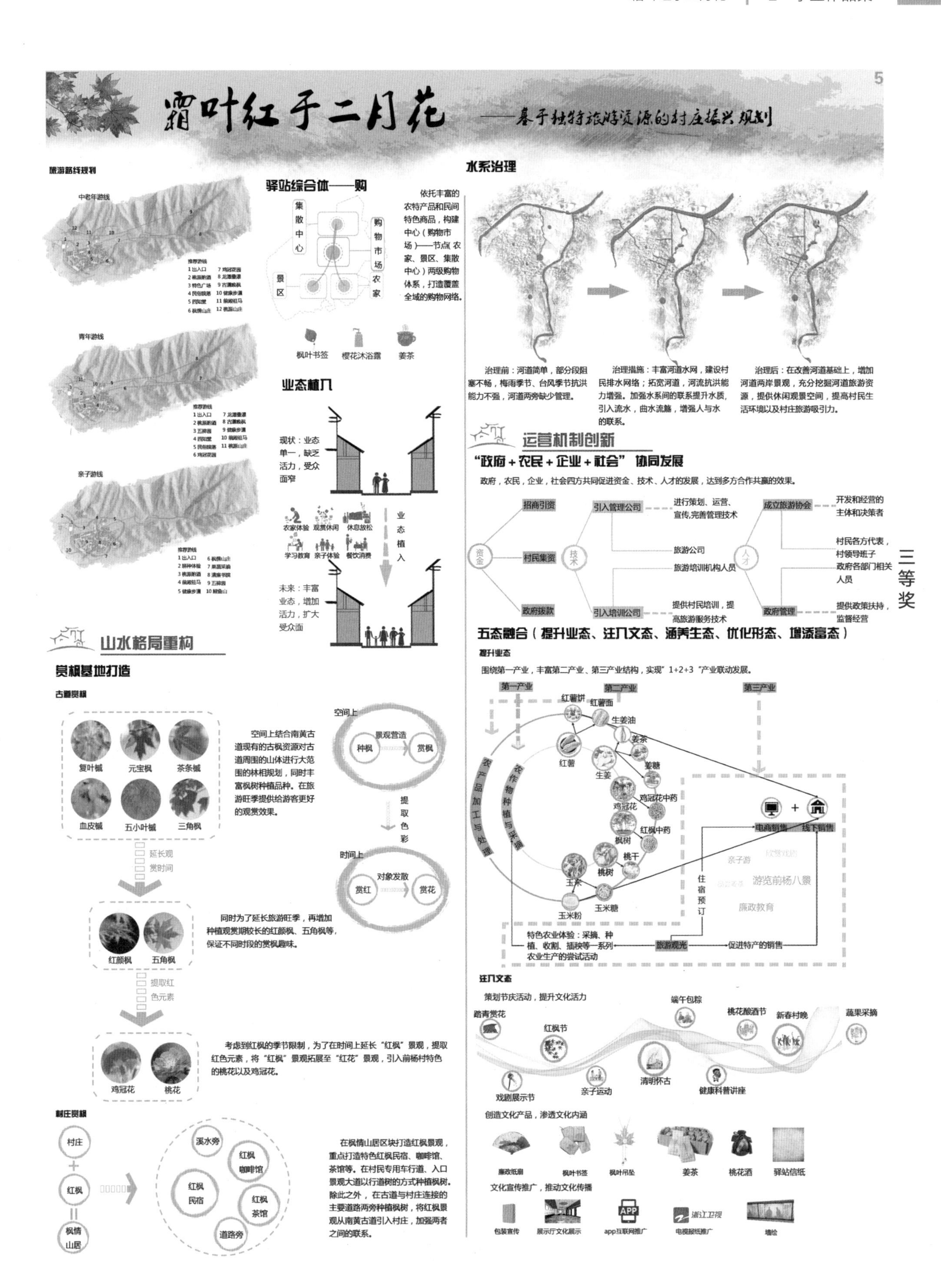
5
霜叶红于二月花
——基于独特旅游资源的村庄振兴规划
旅游路线规划
中老年游线
青年游线
亲子游线
驿站综合体——购
依托丰富的农特产品和民间特色商品，构建中心（购物市场）——节点（农家、景区、集散中心）两级购物体系，打造覆盖全域的购物网络。
枫叶书签
樱花沐浴露
姜茶
业态植入
现状：业态单一，缺乏活力，受众面窄
未来：丰富业态，增加活力，扩大受众面
山水格局重构
赏枫基地打造
古道赏枫
复叶槭 元宝枫 茶条槭 血皮槭 五小叶槭 三角枫
空间上结合南黄古道现有的古枫资源对古道周围的山体进行大范围的林相规划，同时丰富枫树种植品种。在旅游旺季提供给游客更好的观赏效果。
同时为了延长旅游旺季，再增加种植观赏期较长的红颜枫、五角枫等，保证不同时段的赏枫趣味。
红颜枫 五角枫
考虑到红枫的季节限制，为了在时间上延长“红枫”景观，提取红色元素，将“红枫”景观拓展至“红花”景观，引入前杨村特色的桃花以及鸡冠花。
鸡冠花 桃花
村庄赏枫
在枫情山居区块打造红枫景观，重点打造特色红枫民宿、咖啡馆、茶馆等。在村民专用车行道、入口景观大道以行道树的方式种植枫树。除此之外，在古道与村庄连接的主要道路两旁种植枫树，将红枫景观从南黄古道引入村庄，加强两者之间的联系。
水系治理
治理前：河道简单，部分段阻塞不畅，梅雨季节、台风季节抗洪能力不强，河道两旁缺少管理。
治理措施：丰富河道水网，建设村民排水网络；拓宽河道，河流抗洪能力增强。加强水系间的联系提升水质，引入流水，曲水流觞，增强人与水的联系。
治理后：在改善河道基础上，增加河道两岸景观，充分挖掘河道旅游资源，提供休闲观景空间，提高村民生活环境以及村庄旅游吸引力。
运营机制创新
“政府+农民+企业+社会”协同发展
政府，农民，企业，社会四方共同促进资金、技术、人才的发展，达到多方合作共赢的效果。
五态融合（提升业态、注入文态、涵养生态、优化形态、增添富态）
提升业态
围绕第一产业，丰富第二产业、第三产业结构，实现“1+2+3”产业联动发展。
注入文态
策划节庆活动，提升文化活力
创造文化产品，渗透文化内涵
文化宣传推广，推动文化传播
三等奖

6

霜叶红于二月花

——基于独特旅游资源的村庄振兴规划

三等奖

涵养生态（可持续发展策略）

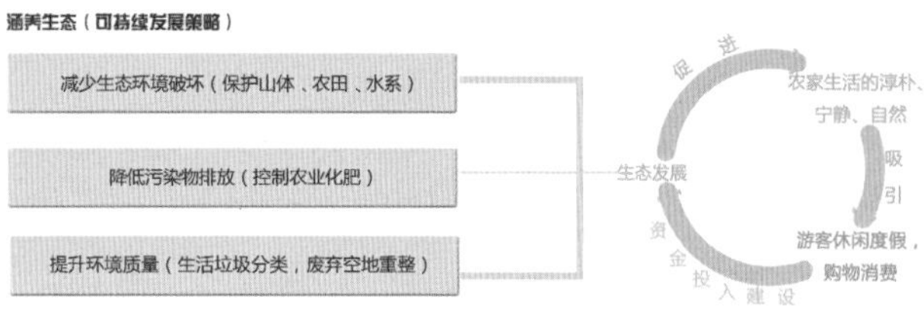

优化形态

围绕村庄生态，以山水为依托，分片种植桃树、枫树、鸡冠花等自然景物，打造四季美景，丰富村庄形态。

增添富态

“共享农田”发展模式

村内存在荒地与多余的耕地，村委对此进行收集与严选，市民在“共享农田APP”提交产品订单，村民获得工作机会，对订单作物进行种植、采摘，最后运送至客户手里。以此，依托于“共享农田APP”，在村委组织下，乡村与城市进行资源与经济的互补，激活闲置农业资源，让共享经济理念融入现代化农业发展。

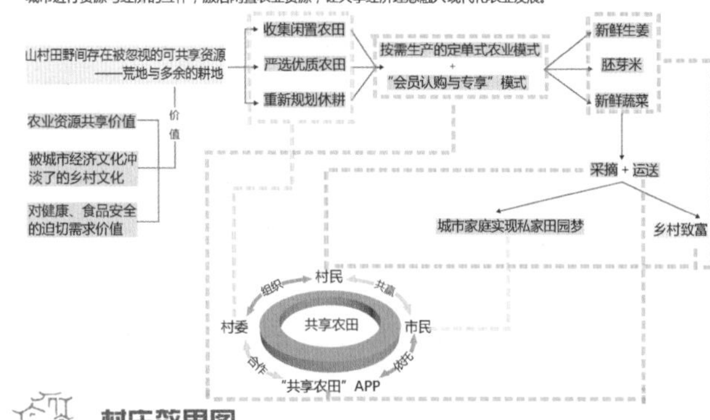

“龙头企业+经济合作社+农民”合作模式

前杨村农业资源丰厚，但是农业劳动力不足，农业技术落后，大片土地造闲置，因此将废弃的农田集中经营，强化土地集体所有权，并与龙头企业合作，提高农业技术，促进农业发展，农民增收，增添前杨村富态。

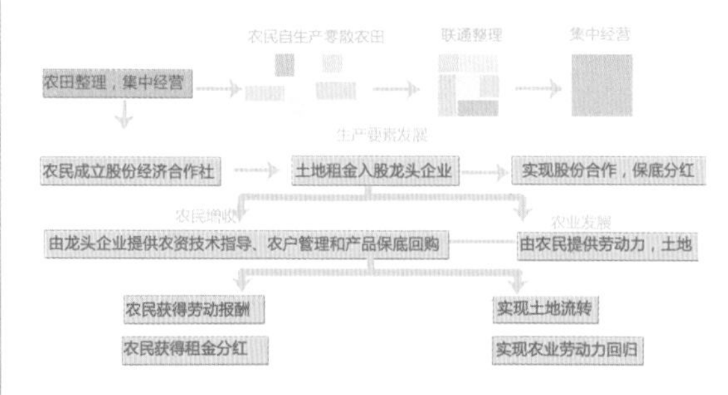

驿站发展模式

前杨村传统建筑较多，房屋四合院特点明显，因此结合驿站定位，进行房屋的规划，引入居住、商业购物等功能，完善消费服务水平，实现村民增收。

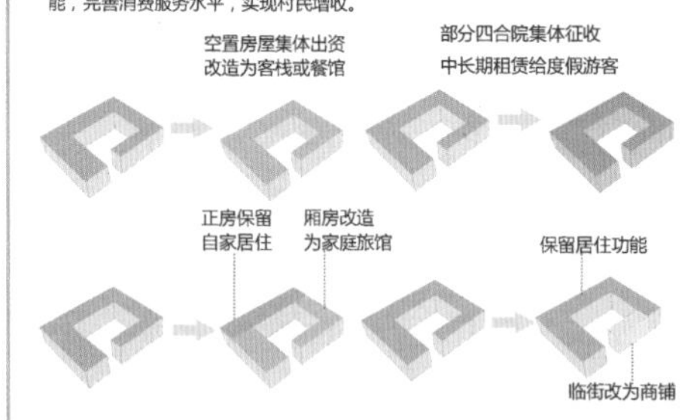

节点效果图

咖啡厅效果图

水体效果图

道路效果图

茶馆效果图

村庄效果图

中国美术学院

耆聚荷和　其具和合——天台县寒岩村乡村规划与设计

教师感言：

该组同学的设计从当地的历史文化中挖掘“和合”主题，从场地的现状资源中发掘“荷塘”特色，最终以荷花为主题，从荷花中抽象提取线条、形体与色彩赋予到村庄的规划设计之中，地域特色鲜明，功能布局合理，节点设计具有一定的创新性，效果表现也较有感染力。

团队感言：

在整个设计中我们懂得了许多东西，也培养了团队合作和独立工作的能力，树立了对自己工作能力的信心，相信会对今后的学习工作生活有非常重要的影响。而且大大提高了动手的能力，使我们充分体会到了在创造过程中探索的艰难和得出成果时的喜悦。在设计过程中所学到的东西是这次设计的最大收获和财富，使我们终身受益。

荟聚荷和 其具和合

天台县寒岩村乡村规划与设计

RURAL PLANNING AND DESIGN

现状分析及道路水系改造

现状调研确定主题

在多次现场踏勘中，我们注意到场地拥有许多的荷塘。在盛夏的骄阳下，荷花显得平和静谧、挺拔美好。因此将荷花确定为主题。有几个方面的原由：

①中华文化的典型代表。从古至今，荷花就是为中国人熟悉和喜爱的植物，荷花出现在人们生活的方方面面，同时，它"出淤泥而不染"的高贵品质又成为历代文人墨客争相歌咏的对象。

②寒山和合文化的体现。寒岩村的寒岩洞是寒山子隐居之地。"和合二仙"的传说一直影响着这片土地上的人民。"荷"恰与"和"谐音。它暗示了荷花背后种种美好的寄望：人与自然的和谐、人与社会的和谐等。

③村子本有的荷花种植区位优势。龙溪拥有千亩荷塘，寒岩村就拥有四百亩。荷花的花、茎、叶、果均有用途，是当地人们的经济优势之一。

综合分析

西山	上形村	下王村	后陈村	岩前村
游客集散中心	茶会馆	民宿	民宿	文化艺术体验空间（祠堂文化、寒山子文化）
荷产品采摘体验	节庆活动场所	和合文化体验空间		
农家乐				

产业分析

原农产品采摘

采荷花 挖莲藕 折荷叶 晶莲蓬

荷特色饮食产品

香脆荷花

拔丝藕片

荷叶茶

枸杞莲子羹

荷特色工艺品

荷花香炉

莲藕摆件

金属荷叶 莲蓬干花

空间艺术装置体验

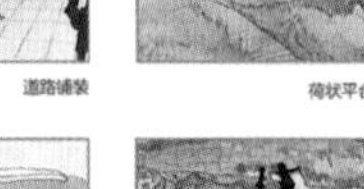
道路铺装 荷状平台

荷叶凉棚

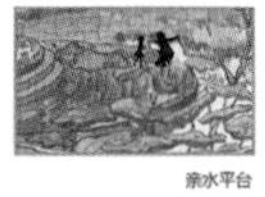
亲水平台

诗词绘画

荷塘写生

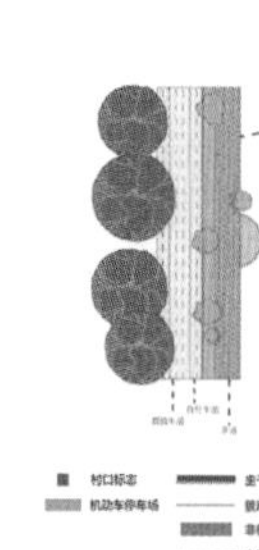

道路分析

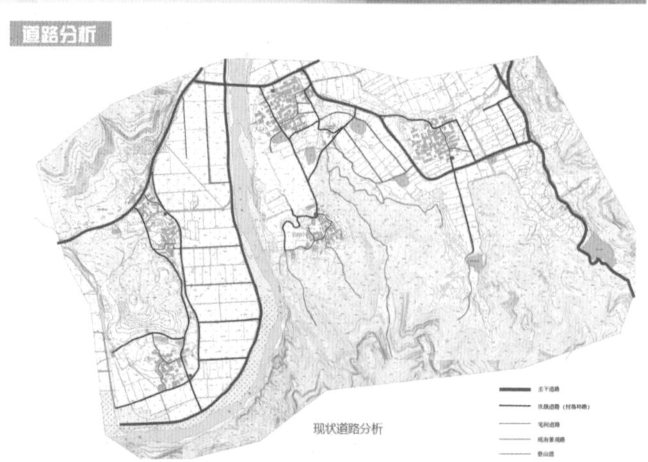
现状道路分析

村口建筑和指示牌系统均采用了荷花与荷叶的意向，与整个设计主题相统一。

指示效果图

村口望楼改造效果

改造后道路

水系分析

驳岸设计：将原来笔直的水岸改造为高低错落的木栈道平台，更好亲水，同时亲近荷花池塘。

水景设计

现状照片

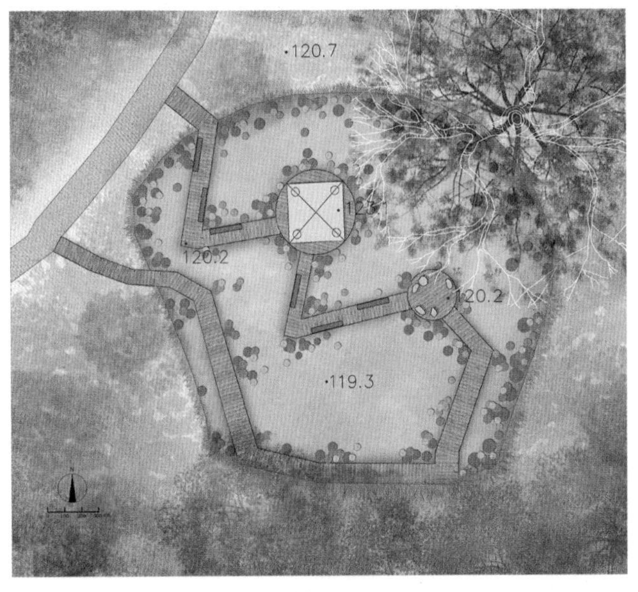

荷间茶道平面图

滨水栈道效果图

景观设计

元素转译

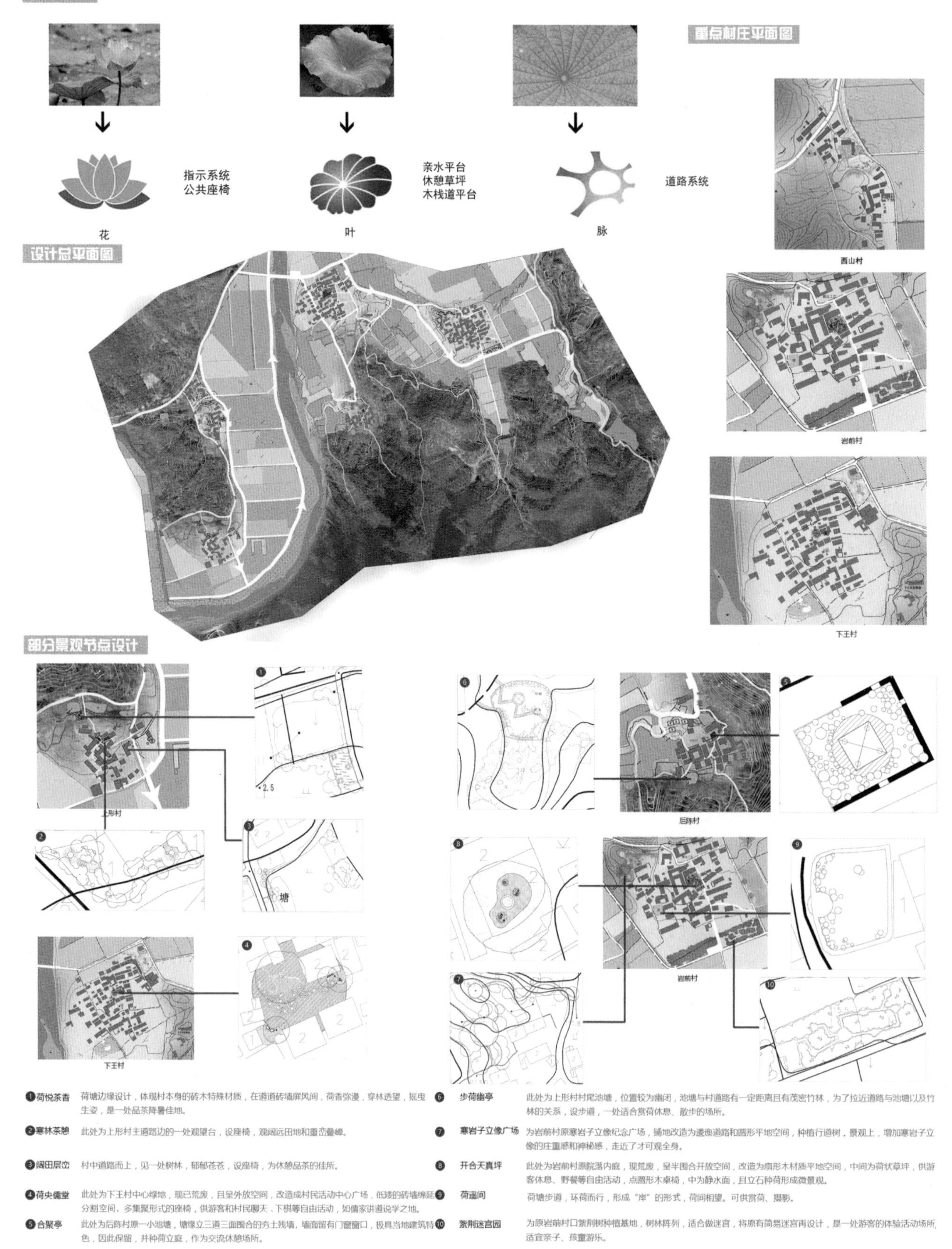

❶荷悦茶香　荷塘边缘设计，体现村本身的砖木特殊材质，在遒道砖墙屏风间，荷香弥漫，穿林透望，摇曳生姿，是一处品茶降暑佳地。

❷寒林茶憩　此处为上形村主道路边的一处观望台，设座椅，观阔远田地和重峦叠嶂。

❸阔田层峦　村中道路而上，见一处树林，郁郁苍苍，设座椅，为休憩品茶的佳所。

❹荷央儒堂　此处为下王村中心绿地，现已荒废，且呈外放空间，改造成村民活动中心广场，低矮的砖墙绵延分割空间，多集聚形式的座椅，供游客和村民聊天、下棋等自由活动，如儒家讲道说学之地。

❺合聚亭　此处为后陈村原一小池塘，塘缘立三道三面围合的夯土残墙，墙面留有门窗窗口，极具当地建筑特色，因此保留，并种荷立庭，作为交流休憩场所。

❻步荷幽亭　此处为上形村村尾池塘，位置较为幽闭，池塘与村道路有一定距离且有茂密竹林，为了拉近道路与池塘以及竹林的关系，设步道，一处适合赏荷休息、散步的场所。

❼寒岩子立像广场　为岩前村原寒岩子立像纪念广场，铺地改造为逶迤道路和圆形平地空间，种植行道树，景观上，增加寒岩子立像的庄重感和神秘感，走近了才可观全身。

❽开合天真坪　此处为岩前村原院落内庭，现荒废，呈半围合开放空间，改造为扇形木材质平地空间，中间为荷状草坪，供游客休息、野餐等自由活动，点圆形木桌椅，中为静水面，且立石种荷形成微景观。

❾荷遥间　荷塘步道，环荷而行，形成“岸”的形式，荷间相望。可供赏荷、摄影。

❿紫荆迷宫园　为原岩前村口紫荆树种植基地，树林阵列，适合做迷宫，将原有简易迷宫再设计，是一处游客的体验活动场所，适宜亲子、孩童游乐。

重要节点分析

荷田点水

现状：位于村缘的一个池塘，水、道路和人没有产生关系。且道路被晒玉米谷物的筛网大面积侵占，不够卫生整洁。但景色宜人。

改造：池塘栽种荷花，提取荷叶图形元素，设木汀步，增加游走的趣味性，使游客能够进入水面。同时荷叶元素公共雕塑运用于设计中，作为亭子和置放谷物的平台功能，有趣且生动。

下王村

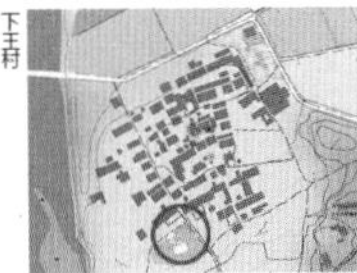

现状照片

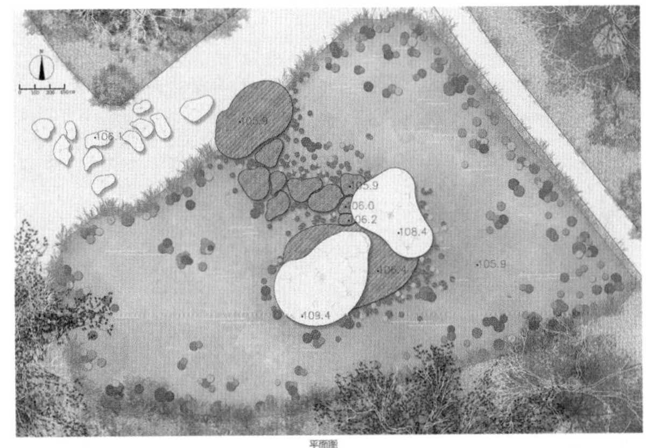

平面图

效果图

稻荷弥香

现状：处于村口的大片田地，没有清晰道路，且荷花塘不可入，与游客有一定距离，且农田分割相对杂乱。

改造：提取荷叶脉图形元素设计木栈道平台伸向田间，拉近游客与自然农作的乐趣，改善了道路，方便村民的劳作。使阔远的田也成为一道景观，并且可从不同道路口进入，活化该场地景观。

下王村

现状照片

平面图

效果图

日月映莲

现状：位于后陈村村口，是村文化精神中心的象征，大香樟依畔而生长。

改造：荷塘种荷，提取荷叶圆形元素，依据荷塘好似腰果形态的平面设计半月牙形大亲水平台。且嵌石为休憩座椅。铺装呼应驳岸岩石，采用天然石块拼接和石条拼接。使景观具有野趣感。并且纳对岸茂竹为景观资源，以同样类似的手法做平台设计，形成相辅相成的完整景观，仿佛日月遥相对应，拉近了人的距离，也强调村落环境独特的适宜人活动的景观尺度。

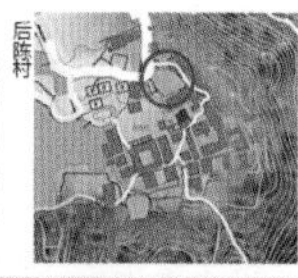

现状照片

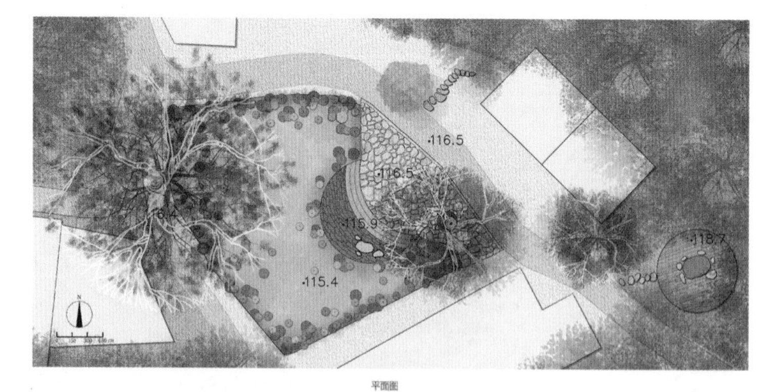

平面图

效果图

古莲广场

原状：为村口停车场，人工硬地铺装过于生硬，且该空间作为一个较大的停车场，在规划上功能不够合理。

改造：设静水面可种荷，铺地上条状水面，作为空间分割，提取藕状莲盆的形态，做座椅，中间水面为荷。形成村文化景观，同时也满足了合理的停车容量，设置了停车位。将道路和活动空间合理容纳。

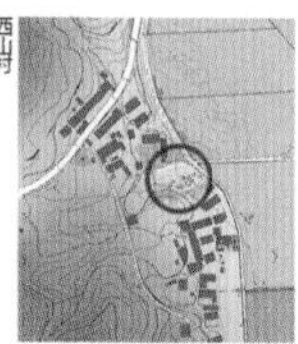

现状照片

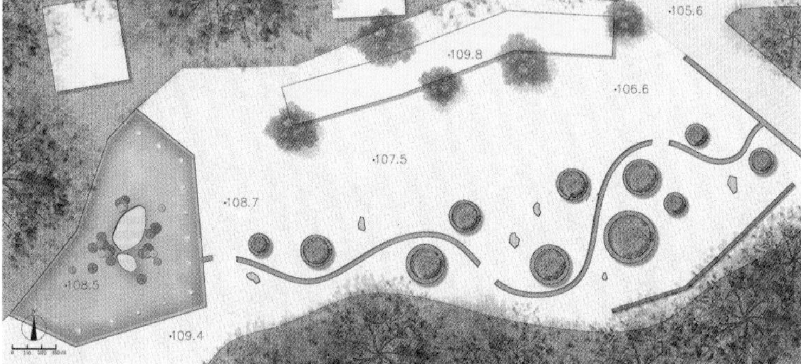

平面图

效果图

建筑单体改造：四合莲社

现状建筑问题分析

建筑的历史沿革与材质衔接。随着村子各方面不均速的发展，建筑的更替存有落差。这种落差在村中有明显的对比。

铺装的不统一

建筑肌理不协调

池水的断层对比

建筑定位图

建筑模型效果

建筑材质梳理

石块

粉刷

砖块

夯土

木头

建筑形式采取

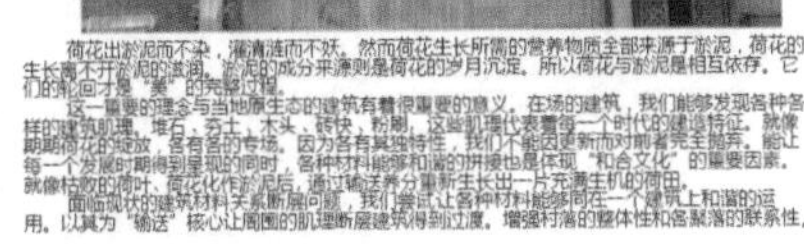

荷花出淤泥而不染，濯清涟而不妖。然而荷花生长所需的营养物质全部来源于淤泥，荷花的生长离不开淤泥的滋润。淤泥的成分来源则是荷花的岁月沉淀。所以荷花与淤泥是相互依存。它们的轮回才是“美”的完整过程。

这一重要的理念与当地原生态的建筑有着很重要的意义。在场的建筑，我们能够发现各种各样的建筑肌理，堆石、夯土、木头、砖块、粉刷，这些肌理代表着每一个时代的建造特征。就像朗朗荷花的绽放，各有各的专场。因为各有其独特性，我们不能因更新而对前者完全抛弃。能让每一个发展时期得到呈现的同时，各种材料能够和谐的拼接也是体现“和合文化”的重要因素。就像枯败的荷叶、荷花化作淤泥后，通过输送养分重新生长出一片充满生机的荷田。

面临现状的建筑材料关系断層问题，我们尝试让各种材料能够同在一个建筑上和谐的运用。以其为“输送”核心让周围的肌理断层建筑得到过渡。增强村落的整体性和各聚落的联系性。

SU模型图

轴测

正立面

剖面

荷塘四宝运用

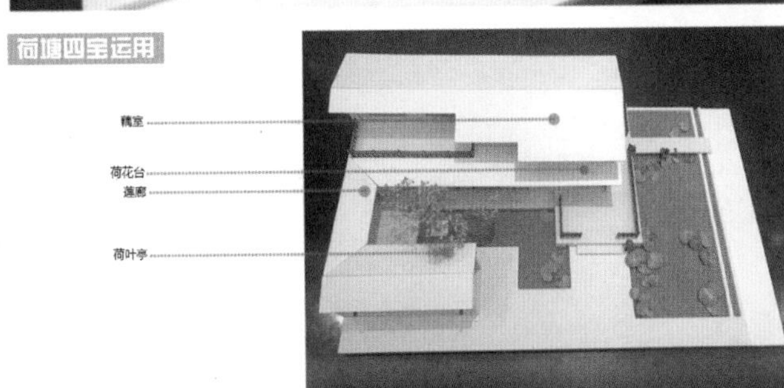

统一的景观建筑的介入使得五个相距较远的聚落拥有了核心骨架，犹如五朵荷花在不同的地方盛开。而整个村落的地底下就像有藕相连，不断地发生着关系。

中国美术学院

山水怀里——街头镇张家桐村乡村规划与设计

教师感言：

该组同学从地域文化中汲取吴冠中写生地这一历史渊源，结合村庄的特色景观风貌，布局乡村文创、文旅体验、民宿集群等项目以有机更新乡村，并以特色民宿为切入点展开设计，把老废的民居建筑改造为诗画、写生等具有特色体验的民宿，达到激活村子闲置用房，保护传统建筑的目的，并促进其他文旅产业的开展，引导村庄可持续发展。构思合理，主题鲜明，节点设计具体一定的创新性。

团队感言：

2018 年 5 月，我们来到街头镇张家桐村调研，我们看到古村落里建筑和自然山水融合成如画的风景，村内民风淳朴，村民积极地向我们介绍村内独特的自然景观，我们也了解到张家桐村是吴冠中先生的写生地。当我们看到村内多处有历史保留价值的合院建筑已经很大程度遭受破坏，村内空心化，留守儿童和老人居多等现状，就更促使我们思考如何能在修缮古建筑的同时，带动村里的经济发展，使更多的青壮年和艺术家能够来到这个美丽的村庄，体验独特的乡村生活，并为其出一份力。我们深知这次调研是在今后做乡村项目时的宝贵财富，须认真对待。

山水怀里 街头镇张家桐村乡村规划与设计

RURAL PLANNING AND DESIGN

院校：中国美术学院 指导老师：沈实现 学生：潘冰旎 俞梦萍 陈悦

场地印象

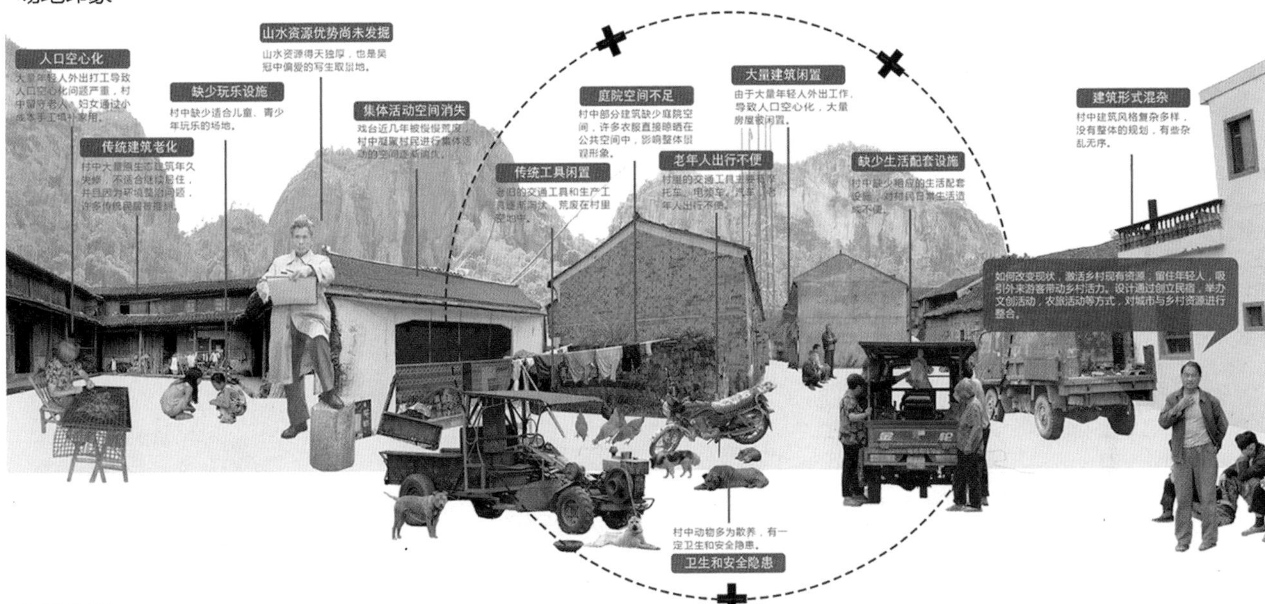

区位分析

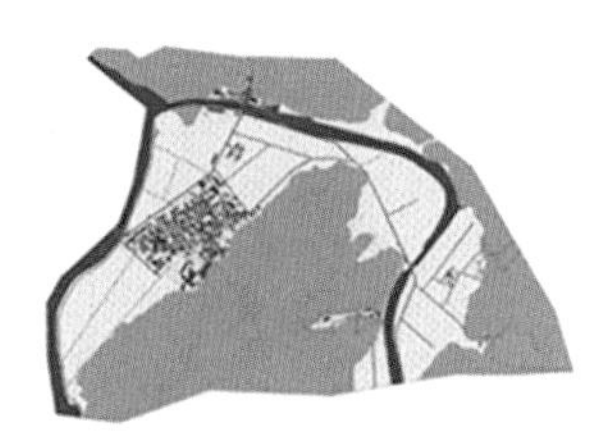

张家桐坐落在街头镇南边十多里的地方，全村约有500多户，总人口1000多人，大多数从事传统的农业劳动，它前临碧波荡漾的始丰溪，背倚绵亘十里的铁甲龙。张家桐因画家吴冠中而被世人所知，逐渐成为驴友的旅游胜地，也成了画家的艺术殿堂。跟着画家们的脚步，走进张家桐的巷子里，在画中看张家桐，在张家桐里看景，看看这个不同寻常的村子……

现场照片

分层分析

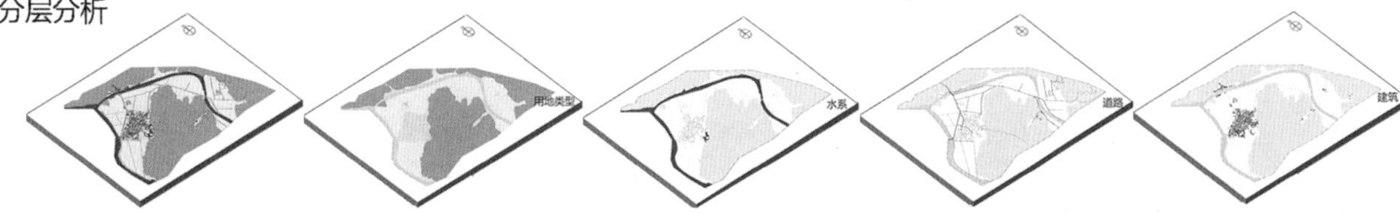

设计思路

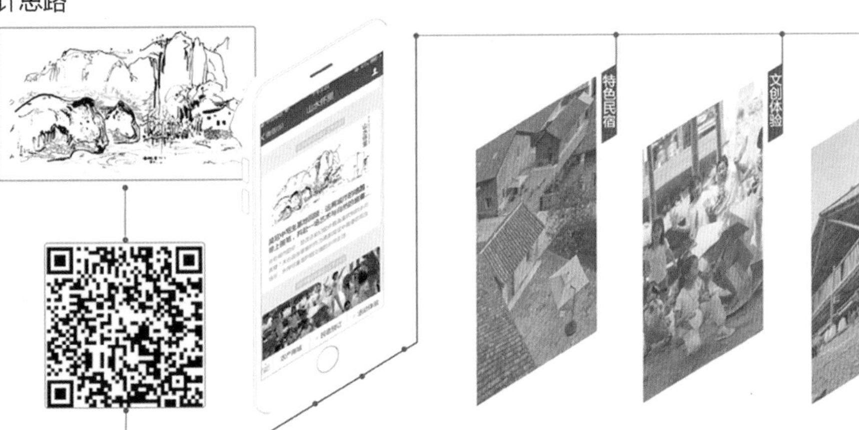

张家桐村拥有得天独厚的自然山水资源，曾是吴冠中重要的写生地，我们汲取这一元素，针对村中现存的一些现实问题进行了一定的规划设计。主要分为特色民宿、文创体验、农旅生活三大版块，目的在于让城市忙碌的人能在张家桐村享受到自然乡野的诗意栖居。

街头镇张家桐村乡村规划与设计

RURAL PLANNING AND DESIGN

院校：中国美术学院 指导老师：沈实现 学生：潘冰旎 俞梦萍 陈悦

三大版块功能分析

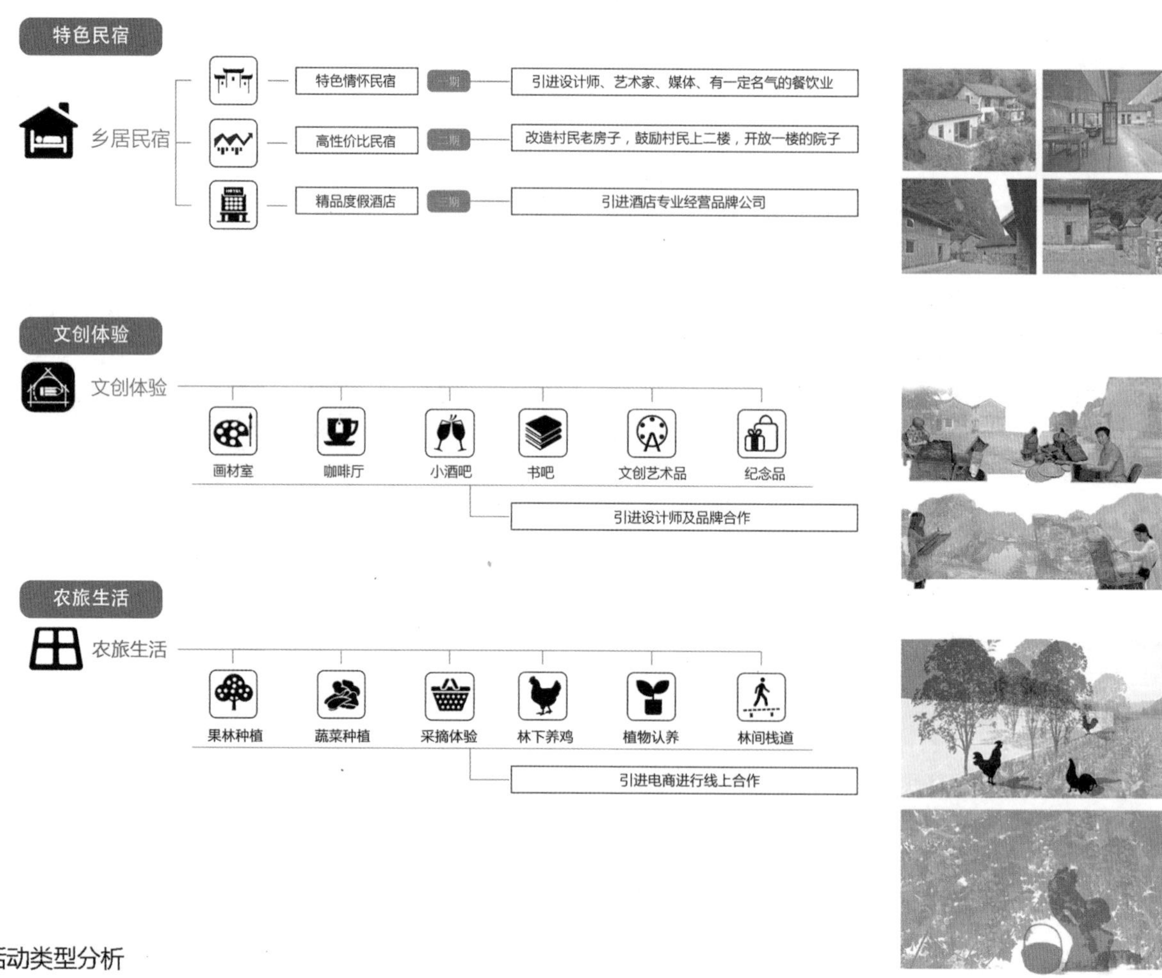

场地活动类型分析

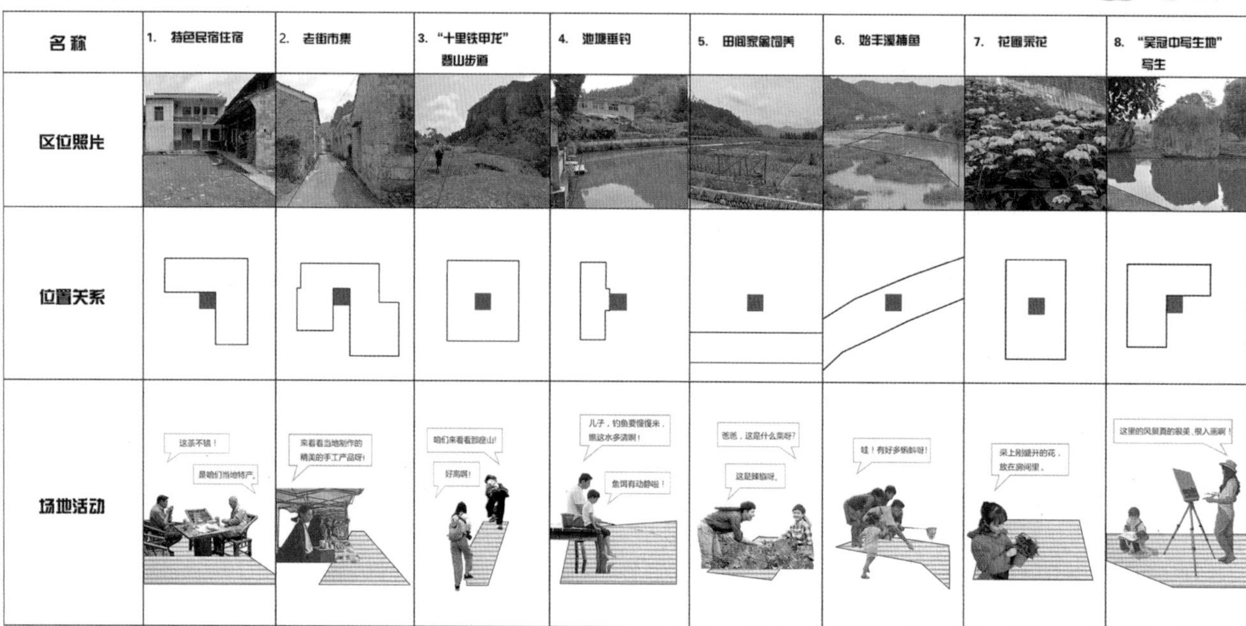

名称	1. 特色民宿住宿	2. 老街市集	3. “十里铁甲龙”登山步道	4. 池塘垂钓	5. 田间家禽饲养	6. 始丰溪捕鱼	7. 花圃采花	8. “吴冠中写生地”写生
区位照片								
位置关系								
场地活动	这茶不错！ 是咱们当地特产。	来看看当地制作的精美的手工产品呀！	咱们来看看那座山！ 好高啊！	儿子，钓鱼要慢慢来，瞧这水多清啊！ 鱼饵有动静啦！	爸爸，这是什么菜呀？ 这是辣椒呀。	哇！有好多蝌蚪呀！	采上刚盛开的花，放在房间里。	这里的风景真的很美、很入画啊！

街头镇张家桐村乡村规划与设计

RURAL PLANNING AND DESIGN

院校：中国美术学院 指导老师：沈实现 学生：潘冰旎 俞梦萍 陈悦

总平面图

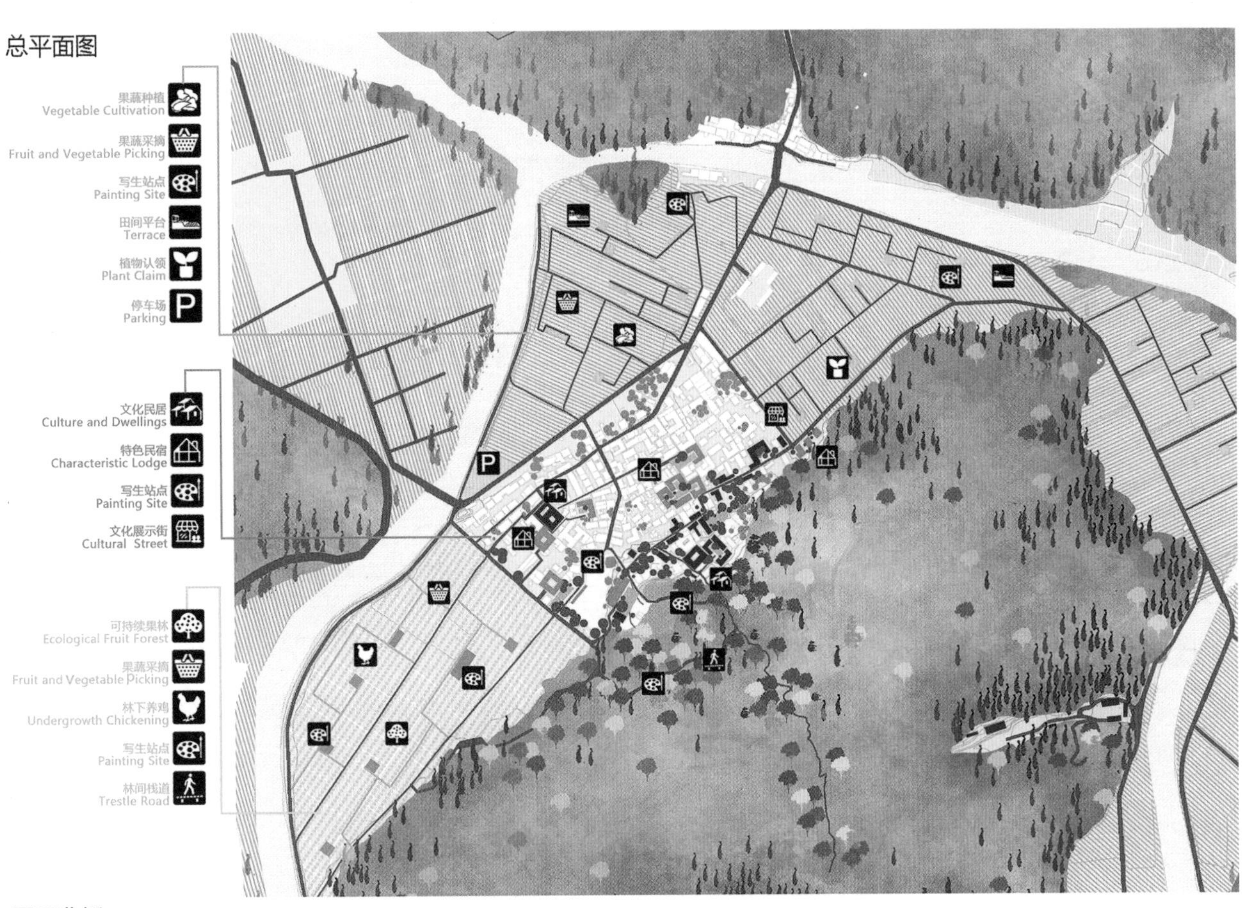

平面分析

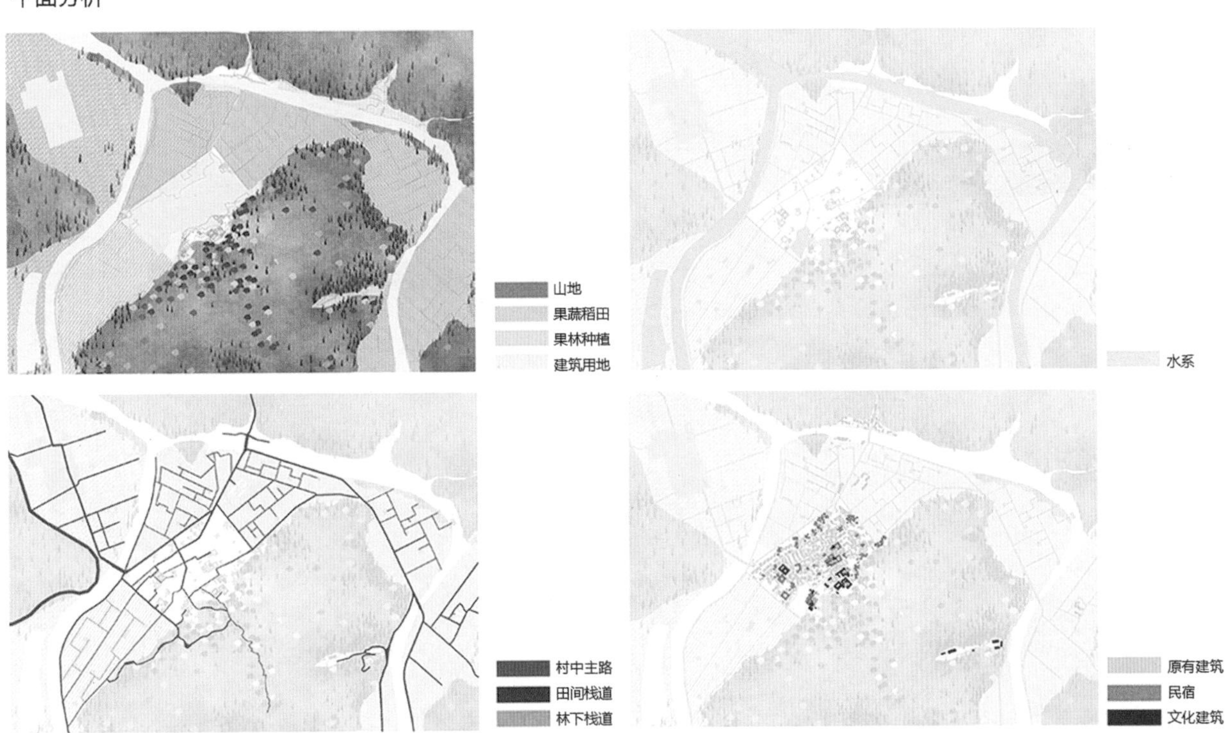

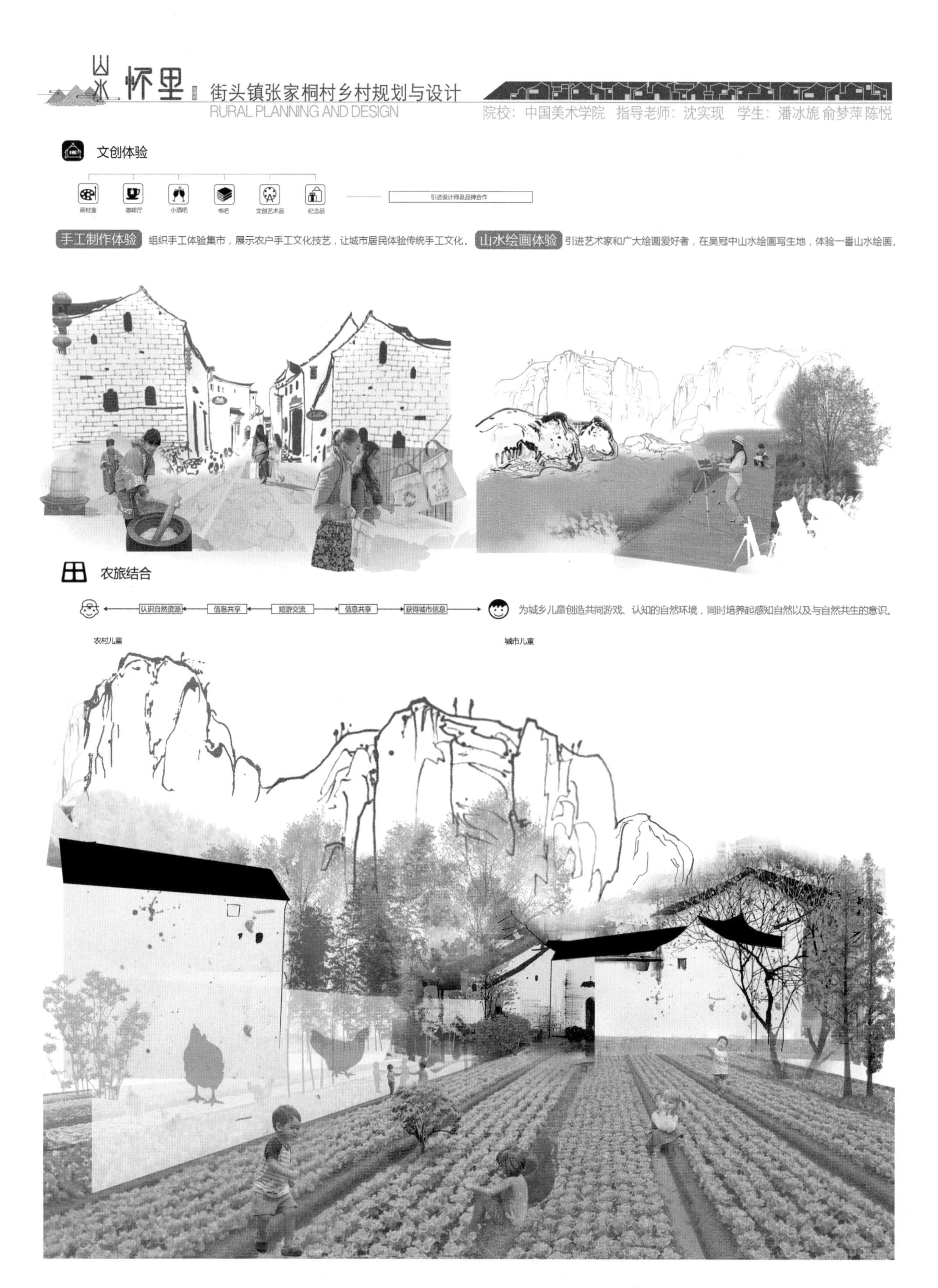
山水怀里
街头镇张家桐村乡村规划与设计
RURAL PLANNING AND DESIGN
院校：中国美术学院 指导老师：沈实现 学生：潘冰旎 俞梦萍 陈悦
文创体验
画材室
咖啡厅
小酒吧
书吧
文创艺术品
纪念品
引进设计师及品牌合作
手工制作体验
组织手工体验集市，展示农户手工文化技艺，让城市居民体验传统手工文化。
山水绘画体验
引进艺术家和广大绘画爱好者，在吴冠中山水绘画写生地，体验一番山水绘画。
农旅结合
认识自然资源
信息共享
嬉游交流
信息共享
获得城市信息
为城乡儿童创造共同游戏、认知的自然环境，同时培养起感知自然以及与自然共生的意识。
农村儿童
城市儿童

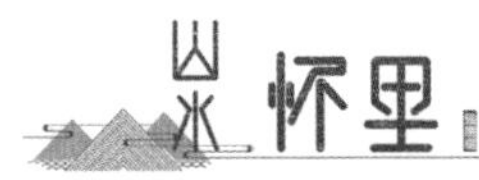

街头镇张家桐村乡村规划与设计

RURAL PLANNING AND DESIGN

院校：中国美术学院　指导老师：沈实现　学生：潘冰旎 俞梦萍 陈悦

乡居民宿

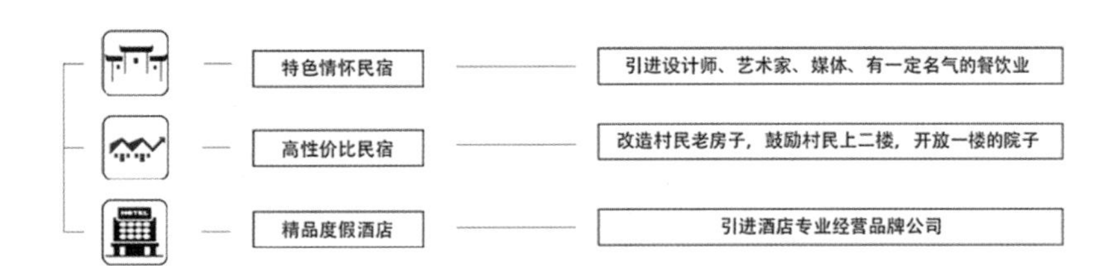

提供不同的写生节点以及观景平台，利用更好的视觉角度发掘村落之美。　修缮传统建筑，并带来新的民宿体验。

奶奶的院子

鼓励村民与政府合作共享闲置房间，村民搬上二楼，开放一楼庭院，线上共享模式。
利用起闲置房间、保护古建筑的同时，激活了乡村资源，给村民带来了收益，改善居民的公共空间环境。

山水怀里 街头镇张家桐村乡村规划与设计

RURAL PLANNING AND DESIGN

院校：中国美术学院 指导老师：沈实现 学生：潘冰旎 俞梦萍 陈悦

农旅结合

张家桐村因大多数年轻人外出工作，缺少年轻劳动力，大面积的农田存在一定浪费的现象。如今，我们通过现代技术的运用，试图去激活原本农田的活力，改善土地利用状况。我们计划通过网络的平台进行线上的销售运营，村民可以利用电子设备提高农产品的质量，同时提高工作效率，利用网络平台推广自家的农产品，进行线上交易，买家也能通过网络便捷地选购农产品，实现双赢。

对于农田，我们采取多样化利用的方式，它成为鸡鸭的游乐园，同时也是儿童体验自然的重要基地，我们在田中设木栈道，强化田埂肌理，同时方便游人穿梭期间，田中的木平台同样为写生、休息等活动提供了方便。

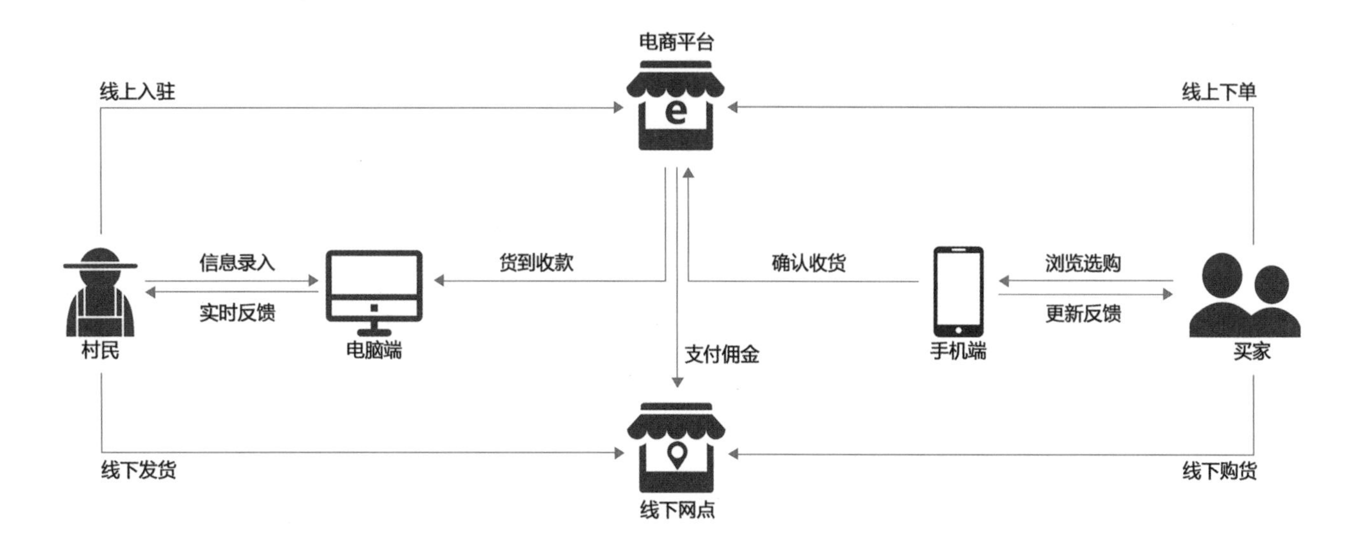

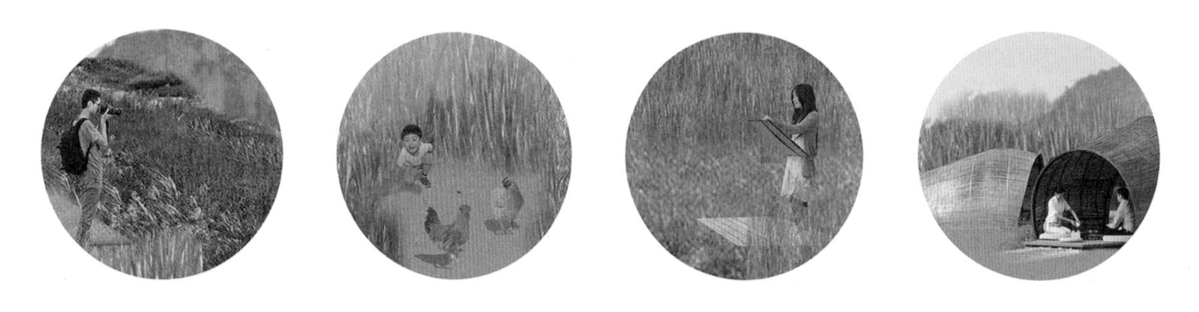

3 INVESTIGATION REPORT 调研报告

浙江省天台县大样村调研报告（浙江工业大学）

调研目的：初步了解村民生活行为规律、居住习惯，对住宅室内外空间要求、对居住环境的要求和居民居住意愿等方面的问题进行调查分析。深化自身专业知识，通过调研提高提出问题和解决问题等能力。

一、了解居住区选址的要求，收集相关资料，调查基地性质、气候、生活方式、传统文化对居住区规划影响。分析村庄周边环境对居住的影响。

二、了解基地规划设计对各项功能及组团外部空间的组织，分析场地规划的大小规模形式。

三、分析基地道路系统规划方式，了解道路规划的相关要求和规范。对已建成住区进行实例分析。

四、了解住宅类型和住宅组群布局，分析住宅组群布局如何综合考虑用地条件、间距和采光通风要求。对组团建筑进行基本的分析。

五、了解基地规划过程中对绿地的要求及景观设计方面应注意的一些事项。

调研对象：一、实地调研——台州大样村

二、资料调研

调研时间：2018 年 5 月 18 日—2018 年 5 月 19 日

调研内容：

1 实地调研——台州大样村

1.1 基地环境分析：

大样村位于台州街头镇西部，位置比较偏。处于亚热带季风气候，春暖秋凉，夏热冬寒，四季分明。两边群山环绕。西边河流流经，河流资源丰富。四周围绕规划的交通路线，北边为盘山公路，南边为平坦的公路，交通方便，但到达大样村由于距离较远，还是需要花费较多时间。

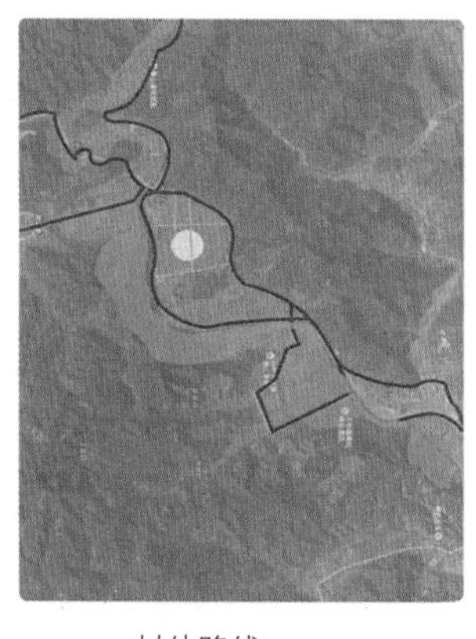

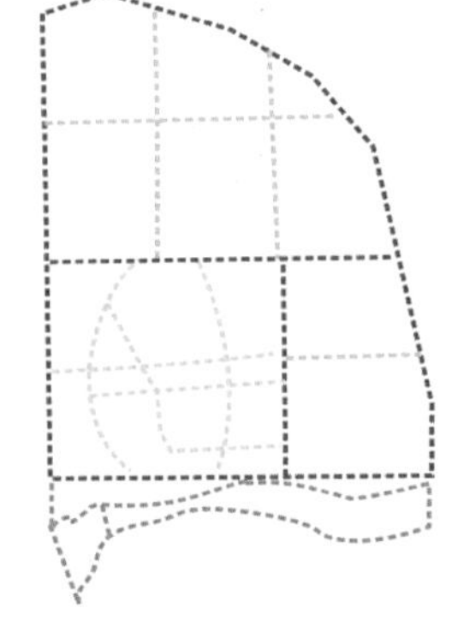

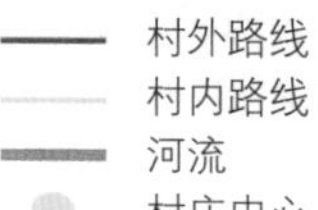

村外路线
村内路线
河流
村庄中心
车行路线
村内居民路线
农田路线
滨河路线

图 1–1 基地环境图

1.2 总体规划：

（1）基本概况：麥垟村位于天台西部，始丰溪源头，大雷山脉脚下，距离城区 38 千米，四面

环山，土地平整辽阔，先祖如浩公迁居至此已有520余年，取名爹垟，现行政村改名为大样村，发展至今共有138户428人，党员27名，村民委员会、村党支部委员会、村务监督委员会9人，共有山林11118亩，土地328亩。蒋、何、叶氏一家亲，生态和谐谋发展，目前已成为天台县农房改造先进村、旅游发展特色村。

（2）服务设施：村庄内的基础设施不完善，且村民们缺少娱乐休憩场所。另外，村庄内一些区域随意安置垃圾桶，与整体风格不符；缺少停车场等基本服务设施。

（3）道路系统：大样村交通线路处在完善过程中，但仍然存在路网结构混乱的问题。例如道路主次之间的区分不明确，统一的道路宽度使得空间存在较大的浪费。组团式道路中，路线的不明确性使得视线不宽阔，直接矛盾在于建筑的失序。

（4）景观和空间布局：基地内地质条件良好，地势平坦，水系丰富。整个基地用地类型较为单一。主要为村镇建设用地和农田。

用地类型主要由：农田、村庄、河塘、水网构成，规划区域内现状用地以耕地为主，占总面积的39%；大样村共计40.6公顷；其余用地为水体、林地、道路等。

用地受到人为作用不大，保留了大部分的原始自然状态。从环境角度看，生态服务价值较高，需要注意保护生态系统。

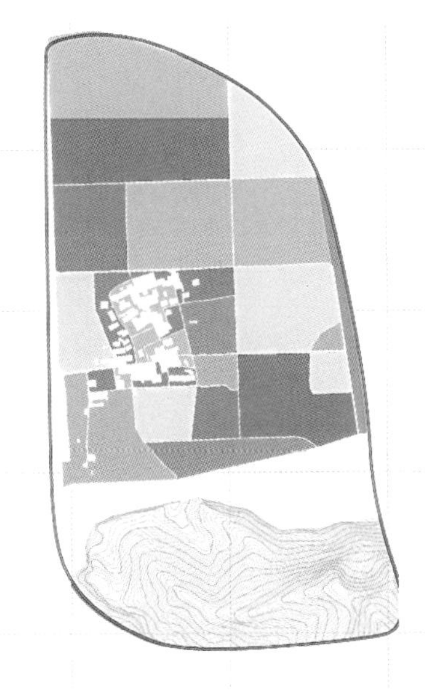

图2-1 用地图

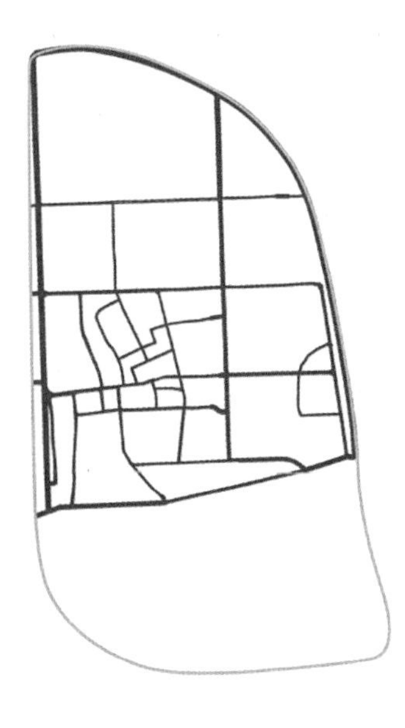

图2-2 道路图

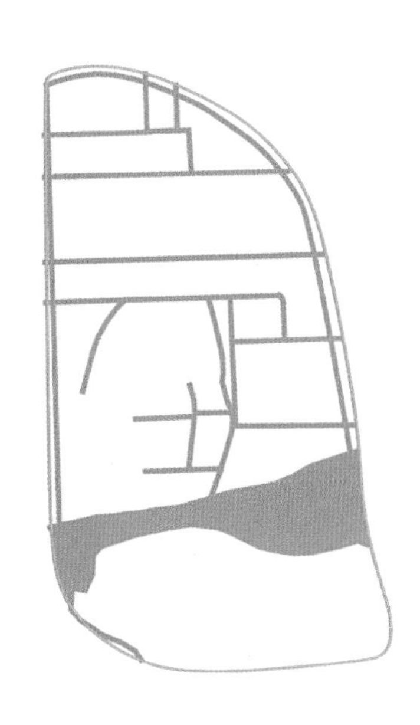

图2-3 水系图

图 2-4　农田图　　　　图 2-5　农民生活场景图

（5）村民生活空间：在调研过程中，我们了解到大样村的农田多为村民自给自足，且大多用作果树种植，例如梨、覆盆子和枇杷等。青壮年等劳动人口的离去，使得大样村内产值较低，存在生产力缺乏活力等问题。

大样村“空巢老人”问题严重，现居住400人口中，约九成以上为老年人，青壮年大多进城工作。年轻劳动力流失，老人成为村中主要人口构成，由于其生活习惯单一，活动半径有限，大量村中土地闲置。

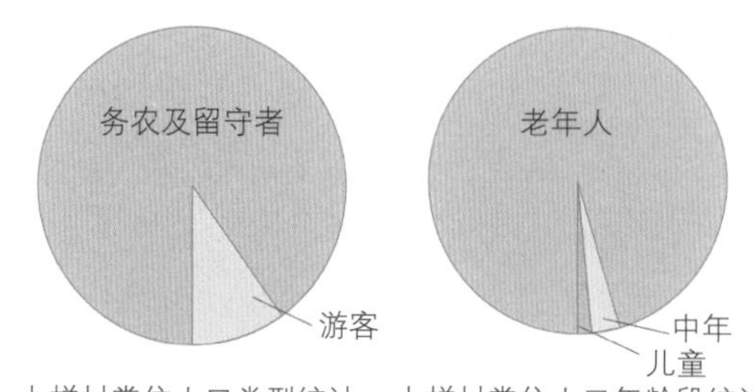

图 2-6　人口统计图

（6）村庄的技术经济指标：

村庄技术经济指标表　　表2-1

类别	面积（hm^2）	比例（%）	类别	面积（hm^2）	比例（%）
道路	2.6	6.4	荒地	2.9	7.14
水体	2.5	6.16	村庄	4.4	10.84
林地	8	19.7	山体	4.5	11.08
耕地	15.7	38.67	总计	40.6	100

2　资料查阅

2.1　逆城市化

一般来说，群体的流动意愿可以从个体的生活期望和自我的社会归属两个维度来操作化的测量，当将这两个维度操作化时，往往会以城市和农村两分的是否问题来具体操作，这当然有利于我们对群体的社会特征进行定量的描述分析，也有利于进行群体间的比较。然而，这样做时往往会过滤掉生活期望和社会归属的动态性和流变性。

邱幼云等在研究新生代农民工的乡土情结时也发现，新生代农民工虽然比老一代农民工更倾向于不返乡，但是打工时间长的新生代农民工则更倾向于返乡。

这里之所以用“逆城市化”流动是要表达新生代农民工回流行为对城市化历史叙事的一种反思，当然也是他们在社会流动过程中对社会结构“玻璃天花板”的一种适应性反应。这种回流不是城市化失败后的被动回流，而是行为个体在流动过程中不断地反思主客观条件和既往生活经验，追求相对而言体面生活的主动选择。

——参考文献《新生代农民工逆城市化流动：转变的发生》

张世勇　西北农林科技大学人文学院

“逆城市化”是城市化发展到一定水平后城市功能自我优化、减轻空间压力的内在要求和必然冲动，“城市化”聚集的资源和产业越多，“逆城市化”分解其资源和产业的趋势越强，而这些城市资源和产业分解的过程正是村镇发展的重大机遇。借助“逆城市化”分解城市功能和分流城市人口的趋势发展村镇，在此基础上发展起来的小城镇和乡村有助于减轻城市空间压力、优化城市功能，促使中心城市的空间结构更加明显、产业优势更加突出、聚集效应更加明显、引擎力更加强大，形成中心城市与中小城镇、乡村彼此之间产业呼应、优势互补、良性循环的“城乡一体”发展格局，使城市化在新的格局下得以持续发展。

促进村镇发展，普遍使用的力量有两类：一类是依靠村镇自身的实力，即依靠村镇经济的自然增长和农村人口转移；一类是依靠政府的支持，即“城市支持农村，工业反哺农业”。结合发达国家城市化演变的历史和程度推进“城乡一体化”的实践，表明发展村镇还有一股力量，那就是“逆城市化”力量。由于“逆城市化”是城市化后期基于解决城市空间压力和城市病需要所进行的自身结构调整和自身功能优化而向小城镇和乡村扩散、延伸的规律性趋势，所以，借助“逆城市化”力量发展村镇，是促使乡村和小城镇实现跨越式发展的捷径和必然选择，也是保证城市化持续发展的最佳选择。

——参考文献《“逆城市化”趋势下中国村镇发展的机遇——兼论城市化的可持续发展》

陈伯君　成都市社会科学院

2.2 农村养老模式

首先，养老度假村是一种全新的养老服务模式。养老度假村是通过政府、集体、个人对农村的投资，在农村建立“没有围墙的敬老、养老院”，在农村将养老服务产业与农村旅游业相融合，既可以为城乡老年人提供集养生、休闲、娱乐为一体的新型养老方式，也能促进农村劳动力就业、农村经济发展。农村养老度假村利用农村特有的民俗文化、地方特色、风土人情以及周边的旅游、景点，特别是农村的自然风光相对于城市来说具有安静、祥和、空气清新、贴近自然等更适合养生的特点，吸引城镇老年人来养老度假村进行阶段性养老，度假村所在村的一些村民经过学习培训来为度假养老的老年人提供相应的服务，并将服务产业化。这样，不仅使城市老年人的晚年生活更为丰富，达到健康养老的目的，也使农民不用外出务工，在家乡就能达到充分就业、增加收入，农村鳏寡老人也可以在子女外出务工情况下获得亲情照顾。其次，养老度假村是一种新型的休闲农业模式。传统的农业投资大、周期长、效益低。农民辛苦一年，每亩地产值平均不到 2000 元。有些农村基本上还是靠天吃饭。这也是农村经济发展缓慢的一个根本原因。而建立养老度假村，将农业和旅游业、服务业相结合，利用农业种植的瓜果蔬菜、农民饲养的土鸡土鸭吸引城市中对参与农业活动有兴趣的人到乡村来，通过采摘、品尝，亲身体验农业劳动的乐趣。一系列活动都由专门组成服务团队的度假村成员（一般为该村村民）来指导进行，所需劳动资料也由该度假村提供。这样，不仅为度假村者形成了吃、住、玩一条龙服务，也为该村村民提供就业机会和经济收入。休闲农业虽然前期投资大，但一般周期短、见效快，因为酷爱乡村旅游的城市人或对乡村生活有好奇心的各地游客会循环而至，带来可观的经济收益。如果经营得好，度假村会口碑相传，声名远播。第三，养老度假村还是新农村建设的一种创新模式。自我国政府将新农村建设提到重要工作议程上以来，许多地方政府都在摸着石头过河，大多靠财政拨款，大搞形象工程和样板工程，并没有让农民真正的就业增收，也没有让农村的基础设施得到快速的改善。而按照构建“养老度假村”的初步设计，即由有意投资的企业或个人出资，政府只需提供政策支持或给予部分补贴，再由村委会出地，村民出服务，就能共同打造出一种新型的乡村养老服务的合作模式。这种新型的养老服务模式，既能促进新农村建设、推动地方经济发展农民增收、缓解社会就业压力，又解决了社会养老难题，还使投资者获得相适应的投资回报。这种养老服务模式，可以同时解决新农村建设过程中的诸多问题，譬如建设融资问题、农民增收问题、旧村改造问题、城乡养老问题、社会和谐问题，等等。

——参考文献《“农村养老度假村”模式初探》
曾玉林　屈少敏　湖南理工学院经济与管理学院　中南林业科技大学商学院

对度假老年人这一特殊群体的概念进行了界定，度假老年人大多具有积极的心态，定期去某地度假的自理老人。对养老型度假及其需求模式进行了分析，根据实际情况，将我国目前出现的养老型度假模式分为："5+2"度假模式、"7+3"度假模式、"9+3"度假模式、"候鸟型"度假模式，并对其度假的特点以及需求进行了总结。进行实地调研，对养老型度假日常生活行为调查分析，将其与在宅养老模式下老年人日常行为进行对比分析，可以得知度假老人的日常生活更具有规律性，生活必要性行为的耗时更短，而每日更多的时间花费在交往娱乐行为与体育锻炼行为上面。

——参考文献《适老型度假居所的居住形态研究——以青城山区域为例》

姚　余　西南交通大学

浙江省天台县龙溪乡寒岩村调研报告（宁波大学）

调研人员：钟伟、许珍波、朱家正、索世琦、吕州立、吴晓珂
指导教师：刘艳丽、陈芳、王聿丽、潘钰
调研时间：2018年5月

1 基本情况

1.1 区位概况

天台县位于浙江省东中部，台州市西北部，东连宁海、三门两县，西接磐安县，南邻仙居县与临海市，北接新昌县。县域面积1432平方千米，县境属浙东丘陵山区，其中山丘占82.3%，耕地占13.7%，河流、山塘占4%。龙溪乡位于天台县西南部，总面积70.8平方千米，属七山半水分半田。寒岩村位于天台县西部龙溪乡与街头镇交壤处，也是进入龙溪乡的大门。寒岩村下辖下王、岩前、后陈、西山、上形、仰坦（已整体搬迁）6个自然村，村域面积约7.6平方千米。

1.2 道路交通

寒岩村对外交通主要依靠桐街线，通往街头镇。寒岩村到天台县城区乘车约30分钟。寒岩村到台州市区约一小时车程。

公共交通方面，西山自然村内有一公交停靠站，分别开往天柱和街头，每日来回各一辆班车。寒岩村基本实现了道路硬化，均采用水泥路面，路况良好。主要道路从村庄外围穿过，村内多为人行小路。

1.3 历史沿革

唐代，白话诗人寒山子隐居与此。北宋末年，叶氏族人从黄水迁徙寒岩前安家，由此，岩前村形成。随着历史的不断发展，下王村也慢慢形成。民国时期，岩前村、下王村和西山村三个村庄存在。20世

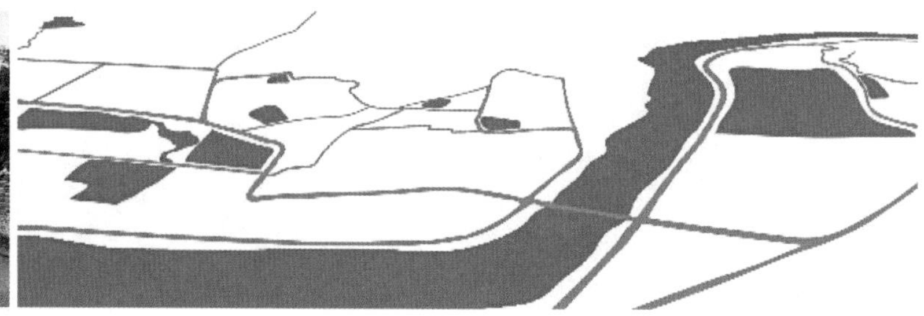

图1-1 寒岩村道路图

纪 50 年代末，村中建“叶氏宗祠”，为二层院落，一直充当集体用房使用。寒岩洞前的寒岩寺始建于五代梁开平元年（907 年）。岩前村前有一座水塘，名为“洗菜塘”，相传因当年寺院洗菜而得名。寺院大殿在“文革”时拆毁。寒岩洞有上洞、下洞。上洞在 20 世纪 80 年代建了几座厢房，名为寒岩寺。下洞里供奉着寒山像。1949 年前这里曾办过学堂。

寒山是唐代的隐逸诗人，留下三百多首禅意深远的诗。唐开元十四年（726 年），寒山子出生于咸阳。孩童时期过着游猎的生活。青年时期多次科举不中，三十多岁时离家出走，在浙江天台隐居。中年以后隐居在寒石山的明岩和寒岩，与拾得志趣相投，情同手足。唐文宗大和四年（830 年），在天台逝世。清雍正时，寒山、拾得被敕封为“和合二圣”，民间称“和合二仙”，流下许多动人的传说。20 世纪以来一直受到日本学者推崇。从 20 世纪 50 年代起，寒山诗远涉重洋传入美国，美国“垮掉的一代”将寒山奉为偶像，其诗一时之间风靡欧洲。

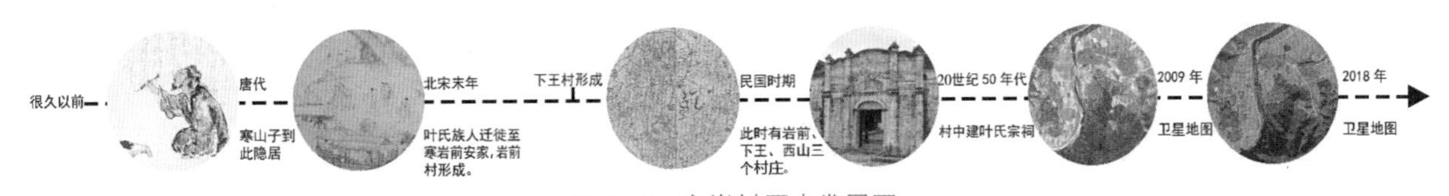

图 1-2　寒岩村历史发展图

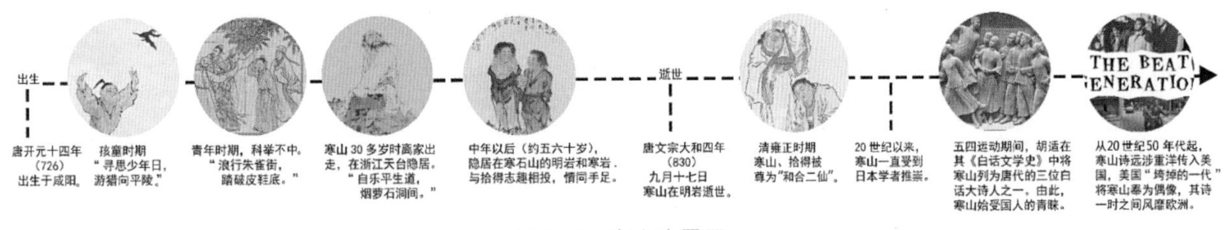

图 1-3　寒山生平图

1.4　村庄组成及人口

村庄目前由下王庄村、岩前村、后陈村、西山村、上形村 5 个自然村组成，仰坦村已经整村搬迁。

村庄户籍人口约 1100 多人，共 341 户，其中：下王庄村 80 户，约 290 人；岩前村 80 户，约 290 人；后陈村 50 户，约 175 人；西山村 40 户，约 150 人；上形村 40 户，约 140 人；仰坦村 40 户，约 140 人。

村内常住人口仅有 400~500 人，年轻人多数外出打工。村内 60 岁以上老人约占 30%。村内外来人口较少，约 40 人。

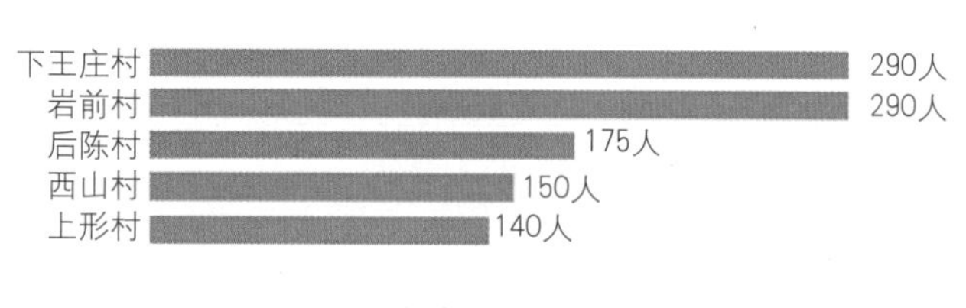

图 1-4 寒岩各村人口统计图

图 1-5 寒岩来往人口图

1.5 资源现状

· 农业资源

寒岩村内杨梅种植面积最大，约 1800 亩；蜜梨 300 亩；紫薇 100 亩；荷花 400 亩；苗木 100 多亩。村内动物养殖种类较多，水产和家畜都有一定规模，包括鱼、虾、蟹，比较普遍的猪牛和鸡鸭等家禽。

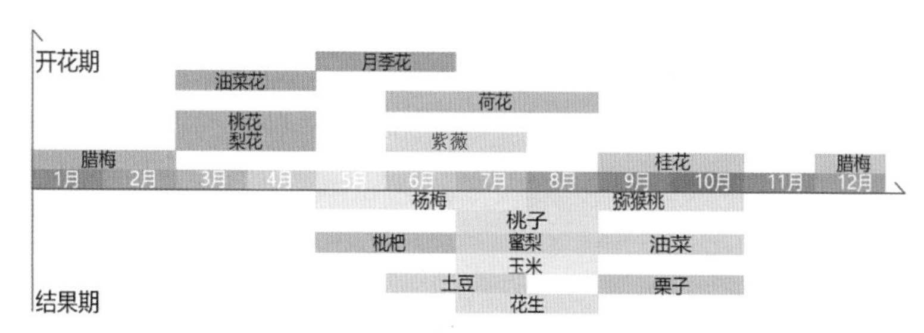

图 1-6 寒岩各季节农作物图

· 美食资源

寒岩村也有自己独特的美食，其盛产的杨梅便是一种，还有寒山湖大闸蟹、龙溪香鱼、麻糍等佳肴。此外有一些食材，包括乌米饭、黄茶、笋干、寒山莲子等，也是寒岩村的特色产物。

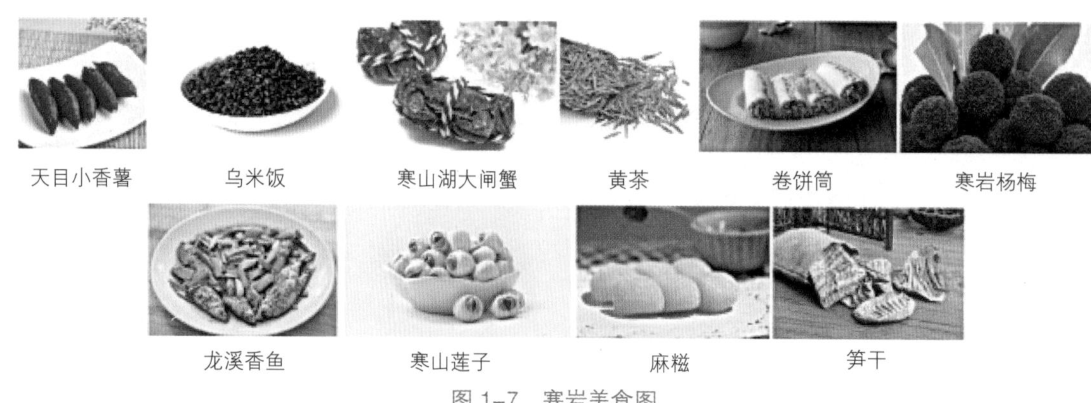

图 1-7 寒岩美食图

· 旅游资源

寒岩村的聚落分布在始丰溪的两岸，而大部分景点位于始丰溪的东侧外围，其中有十里铁甲龙、寒岩洞等自然景观，也有花海、陶乐堡乐园等比较现代的人造景观。寒岩村东南方向还有塘坝里、青塘两处水库。

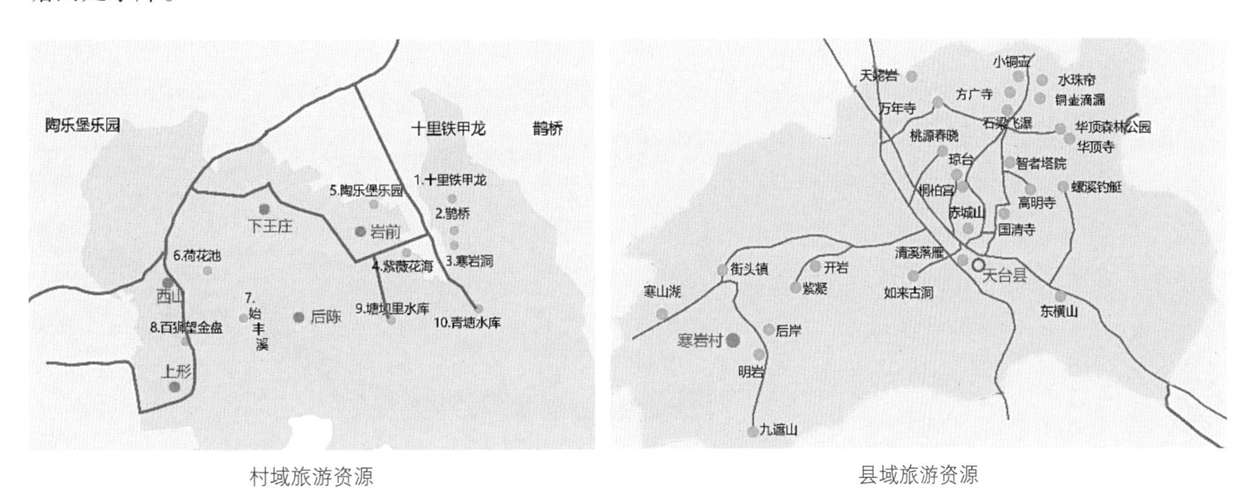

村域旅游资源　　　　县域旅游资源

图 1-8　寒岩旅游资源分布图

· 文化资源

寒岩村的寒岩是唐代诗僧寒山子的隐居地，寒山子和拾得在此处隐居七十年之久，其皆为佛教史上著名的诗人，民间珍视他俩情同手足的情谊，便把他俩推崇为和睦友爱的民间爱神。至清代雍正年间，雍正皇帝正式封寒山为“和圣”、拾得为“合圣”，“和合二仙”从此名扬天下，代表了以和谐、融合为核心的中国文化。其诗歌在日本等国外地区也影响甚广。而寒岩村独有的和合文化，也是来自寒山与拾得的传说，已被列为浙江省省级非物质文化遗产。

围棋文化

和合文化

寒山拾得传说

图 1-9　寒岩文化资源

和合文化与隐逸文化是寒山的延伸，和合文化在村内各处都有体现，而隐逸文化以简单朴素及内心平和为追求目标，不寻求认同为“隐”，自得其乐为“逸”，隐逸文化在寒岩也有一定的历史。棋是以对弈为主，其中有互相的博弈。一直以来寒岩村都有下土棋这一项娱乐活动，并深受老人、小孩喜爱。

2 产业现状

2.1 第一产业现状

目前，该村主要农作物有杨梅、荷花、梨花、紫薇等。其中最主要的经济作物为杨梅，种植基地为1800亩左右，年产值约300万元；另有荷花400亩，蜜梨300亩，紫薇100亩。2017年寒岩村农业总产值约500万元。

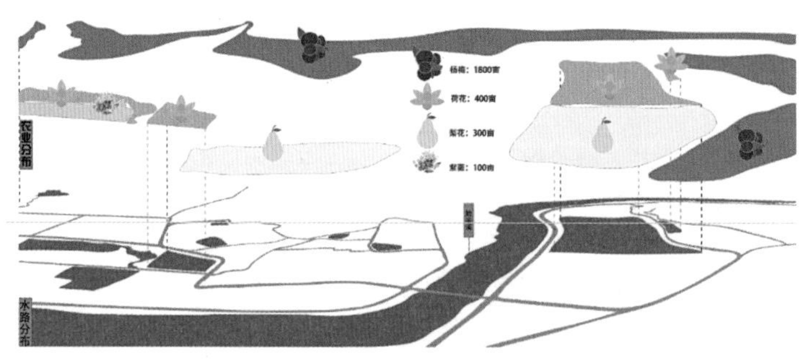

图 2-1　寒岩第一产业现状图

2.2 第二、三产业现状

寒岩村的第三产业相较第一产业规模占比差距悬殊，仅有10%，而第二产业目前缺失。

第三产业中以乡村旅游业为主，但仍处于起步阶段。目前，村内有寒山茅舍民宿，可提供26间客房；岩前新建成一处民宿，可提供8间客房。此外，西山村和下王庄村内各有两家农家乐，可提供约30间客房。这些民宿或农家乐，定位和风格不尽相同，对应于不同类型的消费群体。村内也开设有游乐园，供游客游玩。2017年，寒岩村第三产业产值约600万元。近几年台州市与县级政府也在大力扶持景区建设，提出了《台州市田园综合体发展规划》等，着力打造生态田园体和寒山茅舍文化旅游项目。

2.3 土地流转与村集体收入

寒岩村的村集体收入约50万元，村民的年均收入约为10800元。

2.4 重要项目发展情况

规划西部生态山水旅游区，以包括寒岩村所在的寒岩—明沿景区用提升建设作为突破口，提高知名度，开发参与性、体验性旅游项目，使之成为北部宗教文化风情旅游区。

根据《台州市区田园综合体发展规划》，台州力争到2022年建成20个美丽田园综合体，作为乡村振兴战略的主平台。天台县打造寒山田园体，涵盖10个村，面积21.3平方千米，重点发展生态体验游、休闲养生游、宗教游和文化寻根游。

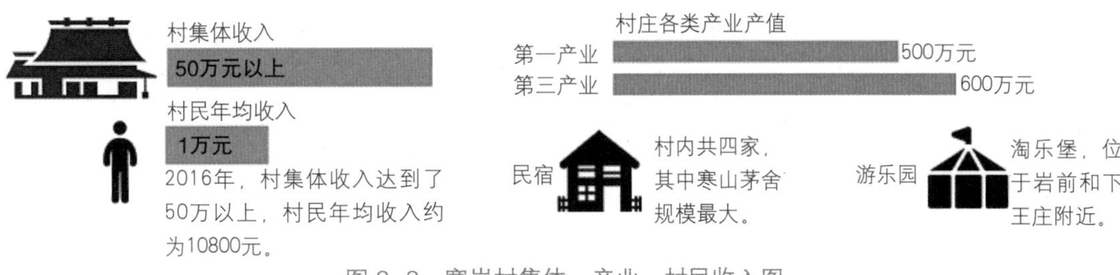

图 2-2 寒岩村集体、产业、村民收入图

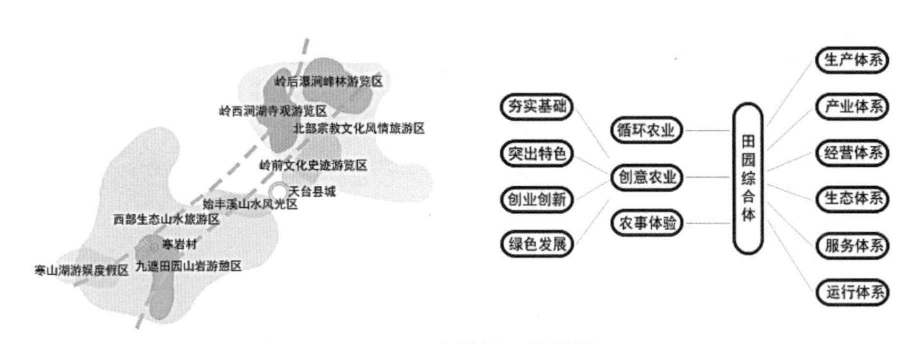

图 2-3 寒岩村上位规划

村庄内部目前主要发展下王庄村和岩前村，希望以此来带动整个村子的进步，同时要和后岸形成差异发展，改造时也要有乡土特色。

3 人居环境

3.1 自然环境

寒岩村紧临始丰溪，是中亚热带季风气候区，具有四季分明，降水丰富，热量充足的气候特征，又因周围山体环绕，中间低平，小区域气候特征显著，带有一定盆地气候色彩。有大面积的农田与山林区，耕地广袤，以杨梅等经济作物为主，水渠池塘众多、水系发达，自然环境品质良好。同时周边有着得天独厚的胜景，与“十里铁甲龙、寒岩洞、寒山寺”等比邻而居。

寒岩村部分村落位于山地上，村内存在一定高差。

3.2 村庄形态格局

寒岩村包含 5 个自然村：下王庄村，岩前村，后陈村，西山村和上形村，除西山村为带状外，其余自然村均为团状形态。村庄整体空间布局是以始丰溪为轴，下王庄村、岩前村和后陈村位于溪东侧，西山村、上形村位于溪西侧。

图 3-1 寒岩村庄布局形态图

3.3 风貌特色

寒岩村的各个自然村间，建筑风貌略有不同。其中，岩前村仍保存有传统合院民居，周边建筑部分年代较为久远，有的已无人居住，靠近村口的则刚经过粉刷，较为崭新；下王庄村赤膊清水墙较多，建筑风貌较为统一；后陈村部分居住建筑外墙已着 3D 墙绘，也保留有合院民居，整体建筑年代较为久远，西山村在建建筑较多，特别是桐街线以北的区域建筑年代久远，上形村建筑较密集，有部分传统合院民居，传统民居建筑保存较完整，但因无人居住，建筑场地环境较差。总体来说，寒岩村建筑风貌仍部分保留传统建筑风貌，大多为坡屋顶，门窗的尺寸较通常所见的都较小，具有地方特色。岩

图 3-2 下王庄村建筑风貌图

图 3-3 后陈村建筑风貌图

前村、上形村和后陈村尚存部分传统合院民居，且保存完整，但是部分新建建筑风格迥异，对整体建筑风貌和谐度的影响较大。

3.4 特色空间

“十里铁甲龙”部分位于寒岩村，其山高形险，峭壁如城嶂，是上亿年前火山地质运动的产物。

岩前村和西山村种植了约350亩荷花，盛开时节，荷花争奇斗艳，竞相绽放，美不胜收，且在此已成功举办“七彩荷塘印象寒山”主题活动，位于寒岩村的天台县铁甲龙生态农业有限公司还将岩前村建成了莲田鱼蟹联养示范基地，成功实现农业生产和观赏旅游两不误。

始丰溪蜿蜒流过寒岩村，两边炊烟隐隐，形成了一幅充满诗意的田园图。

寒岩村约有1700亩杨梅，且通过省级有机食品认证，变成了采摘游乐园。

在岩前村入口，沿路种植了约100亩紫薇花海，紫薇花开，姹紫嫣红，且已建成观景平台两处，后续会建成浪漫花海婚礼乐园。

百亩荷塘

始丰溪

十里铁甲龙

紫薇花海

图3-4 寒岩特色空间图

4　村庄建设

4.1　土地利用

耕地分布相对较多，建设用地不多，村民有反映房屋不够住，且批复建造新房难，工业基础落后，以第一产业为主，第三产业尚在起步阶段，经济发展水平较低。

存量建设用地潜力未得到充分挖掘，用地结构不尽合理。虽村子里已经有一些产业，但仍缺乏产业支撑和人口集聚，大部分年轻人外流，扩展的建设用地未能发挥相应效益。道路交通、公共设施、市政设施和绿化用地不足。

4.2　村庄居民点分布

居住用地面积为 6.73 公顷，占村庄用地总面积的 27.59%，人均面积为 63.04 平方米。

4.3　基础设施

· 给水

寒岩村自来水水源为青塘水库，自来水已经接入各家各户。

· 排水

寒岩村已完成农村生活污水收集工程，在岩前村、下王庄村、后陈村、西山村和上形村 5 个自然村各建设了一个污水处理池，对自然村内各户污水进行统一收集，处理达标后排入自然水域。

· 通信

接街头镇后岸村通信主线，村内按照相关规范要求，已架设通信线路。

· 供电

接街头镇后岸村电力主线，村内按照相关规范要求，已架设电力线路。

· 环卫

现状垃圾中转站位于村域西侧、桐街线东侧、近西山村。

· 燃气

管道燃气工程未建设。

· 防洪

沿始丰溪建有防洪堤坝，其余水体均未虑及防洪方面的举措。

· 消防

村庄已按照相关规定配备消防栓及消防负责人。

环卫

给水

供电

图 4-1 寒岩村基础设施

4.4 公共设施及公共服务

· 行政办公

寒岩村的村委办公楼位于下王庄村东南侧，占地有700平方米左右，共3层，建筑面积约2000平方米。办公地点前的空地还设置了篮球场供娱乐健身使用。

· 文化体育

现状概况：村委办公处设置一篮球场，岩前村村口设有一篮球场，下王庄村村口设有健身器材，文化设施有一处写生基地位于西山村，占地200平方米左右，为一层，但一般都是关闭状态。

健身器材

写生基地

图 4-2 寒岩村文化体育设施

主要问题：寒岩村缺乏老年活动设施和场地，且体育娱乐设施也较为破旧，使用率低。

·教育医疗

寒岩村内目前未设置教育医疗设施。医疗服务同街头镇共享，教育服务主要在龙溪乡进行。

5 农民认知及意愿

访谈对象包括：村委、村内民宿经营者、村内能人、村民和游客等。其中，对寒岩村的18位村民进行了访谈调查，受访人中男性10人，女性8人。

5.1 住房情况

村民住房都是自建房，房屋质量一般，部分较为破旧；水电供给不断，厕所为供水式厕所，但公厕的环境卫生较差，网络和空调由于费用偏高，使用率不是很高。每个村子都会有一些破损房屋，以西山村、上形村居多，且由于过年子女回家没有地方住，村民加建住宅的意愿强烈。

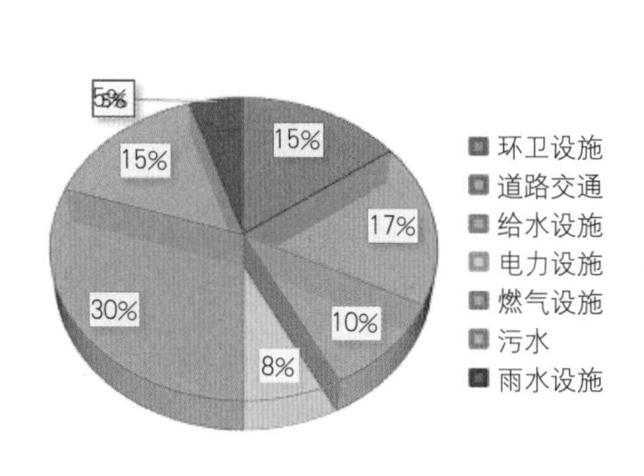

图 5-1 最急需改善的基础设施

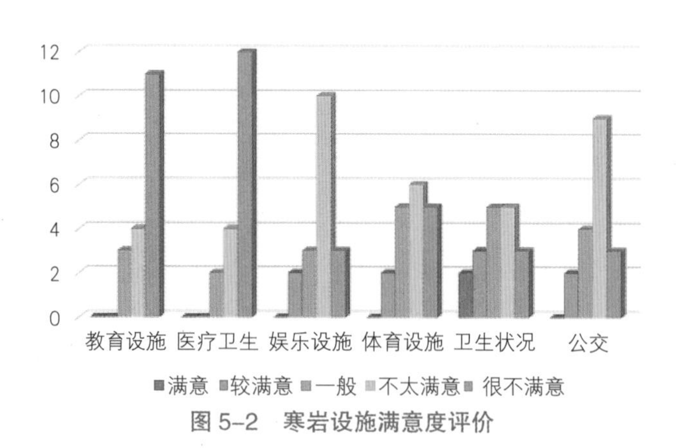

图 5-2 寒岩设施满意度评价

5.2 公共服务

村民对设施满意度一般。主要问题集中在医疗教育设施方面，目前村民都需要去龙溪乡就医，且交通线只有一条，较为不便。寒岩村的文娱类设施活动很少，村民还是很希望能多一些此类设施丰富他们的日常生活。同时寒岩村晚上的照明设施不完善，村民晚上也没有任何活动，村民还是希望晚上能再热闹一些。

5.3 产业就业

村里村民就业以农业为主，主要种植杨梅等水果经济作物，同时随着旅游业的不断发展，一些村民尝试第三产业服务，同时随着外部资本的介入，民宿餐饮等也在不断壮大，需要部分劳动力。

村民也都较支持旅游的开发，希望借此也能带来收入的增长，相比于临近的后岸村，旅游开发还相对薄弱。

5.4 城乡迁移

大多数老年人还是愿意生活在农村，有一块自留地自给自足，而不愿意搬离至新农村社区或是城市。一方面，现在物价较贵，自给自足能省下较多的生活花费；另一方面，乡村空气清新，生活自在，是他们更喜欢的生活方式。而村子里面的年轻人大多出去谋生，村子的老龄化现象也较严重。

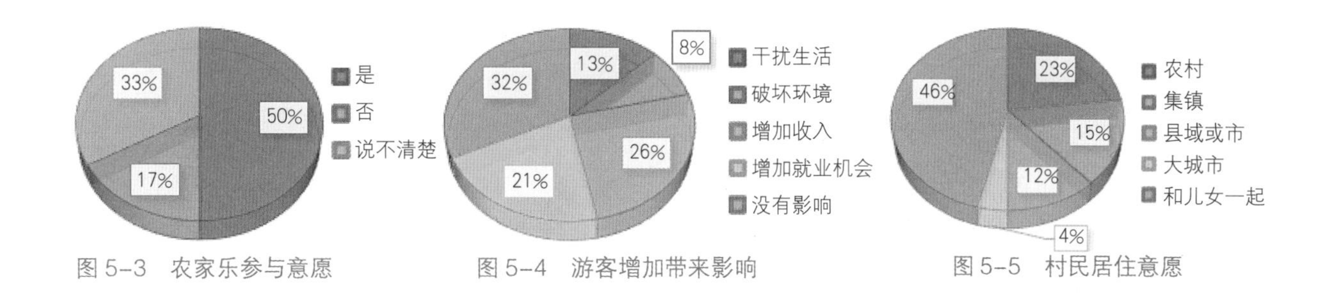

图 5-3 农家乐参与意愿　　图 5-4 游客增加带来影响　　图 5-5 村民居住意愿

5.5 生活愿景

村民愿景：村民公共空间无法满足需求，想要一些可以打麻将或者休闲的地方，村子里面的公共空间不够，暑期时候妇女会很多。村子里面房子不够住，且土地批复困难。

民宿经营者愿景：寒岩旅游业目前层级不高，以农家乐为主，民宿为辅，希望村里面能挖掘文化，慢慢提升品质，扩大村子影响力。

游客愿景：村子在节庆时候的接待能力不是很强，游客量也没有后岸村多，希望增加一些集散中心、生态停车场和能够体验乡村生活的地方。

6 问题总结

·老

村庄人口老龄化严重，60 岁以上老年人口占总人口 30%。同时，建筑老化严重，新旧建筑比例为 2 ∶ 3。

·空

寒岩村土地批复困难，空置宅基地占比达到了 20%，同时由于建筑老化，建筑空置现象相当严重（达到 40%），建筑使用率低。同时在采访过程中，了解到村民中仍有建房需求无法满足的情况。

·缺

寒岩村因为历史发展原因，并未出现第二产业，第三产业近年开始发展，规模较小，村民主要生产活动集中在第一产业，且由于农业活动的时间问题经常与旅游旺季冲突，阻碍新产业发展。村内也缺少医疗卫生和老年活动设施等。

·冷

同样由于近年发展的旅游业还未打开市场，农家乐等游客服务设施较少，景点包装简单，所以寒岩村的旅游业人气仍较为冷淡。

·散

寒岩村由后陈村、上形村、西山村、下王庄村、岩前村 5 个自然村落组成，其下属的这些村落发展没有进行系统的规划，分布散乱，缺少完整性和联系性。

·浅

寒岩村对其文化内涵的挖掘尚浅，村庄建设中对寒岩自身文化底蕴的体现仍不够充分。

7 调研认识

7.1 发展定位

通过调研分析总结，对寒岩村的规划定位是“多联·众解·和合寒岩”。

寒岩村的寒岩是唐代诗僧寒山子的隐居地，是中华和合文化的发祥地，寒山子和拾得在此处隐居七十年之久，留下了很多脍炙人口的诗歌，寒山也被鲁迅先生赞许为中国古代四大白话诗文诗人。

而寒岩村的旅游资源也是相当丰富，“十里铁甲龙”是寒山的一处山高形险、峭壁如城嶂的景观，“百亩荷塘”是寒岩村内种植为 350 亩荷花，荷花盛开时节，争奇斗艳，犹如一片荷花的海洋，在天台县知名度颇高；“紫薇花海”则是 100 亩紫薇形成的一个巨大迷宫，充满童趣，且美不胜收；同时还有 1700 亩的杨梅园供游客采摘游玩，寒山洞、寒山寺遗址也是很好的文化遗迹，使得自然之景与文化之景共存，增加了游赏性。

同时在挖掘寒山文化，发展旅游产业时，还不能忘记寒岩村的主体，寒岩村民。只有使村民们乐居宜居，才能使得整个村子有生生不息的活力。

7.2 改进策略

·活

由于年轻村民到城市工作，家中资源闲置，计划通过出租、入股、转包和出让的方式将土地和房屋等进行流转，来实现闲置资源的价值。同时由于村民的流出，村中老龄化现象较严重，希望对老年

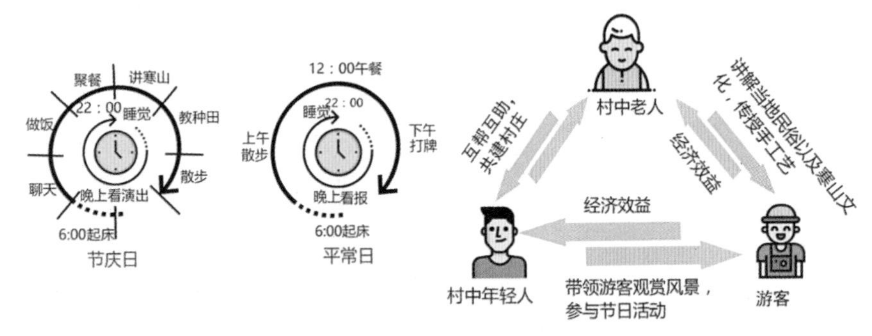

图 7-1 建筑植入功能策略图

人的生活进行引导，来丰富老人日常，也能激发其活力。

· 填

寒岩村存在较多的空置破损的房屋，以及一些废弃的宅基地，希望通过重新植入新的功能，使空置土地和建筑重新得到利用。

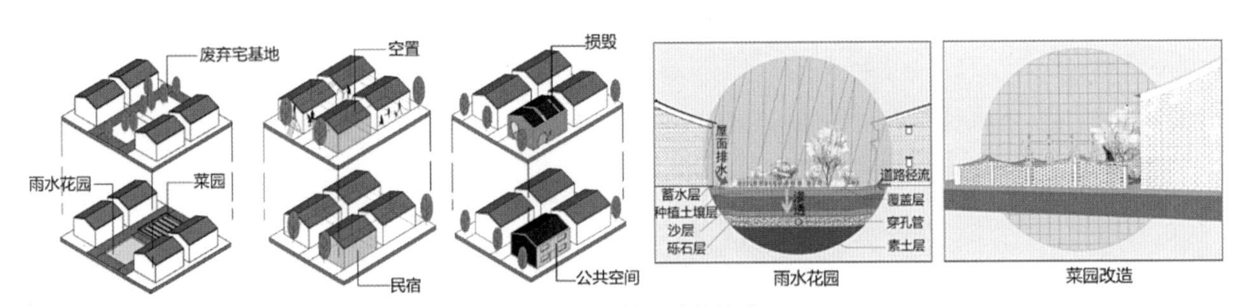

图 7-2 建筑植入功能策略图

· 补

目前，寒岩以第一产业为主，正在开发第三产业旅游业。对于第一产业来说，除了要充分利用现有条件，整合当下资源，农业发展模式也可以进行优化，政策上进行农业补贴提高种植积极性，手段上提升农业生产技术，成规模种植作物，降低人工成本，同时发展体验式农业，吸引游客参与，同第三产业进行有机结合。

第二产业方面，目前寒岩村以荷、桑葚与杨梅为特色优势产业，对其进行加工，可以衍生出包括藕粉、桑葚饼干、桑葚醋、杨梅酒等产品，从而扩大村子的经营范围，提高经济收入，增加影响力。

寒岩的旅游业已见成效，第三产业可以围绕旅游进行发展。其中民宿是重要一环，通过分析下王

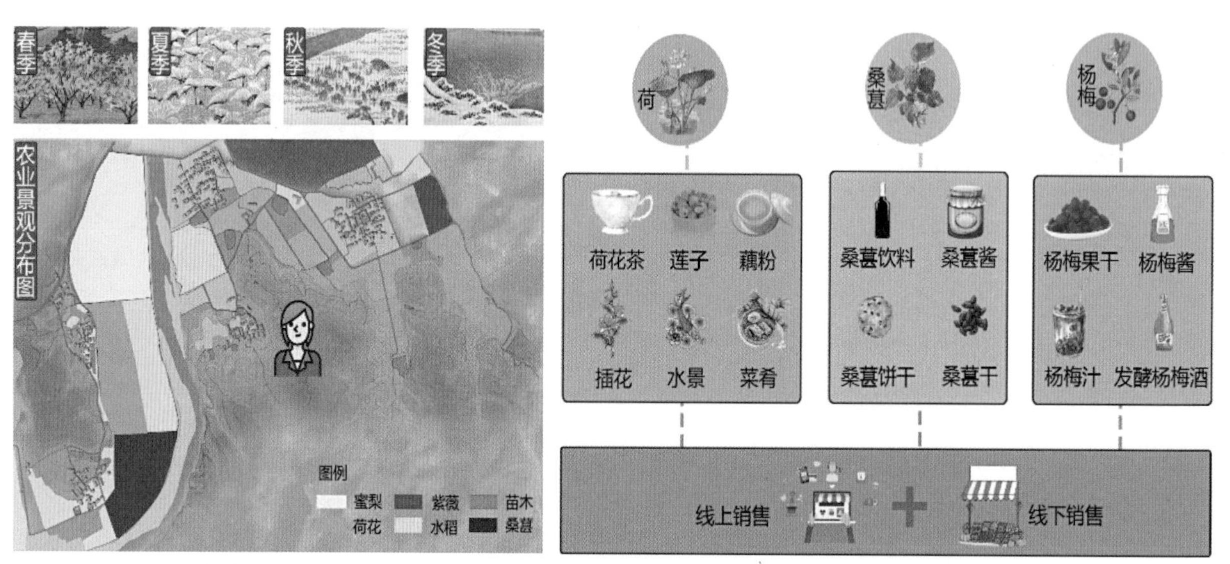

图 7-3　寒岩农业发展时序分布图

图 7-4　寒岩第二产业发展意向图

庄村、岩前村、西山村、上形村和后陈村的发展条件与现有资源，对不同村子的民宿进行人群定位，形成差异化发展。而旅游产业本身，也要将现在零散的景点进行串联，将原先的注重活动改为注重体验，各自经营的方式改为联动式发展。

·引

针对目前寒岩村活力度较低的现状，计划从引人才、引活动和引人气三个方面来进行改变。人才主要是吸引返乡青年进行创业和返乡能人进行投资。利用对家乡的热忱结合家乡的特色产业，利用新的技术模式，发展家乡经济。目前寒岩村也走出了数位“自主创业风云人物”，他们已经对寒岩的一些产业进行投资并且有很大兴趣进行继续投资。活动策划上则遵从时序，利用当地资源，每个季度都能打造一两个特色节日，来吸引游客，打造口碑。引人气则是对前面两者积累量化后的一个成果，目前寒岩村相邻的后岸村的乡村旅游产业更为成熟，人气也更为旺盛，希望通过差异化发展，来增加寒岩村的人气。

·串

龙溪乡联合街头镇正在开发十个村子的田园综合体，寒岩村是其中的一个，应把握住当下契机，进行发展。田园综合体是“大串”，而“小串”则是希望以观光小火车的形式来把村子的各个公共节点进行串联，形成村子的发展骨架。

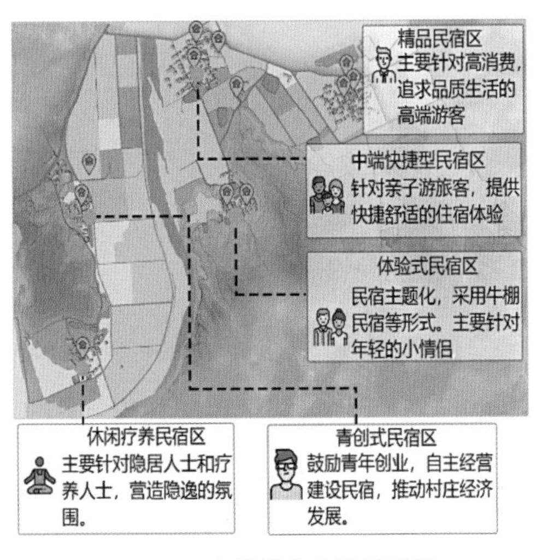

图 7-5 寒岩民宿发展策略图

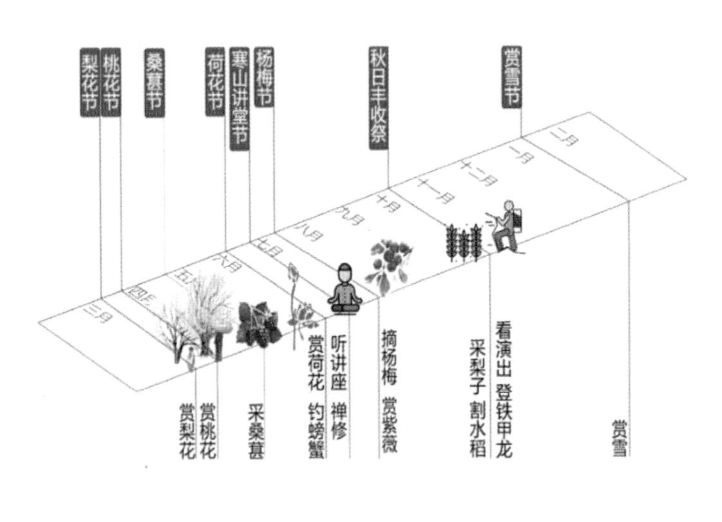

图 7-6 寒岩时序活动发展策略

· 挖

寒岩村是寒山文化、和合文化的发源地，希望通过挖掘，深入浅出，来进行文化的传播。目前主要想的方式是通过菜系以及产品的包装来进行。

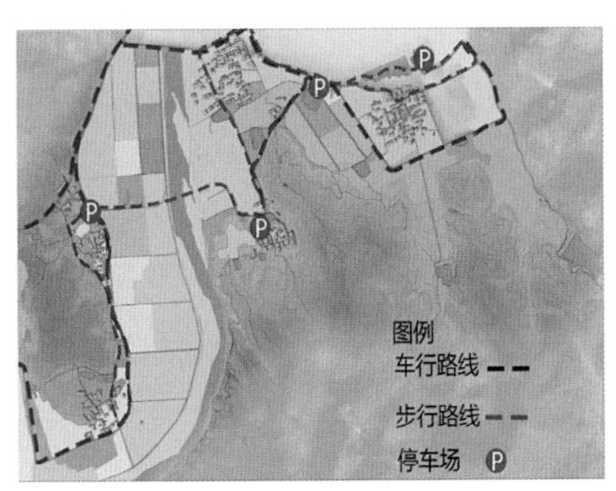

图 7-7 寒岩村村庄串线图

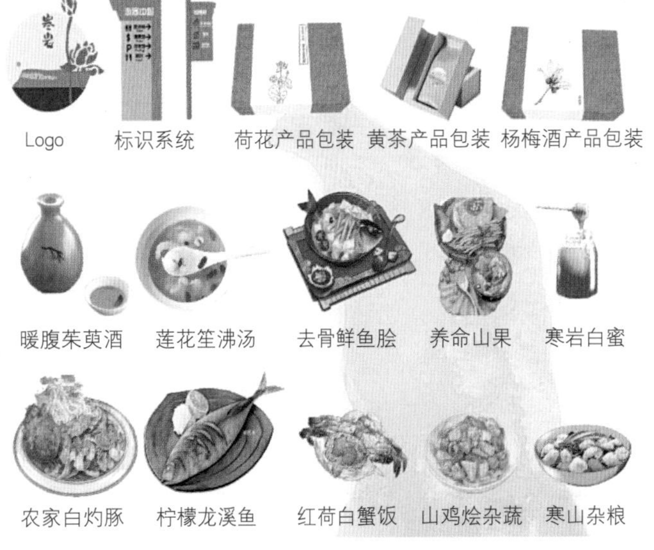

图 7-8 产品包装及菜系设计图

浙江省天台县张思村调研报告（浙江大学）

1　村庄概况

1.1　上位规划

天台县总体规划将天台功能定位为：佛宗道源地、心灵瑜伽园和品质天台城。规划主要职能为：华东地区知名的宗教文化圣地与休闲养生度假胜地；长三角南翼特色制造业基地和绿色高效农业基地；长三角地区宜居品质之城。产业发展方向为大力发展绿色高效农业、提升发展新型生态工业和壮大发展现代服务业。规划将整个天台县域划分为东、中、西三个次区域，其中张思村所在的平桥镇位于中部次区域，规划远期天台县域城镇体系空间结构为“Y 形轴线，一主两副三点”格局。“Y 形轴线”指的是沿规划 104 国道、326（60）省道、323（62）省道形成的“Y”形城镇发展轴线；“一主两副三点”中“一主”指的是一个中心城市（天台县城），“两副”指的是西部的副中心城市（平桥镇）和东部坦头、三合、洪畴三镇及东部工业园组成的副中心城市，“三点”指的是白鹤、石梁和街头三镇，与中心城市整体统筹发展。西部的副中心城市即平桥镇，是天台县域副中心，依托现有山水资源，完善配套，建成天台县域西部的宜居城镇。规划确定远期天台县域城乡空间发展框架为“一心两翼两片”的格局，张思村位于静雅生活片区。在旅游规划上，张思村位于始丰溪山水风光区。

1.2　区位分析

张思村位于浙江省台州市北部，隶属于天台县平桥镇，距离天台中心城区约 15 千米，距离平桥中心镇区约 4.5 千米，受长三角经济圈辐射影响。张思村庄北临湖井村，南靠始丰溪，东侧与石桥村相邻，西侧与溪头蒋村接壤。张思村位于天台县西部，323 省道从村庄北面穿过。村庄到平桥镇区车程约 8 分钟，到天台中心城区约 30 分钟，到台州市区约 2 小时，到杭州市约 3 小时。天台互通距离村庄约 55 千米，交通区位良好，目前游客主要源自天台市区和台州、衢州等地。村庄位于 62 省道附近，与平桥镇区仅有 4.5 千米左右，周边有花漾星球太空农场和花卉基地等农业基地，是天台县西部省级农业综合区的入口。湖井村南侧紧邻张思古村落，距离天台的母亲河始丰溪不到 50 米，便利的条件为村庄今后的发展奠定基础。

1.3 自然条件

张思村总人口 2918 人，农产 968 户。整个村属于始丰溪冲积平原地区，平原、湿地是其主体地形。张思村自然条件较好，海拔 80 米左右，自然气候温和，四季分明，年均气温 18.5℃；雨量充沛，年均降水量 1339.3 毫米；光照充足无霜期长。传统农业以种植水稻为主，家庭以养殖、养蚕、种植水果为主。

1.4 村庄变迁

据《天台县志》载：张思村距城西三十四里，属积习乡三十一都，以村昔张、思两姓居住而得名。明成化三年（1467 年），务园陈氏九世祖广清公偕侄嘉赠公选中张思这块地方，由县城东北务园迁此，为本村陈氏始祖。该村历史悠久，迄今 540 余年，人文资源丰富，村中古建筑较多，康庄大道通至村中，交通便利。人杰地灵，在当地百姓眼中，张思村就是“风水宝地”，“周遭坦荡广平，田畴绣错，始丰阑其前如眠弓，然斗峰聚青蟠踞右侧，紫凝鸕鸪拱列画屏，形家所谓黄榜案也”。上通金衢，下达温处。东有镇龙庵、竹林；西有上水岩、放生潭；南有前门溪、始丰溪；北有下湖、长湖将古村环抱其中。古有“无桥别进村，进村必过桥”的说法。古村易守难攻，1949 年 7 月至

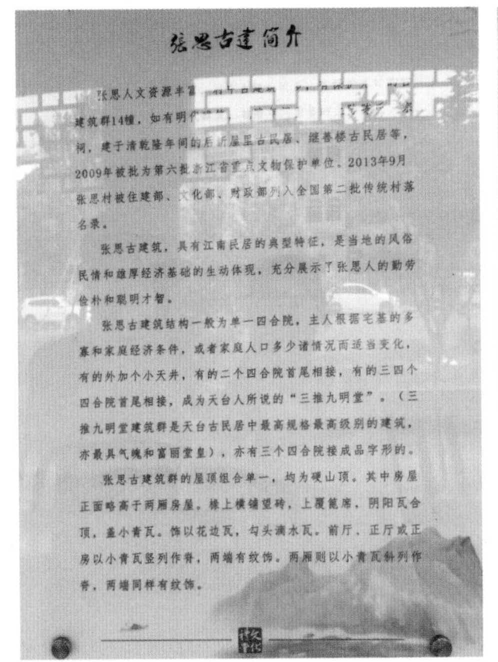

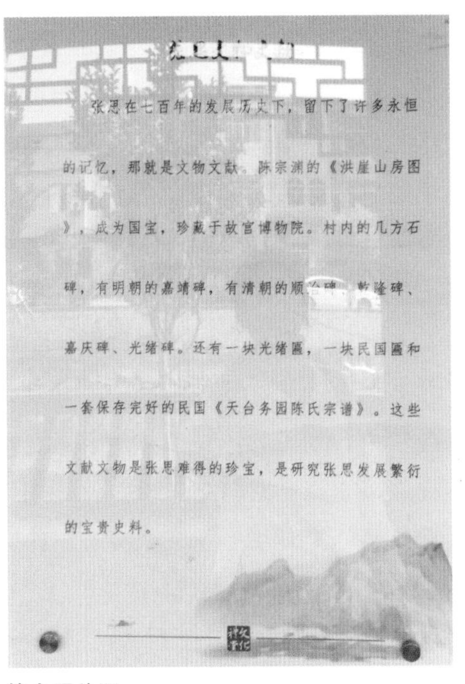

图 1-1 文物简介照片图

1950年底剿匪期间，中共街头区委就设立在张思村。村内还有榨树碶和泉湖碶，一年四季细水长流。张思之美，晴雨皆宜。夜幕中的张思，像一首朦胧的诗篇。既令人恍惚迷离，又令人荡涤胸怀。

由于张思村陈氏家族重视教育，历代人才辈出。务园鼻祖世大公，宋淳熙二年（1175年）进士，任大理寺评事。元代五世祖陈文甫官拜绍兴路推官。明初，高祖陈宗辉历任刑部员外郎、福建兴化知府。七世祖陈彦辅初任湖广襄阳府宜城县知县，转任衡州府安仁知县。七世祖陈伯圭进士出身，官至工部尚书郎主本科事承直郎。明正统四年（1439年）八世祖陈宗渊从文渊阁中书舍人位上致政。十世祖陈汝成先授信丰训导后升江西湖口教谕。明九世祖陈心斋授博兴知县。宋代至清代，乡试举人、秀才更是不胜枚举。

民国时期，陈日有历任临海检事所、吴兴检察所法官，并为益知小学创办人兼校长。陈洪七历任武康上柏镇警察分署长、鳌江公安分局长。陈子贞历任国民政府军事委员会军法执行总监部少校督察官，铨叙部赣、浙、闽铨叙处总务主任、最高法院检察署主任、书记官。陈贤助曾任原国民政府外交部书记。陈月明任原国民政府外交部秘书处书记等。中华人民共和国成立后，各种杰出人才举不胜举，如陈以康为中国机械化捕鱼业创始人、鱼类专家、上海水产学院教务长、山东大学创始人之一，刊入中国名人录。

陈氏高祖们在确定张思村选址后，踏勘地形、测量水势，带领族人分别从始丰溪和泉湖筑堰开

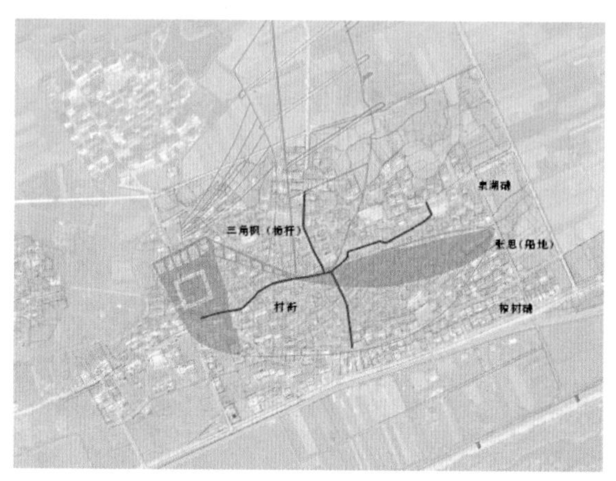

图1-2　船地“风水”图

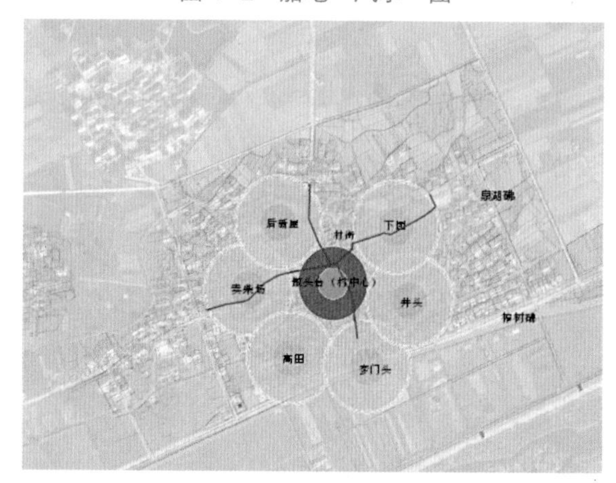

图1-3　居住格局分布图

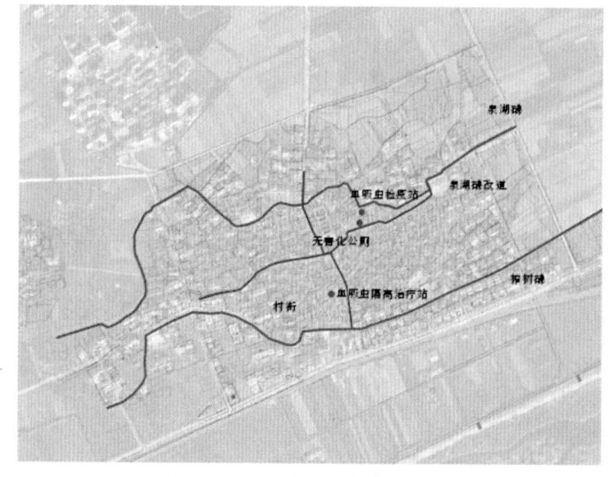

图1-4　血吸虫格局分布图

渠引水灌溉农田，造福一方。榨树砩和泉湖砩绕村而流，整个村落呈船形分布，故张思村古有“船地”之称。古村临水而筑，依路伸展，水绕屋流，村因水活。水给古村静态艺术以动态之美。村中七星井按北斗七星分上中下排列，古诗赞它：“夜涵星斗分乾象，映日云霓作画图”。张思古村以村中墩头为中心，围绕中心布置宗祠、居住建筑和商铺，并形成了十字街的格局，随着家族繁衍生息，分别形成后新屋、卖柴场、高田、爹门头、井头、下园等居住组团，村街狭如备弄，曲折入胜。张思村于20世纪60年代爆发血吸虫病，由于血吸虫寄生钉螺，为抗击血吸虫病，张思人将紧贴建筑的泉湖砩进行改道，同时增加无害化公厕，设立血吸虫病检疫站及隔离治疗站成功战胜瘟疫。

1.5 自然景观资源

张思村村前有平桥镇的母亲河始丰溪穿流而过，村内有泉湖砩和榨树砩流淌而过，村子周边有大片的农田自然景观，春季会举办花海节等活动。村内现存的古树有后新屋里后的三角枫和北环路北侧的香樟。

1.6 人文景观资源

张思村人文资源丰富，村中古建筑较多，有保护完好的古建筑14幢。张思古建筑，具有江南民居的典型特征，是当地的风俗民情和雄厚经济基础的生动体现，充分展示了张思人的勤劳俭朴和聪明才智。同时张思村的非物质文化遗产丰厚，各种民俗、节庆、戏曲、传统小食种类繁多，张思村的木杆秤制作、红曲酒制作技艺代表着中华民族的传统手工艺技能，具有浓厚的地方特色和乡村特色，在当今世界经济一体化的背景下，其继承发扬具有较高的经济、文化和精神价值。

2 用地现状

2.1 农业用地分布

村中农业用地围绕村庄排布，形成东西两大部分，总面积约173.64公顷，占村庄总面积的71.70%。在未来的规划过程中，可能流转村庄住宅用地东侧的农业用地作为新村建设用地。另外村庄东南，沿始丰溪附近正在建设“宗渊书院”项目。

2.2 农业用地使用情况

就调研情况而言，农业用地现在存在较大比例的荒废情况。主要种植的作物有桃树、玉米、水稻等，多为种植大户承包统一种植和管理。因为村庄老龄化和空心化所导致的劳动力短缺，在调研过程中，也很少看到田野劳作的场景，在访谈和问卷过程中也得到印证，目前有较大比例的农业用地处在荒废当中。

图 2-1 农业用地分布图

2.3 现状植被分布

村庄已经进行过景观设计和保护规划，村庄外部土地较为平整，农田中多以季节的作物为主，而村庄内部由于建筑较为密集，植被也较为稀疏，只在局部的开放空间有植被景观。新建的小景观主要在村庄南面的一个廊道和村庄的一些出入口节点中，设计较为城市化，植被多为新种植的树木，与村庄整体场所氛围并不能够十分融合。

图 2–2 现状植被分布图

2.4 现状水系分布

张思建村是以水系为选址的依据。南有榨树碶，北有泉湖碶，这两条溪流也提供了村民日常洗涤与灌溉用水，至今还在使用，进出村庄必要过这两条溪流，于是溪上就有了数座石桥，最有名的是石矸桥，旧时村中有“无桥别进村，进村必过桥”的说法。二水相拥，使得张思村成为一只船的形状，如同一只停泊于始丰溪的帆船，所以此村也有“船地”之称。在实地调研过程中，尚存的水系仍较为完整。村庄南面为天台的母亲河始丰溪，榨树碶和泉湖碶仍然穿村而过，在村庄的消防、洗涤等各方面起着重要的作用。

图 2–3 水系图

调研团队沿着村庄河流观察，试图寻找张思建村之处的历史性叙事空间，认为村庄水系是张思村重要的特色，可以作为村庄建设的重要亮点来突出打造。

2.5 建设用地现状

建设用地分布现状如图 2–1 所示，其中居住用地、行政办公用地、教育科研用地、文体娱乐用地、医疗卫生用地、生产设施用地、绿化用地，均散布在村庄各处，具体位置见图。

3 基础设施

3.1 交通设施

3.1.1 对内交通

张思村现状道路纵横交错，与始丰溪同向。村庄外围主要机动车道以混凝土为主，道路宽度 4~5 米，满足两车交汇同行；村内主要机动车道以混凝土及石砖为主，道路宽度 3~4 米；巷道以卵石为主，道路宽度 1.5~2.5 米，个别道路残损严重；现状道路、街巷均无名称。

3.1.2 对外交通

张思村位于天台县西部，323 省道从村庄北面穿过。村庄到平桥镇区车程约 8 分钟，到天台中心

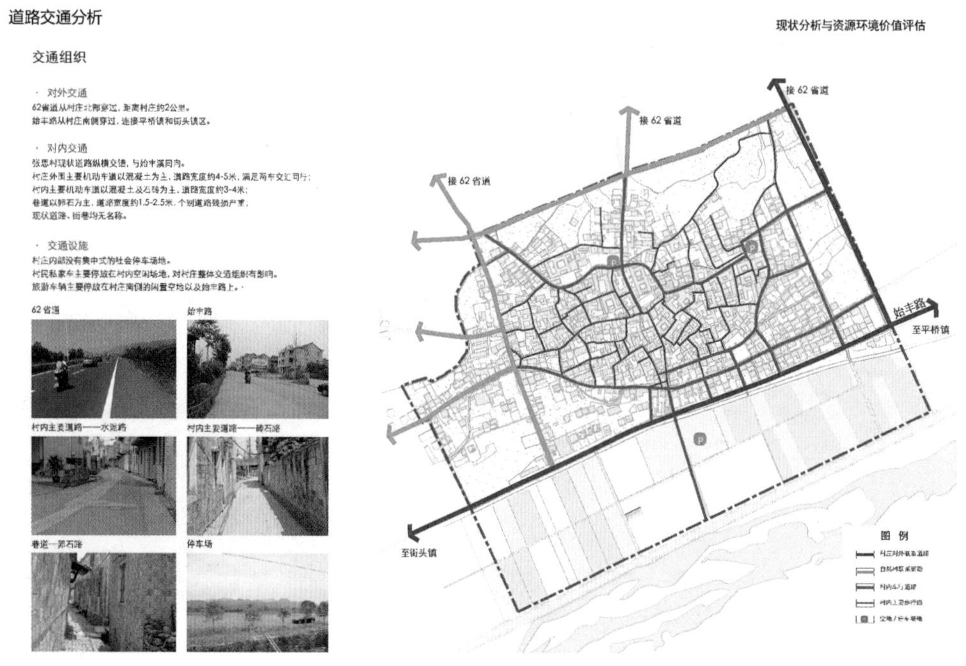

图 3–1 交通设施现状图

城区约30分钟。天台互通距离村庄约55千米，交通区位良好。62省道从村庄北部穿过，距离村庄约2千米。始丰路从村庄南侧穿过，连接平桥镇和街头镇区。

3.1.3 交通设施

村庄内部没有集中式的社会停车场地。村民私家车主要停放在村内空闲场地，对村庄整体交通组织有影响。旅游车辆主要停放在村庄南侧的闲置空地以及始丰路上。

3.2 给水排水基础资料

给水主要来自平桥水厂。

图3-2 给水排水设施现状图

3.3 电力电信基础资料

3.4 生活污水处理

3.5 环境卫生评估

环境卫生整体状况良好，每家每户都有垃圾分类回收的垃圾桶，定时定点回收，目前较大问题主要是一些荒废的民居倒塌烧毁所造成的断壁残垣以及空地中留存的各种废弃物影响整体的村庄风貌。

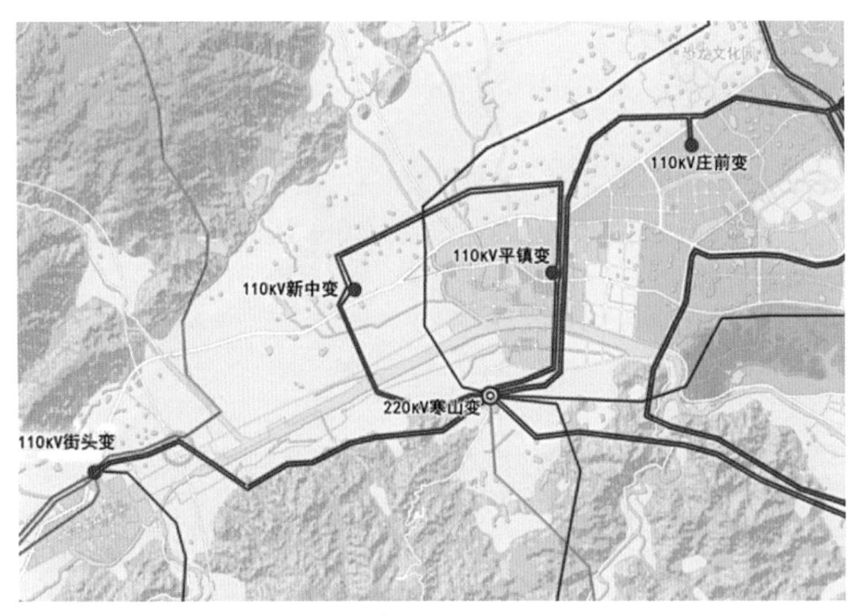

图 3-3　电力电信设施现状图

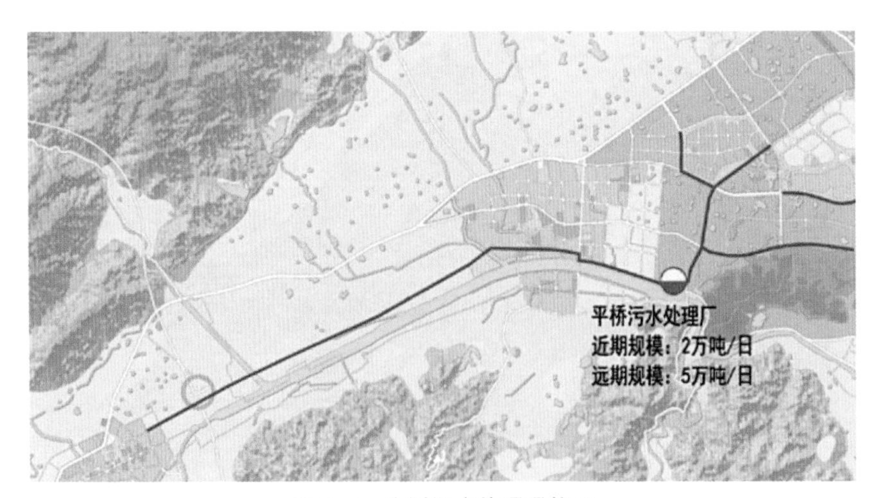

图 3-4　生活污水处理现状图

3.6　教育基础设施分布

村内原有一所小学，现在已经不再使用，其他教育设施如村史馆、文化礼堂等设施的使用程度较好，目前村庄南部正在建设的宗渊书院也是村庄与企业合作的重要文教项目。

4 村民生活

4.1 村庄活动

张思村结合农业生产，组织了一系列活动来促进旅游发展：比如张思村种植了大片葡萄园和水蜜桃园，每年3~4月举办田园花海节，6~8月举行采摘水果的活动。现阶段村内有几个节点设有摄影展览，以村内生活、村民为主题。村民的日常活动包括老年人聚集在活动站看电视、下棋、闲聊。村民在傍晚时分聚集于村边的广场上做操等。此外，忠渊书院正在建设中，该建筑包括讲堂、展览和多功能厅，未来将为人们提供更多现代化的活动场地。

4.2 未来活动策划

4.2.1 展览、少儿教育

利用张思村现有公共活动场地，结合村内旅游线路规划，可定期举办展览活动，如摄影展览、绘画展览、手工艺展览、诗作展览等。结合展览及不同的主体，可以展开一系列少儿教育活动：如风景写生活动、诗歌学习活动、艺术欣赏活动等。

4.2.2 文化相关活动

结合张思村深厚的村庄历史、悠久的村落文脉，展开一系列文化相关活动，吸引社会文化人士关注，增加村庄曝光率，促进第三产业的发展。比如定期举办诗歌创作竞赛、诗集签名售书活动、诗词大师见面会等。

4.2.3 戏剧节、乡村艺术节

结合张思村古韵建筑，可展开戏剧节、乡村艺术节、民谣音乐节等为古村增添更多活力，同时吸引各年龄层次的游客来访观光。

4.3 问题发现

经过调研，笔者发现村内老龄化、空心化严重。年轻人常年在外务工，农活与日常家务都由老年人承担。而现阶段村内除活动站外缺乏其他针对老年人的服务设施。此外，村内古宅缺乏防火安全措施，笔者团队在调研期间经历了一场火灾，起火处位于一处老宅内，这揭露了安全问题。此外，现阶段民宿服务较为单一、简陋。规划设计粗糙，不够人性化。村内部分民宿沿街而建，却未配有减噪装置，夜晚车辆经过，噪声极大，无法提供给来访者安静的休息空间。总而言之，经过团队讨论，我们认为现阶段张思村存在老龄化严重、缺乏规范民宿服务、火灾安全隐患等问题。

5 其他

5.1 街巷

现阶段老村内基本保持了古村原有的风貌、建筑。街巷尺度亲切宜人，适合漫步旅游。一系列公共场地、小广场、戏台、七星井的设置，打破了线性空间的呆板单一，增加了空间的丰富度。此外，历史建筑、四合院展厅、秋千、座椅、水渠的设置增加了人与空间的互动，对到访游览者具有一定的吸引力。

5.2 建筑外部环境

街巷路面具为石子铺路，风貌与古村相协调，团队成员认为，现代的水泥石子铺路略显尴尬，若能保持原有路面做法，效果更佳。现状乡村内部分建筑墙面为砖墙，笔者认为部分砖墙仍然能与古建筑相互融合，展现出不同的时代背景，在相似中略有差异，体现张思村悠久的发展历史。

5.3 特色景观

现有古村落的街巷格局、四合院建筑、水系水井都是张思村的特色景观。村内手工艺制品如各色糕粘等更是别具特色的张思景观。此外村外大片农田、果园体现出传统的田园景观。

浙江省天台县山头郑村调研报告（浙江大学）

1 村庄概况

1.1 区位分析

山头郑村位于浙江省台州市天台县南屏乡，距天台县城西南约 21 千米由于在南屏乡主要公路干道旁，为前往南屏乡西部所有村子（约南屏乡的 60%）的必经之所，是距离南屏乡的政治中心、教育中心、旅游中心，前杨村，最近的村庄。全村呈船形沿山坡层层修建，建村遵照了中华传统文化的“风水”格局，前有观音山、笔架山，后枕蜈蚣山，一条瑞溪自西向东绕村而过，山水相依、景色优美。

天台客运总站：驾车 26 千米。

南黄古道：驾车 2 千米或步行 1.4 千米。

莲花梯田：驾车 2.2 千米后再步行上山。

江南布达拉宫：驾车 3.3 千米。

图 1-1 地理位置图

1.2 气候条件

山头郑古村地处中亚热带季风气候区，四季分明，降水丰沛，热量充足。四周山体环绕，中间低平，小区域气候特征明显，带有一定的盆地气候特征。

春季常低温阴雨，夏季晴热少雨，但受台风影响，有时狂风暴雨多。初秋多雨，俗称“八月乌”，中秋后天气稳定，秋高气爽，称“十月小阳春”。冬季多晴朗寒冷，若有寒流则急剧降温，伴大风、大雪和冷冻。年均降水量 1391.4 毫米，年均气温为 16.7℃。

1.3 历史文化

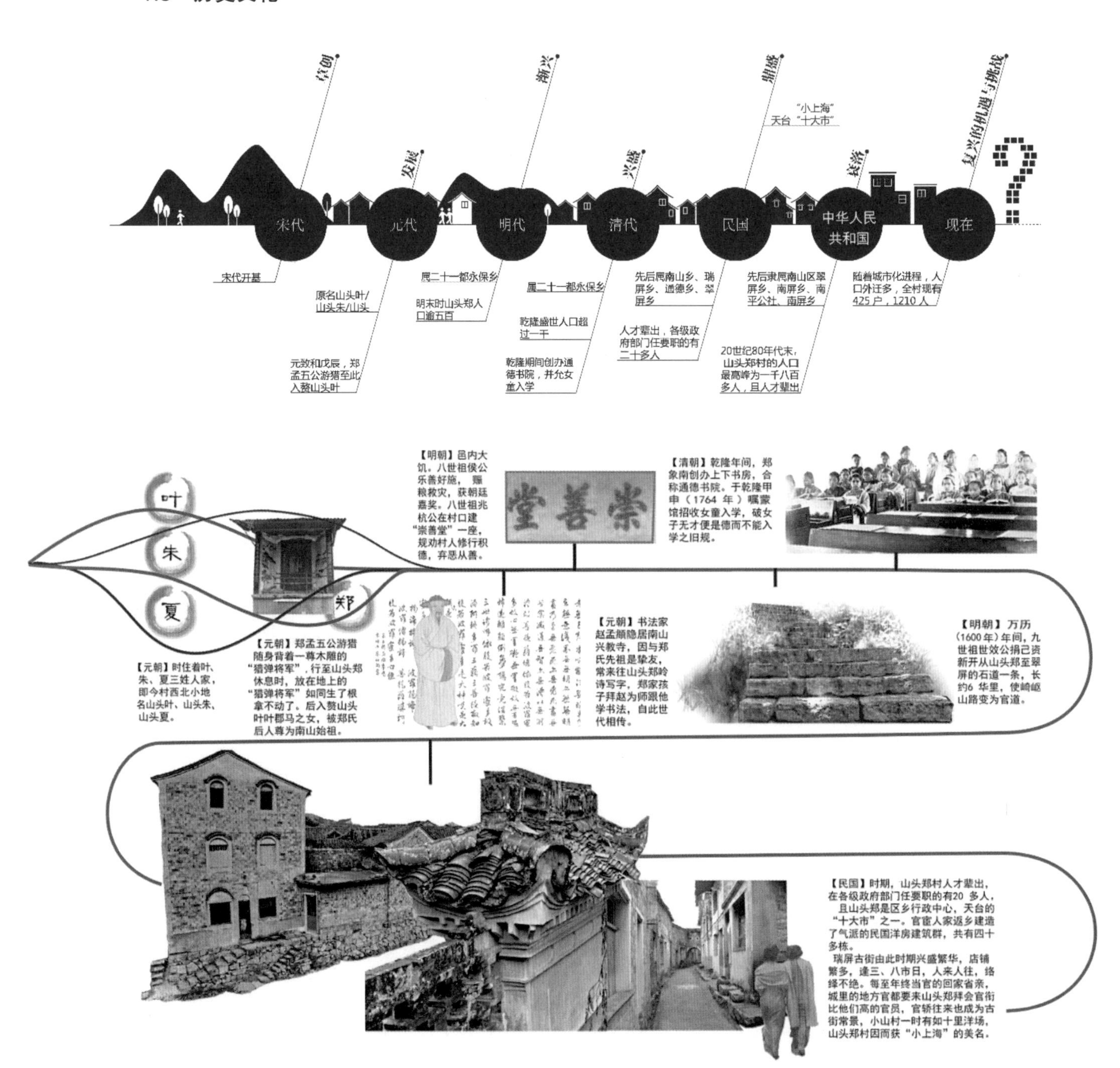

图 1-2　历史文化脉络图

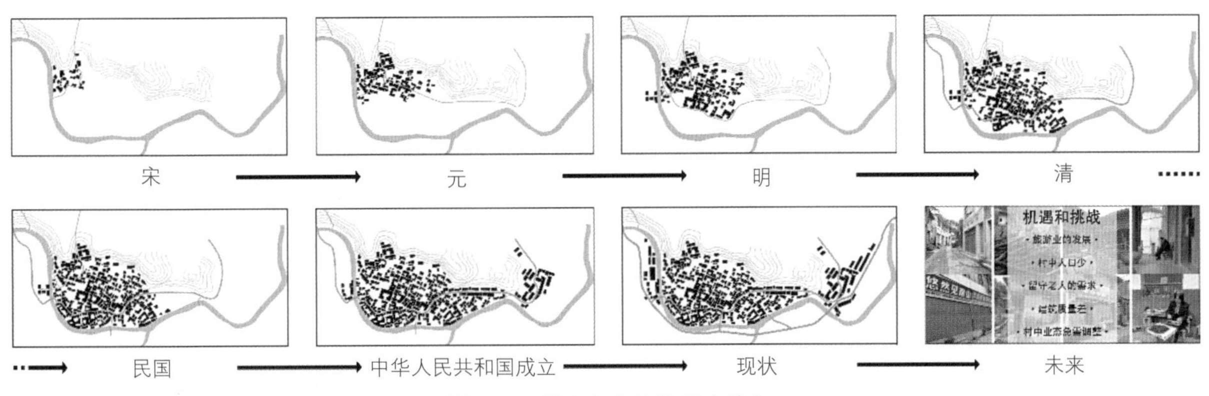

图 1-2 历史文化脉络图（续）

·宋代开基

·元代：

原名山头叶、山头朱、山头夏。

元致和戊辰（1328 年），郑孟五公自东阳（今盘安）窈川游猎至此，“檵木开花，冷饭抽芽”，其后入赘山头叶叶郡马之女。

1330 年，郑孟五公奔父丧后不三月即携其弟孟十七同来南山卜筑而居，被郑氏后人尊为南山始祖。元代书法家赵孟頫隐居南山兴教寺，因与郑氏先祖是挚友，常来往头郑吟诗写字，郑家孩子拜赵为师跟他学书法，自此世代相传。

·明代：

属二十一都永保乡。明末时山头郑人口逾五百。

明朝嘉靖（1522 年）年间，邑内大饥。八世祖侯公乐善好施，赈粮救灾，获朝廷嘉奖。八世祖兆杭公在村口建“崇善堂”一座，规劝村人修行积德，弃恶从善。

明朝万历（1600 年）年间，九世祖世效公捐己资新开从山头郑至翠屏的石道一条，长约 6 华里，使崎岖山路变为官道。

·清代：

仍属二十一都永保乡。乾隆盛世人口超过一千。

清乾隆年间，郑象南创办上下书房，合称通德书院。于乾隆甲申（1764 年）嘱蒙馆招收女童入学，破女子无才便是德而不能入学之旧规。

清宣统元年，村首事郑介维在通德书院基础上创办翠屏小学，成为全县创办最早的十所小学之一。

·民国：

先后属南山乡、瑞屏乡、通德乡、翠屏乡。

山头郑村人才辈出，此时期在各级政府部门任要职的有20多人，且山头郑是区乡行政中心，天台的“十大市”之一。官宦人家返乡建造了气派的民国洋房建筑群，共有40多栋。

瑞屏古街由此时期兴盛繁华，店铺繁多，逢三、八市日，人来人往，络绎不绝。每至年终当官的回家省亲，城里的地方官都要来山头郑拜会官衔比他们高的官员，官轿往来也成为古街常景，小山村一时有如十里洋场，山头郑村因而获“小上海”的美名。

·中华人民共和国成立后：

中华人民共和国成立后先后隶属南山区翠屏乡、南屏乡、南平公社、南屏乡。

20世纪80年代末，山头郑村的人口最高峰为1800多人。

而随着城市化的进程，人口外迁多，全村现有425户，1210人。

1.4 上位规划

①国家层面：党的十九大报告提出“乡村振兴”重要战略；2018年《政府工作报告》指出要大力实施乡村振兴战略。政府从国家战略高度上对乡村的发展做出定性要求。

②浙江层面：以下摘选自《全省美丽乡村和农村精神文明建设现场会》。浙江是习近平总书记新时代“三农”思想的重要萌发地、中国美丽乡村建设的重要发源地。自2003年习近平同志在浙江工作期间部署实施“千村示范万村整治”工程以来，全省上下坚持一张蓝图绘到底、一年接着一

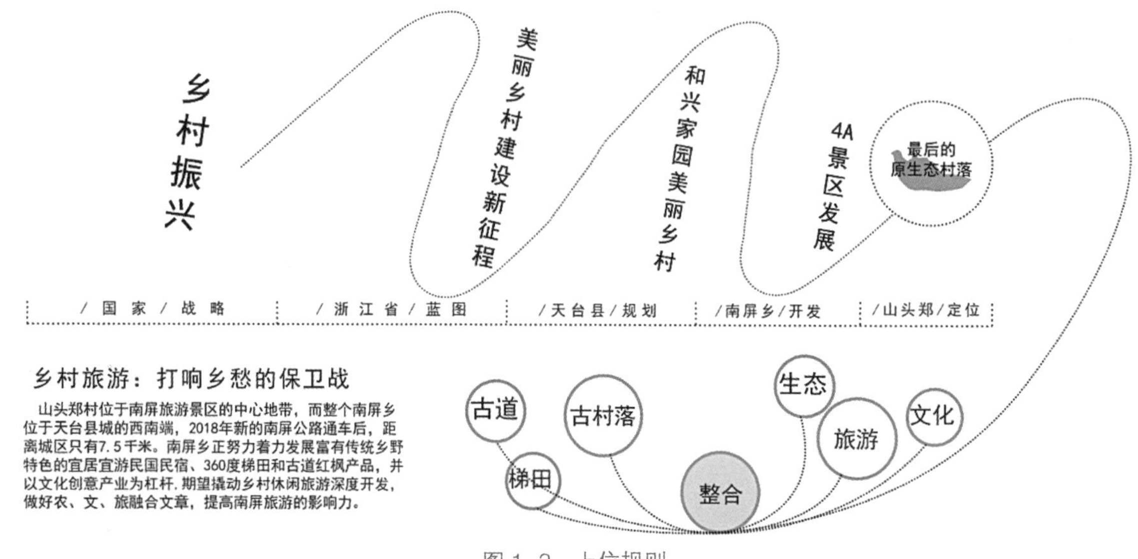

图1-3 上位规划

年干，使美丽乡村成为浙江的一张金名片。浙江省就国家“乡村振兴”战略做出有力回应。提出“美丽乡村建设新征程”的口号。

③天台县层面：2012 年，天台县人民政府和浙江大学生态规划与景观设计研究所一同编制了天台县《“和兴家园，美丽乡村”建设总体规划》（以下简称《规划》）。从《规划》中看到，天台将按“一带”“两环”“五片”“四线”等空间结构来建设美丽乡村：“一带”——始丰溪滨溪生态景观带；“两环”——北部人文景观环线和南部自然生态景观环线；“五片”——文化休闲旅游片、高新农业示范片、山水生态旅游片、生态农业实践片、传统工业转型片；“四线”——古道果香之旅、绿色农耕之旅、农园茶香之旅、特色产业之旅。

④南屏乡层面：南屏主打“乡愁的保卫战”口号。南屏乡正在举全乡之力、集全民之智推动 4A 景区的创建，并推动全域景区化、旅游产业化，朝着“四季有景、四季可游”的目标，充分发挥“生态旅游 +”功能，撬动山区经济转型升级，促进群众增收致富。以“生态、旅游、文化”三驾马车拉动乡村休闲旅游，打造乡居南屏品牌，完成产业升级。同时深层次挖掘南屏文化旅游资源，着力发展富有传统乡野特色的宜居宜游民国民宿、360 度梯田和古道红枫产品，并以文化创意产业为杠杆，撬动乡村休闲旅游深度开发，做好农、文、旅融合文章，提高南屏旅游的影响力。此外有一份《南屏乡小城镇环境综合整治规划》（2017.10）将南屏乡定位为“宜居宜游的天台后花园”“山水花田，农旅古乡”。《南屏景区旅游规划》则对南屏旅游资源开发策略做出了如下引导：提炼最佳旅游资源特色；强化创新产品类型；整合资源类型，实现组合优势。

⑤山头郑村层面：规划资料主要源于《山头镇中国传统村落档案》《山头镇传统村落保护发展规划》。其中《山头镇传统村落保护发展规划》将山头郑村定位为以生活居住为主要职能，同时兼有少量文化旅游，展示功能，体现宗教文化、“风水”文化、耕读文化和民宿特色文化的浙东传统村落。

1.5 植物资源

村落四边主要是丘陵山地，有红壤土、岩性土、潮土及水稻土等土类。植被属中亚热带常绿阔叶林北部亚地带、浙闽山丘甜槠、木荷林植被区，天台山、括苍山山地岛屿植被片。森林覆盖率达到 70% 以上。

沿河：瑞溪两岸多分布高大的乔木，包括桥头的几棵古树名木。溪边、路边和村宅旁边种植有河柳、枫杨、白榆、香樟、悬铃木、水杉、地杉、女贞、苦楝等植物。

山坡：山上主要生长乔木、灌木和竹林。山丘植被分层分布，其中靠近山脚的地方以花灌木居多，而中上部分以竹林、枇杷居多。

图 1-4 植物资源图

1.6 自然文化景观资源

图 1-5 自然文化景观资源图

自然资源：

（1）古树名木

唐代至明代的古树名木保留至今，
共计有古树名木 4 处。
包括两棵古樟树、
一棵古枫树、
一棵古柏树。

图 1-6 古树名木

（2）壮美梯田

坐拥南屏壮美梯田，
视野广阔一望无际，
四季可看精彩各异。

图 1–7 壮美梯田

（3）群山环绕

村庄四周群山起伏，
有“八峰比肩而立”之势。

图 1–8 群山环绕

（4）瑞溪湍流

瑞溪在村南环流而过，
曲水回流，缠绕每家每户。

图 1–9 瑞溪湍流

文化资源：

（5）民国遗风

村庄在民国时期作为区域行政中心迅速发展，现存大量民国遗留传统建筑。

图 1-10 民国遗风

（6）古迹遗留

千米古街，镇龙古桥。
90% 的传统建筑，
彰显村庄深厚底蕴。

图 1-11 古迹遗留

（7）名人故里

村庄人杰地灵，耕读世家，
重教崇文，人才辈出。

图 1-12 名人故里

（8）传统工艺

国家非物质文化遗产，
“干漆夹苎”传承于此。

图 1–13 传统工艺

（9）宗族文化

山头郑村郑氏发源于河南荥阳郡（治荥阳，即今郑州市惠济区古荥镇），传为黄帝后裔。郑氏家族，世代崇奉“耕读传家”古训。郑氏后人多慕东汉经学大师郑玄，因孔融命名郑玄故居为通德里，则多名其乡里、宗祠为“通德里”“通德堂”“通德门”。山头郑村郑氏族人，也自称是通德里传人。

1.7 村民人口及教育情况

40岁以下
一般高中毕业

40～59岁
一般初中或高中毕业

60～80岁
一般小学毕业，大部分都识字

全村在世的硕士、博士人口>30

山头郑村教育情况

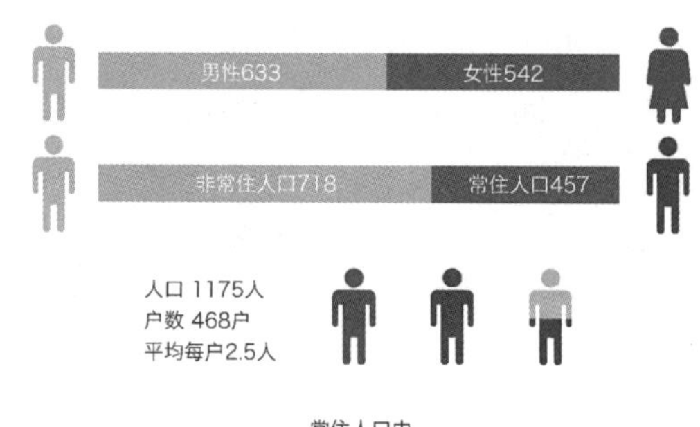

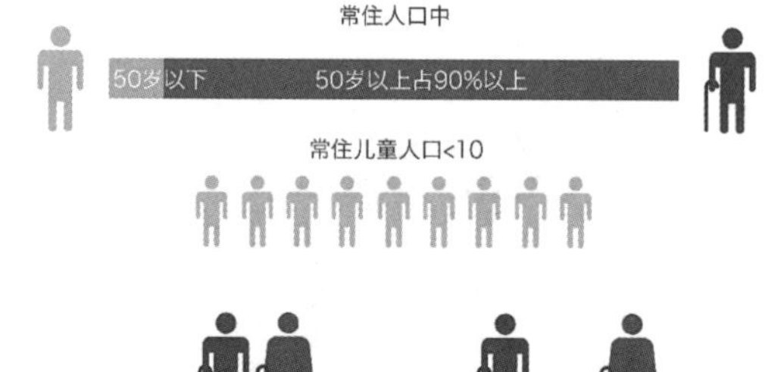

50～80岁一般两个人生活　80岁以上一般独自生活

山头郑村人口情况

图 1–14 村民人口及教育情况图

2 村庄用地现状

将乡村土地分为居住用地、行政办公用地、教育科研用地、文体娱乐用地、医疗卫生用地、生产设施用地、绿化用地。其中居住用地占主要部分。

2.1 建设用地现状

其中行政办公集中在村西文化礼堂以及村东部分建筑。暂无教育科研用地，文体娱乐用地有文化礼堂一处，医疗卫生用地有村东卫生所一处。

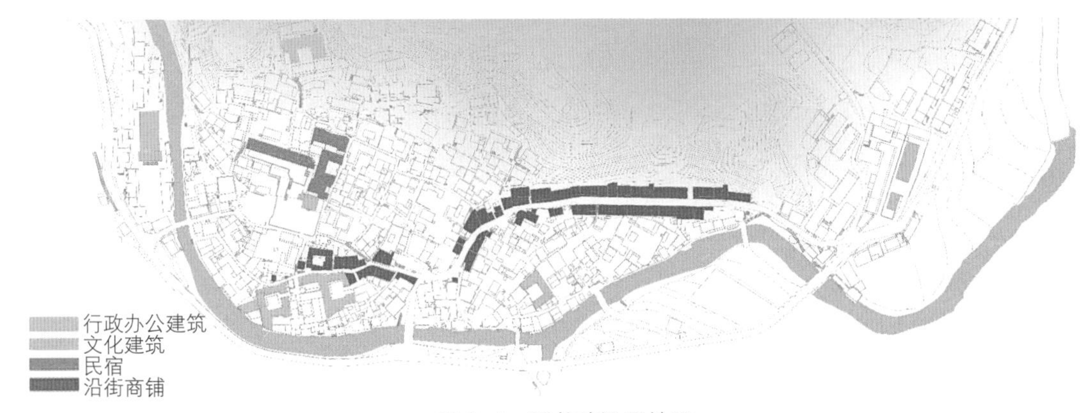

图 2-1 现状建设用地图

2.2 绿地分布现状

村内农业土地集中在村口集市旁以及后山。

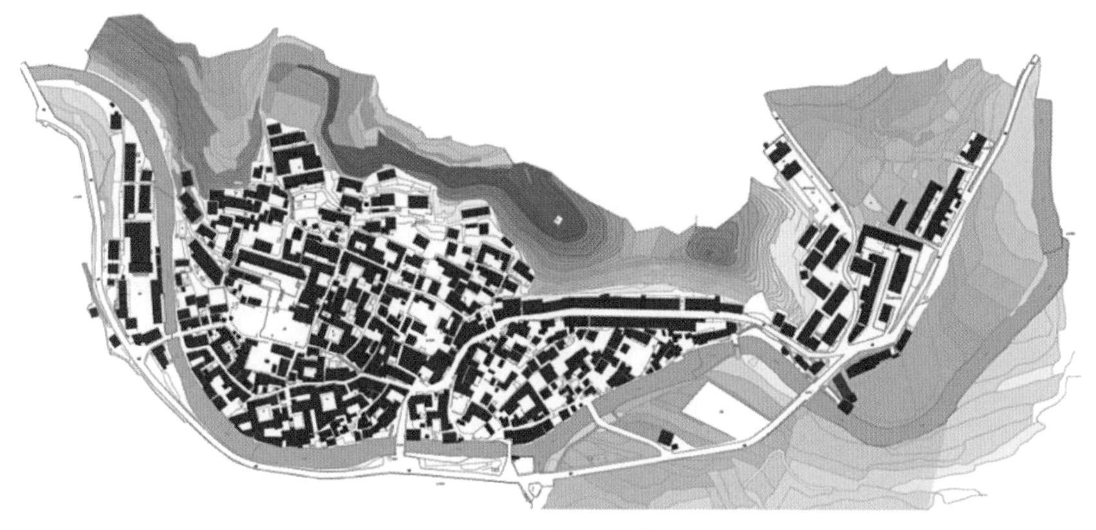

图 2-2 绿地现状分布图

2.3 水体及河流现状

图 2-3 水体及河流现状图

3 基础设施现状

3.1 外部交通

南屏乡公路交通建设整体较好，只有 3~5 个小建筑聚落无法通过公路直接到达，公路路宽不宽，5~6 米，路面维护大部分较好，为水泥或碎石路面，不积水。由于地势原因，盘山路段较多，行车距离相对较长；转弯处设计不佳，急转角度较大。从步行角度出发，许多村庄之间走一些山路反而更加方便快捷，但大部分步行山路维护不佳，雨天较为泥泞。南屏公路（在建）原定开通时间为 2018 年 6 月，但按目前施工进度应该在 2018 年 9 月、10 月开通。

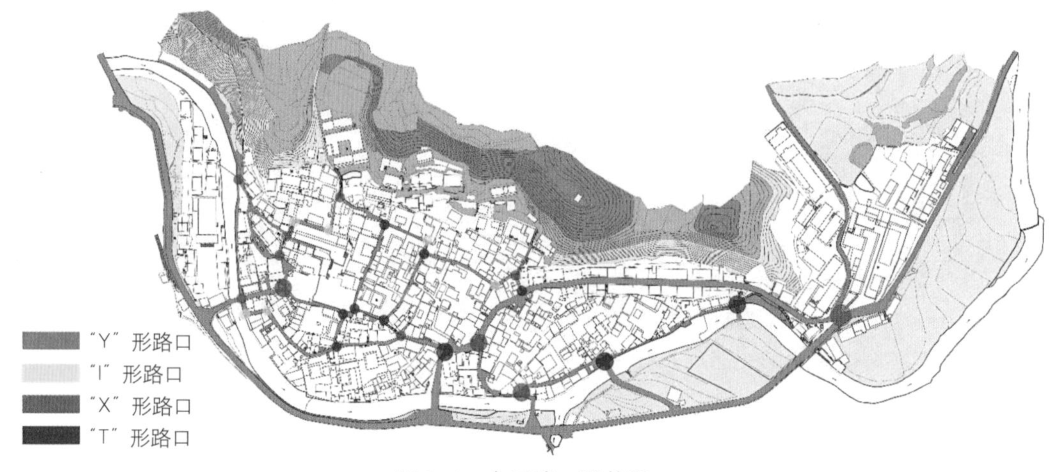

图 3-1 交叉路口现状图

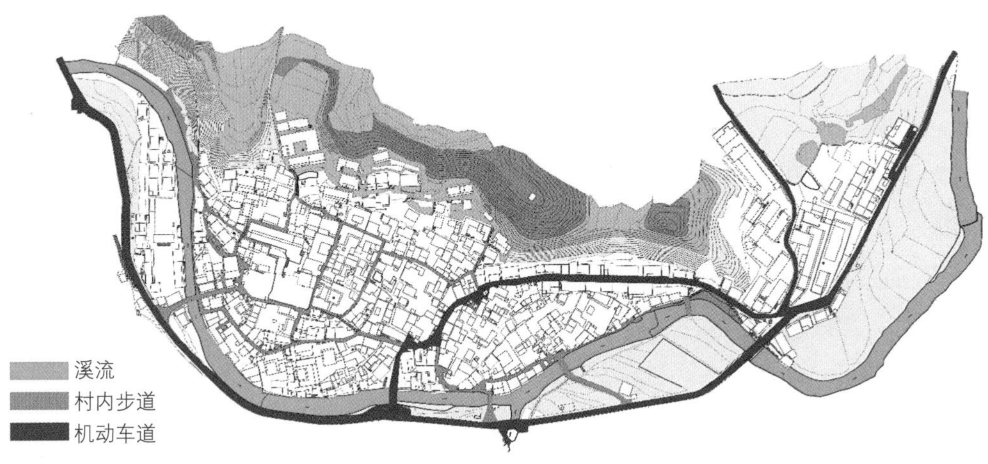

图 3-2 道路交通现状图

3.2 给水排水

目前所有村户的给水排水管道系统都已经完善，每家都有到户的给水排水管道；厕所排污管道覆盖了全村的 80%，地势比较高的地区还未覆盖。

3.3 电力电信

已全覆盖。

3.4 生活污水处理

运送到南屏乡统一的污水处理处进行处理，但还会有上游村民在大淡溪洗菜、洗衣服。

3.5 环境卫生评估

（1）所有露天旱厕都已拆除，有至少三分之一的建筑未自行建设水厕，并且部分人家由于农田施肥需要而弃用水厕，使用夜壶或屋内旱厕；也有部分人家将旱厕放置于破败的无人居住的房屋中。

图 3-3 环卫设施图

（2）全村共有四处公共卫生间，且有一处弃用，无法满足村民需求，更无法满足旅游业发展需求。

（3）全村在主要交通干道上分布着一些可移动的公共垃圾桶，每个人家有一个统一制式的小分类垃圾桶；全村共有 4 名环卫工人，担任打扫街道、收集村民垃圾的工作。

3.6 教育设施分布

（1）南屏幼儿园

共有十余名学生，来自整个南屏乡，以山头镇村的为多。

（2）天台南屏学校

位于前杨村西南部，距离山头郑村一千米左右；包括小学和初中，设施较为完善。

图 3-4 学校环境图

4 村庄经济现状

4.1 店铺、加工厂列举

店铺：

粮食店 1 家；

饲料店 1 家；

五金店 1 家；

生鲜店 1 家；

理发店 1 家；

裁缝店 1 家；

维修店 2家（1家未开门）；

专营服装店 3家；

副食杂货店 7家（其中两家也经营服装）。

加工厂：

肥料加工 1家；

饲料加工 1家；

自加工茶叶、大米、菜油店 1家（茶叶为主，外销为主）。

民宿饭店：

饭店 2家（千年古村农家乐、南屏粮站饭店）；

挂牌民宿 3家（听松楼、朱家大院、无名宾馆（未开门，含超市、KTV））。

4.2 产业现状

农业、商业为主，无重工业存在。

（1）农业

以种植毛芋、生姜、花生、黄茶为主。

每个村民分得的农田大约有0.3亩，大部分村民种地为满足自家食用需求，有多余的农产品会在集市上售卖；也有部分村民以种地为主要收入来源，每人种植面积为1~4亩，土地来源为常年不在村中或无种植能力和意愿的人租赁或无偿借用。

前三种农产品以毛芋为例，为南屏乡全域特产，产量较高；早年售卖途径狭隘，一般向天台主城区售卖，对象购买力有限，仅能卖到0.5元/斤，并大量滞销，因此成立毛芋合作社，以整合南屏乡毛芋产业；现今由一家临海公司统一挨村收购，可卖到0.8~1.0元/斤。

山头郑村黄茶产业主要由那家加工厂进行经营，炒制后由天台一家公司收购，再销往临海；价格视品质而定，为100~300元/斤。

（2）商业

山头郑村是南屏乡的商业中心、集市场所。

由于集市地点在山头郑村和村子历史沿革的浓郁商业氛围，山头郑村有大量一般村落没有的商业体量，如五金店、饲料店；也有着比一般村落多得多的商业数量，如7家副食杂货店、3家服装店。这些店铺辐射着周围乃至整个南屏乡西部的小村落。

这些商业体量也有长时间的商业淡季，每天的营业时间较短且不固定，常常出现店门开了又关的现象。

5 建筑现状考察

5.1 建筑形式与特征

（1）中洋结合，民国风情

中西合璧的民国建筑，及1949年后模仿民国洋房建起的民居，都富有特色和独特韵味。因其民国时期的繁盛，该时期的建筑及1949年后的一段时间内建起的建筑都带有民国元素，如舷窗、拱门等。

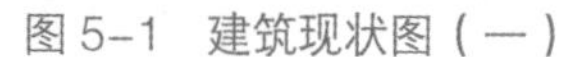
图5-1 建筑现状图（一）

（2）取材于自然，因地制宜，争取空间

广泛使用当地毛石料做基础，垫高地基，平整地形；老建筑的材料以毛石、青砖和木材为主，纯粹质朴。此外，还有丰富的建筑形式，结合地形，争取更多的使用空间。

建在溪旁的建筑多使用毛石料垫高地基，在避免洪水威胁，并利用悬挑腾出溪旁行走空间、方便取水用水的同时，向水面借取使用空间，利用和改造山势，随着村中建筑密集，在保留巷道的同时，不邻水的建筑也建起了悬挑的阳台和楼梯，以进一步取得更多的居住空间。

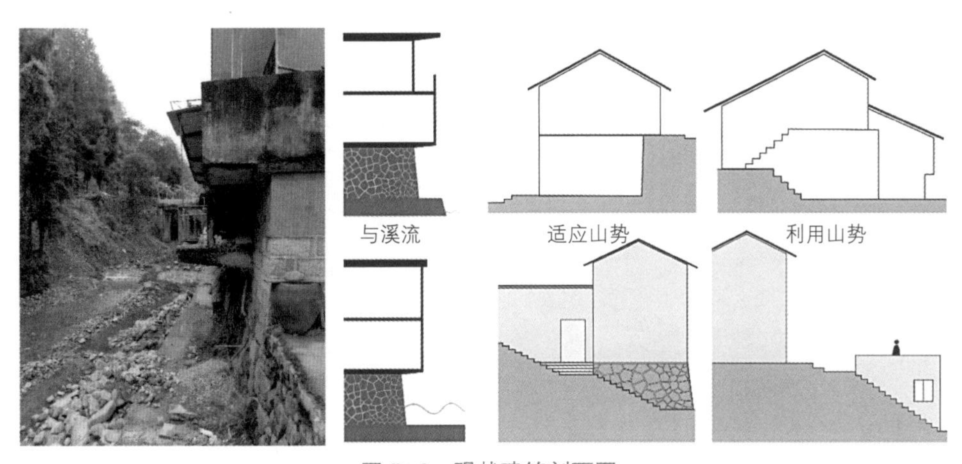

图 5-2 现状建筑剖面图

图 5-3 建筑现状图（二）

5.2 建筑年代分析

山头郑村建筑功能主要以民居为主，沿老街有商业分布，民宿产业以听松楼、学堂里为代表。有浓厚的民国建筑风格，建筑年代最早追溯至清朝，整体风格混杂。下图为山头郑村建筑年代分析。其中大多数建筑为 1949 年后至 21 世纪建造。

图 5-4 建筑现状图（三）

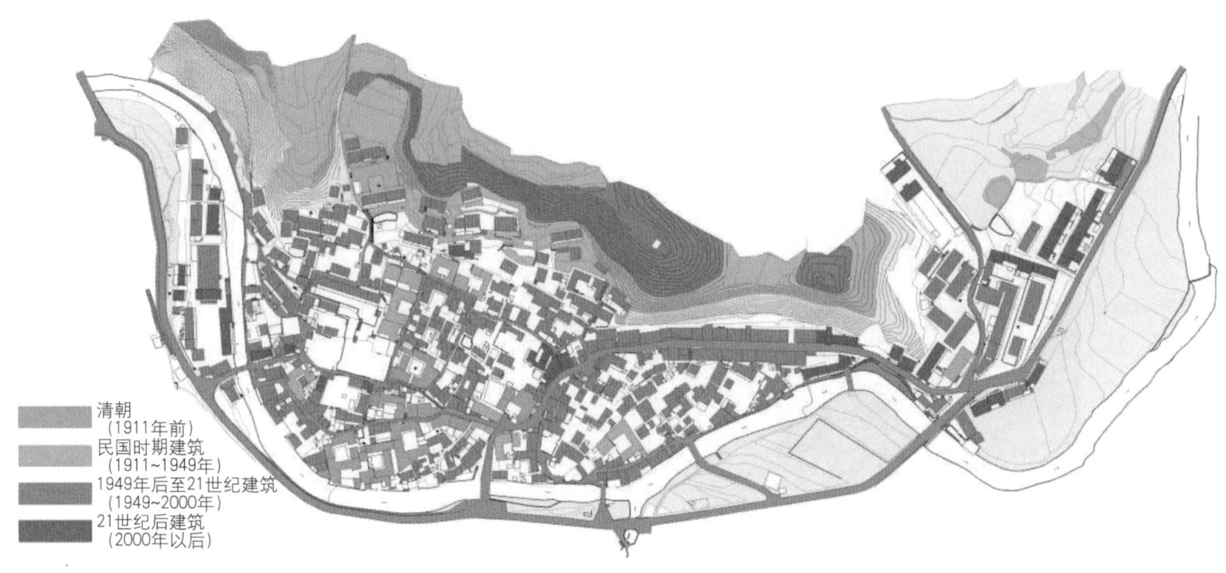

图 5-5 建筑年代分析图

5.3 建筑结构分析

村庄建筑结构以砖土结构为主，年代较早的建筑为砖木结构，近期建造的则以砖混结构为主。村庄由于年久失修、火灾、台风等原因，较多建筑有不同程度的损坏，其中一些为危旧房。下图为山头郑村建筑结构分析。

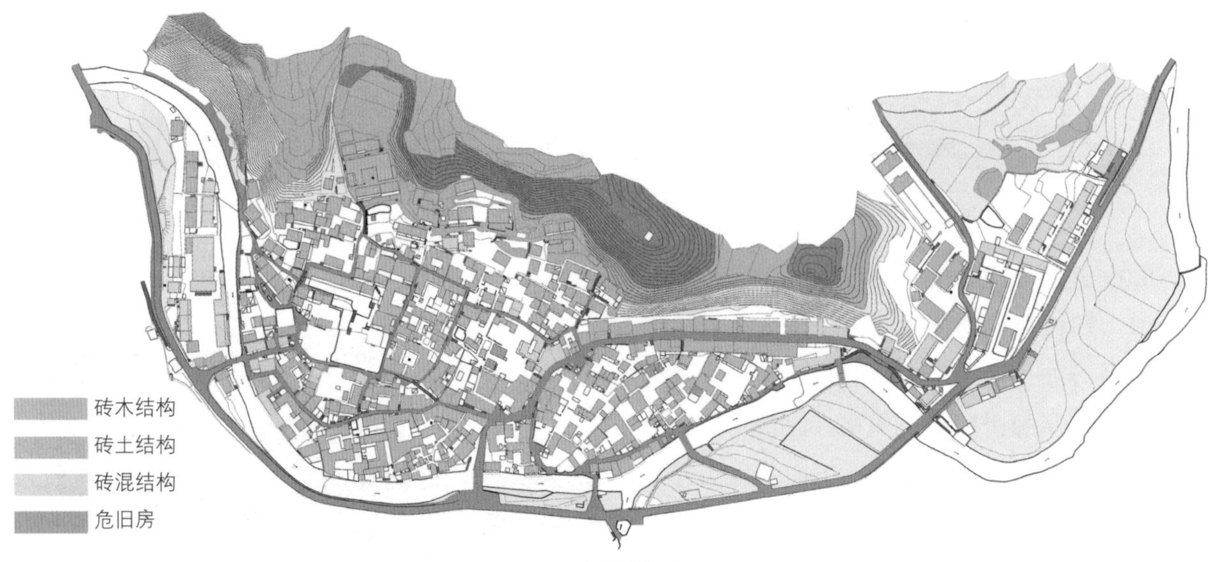

图 5-6 建筑结构分析图

5.4 建筑风貌分析

图 5-7 建筑风貌分析图

5.5 民宿现状分析

①山头郑村现有民宿 3 家（古街上一家未知），分别为听松楼、朱家大院、学堂里（建设停滞）。

②听松楼坐拥百年洋房（民国），是山头郑村的重点打造对象，发展前景好。店主在杭州做生意（汽

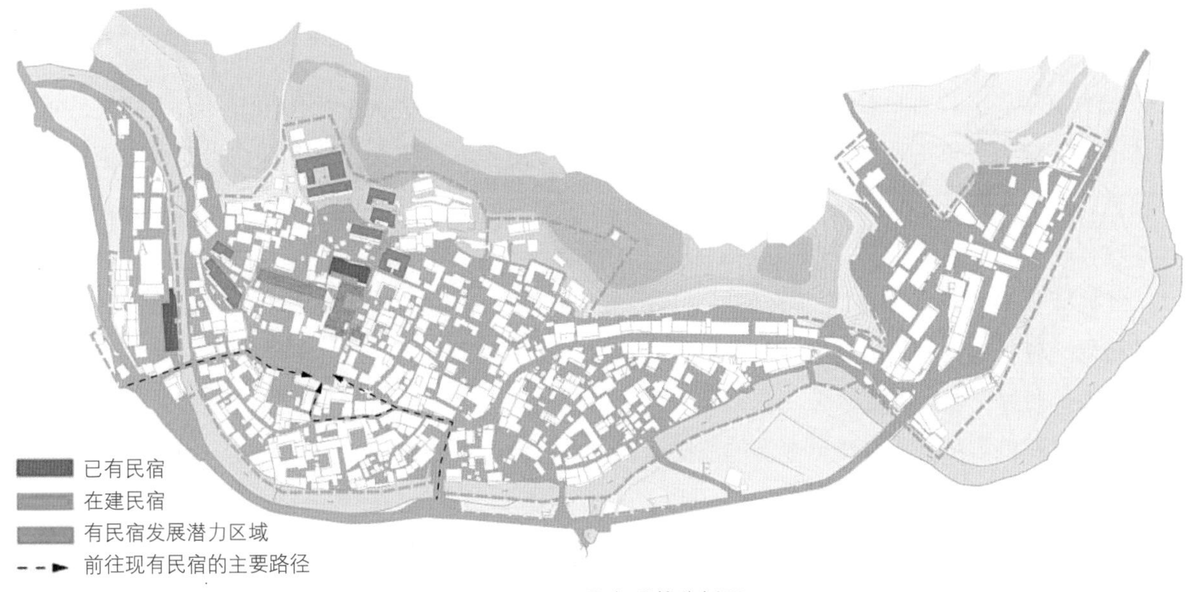

图 5-8 民宿现状分析图

车配件），回乡打造民宿。听松楼目前有客房7间，定价一般（150人/天，含3餐），店主希望打造品质，生意情况一般（但老板不愁生意，接待团队不接待个人，曾接待过画家，目前为全国写生基地）。听松楼2期、3期调研时正在施工，将增加18间客房，1层提供养生、美术基地等公共服务。

③朱家大院立面景观不佳，影响沿河立面，房间宽敞，价格低廉（标间100元），生意不佳。

④学堂里为外资注入建造，同莲花梯田为一个老板，目前建造停滞且短期没有动作。体量大、房间数目多，由于和莲花梯田的联动关系，从长期来看应该前景较好。

⑤结论：从短期看来，民宿数目已经足够，且能满足目前旅游负荷。在古街上以及听松楼沿街两边也可以看到不少村民有做民宿的意愿，在短期规划上不急于增加民宿数目。

从长期来看，在靠山一段有开发民宿的潜力，听松楼以北地势上升，房屋的2、3楼可以开始看到绝美的村庄景色，适合民宿的打造。有民宿潜力的房屋目前大多闲置，同时部分建筑风貌不协调，如果要做，可能需要推倒重建。

在村庄东侧沿河一段风景优美，建筑密度较低，同时建筑层次丰富，景观优势大，也有做民宿的潜力（或者做一些茶馆、餐厅）。目前路线比较封闭，需要游线的串联与引导。

6 村民文娱现状

6.1 文化活动

1. 传统活动

传统的集体节庆活动并不多，天台人的节庆传统主要特色为一些特色饮食传统；山头郑村最重要的集体节庆传统为每年正月十四的舞龙舞狮巡游，但现今由于人口流失，也不存在；随着戏班子的减少与消亡，南屏乡曾盛行的搭戏台唱戏也不复存在。

2. 现有的南屏乡旅游节庆

“红枫节”“鸡冠花节”为主要提升南屏景区品质和对外宣传的方式，实际效果一般，村民参与度低，除前杨村外，各村也没有节庆氛围。

3. 山头郑村村民委员会意愿

山头郑村村民委员会也希望创造新的节庆活动，来带动山头郑村的旅游业发展，如百家宴；但尚未想到切实可行的活动主题与方案。

6.2 娱乐生活

由于村中常住人口以老年人为主，其主要的娱乐活动为聊天谈家常、打牌和打麻将。

村口、小店门前、桥上、树下、屋前等各种能提供休憩座位的地方，都能成为村民们闲聊话家常的集会场所。部分村民会与周边几户人家聚集在某一户人家一起打牌，有些门面较大的店铺中会有人群聚集打牌或打麻将。

图 6-1 村民主要集合点分布图

浙江省天台县前杨村调研报告（浙江树人大学）

1 千年之恋

1.1 地理分析

前杨村，位于浙江省台州市天台县南屏乡，始建于南宋绍定壬辰（1231 年），始迁祖杨瓒公由杭州徒居南山发族，至今已传 28 代，是天台杨氏聚居人口最多的村落。

前杨村背枕南山，南面望海尖，有大淡溪和中央溪在村口交汇，群山环抱，碧水洄澜。村口有八人合抱的千年古樟，喜迎四方来客，村内四知堂宗祠传承着世代清廉的祖训，前杨村民风淳朴，生态资源丰富，自然环境优美，并且完整保存八百年前的南黄古道，古时，南黄古道作为浙东民间通商驿道而存在。古道苍松迎宾，丹枫争艳，巨樟飘香，山花烂漫，极似一幅幅斑斓陆离的重彩油画，前杨村是一个集山水观光、生态养生、登山摄影等为一体的生态旅游胜地。

1.2 历史分析

身为南黄古道的源头，同这条盐马古道一起，历经千年。于岁月变迁，沧海桑田中见证着南黄古道繁盛兴衰。南黄古道修建于北宋初年，一直到清代都是浙东重要的民间商贸通道，主要运送食盐、绿茶、布匹、丝绸、瓷器等交流极为频繁的大宗商品，是一条非常重要的民族经济文化交流走廊。

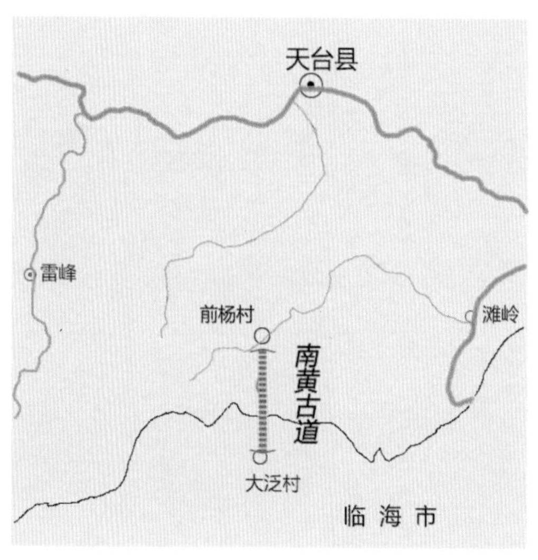

图 1–1 交通区位图

图 1–2 古道图

图 1–3 古道风景图

2 古韵传承

前杨村具有悠久的历史与深厚的文化底蕴。前杨村的第一大姓氏杨姓，就是源于东汉名臣杨震。根据杨氏家谱记载，天台杨氏均为杨震后裔。从南宋至清朝陆续迁入，千百年来，支分派衍，瓜瓞绵绵，目前主要形成了七大支派，分居于 100 多个村庄，总人口 15000 多人，前杨村是其中第一大聚居村。这里的人们始终秉持着“爱国敬业，厚德待人，清白传家，忠勇立身”的祖训。杨震的四知精神也在这片土地上世代传承着。传承至今，前杨村现有 668 户，人口 1912 人。由前杨和麻车两个自然村组成，全村总面积 11940 亩，其中耕地面积 4200 亩，山林 6900 亩，其他 840 亩。村内种植杨梅基地 450 亩，吊瓜 120 亩，红豆杉 30 亩，绿色有机蔬菜 70 亩，南山土猪 200 只，建有农家乐 22 家。

3 文明式微

在科技文明迅速发展的 21 世纪，前杨村同许许多多古村落一起面临着工业文明的冲击。村子依然保留着原有的农耕文明，经济发展受到很大的限制。这种限制体现在生态、生产、生活的方方面面。由于人为的自然生态系统的破坏得不到应有的维护，产生了自然生态资源的日渐损失。这里产业结构单一。种植物的品种虽然丰富，但是没有产业化的规模也就达不到对外销售的要求，也依旧处于靠天吃饭、自给自足的阶段。前两者的叠加开始改变着人们的生活方式，村内许多老宅在时代的进程中被逐渐抛弃，面临即将坍塌的命运。村子里的年轻人有追求美好生活的诉求和新式生活的愿景而离开，村子呈现出只剩下老人与小孩的空心化趋势。

4 古今对比

在对前杨村的探索和研究的过程中，我们注意到了千年之前与当今现状下截然不同的南黄之源前杨村的形态。同一片土地前前后后产生的巨大变化显然在我们心里激起了巨大的疑问。同时我们认为，分析清楚了其中的原因，将对我们的规划和设计提供根本性的帮助。古时，南黄古道作为民间通商古道而存在。交流的商品除了伊始提到的食盐、绿茶、布匹、丝绸、瓷器外，还包括了天台到临海两地的手工业及其产品，极大地带动了古道沿线的经济发展。由于商贸的带动，各种文化形态交融其中，以红枫、商贾、释道、儒学等文化与景观最具代表性。并且以古道为核心的驿站、市场等基础设施建设完善，颇具人气。红枫作为南黄一带特色自然景观，曾以南山秋色的美名载入元明清的历史。

在记载中盛极一时的南黄古道背后，如今的南黄古道还是以风景旅游闻名，但其商业价值却不怎么明显，随着公路设施的完善，再没有了记载中的商旅车队，山间道路等设施也更接近于自然。商旅客被如今的摄影爱好者替代，古道只剩下当年的文化遗迹。古道功能的改变引起的最大变化是人气的衰减。如同一个容器，功能的改变导致承载的东西，以及用途都将完全地改变。

图 4-1　古今对比图

古时，南黄古道作为浙东民间通商驿道而存在。以马帮和挑夫为主，运送食盐、绿茶、布匹、丝绸、瓷器等交流极为频繁的大宗商品，是一条非常重要的民族经济文化交流走廊。而今时，南黄古道只是以风景旅游闻名，其商业价值不高。古道功能的改变使得人气衰减。

5 问卷总结

根据我们与村民之间的交流采访调查，对村民生活、村内生产、村边生态进行了总结。

村民生活：公共服务设施配套不完善、公共交流活动空间不足、庭院空间利用不够系统、交通出行方式不够全面。

村内生产：产业形式多元化、生产方式比较单一且落后、旅游业发展存在季节性，对外吸引力小。

村边生态：环境资源利用不够充分、村内公园绿地较少、卫生环境欠佳。

6 调研趣事

图 6-1 调研过程图

浙江省天台县泳溪村调研报告（浙江科技学院）

前言：

近年来，国家越来越重视乡村建设，随着浙江省美丽乡村的大力推进以及优秀的示范作用，“美丽乡村”成为乡村建设的热点之一。它可以将资源优势转化为持续的产业优势，在农村经济发展、社会稳定和文化传承的同时，促进农村经济与生态环境的协调和可持续发展，对于“美丽乡村”建设具有巨大的促进作用。为了进一步深入贯彻落实党的十七大精神，学习实践科学发展观，引导广大青年学生深入学习贯彻党的十八大精神和习近平总书记五四重要讲话精神，发挥大学生在社会主义美丽乡村建设的重要作用，为构建社会主义和谐社会贡献自己的一份力量，在切实贯彻“产业兴旺、生态宜居、乡风文明、治理有效、生活富裕”二十字方针的前提下，融合当地的“和合文化”致力于打造一个天、地、人和的新农村。我们师生一行人于2018年5月中旬赴浙江省台州市天台县对于当地乡村建设进行现场调研。

通过文献查阅，实地踏勘，乡村主要负责人、村民访谈，调查问卷等方式对当地的乡村发展现状和生活情况进行了详细的调研，分析可能存在的问题并提出相应的建议。希望能以点盖面，窥探出该地区的一个整体现状及其规划方略。并以此为后期泳溪村的乡村规划竞赛做充足的准备，并且希望能更多地做出更好的规划设计服务于当地村民。现对调研结果作以下分析。

1 规划背景

1.1 十九大“乡村振兴战略”的提出

新世纪新阶段，我国提出了“建设社会主义新农村”的战略思想。2005年10月，党的十六届五中全会提出了“建设社会主义新农村”，强调建设社会主义新农村是我国现代化进程中的重大历史任务，以生产发展、生活富裕、乡风文明、村容整洁、管理民主的总体要求，扎实稳步地加以推进。自提出“建设社会主义新农村”以来，我国农业农村取得了历史性成就，农民收入持续增长，农村民生全面改善，农村生态文明建设显著加强，农民获得感显著提升，农村社会稳定和谐。而2017年10月，党的十九大报告在建设社会主义新农村的基础上，提出了“实施乡村振兴战略”，要坚持农业农村优先发展，按照“产业兴旺、生态宜居、乡风文明、治理有效、生活富裕”二十字方针的总要求，建立健全城乡融合发展体制机制和政策体系，加快推进农业农村现代化。

从总要求来看，它用“产业兴旺”替代“生产发展”；用“生态宜居”替代“村容整洁”；用“治理有效”替代“管理民主”；用“生活富裕”替代“生活宽裕”；而“乡风文明”四个字虽然没有变化，但在新时代，其内容进一步拓展、要求进一步提升。十九大“乡村振兴战略”的提出，从生产、居住、管理三个方面全面地阐述了新时期农村发展的具体要求及目标。同社会主义新农村建设相比，乡村振兴战略的内容更加充实，为在新时代实现农业全面升级、农村全面进步、农民全面发展指明了方向和重点。

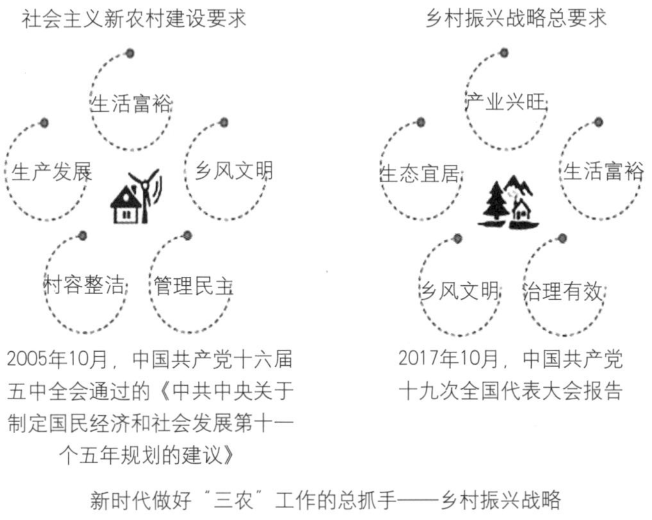

社会主义新农村建设要求

生活富裕 生产发展 乡风文明 村容整洁 管理民主

2005年10月，中国共产党十六届五中全会通过的《中共中央关于制定国民经济和社会发展第十一个五年规划的建议》

乡村振兴战略总要求

产业兴旺 生态宜居 生活富裕 乡风文明 治理有效

2017年10月，中国共产党十九次全国代表大会报告

新时代做好“三农”工作的总抓手——乡村振兴战略

图 1–1 乡村战略与社会主义新农村建设要求对比图

1.2 浙江省美丽乡村建设的蓬勃发展

美丽乡村建设既是美丽中国建设的基础，也是推进生态文明建设和提升社会主义新农村建设的前提。浙江省是美丽乡村的首创地，十多年来，遵循“绿水青山就是金山银山”的科学论断，浙江省从实施“千村示范万村整治”工程到推进美丽乡村建设，开启了浙江美丽乡村建设的新篇章。全省各地坚持“绿水青山就是金山银山”重要思想，不断丰富内涵，建立完整的评价指标体系，大力提升农村人居环境，建设生态农韵的宜居乡村；大力发展美丽经济，建设共创共享的共富乡村；大力弘扬农村文明乡风，建设文化为魂的人文乡村；积极推进城乡综合配套改革，建设城乡融合的乐活乡村；积极推进平安社区和基层党建，建设服务臻美的善治乡村；不断提升美丽乡村建设整体水平，促进美丽经济发展。

如今之江两岸的 3 万余个村庄正绘就水清景美人和的美好景象，人居环境、基础设施、公共服务不断改善，家风家训、文明乡风持续传承，发轫于浙江的美丽乡村建设，被称为全国新农村建设典范，现如今浙江已成为宜居宜业宜游的美丽乡村建设的标杆省。截至 2017 年底，浙江省累计约 2.7 万个建制村完成村庄整治建设，占浙江省建制村总数的 97%，其中西湖区双浦镇等 100 多个乡镇以成为美丽乡村建设示范乡镇，双浦镇灵山村等 300 多个乡村成为特色精品村。

随着“乡村振兴战略”以及“浙江省美丽乡村建设”的推进，天台县也随即跟上美丽乡村建设的步伐。天台县全面贯彻党的十九大精神，坚持“绿水青山就是金山银山”理念，全方位推进美丽乡村建设，优化人居环境；深入开展“811”美丽天台行动，加强村庄规划设计；完善“村庄布点规划—村庄规划—村庄设计—农房设计”规划设计层级体系；推进“四好农村路”建设，完善农村公共交通服务体系。截至 2017 年底，天台县全年建成 15 个特色精品村（其中安科村、张思村、下往村、黄家塘村获得 2017 年度浙江省美丽乡村特色精品村）、93 个特色村，6 条精品线（始丰溯源、寒山神隐、寻佛问道等）齐头并进、形象显现，东南西北全线提升；全年农家乐休闲旅游营业收入 3.79 亿元，同比增长 25%，位居台州市美丽乡村建设年度考核全市第一。

1.3 天台县“和合文化”的倾力打造

天台山是“和合文化”发祥地，“和合文化”是天台山文化的精华，是中华传统文化的核心与精髓。“和合文化”主要是指人类与自然、社会、人际、身心、文明中诸多元素之间平衡和谐的理想关系状态。近年来，天台县以研究弘扬天台山文化为己任，成立天台山文化研究会，增强文化自信与文化自觉，深入开展“和合文化”的理论研究，深入挖掘天台山儒、释、道三教“和合圆融”的精神内核与“和合文化”当代价值，大力推进“和合文化”品牌建设，全力打造“和合圣地”，赋予“和合文化”新的生命力。在如何推进“和合文化”发展上，该县目标明确，就是要“使文化产业长足发展、文化元素充分彰显、文化品牌全面提升，实现产业和兴、环境和美、社会和谐”。截至 2017 年底，天台县已建成和合书院 6 家，在建 8 家，和合书院的建成，激活了“和合文化”基因，发挥着播撒“和合文化”种子的作用。天台县充分发挥地域文化资源优势，探索推动优秀传统文化进校园，大力推进“和合文化”进校园、“和合文化”进课堂，促使莘莘学子在课本上、在校园活动中、在课堂上感受和了解“和合文化”，让“和合文化”的种子在学生的心里发芽，全面培养具有“天台山文化基因”的年轻一代，形成天台教育“和谐共进”的独特气象。

2017 年，天台作出建设“名县美城”战略定位，“和合文化”即成为该战略有力的支撑。靠文化产业推动文化事业，靠文化形象带动文化产业，靠文化精神凸显文化价值。在城镇建设当中，大力倡导“天人和合”的理念，深入推进生态文明建设，全面践行“两山”理论，实施山水林田湖生态保护和修复工程，让天更蓝、山更青、水更绿、空气更清新，把天台打造成为人与自然和谐的样板。在乡村治理体系和治理能力建设中，融入“和合文化”，坚持德治、法治并举，广泛开展社会主义核心价值观宣传教育，以讲堂、墙绘等润物无声的方式，将抽象的概念变成人们的自觉行动。

2 区位条件

2.1 地理区位

泳溪乡地处天台县东北部，东与宁海县桑洲镇、岔路镇接壤，南与洪畴镇、三合镇毗邻，西接坦头镇，北连石梁镇，距天台县 29.5 千米，距浙江省省会杭州 112 千米。泳溪境内山峦叠嶂、溪流密布，林业资源和水力资源丰富，旅游优势显著，泳溪村位于泳溪乡中心位置，四面环山，村内有泳溪环村而过，拥有着背山面水的山水格局。

2.2 交通区位

泳溪乡作为天台东部的一个山区乡，交通一直是制约该乡发展的重要瓶颈，仅有唯一一条县道——岩金线贯穿泳溪全境；而最新的天台县总体规划当中，将其改造提升为313省道，这一条作为天台融入宁波都市圈发展，由嘉善至永嘉公路天台段的快捷通道，将会在一定程度上带动泳溪村的经济发展。

泳溪村，是泳溪乡人民政府所在地的驻点村，是泳溪乡的经济文化中心，全村由泳溪、金竹、外周三个自然村组成，共387户，人口1175人，耕地面积449亩，山林面积3620亩。泳溪村有着悠久的历史和深厚的文化沉淀，如今村内还能看到保留完好的四合院、粮站、旧公社，充满记忆的石子路，石头墙等。泳溪村还是我国著名明代地理学家、旅行家和文学家——徐霞客游天台时的首游村，村外远近闻名的霞客古道连接着天台与宁海，留下徐霞客的足迹。在《徐霞客游记》开篇《游天台山日记》中记载，“雨后新霁，泉声山色，往复创变，翠丛中山鹃映发，令人攀历忘苦。”徐霞客对泳溪山水的赞叹和青睐，由此可见一斑。

3 自然条件

泳溪村地处天台县东北部，地理位置优越，生态环境良好，森林覆盖率高，自然资源丰富。村域范围整个山体地形整体上呈西北高、东南低的态势，其中南侧主要生活区地形起伏较小，坡向多为朝西南方向以及平面，其他地形以山地丘陵为主，地形起伏较大，坡向总体上在山脊线两侧分为偏西向和偏东向。

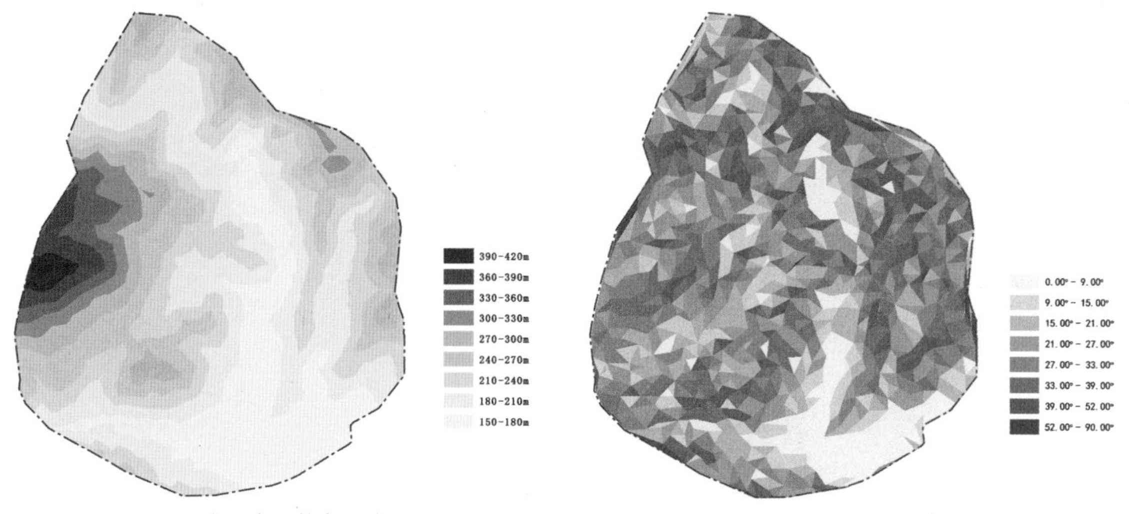

图3-1 泳溪乡现状高程分析图

图3-2 泳溪乡现状坡度分析图

从现状高程分析图来看泳溪村的海拔高处有 400 米左右。最高处分布在西部，房屋建筑高度也一般在 200 米高度左右。

泳溪村的村庄建筑多数分布在坡度较小的平地。从现状坡度分析图来看整个村庄坡度较大的地方在北面，坡度小的地方集中于南部。

从泳溪村的现状坡向分析图看，坡向对于村落山地生态有着较大的作用。山地的方位对日照时数和太阳辐射强度有影响。对于位于北半球的泳溪村而言，辐射收入南坡最多，其次为东南坡和西南坡，再次为东坡与西坡及东北坡和西北坡，最少为北坡。

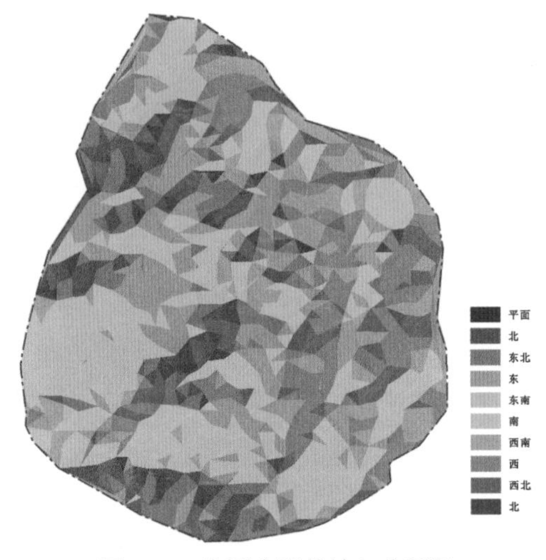

图 3-3　泳溪乡现状坡向分析图

4　历史沿革

先秦时期，泳溪村所在地区就是瓯越地区，隶属于古越国境内；据《泳溪胡氏总谱》记载，先祖子虞舜后裔满封侯，卒后葬柳湖旁，谥姓胡氏，得姓始此。

五代尚书万一公，为避朝隙，移居浙江一带。

公元 1338 年至十四世太公居敬游览至泳溪，由于十分喜欢泳溪的自然环境，于是搬迁至泳溪开始创业，渐渐地聚集形成族群，至今七百年矣。

明朝时泳溪古街开始出现，泳溪村得到一定规模的发展。

清代时，盐商开始兴盛，泳溪古街成为盐客运盐的必经之地，渐渐形成一定规模的泳溪街古街，此时的泳溪发展迅速，规模达到鼎盛。康熙年间，进士陈溥永叔公隐居泳州草堂，开办泳州书院，启蒙乡民。雍正六年三月，胡氏族长大豫公筹资聚民众修筑村前大坝。光绪乙未年，胡公积钧领乡贤筹巨资建成三星桥。

此后泳溪村一系列基础生活设施在一定程度上得到发展：

1959 年，仰天湖水库建成。

1969 年 12 月，岩金公路开建，1971 年元旦通车。

1973 年元旦，泳溪电站建成。

1974 年 10 月，丈坑水库建成。

1988 年，建成一公里环村公路，修建永庆桥。

1991年11月，接通自来水。

2016年，环村公路全面加宽改造，街湖接相通，路面硬化，修建护栏，亮化。人居环境质量得到大幅度改善。

21世纪后，泳溪村利用泳溪境内丰富的林业资源和水力资源，大力发展村落经济，大力发展“四大革命”，积极发展社会主义新农村的建设，积极发展乡村振兴战略，从此一个美丽和谐的新农村正屹立在天台的东大门。

5 社会经济

泳溪村目前共有耕地面积449亩，山林面积3620亩；共有387户人家，人口1175人，教育设施有一所泳溪学校。村庄的产业发展主要还是以第一产业（农业、渔业）为主，农田种植包括香米、油茶、香榧等，渔业以养殖香鱼为主；第三产业作为辅助产业，主要包括商品零售、餐饮业、旅游服务业等。此外，近年来，泳溪大力发展旅游业，开发香米梯田、大力宣传优质的香米以及传统节日等，加以互联网时代高速发展的促进作用，积极发展本村的经济实力。

6 土地利用

泳溪村由泳溪街、外周、金竹三个村组成。其中耕地面积449亩，山林面积3620亩。其中耕地多为梯田，梯田就势而造，海拔300~900米不等，层层弯曲，顺坡度块块递进。东北方向有作为旅游资源开发的梯田景观，南侧为居住用地，背山面水，有较好的自然风光。

7 设施配套

泳溪村有基本配套的公共设施。泳溪乡政府位于泳溪村的东北部，作用于乡域的基本生活事务处理。泳溪学校与乡卫生院位于泳溪村西北方向，田径场位于学校南侧，村域西部。而村委会以及村民文化礼堂位于村域内部，村委会已经年久失修，村民文化礼堂先前作为老人日常交流互动场所，现作为村委办公的地方，同时也展示泳溪历史和日常节日举办节目。村落内部有几处污水处理池，处理村落日常污水。在村落东北侧除了有正在开发的梯田景观，同时有一作为储存村民日常用水的小型水库。除文化礼堂为近几年新建外，其余现状的公共设施建筑都有些陈旧，需要翻新改动。

8 道路交通

泳溪村有岩金线和313省道穿村而过。泳溪村内主要街巷、次要街巷贯穿村内道路，沿溪分布的游步

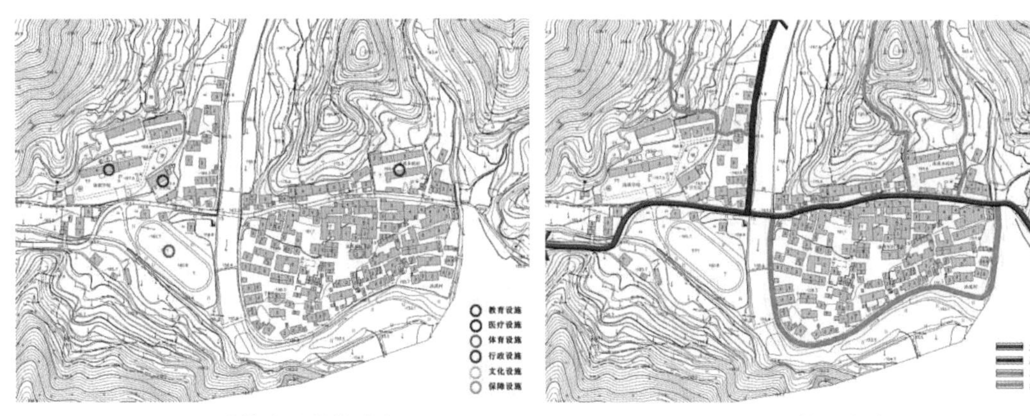

图 7-1　现状公共设施分布图　　图 7-2　现状道路分布图

道，也是村内的350米健康步道。村落里主道路由车行道直接指向东西两个方向，车行道指向北方。泳溪村北侧有三条进山的步行道，可以沿至梯田，并作为户外徒步的路线。村落内部有古街一条，但发展至今因房屋错乱等的原因，已经逐渐淡化，不是很明显。村内村民集中居住的地块内部巷道错杂无序，没有分明的走向。村落竖向有几条小路由岩金线延伸下来，村落内部近十米的高差，使得竖向道路颇有特点。

9　建筑评价

泳溪村村域内建筑主要为居住建筑，在岩金线两侧分布有商住建筑，以及公共服务设施建筑，如泳溪乡政府及农村信用社等。在村域西北侧有泳溪学校和泳溪乡卫生院。村域内重要建筑分布，除了岩金线两侧的公共建筑外，在村庄内部还有村民文化礼堂、村委会及具有泳溪建筑特色的四合院式民

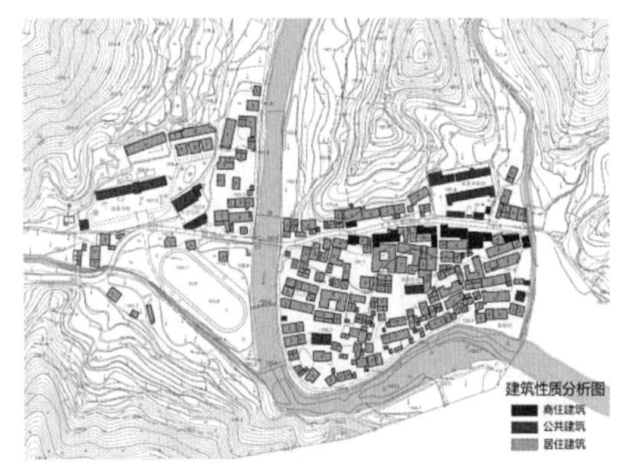

图 9-1　现状建筑性质分析图

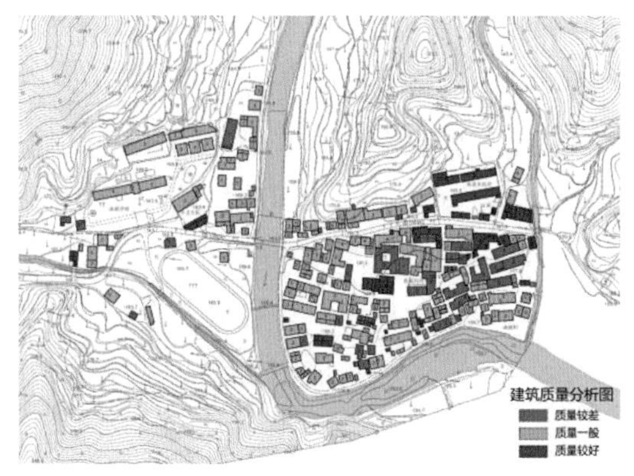

图 9-2　现状建筑质量分析图

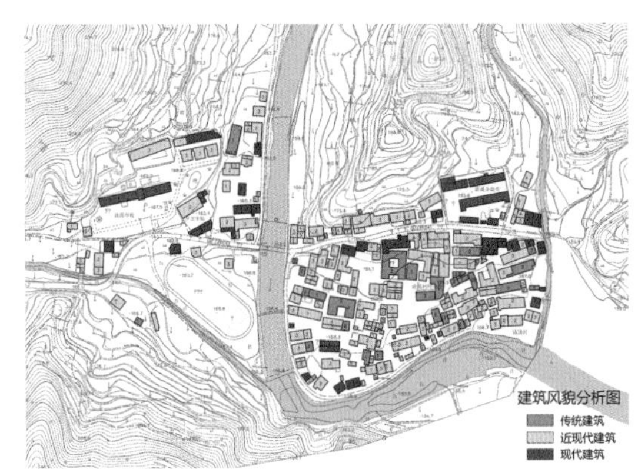

图 9-3 现状建筑风貌分析图

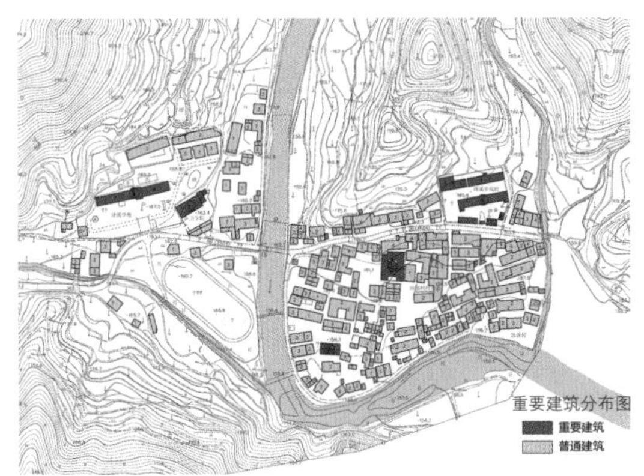

图 9-4 现状重要建筑分布图

居、粮站以及公社。村庄内建筑质量多为一般，新建建筑较少，并有建筑质量较差并不适宜居住的房屋。建筑风貌方面，多为近现代建筑，除此之外，村域内也零散分布着具有历史风貌的传统建筑。村内传统建筑、现代建筑混杂，建筑色彩混乱，不同风格建筑随意分布。

10 问卷分析

据问卷调查结果显示，泳溪村大部分居民对现有居住状况满意度较高。村域周边环境好，但村民生活质量较低，村域仅有的公共服务设施辐射整个乡域，村内仅有文化礼堂可供使用。村庄缺少公共活动区域和活动设施，建筑房屋质量也亟待改善。

村民主要收入来源基本依赖于本地务农以及本地或外出务工，村域还基本依靠于第一产业。村域内人口结构较为简单，主要由老人及青少年构成，村民每月生活开销大部分在两至三千元。

■ 问卷调查结果

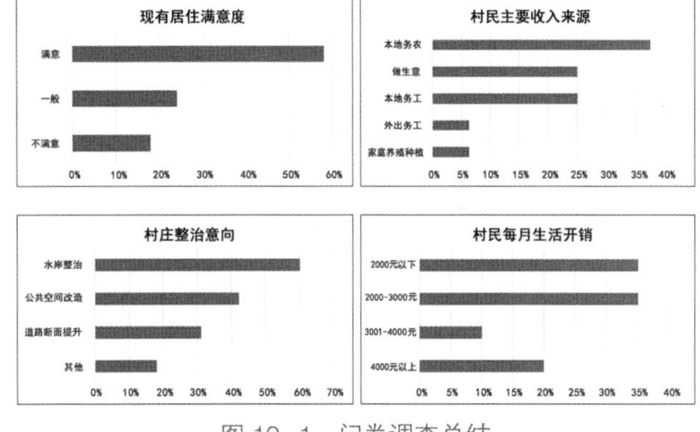

图 10-1 问卷调查总结

在村庄整治方面，村庄存在主要问题有河岸空间的杂乱无章、河道水质不佳、村庄绿化的不足、道路不通畅等。经问卷调查，大部分村民希望能对河岸进行整治，还有一部分希望能够对公共空间进行改造、对道路断面进行提升。

11 总体评价和存在问题

通过调研发现，天台县泳溪乡政府在改善发展环境方面做了大量工作，取得了明显成效。但由于各种原因，经济社会发展过程中还存在不少问题，成为制约发展的瓶颈，现将其中共性或个性问题进行了梳理。

1. 在村域生态景观方面，村域内泳溪的亲水性不够，梯田景观观赏性差，田地作物繁杂。村庄缺少具有代表性的景观，不能满足村内人休闲、村外游客游览的要求。

2. 在村民日常生活方面，村民生活环境比较落后，环境卫生及其他各项设施都没有系统的统一和管理。

3. 在产业发展方面，村内产业薄弱、劳动力较少，产业潜力特色并未被充分发掘。

4. 在政策环境方面，基层反映还存在着政策宣传力度不够，操作性不强等问题。比如泳溪乡的“廿八市”等，缺乏系统包装，统一宣传，影响力偏弱。缺少能支撑村域经济发展的支柱产业。

浙江省天台县街一村调研报告（浙江科技学院）

1 绪论

1.1 调研背景

遵循“绿水青山就是金山银山”的科学论断，浙江从实施“千村示范、万村整治”工程到推进美丽乡村建设升级版，之江两岸的3万余个村庄正绘就水清景美人和的美好景象，人居环境、基础设施、公共服务不断改善，家风家训、文明乡风持续传承。发轫于浙江的美丽乡村建设，被称为全国新农村建设典范。浙江省为典范，正在如火如荼地进行着美丽乡村建设的工作，加强农村公共设施建设，深入推进农村人居环境整治，建设既有现代文明，又具田园风光的美丽乡村。街一村作为千年古村，发扬其历史文化，我们坚持“保护和传承传统村落的乡村肌理”的理念，提高街一村的宜居性、宜业性、宜赏性。

1.2 调研意义

发扬街一村的优势，改善其劣势，重新整治村落的风貌，将街一村打造成一个传统与现代相融合，古今文化融洽，集经济、商业、教育、旅游业于一体的综合性美丽乡村，利于千年村落古韵文化的传承，以及村庄整体活力和经济发展水平的提高。

1.3 调研内容

本次调研着重调查街一村的区域基本概况、现状风貌、产业、村民生活质量以及与周边村落之间的联系，对千年古街的发展与保护深入调研，对此作出分析与建议。

1.4 调研方法

1.4.1 实地调查法

对天台县街头镇街一村分多次展开实地勘察工作。首先对场地的现状、地理区位、周边用地状况等基本信息进行收集。继而，在进行了更深入的研究分析过后，带着研究过程中的疑问，再对现场展开有针对性的调查研究。

1.4.2 文献研究法

通过各种渠道（网络、书本等）搜集街一村历史文脉的相关资料。全面了解街一村古今发展情况，明确其优势与劣势，发现村落需要整治的问题。

1.4.3 问卷调查法

发放100份问卷以个别分送的方式由村民填写，收集有效问卷对数据进行整理汇合，绘制图表并作出分析，从而更确切了解街一村的生态、交通、市政等问题，能够详细、完善地做出对村庄整治的方案。

1.4.4 访谈调查法

通过对村干部以及村民进行深入的访谈，深入了解街一村的现状情况、生活质量并且重点了解他们对街一村更新改造的意愿。

2 街一村现状

2.1 区域概况

2.1.1 街头镇概况

街头镇位于天台县西部，东邻平桥镇，南界龙溪乡，西接磐安县方前镇，北靠新中镇。镇区属丘陵地带，南为始丰溪，里石门水库北干渠贯穿境内，自然条件较优越，适于农业发展。323省道大科线穿境而过，交通便捷。全镇总面积142.85平方千米，行政村45个，总人口38108人。工业以塑料、化工、机械为主。农业主要发展种植果木、笋竹、粮食、蚕桑、蔬菜、香菇、药材。境内有寒山湖，九遮山，寒岩、明岩三大国家级旅游风景区，街头镇党委、政府近几年来为实施农业富民、工业强镇、旅游兴镇的发展战略，大力进行招商引资和做活旅游文章，取得了一定成果，使街头镇开始跨入经济发展的快车道。

2.1.2 街一村概况

街一村位于浙江省台州市天台县，地处街头镇、相邻下畈村、成洲村、范家岙村，地处要塞，风景宜人，气候温和。

街一村已有600余年历史，村域面积3平方千米，全村1150人。主要农产品有球芽甘蓝、小芋头、小包菜等，村中特产有杨梅、香榧、板栗、柿子等，寒山湖有机鱼干、农家土鸡、野菜（干）、浙西米线（干），村内主要生产铁钒土、铜、银、钙长石、镓、斑铜矿等资源。

根据我们发放的问卷统计，该村共1200余人，男女比例为4 ：6；学历以小学为主；60岁以上老人与12岁以下儿童占比较多，其中80岁以上老人共30多人，青年人外出打工居多，现居占比少。我们访谈的村干部表示，有三分之一的本村户口在外工作，而剩下的也是老人和小孩居多，由此可见村庄的活力度不够，人才留不住。

该村人均月收入2000元以下占31%，2000~3000元占16%，3001~4000元占39%，4000元以上

占14%；收入来源丰富，以本地务农和务工为主。

2.2 历史背景

坐落于街一村的“蓝洲书院”是清朝天台县境内规模较大，并有一定影响力的书院。“蓝洲书院”的创建得益于一位商人的后代——曹光熙。

曹氏家族在街头镇是名门望族，于清乾隆五十年（1785年），曹宗建与长子曹光熙、次子曹光弼一起在街头镇建造了一幢新宅，即现在人们所称的曹氏三透民居。于清道光三年（1823年），曹光熙与弟弟曹光弼便准备开始筹建书院。书院的建造在曹光熙主持下进行，他亲自确定了书院的格局，开阔的空间、曲幽的小道，种几株桂树，的确是读书的佳处。经一年时间的建造，“蓝洲书院”在街头镇建成。

“蓝洲书院”对于街头各村所起的作用，都体现在了这方土地纯朴的民风上。因为有了书院，才有了读书明理的村风；也因为有了书院，这方土地上的村民显得文质彬彬。如今，虽然“蓝洲书院”已不复存在，但在其旧址上建起的街头镇中心小学仍传出孩子们朗朗的读书声，似乎还在传承着一百年前先人恪守的“读书明理”的理念。

图2-1 街景图

2.3 业态分析

2.3.1 农业

天台是农林牧渔多种经营的农业经济区。高山种植业发达，有高山蔬菜专业市场30个。“石梁”牌高山蔬菜、“春芳”牌野生山菜被评为2001年中国国际农业博览会名牌产品，街一村的生产力以农业为主，当地务农占大多数，且北面有大片农田，主要农产品有球芽甘蓝、小芋头、小包菜等。

2.3.2 种植业

天台山云雾茶为中国国际农业博览会名牌产品，“天台山蜜橘”享有盛誉，产杨梅、青梅、李、桃、柿、枇杷、葡萄等水果。山区产有白术、元胡、杜仲、厚朴等中药材，“天台山乌药”被誉为“长生不老之药”，铁皮枫斗人工栽培成功。街一村周围的山坡种植了大片的杨梅树和其他水果。

2.3.3 教育业

街头镇中心小学位于街一村内，来自街头镇各村的孩子们都来这里上学，小学一共 6 个年级，1000 余名学生，另外我们发现学生托管所是村里的一大特色，由于孩子们的父母大多外出打工，孩子们学习上的问题都依靠托管所里的老师，小学大门出来的那条街可谓是“托管一条街”。各式各样的托管业留住了村里一部分人口，同时也引进了外来的人才。

图 2–2 教育设施图

2.3.4 旅游业

有着丰厚历史文化底蕴的“千年老街”是街一村最有价值的旅游资源，调研途中，除了可以看见古香古色的建筑以外，在老街的一角，坐着年迈的老年人制作一些项链、手链等手工制品。晚上古街附近的公园有夜景，有唱戏、广场舞等娱乐活动。此外街一村保存完好的古宅、古庙等古建文化；有丰富多彩且具有地方特色的民间文化活动；是浙江省唯一较为完整的恐龙骨骼化石出土地；街头镇被评为省级“历史文化名镇”“东海文化明珠”乡镇，市级“摄影基地”“创作基地”“采风基地”。是“山水观光旅游”和“乡村休闲”旅游的理想之地。

村民反应街一镇西面是千年古镇，且南面已经开始建造新的居住区（商品房）。结合村民的意见，街一村的发展方向是打造古街的古色古香以此吸引游客，同时让大家进入村子。

但目前村内旅游业发展停滞，主要由于村内没有系统的旅游规划路线以及缺少民宿、旅馆等基础设施，难以留住游客。另外，恐龙园没有得到良好的整治导致荒废。

图 2–3　旅游商业街图

2.3.5　商业

作为街头镇的中心村落，街一村内缺少体育活动等娱乐设施以及中大型的商业市场，村内业态较简单，餐馆寥寥无几，更看不到服装店、古玩店、小吃店等商铺，导致村内生活较单调，经济发展滞后。

2.4　建筑状况分析

总体来看，现代建筑为 2000 年以后所建建筑，整体上较新颖，色彩明丽。近代建筑为近 100 年来所建建筑，部分比较陈旧。传统建筑多为木结构，保存较好。重点保护建筑集中在村子的北面，靠近村口的区域。一般保护建筑分散较广，多为传统建筑。

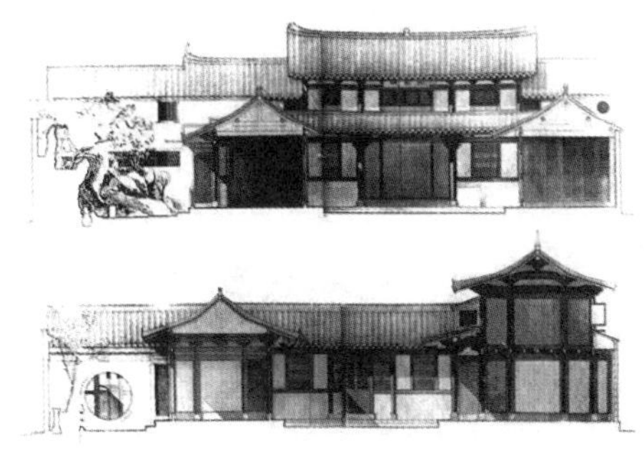

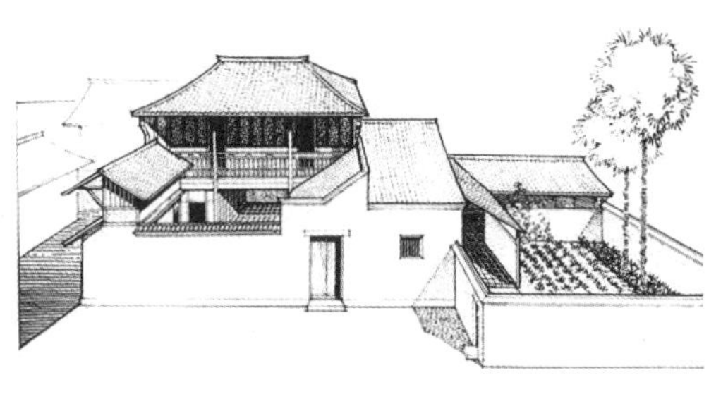

图 2–4　建筑风貌表现图

居住性质的建筑最多，约达到整体的75%，且位于村子的中心地块。公共建筑和工业建筑数量较少，分别约占12%和10%，分布于村子的边缘区域，农业建筑最少，约占3%。公共建筑中商业类的建筑最多，形成了多条带状商业街，整个村子的商业集中区为村中央地段。行政类建筑位于村子东北角。教育类建筑位于村子南边，靠近河流的区域，数量不多但规模较大。医疗建筑位于村子的北边、靠近村口的地段。

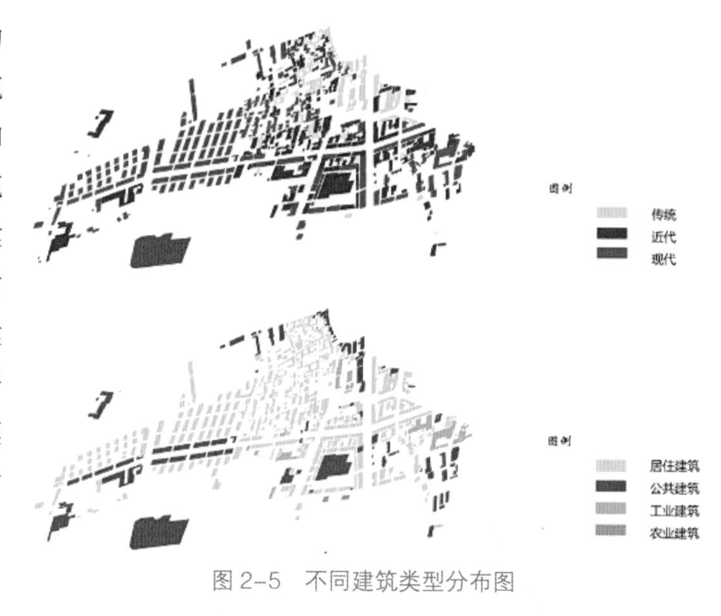

图 2–5 不同建筑类型分布图

2.5 交通现状分析

街一村所在的街头镇拥有多条县级公路通往各镇、各乡。基本实现了村村通水泥路。323省道（原62省道）贯穿全境，西至金华磐安县，东至平桥镇、天台县城。交通十分便利。预计2019年通车的杭绍台高速公路呈西北至东南走向贯穿全境，并在境内设置街头互通以及服务区。街一村内部道路完善，依山傍水，但并没有充分利用当地的现有条件，造成一定程度上的资源浪费。在老街附近的旧建筑区块中没有完善的道路系统，道路狭窄，有些地面凹凸不平。村内停车场基本能满足本村人的需求，但并不排除沿路随便停车的现象。规划应在建设美丽乡村的基础上，利用好现有资源，以达到人与自然和谐共处的效果。

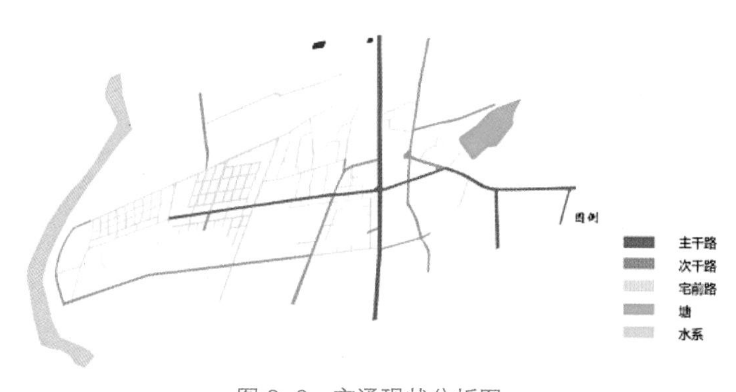

图 2–6 交通现状分析图

2.6 生态环境分析

街一村总体生态环境良好，空气清新，南侧靠着山，隐藏于山上的梯田，层层叠叠、起起伏伏。山边有一条溪流，目前并无综合整治。山脚留着大片空地，有些种植农作物，有些则为荒地。街道整洁，但缺少绿植，村内建筑周边几乎没有绿化，且行道树过于矮小。

3 对策及建议

街一村整体风貌方面，电线排布影响街容，部分路段的行道树过于矮小，需要整治。在村中心地区增加文体娱乐以及村民集散场地，利于村民间的交流。

针对业态，我们提出定时定点在街上表演，大型一周两三次，小型一天两次，召集穿汉服（街上可以开汉服租赁 / 售卖店铺）游客同行，进而感受千年古镇的历史风韵。另外可以增加旅馆、民俗、农家乐等配套旅游设施，留住外来游客。村中闲置的荒地根据村民的需求，建造乡村别墅，可以更好地留住人才；农田结合周围的山以及沿溪流打造农家体验区等。此外，在我们后期的方案中将丰富业态，同时为村民提供夜晚娱乐的场所。

生态环境保护方面，村内主要溪流开展以保护水环境和生物多样性为目的的水生生物增殖放流工作，充分激发渔业灵美毓秀的生态价值，达到“水清、岸绿、鱼欢、景美”的目标。河道景观渔业系统工程建设，建设园区渔业景观、生态驳岸和村民亲水平台、休闲展览区等，满足不同阶段村民需求。

4 总结

这次调研立足城乡统筹发展，以推进城郊地区乡村发展为出发点，围绕“保护和传承传统村落的乡村肌理”理念，综合评估村庄“山水田居业”的资源环境价值，分析村庄发展优势、潜力与局限性，明确村庄发展目标、产业发展策略、业态项目策划、村域空间发展框架及空间管制等。

基于目前街一村建设基础，结合其历史文化、山水环境、产业特色等进行居民点规划与设计，从公共服务设施与基础设施完善等方面展开。为我们后期的规划提供了清晰的思路与方向。我们将根据这次调研的分析总结，制订一个可行的方案，包括道路断面提升、重要节点提升、农居庭院改造、建筑立面改造、景观环境整治等，提高街一村的宜居性、宜业性、宜赏性。

问卷调研

您好，我们是浙江科技学院的学生，正在做一个关于家乡发展状况以及街一村居民返乡工作率调查，非常感谢您的参与。

1. 您的性别是（　　）

A. 男　　B. 女

2. 您的年龄是（　　）

A. 20 岁以下　　B. 20~30 岁　　C. 31~40 岁　　D. 41~50 岁

E. 51 岁及以上

3. 您的文化程度是（　　）

A. 小学及以下　　B. 初中　　C. 高中或大专　　D. 大学及以上

4. 您家庭的主要收入来源是（　　）

A. 本地务农　　B. 家庭养殖种植　　C. 土地承包　　D. 本地务工

E. 外出务工　　F. 做生意　　G. 房屋出租　　H. 投资入股

I. 事业单位　　J. 其他________

5. 您认为家乡的自然环境如何？（　　）

A. 差　　B. 一般　　C. 好　　D. 很好

6. 家乡村庄周边交通情况（　　）

A. 很方便，道路通畅　　B. 不方便，道路规划杂乱，道路很窄，拥堵　　C. 一般

7. 您对家乡的发展前景有信心吗？（　　）

A. 非常没有信心　　B. 不太有信心　　C. 一般　　D. 比较有信心

E. 非常有信心

8. 您认为您在村里的生活能满足您的需求么？（　　）

A. 能，和一般城区生活差不多　　B. 能，虽然比一般城市生活差，但是自身需求不高

C. 不能，比一般城区生活差，也不能满足自身需求

9. 您认为，目前贵村需要解决的问题是（多选）（　　）

A. 就业问题　　B. 医疗保险问题　　C. 实地农民安置问题

D. 农村生产力结构和农村产业结构的调整问题

E. 卫生环境问题，水、电、路等基础建设问题

F. 其他______________________________

10. 您以后愿意或不愿意返乡的原因有哪些？（多选）____（　　　　）（先填写是否愿意再选项）

A. 父母原因　　B. 男 / 女朋友原因　　C. 所学专业原因　　D. 自然环境因素

E. 自身性格原因　F. 人脉方面　　G. 政府提倡力度不够　H. 没有发展前途

I. 创业风险大、周期长　　J. 其他________

11. 如果您已有孩子，或将来有孩子之后，您会为了孩子的教育问题搬离村庄吗？（　　）

A. 会，下一代的教育更为重要　　B. 不会，村子附近也可以有较好的教育

12. 您每月的生活开销大约是（　　）

A. 2000 元以下　B. 2000~3000 元　C. 3001~4000 元　D. 4000 元以上

后记 POSTSCRIPT

2015 年，浙江工业大学城乡规划系开设了乡村规划设计课，由具有城乡规划、建筑学、风景园林专业背景的 4 位专业教师组成教学团队承担课程教学；同时开始探索竞赛嵌入式的课程教学模式，开始搭建“校内专业间、省内高校间、区域高校间、国内高校间、国内外高校间”的五层次协同教学交流平台。

浙江工业大学城乡规划系已连续四年承办浙江省大学生“乡村规划与创意设计”教学竞赛。第一届竞赛在浙江省“四个全面发展示范县”浦江县举办、第二届竞赛在浙江省“科学发展示范县”嘉善县举办、第三届竞赛在浙江省“新型城镇化示范区”台州市黄岩区举办。本届竞赛在浙江省“全域旅游示范县”天台县举办，竞赛于 2018 年 3 月份正式启动，金秋十月正式结束。期间经过了集中开题（竞赛启动）、现场调研、村民方案对接、成果提交、方案评优五个阶段；近 300 名省内人居环境设计类专业的师生热情参与。

在此，再一次感谢浙江省城市规划学会、浙江工业大学、天台县人民政府、天台县住房和城乡建设规划局对本届竞赛的大力支持。感谢浙江大学、中国美术学院、浙江师范大学、浙江理工大学、浙江工商大学、浙江树人大学、浙江农林大学、浙江科技学院、宁波大学等省内各兄弟院校的大力支持与积极参与。不负诸位参赛指导老师的教学热情、辛勤指导与热忱付出，各位参赛同学的青春活力、创作激情是我们主办好教学竞赛的重大推动力。

本届竞赛已经结束。浙江特色乡建道路与乡村规划设计人才培养的探索任重道远。本届竞赛作品集的出版旨在为高校人居环境设计类专业的乡村规划设计教学提供教学案例与参考。让我们共同期待下一届浙江省大学生“乡村规划与创意设计”教学竞赛！

张善峰　执笔

2018 年 11 月 28 日